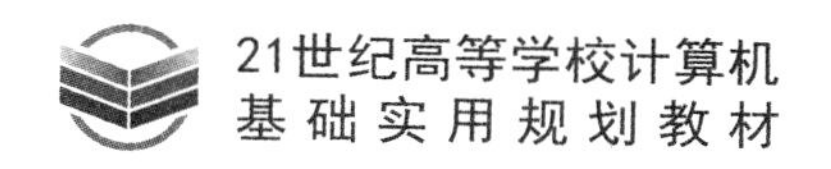

MS Office高级应用

◎ 吴燕波 向大为 姚秋凤 高江明 编著

U0370317

清华大学出版社
北京

内 容 简 介

本书根据教育部考试中心制定的《全国计算机等级考试二级最新考试大纲》的要求编写而成。此教程重点介绍计算机的基本概念、基本原理、基本应用和 MS Office 2010 组件常用的三大模块 Word、Excel、PowerPoint 的特点、功能和综合应用以及数据结构与算法、程序设计基础、软件工程基础、数据库设计基础等知识。

本书内容精练、实用性强，文字通俗易懂，是参加计算机等级考试人员必备的教材。本书既可作为 MS Office 高级应用的实用教材，也可作为中、高等学校及其他各类计算机培训班的教学用书或各院校教师、学生及计算机爱好者较实用的指导用书。

本书封面贴有清华大学出版社防伪标签，无标签者不得销售。
版权所有，侵权必究。侵权举报电话：010-62782989　13701121933

图书在版编目(CIP)数据

MS Office 高级应用/吴燕波等编著. —北京：清华大学出版社，2018（2020.1重印）
（21 世纪高等学校计算机基础实用规划教材）
ISBN 978-7-302-47040-3

Ⅰ. ①M…　Ⅱ. ①吴…　Ⅲ. ①办公自动化—应用软件—高等学校—教材　Ⅳ. ①TP317.1

中国版本图书馆 CIP 数据核字(2017)第 114677 号

责任编辑：黄　芝　薛　阳
封面设计：刘　键
责任校对：时翠兰
责任印制：宋　林

出版发行：清华大学出版社
网　　址：http://www.tup.com.cn，http://www.wqbook.com
地　　址：北京清华大学学研大厦 A 座　　**邮　　编**：100084
社 总 机：010-62770175　　**邮　　购**：010-62786544
投稿与读者服务：010-62776969，c-service@tup.tsinghua.edu.cn
质量反馈：010-62772015，zhiliang@tup.tsinghua.edu.cn
课件下载：http://www.tup.com.cn，010-62795954
印 装 者：北京密云胶印厂
经　　销：全国新华书店
开　　本：185mm×260mm　　**印　　张**：22　　**字　　数**：536 千字
版　　次：2018 年 8 月第 1 版　　**印　　次**：2020 年 1 月第 2 次印刷
印　　数：1501～3500
定　　价：49.50 元

产品编号：071663-01

出版说明

随着我国改革开放的进一步深化，高等教育也得到了快速发展，各地高校紧密结合地方经济建设发展需要，科学运用市场调节机制，加大了使用信息科学等现代科学技术提升、改造传统学科专业的投入力度，通过教育改革合理调整和配置了教育资源，优化了传统学科专业，积极为地方经济建设输送人才，为我国经济社会的快速、健康和可持续发展以及高等教育自身的改革发展做出了巨大贡献。但是，高等教育质量还需要进一步提高以适应经济社会发展的需要，不少高校的专业设置和结构不尽合理，教师队伍整体素质亟待提高，人才培养模式、教学内容和方法需要进一步转变，学生的实践能力和创新精神亟待加强。

教育部一直十分重视高等教育质量工作。2007 年 1 月，教育部下发了《关于实施高等学校本科教学质量与教学改革工程的意见》，计划实施“高等学校本科教学质量与教学改革工程（简称‘质量工程’）”，通过专业结构调整、课程教材建设、实践教学改革、教学团队建设等多项内容，进一步深化高等学校教学改革，提高人才培养的能力和水平，更好地满足经济社会发展对高素质人才的需要。在贯彻和落实教育部“质量工程”的过程中，各地高校发挥师资力量强、办学经验丰富、教学资源充裕等优势，对其特色专业及特色课程（群）加以规划、整理和总结，更新教学内容、改革课程体系，建设了一大批内容新、体系新、方法新、手段新的特色课程。在此基础上，经教育部相关教学指导委员会专家的指导和建议，清华大学出版社在多个领域精选各高校的特色课程，分别规划出版系列教材，以配合“质量工程”的实施，满足各高校教学质量和教学改革的需要。

本系列教材立足于计算机公共课程领域，以公共基础课为主、专业基础课为辅，横向满足高校多层次教学的需要。在规划过程中体现了如下一些基本原则和特点。

（1）面向多层次、多学科专业，强调计算机在各专业中的应用。教材内容坚持基本理论适度，反映各层次对基本理论和原理的需求，同时加强实践和应用环节。

（2）反映教学需要，促进教学发展。教材要适应多样化的教学需要，正确把握教学内容和课程体系的改革方向，在选择教材内容和编写体系时注意体现素质教育、创新能力与实践能力的培养，为学生的知识、能力、素质协调发展创造条件。

（3）实施精品战略，突出重点，保证质量。规划教材把重点放在公共基础课和专业基础课的教材建设上；特别注意选择并安排一部分原来基础比较好的优秀教材或讲义修订再版，逐步形成精品教材；提倡并鼓励编写体现教学质量和教学改革成果的教材。

（4）主张一纲多本，合理配套。基础课和专业基础课教材配套，同一门课程可以有针对不同层次、面向不同专业的多本具有各自内容特点的教材。处理好教材统一性与多样化，基本教材与辅助教材、教学参考书，文字教材与软件教材的关系，实现教材系列资源配套。

(5) 依靠专家,择优选用。在制定教材规划时依靠各课程专家在调查研究本课程教材建设现状的基础上提出规划选题。在落实主编人选时,要引入竞争机制,通过申报、评审确定主题。书稿完成后要认真实行审稿程序,确保出书质量。

繁荣教材出版事业,提高教材质量的关键是教师。建立一支高水平教材编写梯队才能保证教材的编写质量和建设力度,希望有志于教材建设的教师能够加入到我们的编写队伍中来。

21 世纪高等学校计算机基础实用规划教材

联系人:魏江江 weijj@tup.tsinghua.edu.cn

前　言

本书根据教育部考试中心制定的《全国计算机等级考试二级最新考试大纲》的要求编写而成。本书主要包括计算机基础知识，利用 Word 2010 高效创建电子文档，通过 Excel 2010 创建并处理电子表格，使用 PowerPoint 2010 制作演示文稿，以及公共基础知识等内容。

本书重点介绍计算机的基本概念、基本原理、基本应用；MS Office 2010 组件中常用的三大模块 Word、Excel、PowerPoint 的特点、功能及综合应用；数据结构与算法、程序设计基础、软件工程基础、数据库设计基础等知识。通过本书的学习，读者将对计算机的基本概念、计算机系统、多媒体技术、计算机病毒及防治、Internet（因特网）基础及应用等有较为全面的认识和理解，对掌握算法的基本概念、基本数据结构及其操作、基本排序和查找算法、结构化程序设计方法、软件工程和数据库的基本方法等内容有较全面、系统、深入的了解，并在运用相关技术进行软件开发与系统设计的能力方面获得极大帮助。同时，通过本书的学习，读者将熟练掌握 Office 2010 办公软件的操作及使用技巧，能在实际工作中对其进行综合应用，提高计算机应用能力和解决问题的能力。

本书由具有 15 年以上计算机教学和实践经验的吴燕波、向大为、姚秋凤、高江明合作编著而成。吴燕波负责总体构思，确定章节框架及写作内容，并对教材统稿与编排。第 1 章及第 3 章由吴燕波编写，第 2 章由姚秋凤编写，第 4 章由向大为编写，第 5 章由高江明编写。

在本书的编写过程中，得到了清华大学出版社和湖北省电子取证协同创新中心及湖北警官学院电子取证重点实验室主任麦永浩教授的大力支持，同时参考并借鉴了许多学者的研究成果，在此一并感谢。

由于时间仓促，书中疏漏或不足之处在所难免，敬请广大读者、专家提出宝贵意见。

本书受湖北警官学院科研计划项目自选课题“公安院校大学生创新创业能力的培养研究”资助。

编　者

2018 年 1 月

目　录

第1章　计算机基础知识

本章着重介绍：计算机的基础概念、计算机系统、多媒体技术、计算机病毒及防护、Internet基础及应用。

本章主要任务：

(1) 了解计算机的发展、分类及其应用；

(2) 掌握信息在计算机中的表示与存储；

(3) 理解计算机系统组成、基本结构、基本原理以及计算机硬件与软件系统；

(4) 了解多媒体的基本概念及其相关应用操作；

(5) 初步了解计算机病毒及其防护；

(6) 了解Internet的基础概念与功能。

1.1　计算机概述

1.1.1　计算机的发展

世界上第一台名为ENIAC(Electronic Numerical Integrator And Calculator)的数字电子计算机于1946年诞生在美国宾夕法尼亚大学，如图1.1所示。这台计算机结构复杂、体积庞大，但功能远不及现在的普通微型计算机。

图1.1　数字电子计算机ENIAC

ENIAC 长 30.48m，宽 1m，高 2.4m，占地面积约 170m^2，有 30 个操作台，重达 30t，耗电量 150kW，造价 48 万美元。它包含 17 468 根真空管(电子管)，7200 个晶体二极管，70 000 个电阻器，10 000 个电容器，1500 个继电器，6000 多个开关，计算速度是每秒 5000 次加法或 400 次乘法，是使用继电器运转的机电式计算机的 1000 倍、手工计算的 20 万倍。

ENIAC 的诞生宣告了计算机时代的到来，其意义在于它奠定了计算机发展的基础，开辟了计算机科学技术的新纪元。从第一台电子计算机诞生到现在，计算机技术经历了大型计算机时代和微型计算机时代。

1. 大型计算机时代

从第一台电子计算机 ENIAC 的诞生至今的七十多年中，计算机技术以前所未有的速度迅猛发展。一般根据计算机所采用的物理器件，将计算机的发展划分为 5 个阶段。人们通常根据计算机采用电子元件的不同，将计算机的发展过程划分为电子管、晶体管、集成电路，以及大规模和超大规模集成电路、模拟人脑神经元及其他脑功能的微芯片 5 个阶段，分别称为第一代至第五代计算机，如表 1.1 所示。在这 5 个阶段的发展过程中，计算机的体积越来越小，功能越来越强大，应用也越来越广泛。

表 1.1 计算机的发展

计算机	第一代	第二代	第三代	第四代	第五代
特征	采用电子管作为计算机的逻辑元件，运算速度为每秒几千次，内存容量为几 KB	采用晶体管作为计算机的逻辑元件，运算速度为每秒几十万次，内存容量为几十 KB	采用小规模集成电路(SSI)和中规模集成电路(MSI)作为计算机的逻辑元件，运算速度为每秒几十万至几百万次	采用大规模(LSI)和超大规模集成电路(VLSI)作为计算机的逻辑元件，运算速度为每秒几千万至十万亿次	具有人工智能的新一代计算机，能够模拟人脑神经元、突触功能以及其他脑功能的微芯片，从而完成计算功能
时间	1946—1958 年	1958—1964 年	1964—1971 年	1971—2015 年	2015—
代表机型	UNIVAC-I	IBM7094 SDC1604	IBM-360 系列		
应用	仅限于军事和科研中的科学计算；用机器语言或汇编语言编写程序	应用已扩展至数据处理和事务处理；出现了 FORTRAN 等高级语言	主要应用于科学计算、数据处理及过程控制。高级语言有了很大发展，并出现了操作系统和会话式语言	应用范围已渗透到各行各业，并进入了以网络为特征的时代；操作系统不断完善，应用软件已成为现代工业的一部分	它具有推理、联想、判断、决策、学习等功能

2. 微型计算机的发展

1971 年，由美国 Intel 公司的工程师马西安·霍夫(M. E. Hoff)设计了一台名为 MCS-4 的 4 位微型计算机，标志着计算机进入了微型计算机时代。该机是由一片 4 位微处理器 Intel 4004、一片 320 位(40B)的随机存取存储器、一片 256B 的只读存储器和一片 10 位的寄存器通过总线连接起来的。

1974 年，Intel 宣布第二代功能更强的 8 位微处理器 8008 在单芯片上研制成功。接下来 Intel 很快推出了 8080。8008 和 8080 均采用了 NMOS 技术，5V 单电源供电。8080 后来改进为 8085，得到了广泛应用。

Intel 的第三代微处理器 8086 是 16 位微处理器。8 位数据总线接口的 16 位微处理器 8088(即 8 位总线接口的 8086)被用于第一代 IBM PC，这是我们非常熟悉的微机系列的祖先。仅二十多年的时间微处理器已经发展到 Pentium 41/42，与最初的 IBM 相比，其性能已不可同日而语。

微处理器是大规模和超大规模集成的产物，以微处理器为核心的微型计算机属于第四代计算机。通常人们以微处理器为标志来划分微型计算机，如 286 机、386 机、486 机、Pentium 机、Pentium Ⅱ机、Pentium Ⅲ机和 Pentium 4 机等。微型计算机的发展史实际上就是微处理器的发展史。

1）第一代微型计算机

1978 年，Intel 公司推出了 16 位微处理器 Intel 8086，1979 年又推出了 Intel 8088，其集成度是 29 000 个晶体管，时钟频率为 4.77MHz，它的内部数据总线是 16 位，外部数据总线是 8 位，属于准 16 位微处理器，地址总线为 20 位，寻址范围为 1MB 内存。

2）第二代微型计算机

1982 年，全 16 位微处理器 Intel 80286 芯片问世，其集成度为 13.4 万个晶体管，时钟频率达到了 20MHz，内/外部数据总线均为 16 位，地址总线为 24 位，寻址范围为 16MB 内存。1984 年，IBM 公司以 Intel 80286 芯片为 CPU 推出 IBM-PC/AT 机。

3）第三代微型计算机

1985 年，Intel 公司推出全 32 位微处理器芯片 Intel 80386，其集成度为 27.5 万个晶体管，时钟频率为 125/33MHz，内/外部数据总线都是 32 位，地址总线也是 32 位，寻址范围为 4GB 内存。

4）第四代微型计算机

1989 年，Intel 公司研制出新型的个人计算机芯片 Intel 80486。它将 80386 和协处理器 80387 以及一个 8KB 的高速缓存集成在一个芯片内，它的集成度为 120 万个晶体管，时钟频率为 25/33/50MHz。80486 机的性能比带有 80387 协处理器的 80386 机提高了 4 倍。

5）第五代微型计算机

1993 年，Intel 公司推出 Pentium(奔腾)芯片，这是一种速度更快的处理器，被称为 586 或 P5。它的集成度为 310 万个晶体管，时钟频率为 60/75/90/100/120/133MHz。1996 年，又相继推出了 Pentium Pro 和 Pentium MMX 处理器。其中，Pentium Pro 的集成度为 550 万个晶体管，时钟频率为 150/166/180/200MHz。

6）第六代微型计算机

1997 年 5 月，Intel 公司推出了 Pentium Ⅱ芯片。可以说，Pentium Ⅱ是将 Pentium Pro 的精华与 MMX 技术完美结合的产品。

7）第七代微型计算机

1999 年，Intel 公司推出了新一代新品 Pentium Ⅲ处理器，它的集成度达到 800 万个晶体管，时钟频率为 450/500MHz，后来又推出了时钟频率为 1GHz 的 Pentium Ⅲ芯片。以 Pentium Ⅲ为 CPU 的微型计算机是当时的主流微机。但是，时钟频率为 1.5GHz 的

Pentium 4 芯片已于 2000 年推出。以 Pentium 4 为 CPU 的微机早已替代 Pentium Ⅲ机而成为第八代微型计算机。

3. 我国计算机技术的发展概况

我国计算机技术研究起步晚、起点低，但随着改革开放的深入和国家对高新技术的扶持、对创新能力的提倡，计算机技术水平正在逐步提高。我国计算机技术发展历程如下。

1956 年，开始研制计算机。

1958 年，研制成功第一台电子管计算机——103 机。

1959 年，104 机研制成功，这是我国第一台大型通用电子数字计算机。

1964 年，研制成功晶体管计算机。

1971 年，研制成功以集成电路为主要器件的 DJS 系列机。这一时期，在微型计算机方面，我国研制开发了长城、紫金、联想系列微机。

1983 年，我国第一台亿次巨型计算机——"银河"诞生。

1992 年，10 亿次巨型计算机——"银河Ⅱ"诞生。

1995 年，第一套大规模并行机系统——"曙光"研制成功。

1997 年，每秒 130 亿次浮点运算、全系统内存容量为 9.15GB 的巨型计算机——"银河Ⅲ"研制成功。

1998 年，"曙光 2000-Ⅰ"诞生，其峰值运算速度为每秒 200 亿次浮点运算。

1999 年，"曙光 2000-Ⅱ"超级服务器问世，其峰值速度达每秒 1117 亿次，内存高达 50GB。

1999 年，"神威"并行计算机研制成功，其技术指标位居世界第 48 位。

2001 年，中国科学院计算所成功研制我国第一款通用 CPU——"龙芯"芯片。

2002 年，我国第一台拥有完全自主知识产权的"龙腾"服务器诞生。

2005 年，联想并购 IBM PC，一跃成为全球第三大 PC 制造商。

2008 年，我国自主研发制造的百万亿次超级计算机——"曙光 5000"获得成功。

1.1.2 计算机的特点、应用和分类

计算机按照程序引导步骤，对数据进行存储、传送和加工处理，以获得输出信息，利用这些信息提高社会生产率和改善人们的生活质量。计算机之所以具有如此强大的功能，能够应用于社会的各个领域，成为现代社会不可缺少的工具，是由它自身的特点所决定的。

1. 计算机的特点

1）运算速度快

计算机的运算速度可以用每秒钟运算的次数来表示。现代计算机的运算速度一般为每秒几千万至千亿次，最高可达亿亿次，使大量复杂的科学计算问题得以解决。

2）计算精度高

计算机的计算精度取决于机器字长，而字长又是由一组二进制的位数决定的。一般计算机字长越长，计算精度越高，从而计算机的数值计算越精确。

3）存储容量大

计算机能够存储大量数字、文字、图像、视频、声音等各种信息，"记忆力"大得惊人，它可以轻易地"记住"一个大型图书馆中的所有资料。计算机可以将原始数据、计算指令、中间结

果和最终结果等信息存储起来。现在计算机的主存储器和辅助存储器容量越来越大。

4）准确的逻辑判断能力

计算机可以进行逻辑处理，具有逻辑判断能力。计算机把参加运算的数据、程序及中间结果和最后结果保存起来，并可根据判断的结果自动执行下一条指令以供用户随时调用。例如，可判断数据的大小、正负等。

5）全自动功能

计算机的记忆功能和程序控制是能够自动运算的基础。用计算机解决一个问题时，人们根据应用的需要，事先编制程序；然后将运算步骤和运算时所用到的数据一起送到计算机的记忆单元。启动工作后，计算机会根据所存储的运算步骤自动地一步一步地做下去，直到圆满地完成计算任务，中间不需要人的任何干预。这就是存储程序控制的基本原理，也是计算机区别于其他任何计算工具的根本之处。

6）适用性广，通用性强

由于计算机同时具有计算和逻辑推理功能，因而计算机不仅可以进行数值计算，还可以对非数值信息进行处理，如信息检索、图形图像处理、文字和语言的识别与处理等。

2. 计算机的应用

现在，计算机已进入社会的各行各业，进入人们生活和工作的各种领域。归纳起来，计算机的用途主要有以下几个方面。

1）科学计算

科学计算主要是使用计算机进行数学方法的实现和应用。今天计算机"计算"能力的提高，推进了许多科学研究的进展，如著名的人类基因序列分析计划，人造卫星的轨道测算，计算量大、数值变化范围大的天文学、量子化学、空气动力学、核物理学和天气预报等领域中的复杂运算。

2）数据处理

数据处理是指对大量数据进行加工处理（即收集、存储、传送、分类、检测、排序、统计和输出），再筛选出有用的信息。例如，办公自动化、企业管理、事务管理、情报检索等非数值计算的领域，是计算机应用的一个重要方面。这是计算机应用最多的一个领域。

3）过程控制

过程控制是指利用计算机对生产过程、制造过程或运行过程进行检测与控制，即通过实时监控目标物体的状态，及时调整被控对象，使被控对象能够正确地完成目标物体的生产、制造或运行。工业生产领域的过程控制是实现工业生产自动化的重要手段，利用计算机代替人对生产过程进行监视和控制，可以大大提高劳动生产效率。例如，冶金、石油、化工、纺织、水电、机械、航天等现代工业生产过程中的自动化控制。

4）计算机辅助系统

计算机辅助设计系统已广泛应用于飞机、船舶、建筑、机械、大规模集成电路等的设计和制造过程中，同时在计算机辅助教学等领域也得到了应用。目前，常见的计算机辅助功能有计算机辅助设计（CAD）、计算机辅助制造（CAM）、计算机辅助教学（CAI）、计算机辅助测试（CAT）、计算机管理教学（CMI）等。

5）人工智能

人工智能（AI）是指模拟人类的学习过程和探索过程。人工智能是计算机科学发展以来一直处于前沿的研究领域，其主要研究内容包括自然语言理解、专家系统、机器人以及定理自动证明等。目前，人工智能已应用于机器人、医疗诊断、故障诊断、计算机辅助教育、案件侦破、经营管理等诸多方面。

6）信息高速公路

信息高速公路就是把信息的快速传输比喻为“高速公路”。所谓“信息高速公路”，就是一个高速度、大容量、多媒体的信息传输网络。它是一个能给用户随时提供大量信息，由通信网络、计算机、数据库以及日用电子产品组成的完备网络体系。

信息高速公路即“国家信息基础设施”(NII)的俗称。我国已建立大型计算机应用工程“金”字工程：金桥工程(全国经济信息网)，金卡工程(金融信息网)，金关工程(外贸海关信息网)，金智工程(教育科研信息网)。

7）电子商务

电子商务是以信息网络技术为手段，以商品交换为中心的商务活动；也可理解为在互联网(Internet)、企业内部网(Intranet)和增值网(Value Added Network，VAN)上以电子交易方式进行交易活动和相关服务的活动，是传统商业活动各环节的电子化、网络化、信息化。

电子商务通常是指在全球各地广泛的商业贸易活动中，在因特网开放的网络环境下，基于浏览器/服务器应用方式，买卖双方不谋面地进行各种商贸活动，实现消费者的网上购物、商户之间的网上交易和在线电子支付以及各种商务活动、交易活动、金融活动和相关的综合服务活动的一种新型的商业运营模式。

利用国际互联网(Internet)进行网上商务活动，始于 1996 年，现已发展迅速，全球已有许多企业先后开展了“电子商务”活动。

3. 计算机的分类

依照不同的标准，计算机有多种分类方法，常见分类方法有以下几种。

1）按处理数据的类型分类

按处理数据的类型不同，可将计算机分为数字计算机、模拟计算机和混合计算机。

(1) 数字计算机所处理的数据都是以 0 或 1 表示的二进制数字，是不连续的数字量，处理结果以数字形式输出。它的主要优点是精度高、存储量大、通用性强。目前，常用的计算机大多是数字计算机。

(2) 模拟计算机所处理的数据是连续的，称为模拟量。模拟量以电信号的幅值来模拟数值或某物理量的大小，如电压、电流、温度等都是模拟量。所接收的模拟数据经过处理后，仍以连续的数据输出，这种计算机称为模拟计算机。一般来说，模拟计算机的解题速度快，但不如数字计算机精确，且通用性差。模拟计算机常以绘图或量表的形式输出。

(3) 混合计算机则是集数字计算机和模拟计算机的优点于一身的计算机。

2）按使用范围分类

按使用范围的大小，计算机可以分为专用计算机和通用计算机。

(1) 专用计算机是专门为某种需求而研制的，不能用作其他用途。它的优点主要是效率高、精度高、速度快。

(2) 通用计算机广泛适用于一般科学运算、工程设计和数据处理等。它具有功能多、配置全、用途广、通用性强的特点，市场上销售的计算机多属于通用计算机。

3）按性能分类

根据计算机的性能指标，如机器规模的大小、运算速度的高低、主存储容量的大小、指令系统性能的强弱以及机器的价格等，可将计算机分为巨型计算机、大型计算机、中型计算机、小型计算机、微型计算机和工作站。

（1）巨型计算机：巨型计算机是指运算速度在每秒亿次以上的计算机。巨型计算机运算速度快、存储量大、结构复杂、价格昂贵，主要用于尖端科学研究领域。巨型计算机目前在国内还不多，我国研制的“银河”计算机就属于巨型计算机。

（2）大、中型计算机：大、中型计算机是指运算速度在每秒几千万次左右的计算机。通常用在国家级科研机构以及重点理、工科类院校。

（3）小型计算机：小型计算机的运算速度在每秒几百万次左右，通常用在一般的科研与设计机构以及普通高校等。

（4）微型计算机：微型计算机也称为个人计算机（PC），是目前应用最广泛的机型。如通常所说的386、486、586及奔腾系列等机型都属于微型计算机。

（5）工作站：工作站主要用于图形、图像处理和计算机辅助设计中。它实际上是一台功能更高的微型计算机。

1.1.3 未来计算机的发展趋势

20世纪中期，人们虽然预见到了工业机器人的大量应用和太空飞行的实现，但却很少有人深刻地预见到计算机技术对人类巨大的潜在影响，甚至没有人预见到计算机的发展速度是如此迅猛，如此地超出人们的想象。那么，在21世纪里，计算机技术的发展又会沿着一条什么样的轨道前行呢？

1. 电子计算机的发展方向

从类型上看，电子计算机技术正在向巨型化、微型化、网络化和智能化方向发展。

1）巨型化

巨型化是指计算速度更快、存储容量更大、功能更完善、可靠性更高的计算机。其运算速度可达每秒千万亿次，存储容量超过几百TB。巨型计算机的应用范围如今已日趋广泛，在航空航天、军事工业、气象、电子、人工智能等几十个学科领域发挥着巨大作用，特别是在尖端科学技术和军事国防系统的研究开发中，体现了计算机科学技术的发展水平。

2）微型化

微型计算机从过去的台式计算机迅速向便携计算机、掌上计算机、膝上计算机发展，因其低廉的价格、使用便捷、丰富的软件而受到人们的青睐。同时也作为工业控制过程的心脏，使仪器设备实现“智能化”。随着微电子技术的进一步发展，微型计算机必将以更优的性能价格比受到人们的欢迎。

3）网络化

网络化指利用现代通信技术和计算机技术，把分布在不同地点的计算机相互连接起来，按照网络协议互相通信，以共享软件、硬件和数据资源。目前，计算机网络在交通、金融、企业管理、教育、邮电、商业等各行各业中得到使用。

4）智能化

智能化指计算机模拟人的感觉和思维过程的能力。智能化是计算机发展的一个重要方向。智能计算机具有解决问题和逻辑推理的功能，以及知识处理和知识库管理的功能等。未来的计算机将能接受自然语言的命令，有视觉、听觉和触觉。将来的计算机可能不再有现在计算机的外形，体系结构也会不同。

目前已研制出的机器人有的可以代替人从事危险环境的劳动，有的能与人下棋等，这都从本质上扩充了计算机的能力，使计算机越来越多地替代人的思维活动和脑力劳动。

2. 未来新一代的计算机

基于集成电路的计算机短期内还不会退出历史舞台。但一些新的计算机正在跃跃欲试地加紧研究，这些计算机是：超导计算机、纳米计算机、光计算机、DNA 计算机和量子计算机等。目前推出的一种新的超级计算机采用世界上速度最快的微处理器之一，并通过一种创新的水冷系统进行冷却。IBM 公司于 2001 年 8 月 27 日宣布，他们的科学家已经制造出世界上最小的计算机逻辑电路，也就是一个由单分子碳组成的双晶体管元件。这一成果将使未来的计算机芯片变得更小、传输速度更快、耗电量更少。构成这个双晶体管的材料是碳纳米管，相当于头发丝的十万分之一的中空管体。碳纳米管是自然界中最坚韧的物质，比钢还要坚韧十倍；而且它还具有超强的半导体能力，IBM 的科学家认为将来它最有可能取代硅，成为制造计算机芯片的主要材料。将来利用碳纳米管技术制造的微处理器会使计算机变得更小、速度更快、更加节能。

在未来社会中，计算机、网络、通信技术将会三位一体化。新世纪的计算机将把人从重复、枯燥的信息处理中解脱出来，从而改变人们的工作、生活和学习方式，给人类和社会拓展更大的生存和发展空间。历史的车轮已驶入 21 世纪，我们会面对各种各样的未来计算机。

1）能识别自然语言的计算机

未来的计算机将在模式识别、语言处理、句式分析和语义分析的综合处理能力上获得重大突破。它可以识别孤立单词、连续单词、连续语言和特定或非特定对象的自然语言（包括口语）。今后，人类将越来越多地同机器对话。他们将向个人计算机“口授”信件，同洗衣机“讨论”保护衣物的程序，或者用语言“制服”不听话的录音机。键盘和鼠标的时代将渐渐结束。

2）高速超导计算机

高速超导计算机的耗电仅为半导体器件计算机的几千分之一，它执行一条指令只需十亿分之一秒，比半导体元件快几十倍。以目前的技术制造出的超导计算机的集成电路芯片只有 $3\sim5\text{mm}^2$ 大小。

3）激光计算机

激光计算机是利用激光作为载体进行信息处理的计算机，又叫光脑，其运算速度将比普通的电子计算机至少快 1000 倍。它依靠激光束进入由反射镜和透镜组成的阵列来对信息进行处理。

与电子计算机的相似之处是，激光计算机也靠一系列逻辑操作来处理和解决问题。光束在一般条件下互不干扰的特性，使得激光计算机能够在极小的空间内开辟很多平行的信息通道，密度大得惊人。

4）分子计算机

分子计算机正在酝酿。美国惠普公司和加州大学于 1999 年 7 月 16 日宣布，已成功地研制出分子计算机中的逻辑门电路，其线宽只有几个原子直径之和，分子计算机的运算速度是目前计算机的1000亿倍，最终将取代硅芯片计算机。

5）量子计算机

量子力学证明，个体光子通常不相互作用，但是当它们与光学谐腔内的原子聚在一起时，它们相互之间会产生强烈影响。光子的这种特性可用来发展量子力学效应的信息处理器件——光学量子逻辑门，进而制造量子计算机。量子计算机利用原子的多重自旋进行。量子计算机可以在量子位上计算，可以在0和1之间计算。在理论方面，量子计算机的性能能够超过任何可以想象的标准计算机。

6）DNA计算机

科学家研究发现，脱氧核糖核酸（DNA）有一种特性，能够携带生物体的大量基因物质。数学家、生物学家、化学家以及计算机专家从中得到启迪，正在合作研究制造未来的液体DNA计算机。这种DNA计算机的工作原理是以瞬间发生的化学反应为基础，通过和酶的相互作用，将发生过程进行分子编码，把二进制数翻译成遗传密码的片段，每一个片段就是著名的双螺旋的一个链，然后对问题以新的DNA编码形式加以解答。

和普通的计算机相比，DNA计算机的优点首先是体积小，但存储的信息量却超过现在世界上所有的计算机。

7）神经元计算机

人类神经网络的强大与神奇是人们所共知的。将来，人们将制造能够完成类似人脑功能的计算机系统，即人造神经元网络。神经元计算机最有前途的应用领域是国防：它可以识别物体和目标，处理复杂的雷达信号，决定要击毁的目标。神经元计算机的联想式信息存储、对学习的自然适应性、数据处理中的平行重复现象等性能都将异常有效。

8）生物计算机

生物计算机主要是以微电子技术和生物电子元件构建的计算机。它利用蛋白质有开关的特性，用蛋白质分子作元件从而制成生物芯片。其性能是由元件与元件之间电流启闭的开关速度来决定的。用蛋白质制成的计算机芯片，它的一个存储点只有一个分子大小，所以它的存储容量可以达到普通计算机的十亿倍。科学家认为，生物计算机的发展可能要经历一个较长的过程。

1.1.4 电子商务

电子商务是利用计算机技术、网络技术和远程通信技术，实现电子化、数字化和网络化、商务化的整个商务过程。电子商务是以商务活动为主体，以计算机网络为基础，以电子化方式为手段，在法律许可范围内所进行的商务活动交易过程。

电子商务通过使用互联网等电子工具，使公司内部、供应商、客户和合作伙伴之间，利用电子业务共享信息，实现企业间业务流程的电子化，配合企业内部的电子化生产管理系统，提高企业的生产、库存、流通和资金等各个环节的效率。从电子商务的含义及发展历程可以看出电子商务具有如下基本特征。

1. 普遍性

电子商务作为一种新型的交易方式，将生产企业、流通企业以及消费者和政府带入了一个网络经济、数字化生存的新天地。

2. 方便性

在电子商务环境中,人们不再受地域的限制,客户能以非常简捷的方式完成过去较为繁杂的商务活动,如通过网络银行能够全天候地存取账户资金、查询信息等,同时使企业对客户的服务质量得以大大提高。

3. 整体性

电子商务能够规范事务处理的工作流程,将人工操作和电子信息处理集成为一个不可分割的整体,这样不仅能提高人力和物力的利用率,也可以提高系统运行的严密性。

4. 安全性

在电子商务中,安全性是一个至关重要的核心问题,它要求网络能提供一种端到端的安全解决方案,如加密机制、签名机制、安全管理、存取控制、防火墙、防病毒保护等,这与传统的商务活动有着很大的不同。

5. 协调性

商务活动本身是一种协调过程,它需要客户与公司内部、生产商、批发商、零售商间的协调,在电子商务环境中,它更要求银行、配送中心、通信部门、技术服务等多个部门的通力协作,电子商务的全过程往往是一气呵成的。

6. 集成性

电子商务以计算机网络为主线,对商务活动的各种功能进行了高度的集成,同时也对参加商务活动的商务主体各方进行了高度的集成。高度的集成性使电子商务进一步提高了效率。

1.2 信息的表示和存储

计算机科学的研究主要包含信息的采集、存储、处理和运输等,而这些都与信息的量化和表示息息相关。本节会从信息的定义出发,对数据的表示、运算、存储等方法进行讲解,从而得出计算机对信息的处理方法。

1.2.1 数据与信息

信息是现代生活与计算机科学中一个非常流行的词汇,它同物质、能源一样重要,是人类生存和社会发展的三大基本资源之一。信息不仅维系着社会的生存和发展,而且在不断地推动着社会和经济的发展。数据的基础概念如表 1.2 所示。

表 1.2 数据的基础概念

概 念	说 明
数据	是对事实、概念或指令的一种特殊表达形式,这种特殊的表达形式可用人工的方式或用自动化的装置进行通信、翻译转换或者进行加工处理。它包括数字、文字、图画、声音、活动图像等
数据处理	是对数据进行加工、转换、存储、合并、分类、排序与计算的过程
信息	是对人有用的数据
媒体	是承载信息的载体。包括:感觉媒体、表示媒体、存储媒体、表现媒体、传输媒体

1.2.2 计算机中的数据

ENIAC是模块化计算机，它是一台十进制计算机，采用了10个真空管来表示一位十进制数。参与美国第一颗原子弹研制工作的数学家冯·诺依曼在研制IAS时，发觉十进制的表示和实现方式十分麻烦，故提出了二进制表示方法，从此改变了整个计算机的发展历史。

二进制只有“0”和“1”两个数，相对于十进制而言，采用二进制表示不但运算简单、易于物理实现、通用性强，更重要的优点是所占的空间和所消耗的能量小得多，机器的可靠性较高。

计算机在与外部沟通过程中会采用人们比较熟悉和方便阅读的形式，如十进制数据，但是计算机内部一般均使用二进制表达各种信息，其间的转换，主要由计算机系统的硬件和软件来实现。计算机使用的数据可以分为数值型数据和字符型数据(非数值数据)。在计算机中，不仅数值数据用二进制数来表示，字符数据也用二进制数来进行编码。

1.2.3 计算机中数据的单位

计算机内所有的信息均以二进制的形式表示，数据的最小单位是位(bit)，存储容量的基本单位是字节(Byte)。8个二进制位称为1字节，此外还有KB、MB、GB、TB等。

1. 位

位(bit)是度量数据的最小单位，在数字电路和计算机技术中采用二进制表示数据。

2. 字节

一个字节(Byte)由8位二进制数字组成(1Byte=8bit)。

计算机中数据的常用单位如表1.3所示。

表1.3 计算机中数据的常用单位

单位	说明
位(bit)	位是度量数据的最小单位，代码只有0和1，采用多个数码表示一个数，其中每一个数码为1位
字节(Byte)	字节是信息组织和存储的基本单位，也是计算机体系结构的基本单位，1字节由8位二进制数组成

【说明】

早期的计算机中没有字节的概念。在计算机内部，1字节可以表示一个数据，也可以表示一个英文字母或其他特殊字符，2字节可以表示一个汉字。

为了便于衡量存储器的大小，计算机中统一以字节(Byte，B)为单位，如表1.4所示。

表1.4 常见的存储单位

单位	名称	含义	说明
KB	千字节	$1KB=1024B=2^{10}B$	适用于文件计量
MB	兆字节	$1MB=1024KB=2^{20}B$	适用于内存、光盘计量
GB	吉字节	$1GB=1024MB=2^{30}B$	适用于硬盘计量
TB	太字节	$1TB=1024GB=2^{40}B$	适用于硬盘计量

3. 字长

随着电子技术的发展，计算机的并行能力越来越强，人们通常将计算机一次能够并行处理的二进制数称为字长，也称为计算机的一个“字”。字长是计算机的一个重要指标，直接反映一台计算机的计算能力和精度，字长越长，计算机的数据处理速度越快。计算机的字长通常是字节的整倍数，如 8 位、16 位、32 位，发展到今天，微型计算机已达到 64 位，大型计算机为 128 位。

1.2.4 字符的编码

字符包括西文字符（字母、数字、各种符号）和中文字符，即所有不可作算术运算的数据。字符编码的方法很简单，首先确定需要编码的字符总数，然后将每一个字符按顺序确定序号，序号的大小无意义，仅作为识别与使用这些字符的依据。字符形式的多少涉及编码的位数，对于西文与中文字符，由于形式不同，使用的编码也不同。

计算机以二进制数的形式存储和处理数据，因此，字符必须按特定的规则进行二进制编码才可进入计算机。

1. 西文字符的编码

用以表示字符的二进制编码称为字符编码。计算机中常用的字符（西文字符）编码有两种：EBCDIC 码和 ASCII 码，如表 1.5 所示。

表 1.5 西文字符编码

编　　码	说　　明
EBCDIC 码	广义二进制编码的十进制交换码（Extended Binary Coded Decimal Interchange Code）为国际商用机器公司（IBM）于 1963—1964 年间推出的字符编码表，根据早期打孔机式的二进制化十进制数（Binary Coded Decimal，BCD）排列而成
ASCII 码	美国信息交换标准代码（American Standard Code for Information Interchange）的英文缩写，被国际标准化组织指定为国际标准，有 7 位码和 8 位码两种版本

国际通用的是 7 位 ASCII 码。用 7 位二进制数表示一个字符的编码，共有 $2^7=128$ 个不同的编码值，相应可以表示 128 个不同字符的编码，如表 1.6 所示。

表 1.6 7 位 ASCII 代码表

$b_3b_2b_1b_0$	$b_6b_5b_4$							
	000	001	010	011	100	101	110	111
0000	NUL	DLE	Space（空格）	0	@	P	`	p
0001	SOH	DC1	!	1	A	Q	a	q
0010	STX	DC2	“	2	B	R	b	r
0011	ETX	DC3	#	3	C	S	c	s
0100	EOT	DC4	$	4	D	T	d	t
0101	ENQ	NAK	%	5	E	U	e	u
0110	ACK	SYN	&	6	F	V	f	v
0111	BEL	ETB	‘	7	G	W	g	w

续表

$b_3b_2b_1b_0$	$b_6b_5b_4$							
	000	001	010	011	100	101	110	111
1000	BS	CAN	(	8	H	X	h	x
1001	HT	EM	)	9	I	Y	i	y
1010	LF	SUB	*	:	J	Z	j	z
1011	VT	ESC	+	;	K	[	k	{
1100	FF	FS	,	<	L	"	l	|
1101	CR	GS	—	=	M	]	m	}
1110	SO	RS	.	>	N	^	n	~
1111	SI	US	/	?	O	_	o	DEL

控制字符名称及意义如表 1.7 所示。

表 1.7　控制字符名称及意义

NUL 空		VT 垂直制表		SYN 空转同步	
SOH	标题开始	FF	走纸控制	ETB	信息组传送结束
STX	正文开始	CR	回车	CAN	作废
ETX	正文结束	SO	移位输出	EM	纸尽
EOY	传输结束	SI	移位输入	SUB	换置
ENQ	询问字符	DLE	空格	ESC	换码
ACK	承认	DC1	设备控制 1	FS	文字分隔符
BEL	报警	DC2	设备控制 2	GS	组分隔符
BS	退一格	DC3	设备控制 3	RS	记录分隔符
HT	横向列表	DC4	设备控制 4	US	单元分隔符
LF	换行	NAK	否定	DEL	删除

2. 汉字的编码

我国于 1980 年发布了国家汉字编码标准 GB 2312—1980《信息交换用汉字编码字符集基本集》，简称国标码。

国标码的字符集：共收录了 7445 个图形符号和两级常用汉字等。

区位码：也称为国际区位码，是国标码的一种变形，由区号(行号)和位号(列号)构成，区位码由 4 位十进制数字组成，前两位为区号，后两位为位号。

(1) 区：阵中的每一行，用区号表示，区号范围是 1～94。

(2) 位：阵中的每一列，用位号表示，位号范围也是 1～94。

(3) 区位码：汉字的区号与位号的组合(高两位是区号，低两位是位号)。

【说明】

实际上，区位码也是一种汉字输入码，其最大的优点是一字一码，即无重码；最大的缺点是难以记忆。区位码与国标码之间的关系是：国标码＝区位码＋2020H。

3. 汉字的处理过程

从汉字编码的角度看，计算机对汉字信息的处理过程实际上是各种汉字编码间的转换过程。这些编码主要包括汉字输入码、汉字内码、汉字地址码、汉字字形码等，如图 1.2 所示。

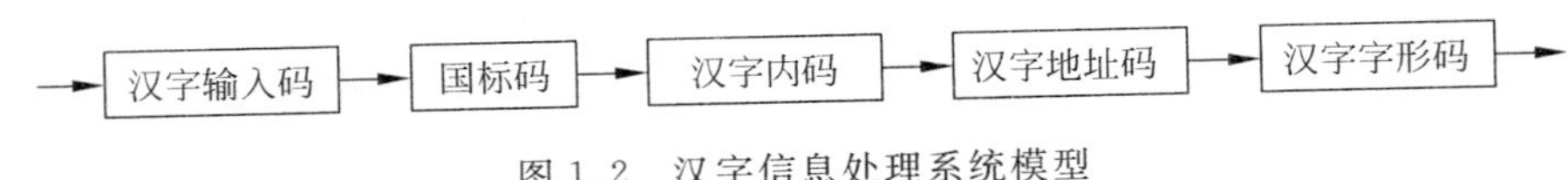

图 1.2 汉字信息处理系统模型

1) 汉字输入码

汉字输入码是为使用户能够使用西文键盘输入汉字而编制的编码,也叫外码。

好的输入码应具有编码短,可以减少按键的次数;重码少,可以实现盲打,便于学习和掌握的特点。但目前还没有一种符合上述全部要求的汉字输入编码方法。

汉字输入码有多种不同的编码方案,大致分为以下几类。

(1) 音码:以汉语拼音字母和数字为汉字编码。

(2) 音形码:以拼音为主,辅以字形、字义进行编码。

(3) 形码:根据汉字的字形结构对汉字进行编码。

(4) 数字码:直接用固定位数的数字给汉字编码。

同一个汉字在不同编码方案中的编码一般不同,例如,使用全拼输入法输入"爱"字,需要输入编码"ai"(然后选字),而用五笔字型输入法时,输入码是"ep"。

2) 汉字内码

汉字内码是为在计算机内部对汉字进行处理、存储和传输而编制的汉字编码。

汉字内码应能满足存储、处理和传输的要求,不论用何种输入码,输入的汉字在机器内部都要转换成统一的汉字内码,然后才能在机器内传输、处理。

在计算机内部,为了能够区分是汉字还是 ASCII 码,将国标码每个字节的最高位由 0 变为 1(即汉字内码的每个字节都大于 128)。

汉字的国标码与其内码的关系是:内码=汉字的国标码+8080H。

3) 汉字字形码

汉字字形码又称汉字字模,用于汉字在显示屏或打印机上输出。汉字字形码通常有两种表示方式:点阵和矢量表示方法。

当输出汉字时,计算机根据内码在字库中查到其字形码,得知字形信息,然后就可以将其显示或打印输出。

描述汉字字形的方法主要有点阵字形法和矢量表示方式。

(1) 点阵字形法:用一个排列成方阵的点的黑白来描述汉字。这种方法很简单,但放大后会出现锯齿现象,表现效果差;点阵规模越大,字形越清晰美观,所占存储空间越大,两级汉字大约占用 256KB。

(2) 矢量表示方式:描述汉字字形的轮廓特征,采用数学方法描述汉字的轮廓曲线,如在 Windows 下采用的 TrueType 技术就是汉字的矢量表示方式,它解决了汉字点阵字形放大后出现锯齿现象的问题。其字形精度高,但输出前要经过复杂的数学运算处理。要输出汉字时,通过计算机的计算,由汉字字形描述生成所需要大小和形状的汉字点阵。

4) 汉字地址码

在汉字库中,字形信息一般按一定顺序(大多数按照标准汉字国标码中汉字的排列顺序)连续存放在存储介质中。汉字地址码大多也连续有序,而且与汉字内码间有着简单的对应关系,从而简化了汉字内码到汉字地址码的转换。

4. 各种汉字编码之间的关系

汉字的输入、输出和处理的过程，实际上是汉字的各种代码之间的转换过程。汉字通过汉字输入码输入到计算机内，然后通过输入字典转换为内码，以内码的形式进行存储和处理。在汉字通信过程中，处理机将汉字内码转换为适合于通信的交换码，以实现通信处理。在汉字的显示和打印输出过程中，处理机根据汉字机内码计算出地址码，按地址码从字库中取出汉字输出码，实现汉字的显示或打印输出。

1.3 计算机硬件系统

硬件是计算机的物质基础，没有硬件就不能称其为计算机。尽管各种计算机在性能、用途和规模上有所不同，但其基本结构都遵循冯·诺依曼型体系结构，人们把符合这种设计的计算机称为冯·诺依曼模型，由此决定了计算机由输入、存储、运算、控制和输出5个部分组成。

1.3.1 运算器

运算器的基本功能是完成对各种数据的加工处理。运算器由算术逻辑单元、累加器、状态寄存器、通用寄存器等组成。算术逻辑单元的基本功能为加、减、乘、除四则运算，与、或、非、异或等逻辑操作以及移位、求补等操作，如图1.3所示。

运算器包括寄存器、执行部件和控制电路三个部分。运算器中的寄存器用于临时保存参加运算的数据和运算的中间结果等。执行部件包括一个加法器和各种类型的输入输出门电路。控制电路按照一定的时间顺序发出不同的控制信号，使数据经过相应的门电路进入寄存器或加法器，完成规定的操作。为了提高运算速度，某些大型计算机有多个运算器。它们可以是不同类型的运算器。运算器的组成取决于整机的设计思想和设计要求，采用不同的运算方法将导致不同的运算器组成。

图1.3 运算器

运算器主要由算术逻辑部件、通用寄存器组和状态寄存器组成。

(1) 算术逻辑部件(ALU)：ALU主要完成对二进制信息的定点算术运算、逻辑运算和各种移位操作。算术运算主要包括定点加、减、乘和除运算。逻辑运算主要有逻辑与、逻辑或、逻辑异或和逻辑非操作。移位操作主要完成逻辑左移和右移、算术左移和右移及其他一些位移操作。在某些机器中，ALU还要完成数值比较、变更数值符号、计算操作数在存储器中的地址等操作。ALU能处理的数据位数(即字长)与机器有关。

(2) 通用寄存器组：近期设计的机器的运算器都有一组通用寄存器，主要用来保存参加运算的操作数和运算的结果。通用寄存器均可以作为累加器使用，其数据存取速度非常快。通用寄存器可以兼作专用寄存器，包括用于计算操作数的地址。必须注意，不同的机器对通用寄存器组的使用情况和设置的个数是不相同的。

(3) 状态寄存器：状态寄存器用来记录算术、逻辑运算或测试操作的结果状态。程序设计中，这些状态通常用作条件转移指令的判断条件，又称为条件寄存器。

(4) 字长：指计算机运算部件一次能同时处理的二进制数据的位数。作为存储数据，字长越长，则计算机的运算精度越高；作为存储指令，字长越长，则计算机的处理能力越强。目前使用的 Intel 公司和 AMD 公司的微处理器的微机大多支持 32 位字长，也有支持 64 位的微机，这意味着该类型的机器可以并行处理 32 位或 64 位二进制数的算术运算和逻辑运算。

(5) 运算速度：计算机的运算速度通常是指其每秒钟所能执行的加法指令的数目，常用百万次/秒(Million Instruction Per Second，MIPS)来表示。这个指标更加直观地反映了机器的速度。

1.3.2 控制器

控制器是计算机的主要部件，它对输入的指令进行分析，并统一控制计算机的各个部件完成一定的任务。控制器是发布命令的“决策机构”，即完成协调和指挥整个计算机系统的操作，如图 1.4 所示。

图 1.4　控制器

控制器由指令寄存器、指令译码器、操作控制器和程序计数器 4 个部件组成。指令寄存器用以保存当前执行或即将执行的指令代码；指令译码器用来解析和识别指令寄存器中所存放指令的性质和操作方法；操作控制器则根据指令译码器的译码结果，产生该指令执行过程中所需的全部控制信号和时序信号；程序计数器总是保存下一条要执行的指令地址，从而使程序可以自动、持续地运行。

控制器分为组合逻辑控制器和微程序控制器，两种控制器各有长处和短处。组合逻辑控制器设计复杂，设计完成后就不能再修改和扩充，但它的速度快。微程序控制器设计简单，修改扩充都方便，修改一条机器指令的功能，只需重编所对应的微程序即可；要增加一条机器指令，只需在控制存储器中增加一段微程序。

控制器的主要功能如下。

(1) 从内存中取出一条指令，并指出下一条指令在内存中的位置。

(2) 对指令进行译码或测试，并产生相应的操作控制信号，以便启动规定的动作。

(3) 指挥并控制 CPU、内存和输入输出设备之间数据流动的方向。

1.3.3 存储器

存储器是存储程序和数据的部件，它可以自动完成程序或数据的存取。计算机中的全部信息都保存在存储器中，存储器是计算机重要的记忆设备。按用途可分为主存储器和辅助存储器两大类。内存是主板上的存储部件，用来存储当前正在执行的数据和程序，其存取速度快但容量小，关闭电源或断电数据就会流失；外存是磁性介质或光盘等部件，用来保存长期信息，它容量大存取速度慢，但断电后所保存的内容不会丢失。计算机之所以能反复执行程序或数据，就是因为存储器的存在，如图 1.5 所示。

存储器的主要功能是存储程序和各种数据，并能在计算机运行过程中高速、自动地完成程序或数据的存取。在计算机中采用只有两个数码“0”和“1”的二进制来表示数据。记忆元件的两种稳定状态分别表示为“0”和“1”。

图 1.5　存储器

1. 内存

内存又称为内存储器，通常也泛称为主存储器。内存一般采用半导体储存单元，包括只读存储器、随机存储器和高速缓冲存储器。

1）只读存储器

ROM 是只读存储器，它的特点是只能读出原有的内容，不能由用户再写入新内容。原来存储的内容是采用掩膜技术由厂家一次性写入，并永久保存下来。ROM 的地址译码器是与门的组合，它的输出是全部地址输入的最小项。下面介绍几种常用的 ROM。

（1）可编程只读存储器。

可编程只读存储器(Programmable ROM，PROM)一般可编程一次。PROM 出厂时各个存储单元皆为 1 或皆为 0。用户使用时，再使用编程的方法使 PROM 存储所需要的数据。PROM 需要用电和光照的方法来编写与存放程序和信息。但只能编写一次，第一次写入的信息被永久性地保存起来。例如，双极性 PROM 有两种结构：一种是熔丝烧断型，一种是 PN 结击穿型。它们只能进行一次性改写，一旦编程完毕，其内容便是永久性的。由于可靠性差，又是一次性编程，目前较少使用。

（2）可编程可擦除只读存储器。

可编程可擦除只读存储器(Erasable Programmable Read Only Memory，EPROM)可多次编程。这是一种便于用户根据需要来写入，并能把已写入的内容擦去后再改写，即是一种多次改写的 ROM。由于能够改写，因此能对写入的信息进行校正，在修改错误后再重新写入。擦除原存储内容的方法可以采用以下方法：电的方法(称为电可改写 ROM)或用紫外线照射的方法(称为光可改写 ROM)。光可改写 ROM 可利用高电压将资料编程写入，擦除时将线路曝光于紫外线下，则资料可被清空，并且可重复使用。通常在封装外壳上会预留一个石英透明窗以方便曝光。

（3）电子可擦除可编程只读存储器。

电子可擦除可编程只读存储器(Electrically Erasable Programmable Read-Only Memory，EPROM)的运作原理类似 EPROM，但是擦除的方式是使用高电场来完成的，因此不需要透明窗。

2）随机存储器

随机存取存储器(Random Access Memory，RAM)又称作“随机存储器”，是与 CPU 直接交换数据的内部存储器，也叫主存(内存)。它可以随时读写，而且速度很快，通常作为操作系统或其他正在运行中的程序的临时数据存储媒介。存储单元的内容可按需随意取出或存入，且存取的速度与存储单元的位置无关。这种存储器在断电时将丢失其存储内容，故主要用于存储短时间使用的程序。按照存储单元的工作原理，随机存储器又分为静态随机存储器(Static RAM，SRAM)和动态随机存储器(Dynamic RAM，DRAM)。

(1) 同步动态随机存储器。

同步动态随机存储器(Synchronous Dynamic Random Access Memory,SDRAM)中的同步是指内存工作需要同步时钟,内部命令的发送与数据的传输都以它为基准;动态是指存储阵列需要不断地刷新来保证数据不丢失;随机是指数据不是线性依次存储,而是自由指定地址进行数据读写。

(2) 双倍速率动态随机存储器。

双倍速率动态随机存储器(Double Data Rate RAM,DDRRAM)是现在的主流内存,其标识和 SDRAM 一样采用频率,DDRRAM 的运行频率主要有 100MHz、133MHz 和 166MHz 三种。由于 DDRRAM 具有双倍速率传输数据的特性,因此采用了工作效率×2 的方法,它使数据传输率达到 SDRAM 的 2 倍。仅在时钟上升沿传送。

(3) 存储器总线式动态随机存储器。

存储器总线式动态随机存储器(Rambus DRAM,RDRAM)是由 RAMBUS 公司与 Intel 公司合作提出的专利技术,它的数据传输率最高可达 800MHz,总线宽度却仅为 16b,远远小于现在的 SDRAM 的值。

3) 高速缓冲存储器

高速缓冲存储器(Cache)的原始意义是指存取速度比一般随机存取记忆体(RAM)来得快的一种 RAM,一般而言,它不像系统主记忆体那样使用 DRAM 技术,而是使用昂贵但较快速的 SRAM 技术,也有快取记忆体的名称。

高速缓冲存储器是存在于主存与 CPU 之间的一级存储器,由静态存储芯片(SRAM)组成,容量比较小但速度比主存高得多,接近于 CPU 的速度。在计算机存储系统的层次结构中,是介于中央处理器和主存储器之间的高速小容量存储器。它和主存储器一起构成一级存储器。高速缓冲存储器和主存储器之间信息的调度和传送是由硬件自动进行的。

高速缓冲存储器主要由以下三大部分组成。

(1) Cache 存储体:存放由主存调入的指令与数据块。

(2) 地址转换部件:建立目录表以实现主存地址到缓存地址的转换。

(3) 替换部件:在缓存已满时按一定策略进行数据块替换,并修改地址转换部件。

2. 外存

随着信息技术的发展,信息处理的数据量越来越大,但内存容量毕竟有限,这就需要配置另外一类存储器——外存。外存可存放大量程序和数据,且断电后数据不会丢失。常见的外存储器有硬盘、快闪存储器和光盘等。

1) 硬盘

硬盘是计算机的主要存储媒介之一,由一个或者多个铝制或者玻璃制的碟片组成。碟片外覆盖有铁磁性材料。

硬盘有固态硬盘(SSD 盘,新式硬盘)、机械硬盘(HDD,传统硬盘)、混合硬盘(HHD,一块基于传统机械硬盘诞生出来的新硬盘)。SSD 采用闪存颗粒来存储,HDD 采用磁性碟片来存储,HHD 是把磁性硬盘和闪存集成到一起的一种硬盘。绝大多数硬盘都是固定硬盘,被永久性地密封固定在硬盘驱动器中。

(1) 硬盘的结构和原理:一块硬盘内部包含多个盘片,这些盘片被安装在一个同心轴上,每个盘片有两个盘面,每个盘面被划分为磁道和扇区。磁盘的读写物理单位是按扇区进行读写。每个盘面有一个读写磁头，所有磁头保持同步工作状态，即在任何时刻，所有的磁头都保持在同盘面的同一磁道。硬盘读写数据时，磁头与磁盘表面始终保持一个很小的间隙，实现非接触式读写。维持这种微小的间隙，靠的不是驱动器的控制电路，而是硬盘高速旋转时带动的气流。由于磁头很轻，硬盘旋转时，气流将始终使磁头漂浮在磁盘表面。其主要特点是将盘片、磁头、电机驱动部件乃至读写电路等做成一个不可随意拆卸的整体，并密封起来，所以防尘性能好、可靠性高，对环境要求不高。

(2) 硬盘的容量：一个硬盘的容量是由以下几个参数决定的，即磁头数 H(Heads)、柱面数 C(Cylinders)、每个磁道的扇区数 S(Sectors)和每个扇区的字节数 B(Bytes)。将以上几个参数相乘，乘积就是硬盘容量。即硬盘总容量＝磁头数(H)×柱面数(C)×磁道扇区数(S)×每扇区字节数(B)。

(3) 硬盘接口：硬盘与主板的连接部分就是硬盘接口，常见的有高级技术附件(Advanced Technology Attachment，ATA)、串行高级技术附件(Serial ATA，SATA)和小型计算机系统接口(Small Computer System Interface，SCSI)。ATA 和 SATA 接口的硬盘主要应用在个人计算机上，SCSI 接口的硬盘主要应用于中、高端服务器和高档工作站中。硬盘接口的性能指标主要是传输率，也就是硬盘支持的外部传输速率。以前常用的 ATA 接口采用传统的 40 脚并口数据线连接主板和硬盘，外部接口速率最大为 133Mb/s。ATA 并口线的抗干扰性太差，且排线占空间，不利于计算机散热，故其逐渐被 SATA 取代。SATA 又称串口硬盘，它采用串行连接方式，传输率为 150Mb/s。SATA 总线使用嵌入式时钟信号，具备更强的纠错能力，而且还具有结构简单、支持热插拔等优点。目前最新的 SATA 标准是 SATA 3.0，传输率为 6Gb/s。SCSI 是一种广泛应用于小型计算机上的高速数据传输技术。SCSI 接口具有应用范围广、多任务、带宽大、CPU 占用率低以及热插拔等优点。

(4) 硬盘转速：指硬盘内电机主轴的旋转速度，也就是硬盘盘片在一分钟内旋转的最大转数。转速快慢是标志硬盘档次的重要参数之一，也是决定硬盘内部传输率的关键因素之一，在很大程度上直接影响到硬盘的速度。硬盘转速单位为 r/min(Revolutions Per Minute，转每分钟)。普通硬盘转速一般有 5400r/m 和 7200r/m 两种。其中，7200r/m 高转速硬盘是台式计算机的首选，笔记本电脑则以 4200r/m 和 5400r/m 为主。虽然已经发布了 7200r/m 的笔记本电脑硬盘，但由于噪声和散热等问题，尚未广泛使用。服务器中使用的 SCSI 硬盘转速大多为 10 000r/m，最快为 15 000r/m，性能远超出普通机器。

2) 快闪存储器

快闪存储器(Flash Memory)是一种新型非易失性半导体存储器(通常称 U 盘)。它是 EEPROM 的变种。Flash Memory 与 EEPROM 不同的是，它能以固定区块为单位进行删除和重写，而不是整个芯片擦写。它既继承了 RAM 存储器速度快的优点，又具备了 ROM 的非易失性，即在无电源状态仍能保持片内信息，不需要特殊的高电压就可实现片内信息的擦除和重写。另外，可以通过 USB 接口即插即用，当前的计算机都配有 USB 接口，在 Windows XP 操作系统下，无需驱动程序，通过 USB 接口即插即用，使用非常方便。近几年来，更多小巧、轻便、价格低廉、存储量大的移动存储产品在不断涌现和普及。

3) 光盘

光盘是以光信息作为存储的载体并用来存储数据的一种物品，分为不可擦写光盘，如

CD-ROM、DVD-ROM 等，以及可擦写光盘，如 CD-RW、DVD-RAM 等。

光盘是利用激光原理进行读、写的设备，是迅速发展的一种辅助存储器，可以存放各种文字、声音、图形、图像和动画等多媒体数字信息。

1.3.4 输入输出设备

1. 输入设备

输入设备用来向计算机输入数据和信息。其主要作用是把人们可读的信息(命令、程序、数据、文本、图形、图像、音频和视频等)转换为计算机能识别的二进制代码输入计算机，供计算机处理，是人与计算机系统之间进行信息交换的主要装置之一。例如，用键盘输入信息时，按它的每个键位都能产生相应的电信号，再由电路板转换成相应的二进制代码送入计算机。目前常用的输入设备有键盘、鼠标、触摸屏、摄像头、扫描仪、光笔、手写输入板、游戏杆、语音输入装置等，还有脚踏鼠标、手触输入传感等，其姿态越来越自然，使用越来越方便。

2. 输出设备

输出设备是将各种计算结果数据或信息以数字、字符、图像、声音等形式表示出来。输出设备的主要功能是将计算机处理后的各种内部格式的信息转换为人们能识别的形式(如文字、图形、图像和声音等)表达出来。例如，在纸上打印出印刷符号或在屏幕上显示字符、图形等。输出设备是人与计算机交互的部件，除常用的输出设备如显示器、打印机外，还有绘图仪、影像输出、语音输出、磁记录设备等。例如，显示器也称监视器，是微机中最重要的输出设备之一，也是人机交互必不可少的设备，显示器可用于显示文本、数字、图形、图像和视频等多种不同形式的信息。

1.3.5 计算机的结构

1. 直接连接

最早的计算机基本上采用直接连接的方式，运算器、存储器之中任意两个组成部件，相互之间基本上都有单独的连接，这样的结构可以获得最高的连接速度，但不易扩展。冯·诺依曼在 1952 年研制的计算机 IAS，基本上就采用了直接连接的结构。IAS 是计算机发展史上最重要的发明之一，它是世界上第一台利用控制器和外部设备等组成部件采用二进制的存储程序计算机，也是第一台将计算机分成运算器、控制器、存储器、输入设备和输出设备等组成部分的计算机，后来把符合这种设计的计算机称为冯·诺依曼机。IAS 是现代计算机的原型，大多数现代计算机仍在采用这样的设计。

2. 总线结构

现代计算机普遍采用总线结构。所谓总线(Bus)就是系统部件之间传送信息的公共通道，各部件由总线连接并通过它传递数据和控制信号。总线经常被比喻为“高速公路”。它包含运算器、控制器、存储器和 I/O 部件之间进行信息交换和控制传递所需要的全部信号。按照信号的性质划分，总线一般又分为如下三部分。

1) 数据总线

数据总线用于传送数据信息。数据总线是双向三态形式的总线，即它既可以把 CPU 的数据传送到存储器或输入输出接口等其他部件，也可以将其他部件的数据传送到 CPU。数据总线的位数是微型计算机的一个重要指标，通常与微处理的字长相一致。例如，Intel

8086 微处理器字长 16 位，其数据总线宽度也是 16 位。需要指出的是，数据的含义是广义的，它可以是真正的数据，也可以是指令代码或状态信息，有时甚至是一个控制信息，因此，在实际工作中，数据总线上传送的并不一定仅仅是真正意义上的数据。

2）地址总线

地址总线是 CPU 向主存储器和 I/O 接口传送地址信息的公共通路。地址总线传送地址信息，地址是识别信息存放位置的编号，地址信息可能是存储器的地址，也可能是 I/O 接口的地址：它是自 CPU 向外传输的单向总线。由于地址总线传输地址信息，所以地址总线的位数决定了 CPU 可以直接寻址的内存范围。

3）控制总线

控制总线是一组用来在存储器、运算器、控制器和 I/O 部件之间传输控制信号的公共通路。控制总线是 CPU 向主存储器和 I/O 接口发出命令信号的通道，又是外界向 CPU 传送状态信息的通道。

1.4 计算机软件系统

系统软件是管理、监控和维护计算机资源，使计算机能够正常工作的程序及相关数据的集合，它又包括操作系统与各种程序设计语言。

计算机系统由计算机硬件和软件两部分组成。硬件主要包括中央处理器、存储器和外部设备等。硬件系统也称为裸机，裸机只能识别由 0 和 1 组成的机器代码。软件是一种按照特定顺序组织的计算机数据和指令的集合，没有软件系统的计算机是无法工作的，充其量只是一台机器。

1.4.1 软件的概念

软件是利用计算机本身提供的逻辑功能，合理地组织计算机的工作，简化或代替人们在使用计算机过程中的各个环节，提供给用户的一个便于掌握操作的工作环境。不论是支持计算机工作还是支持用户应用的程序都是软件。

1. 程序

程序是对计算任务的处理对象和处理规则的描述，必须装入机器内部才能工作。它控制着计算机的工作流程，实现一定的逻辑功能，完成特定的设定任务，就算计算题也要完成模型抽象、算法分析和程序编写三个过程。

2. 程序设计语言

程序设计语言是用于书写计算机程序的语言。语言的基础是一组记号和一组规则。根据规则由记号构成的记号串的总体就是语言。在程序设计语言中，这些记号串就是程序。程序设计语言有三个方面的因素，即语法、语义和语用。语法表示程序的结构或形式，亦即表示构成语言的各个记号之间的组合规律，但不涉及这些记号的特定含义，也不涉及使用者。语义表示程序的含义，亦即表示按照各种方法所表示的各个记号的特定含义，但不涉及使用者。

程序设计语言的基本成分有如下 4 种。

（1）**数据成分**：用以描述程序中所涉及的数据。

（2）**运算成分**：用以描述程序中所包含的运算。

（3）**控制成分**：用以表达程序中的控制构造。

（4）**传输成分**：用以表达程序中数据的传输。

程序设计语言主要有以下几种类型。

（1）**机器语言**：计算机能直接执行的、由一串“0”或“1”所组成的二进制程序或指令代码，是一种低级语言。

（2）**高级语言**：按照一定的“语法规则”、由表达各种意义的“词”和“数学公式”组成的、易被人们理解的程序设计语言，需经编译程序翻译成目标程序（机器语言）才能被计算机执行，如 FORTRAN、C、BASIC 等。

（3）**汇编语言**：一种用符号表示的、面向机器的低级程序设计语言，需经汇编程序翻译成机器语言程序才能被计算机执行。

3. 进程与线程

（1）**进程**：进程是一个具有一定独立功能的程序关于某个数据集合的一次运行活动。它是操作系统动态执行的基本单元，在传统的操作系统中，进程既是基本的分配单元，也是基本的执行单元。

（2）**线程**：线程有时被称为轻量级进程（Lightweight Process，LWP），是程序执行流的最小单元。一个标准的线程由线程 ID、当前指令指针（PC）、寄存器集合和堆栈组成。另外，线程是进程中的一个实体，是被系统独立调度和分派的基本单位，线程自己不拥有系统资源，只拥有一点儿在运行中必不可少的资源，但它可与同属一个进程的其他线程共享进程所拥有的全部资源。一个线程可以创建和撤销另一个线程，同一进程中的多个线程之间可以并发执行。由于线程之间的相互制约，致使线程在运行中呈现出间断性。

（3）**内核态和用户态**：计算机世界中的各程序之间的等级差别。

1.4.2 软件系统及其组成

软件是用户和硬件之间的接口（或界面），用户通过软件能够使用计算机硬件资源。可见，软件是计算机系统设计的重要依据。软件主要分为系统软件和应用软件。

1. 系统软件

系统软件是指控制和协调计算机及外部设备，支持应用软件开发和运行的系统，是无须用户干预的各种程序的集合，主要功能是调度、监控和维护计算机系统；负责管理计算机系统中各种独立的硬件，使得它们可以协调工作。系统软件使得计算机使用者和其他软件将计算机当作一个整体而不需要顾及底层每个硬件是如何工作的。

系统软件主要包括操作系统、语言处理系统、数据库管理系统和系统辅助处理程序等。

系统软件在为应用软件提供上述基本功能的同时，也进行着对硬件的管理，使在一台计算机上同时或先后运行的不同应用软件有条不紊地合用硬件设备。例如，两个应用软件都要向硬盘存入和修改数据，如果没有一个协调管理机构来为它们划定区域的话，必然形成互相破坏对方数据的局面。

有代表性的系统软件有以下几种。

1）操作系统

操作系统管理计算机的硬件设备，使应用软件能方便、高效地使用这些设备。在微机上常见的有DOS、Windows、UNIX、OS/2等。在计算机软件中最重要且最基本的就是操作系统(OS)。它是最底层的软件,它控制所有计算机运行的程序并管理整个计算机的资源,是计算机裸机与应用程序及用户之间的桥梁。没有它,用户也就无法使用某种软件或程序。操作系统是计算机系统的控制和管理中心,从资源角度来看,它具有处理机、存储器管理、设备管理、文件管理等4项功能。常用的系统有DOS操作系统、Windows操作系统、UNIX操作系统和Linux、NetWare等操作系统。

2) 语言处理系统

CPU执行每一条指令都只完成一项十分简单的操作,一个系统软件或应用软件,要由成千上万甚至上亿条指令组合而成。直接用基本指令来编写软件,是一件极其繁重而艰难的工作。计算机只能直接识别和执行机器语言,因此要在计算机上运行高级语言程序就必须配备程序语言翻译程序,翻译程序本身是一组程序,不同的高级语言都有相应的翻译程序。如汇编语言汇编器,C语言编译、连接器等。为了提高效率,人们规定了一套新的指令,称为高级语言,其中每一条指令完成一项操作,这种操作相对于软件总的功能而言是简单而基本的,而相对于CPU的一项操作而言又是复杂的。用这种高级语言来编写程序(称为源程序)就像用预制板代替砖块来造房子,效率要高得多。但CPU并不能直接执行这些新的指令,需要编写一个软件,专门用来将源程序中的每条指令翻译成一系列CPU能接受的基本指令(也称机器语言),使源程序转换成能在计算机上运行的程序。完成这种翻译的软件称为高级语言编译软件,通常把它们归入系统软件。目前常用的高级语言有VB、C++、Java等,它们各有特点,分别适用于编写某一类型的程序,它们都有各自的编译软件。

3) 数据库管理系统

数据库管理系统有组织地、动态地存储大量数据,使人们能方便、高效地使用这些数据。数据库管理系统是一种操纵和管理数据库的大型软件,用于建立、使用和维护数据库。FoxPro,Access,Oracle,Sybase,DB2和Informix则是数据库系统。

4) 系统辅助处理程序

系统辅助处理程序也称为“软件研制开发工具”“支持软件”“软件工具”,主要有编辑程序、调试程序、装备和连接程序。

2. 应用软件

应用软件是和系统软件相对应的,是用户可以使用的各种程序设计语言以及用各种程序设计语言编制的应用程序的集合,分为应用软件包和用户程序。应用软件包是利用计算机解决某类问题而设计的程序的集合,供多用户使用。

应用软件是为满足用户不同领域、不同问题的应用需求而提供的那部分软件。它可以拓宽计算机系统的应用领域,放大硬件的功能。

1) 办公软件

例如,文字处理软件、表格制作软件、幻灯片制作软件、数学公式创建编辑器,绘图公式基础数据库,档案管理系统、文本编辑器。

2) 互联网软件

例如,即时通信软件、电子邮件客户端、网页浏览器、客户端下载工具。

3) 多媒体软件

例如,媒体播放器、图像编辑软件、音频编辑软件、视频编辑软件、计算机辅助设计软件、计算机游戏软件、桌面排版软件。

4）分析软件

例如，计算机代数系统、统计软件、数据分析软件、计算机辅助工程设计软件。

5）协作软件

例如，协作产品开发软件。

6）商务软件

例如，会计软件、企业工作流程分析软件、客户关系管理软件、企业资源规划软件、供应链管理软件、产品生命周期管理软件。

1.5 多媒体技术

多媒体技术的发展改变了计算机的使用领域，使计算机由办公室、实验室中的专用品变成了信息社会的普通工具，广泛应用于工业生产管理、学校教育、公共信息咨询等领域。

1.5.1 多媒体的基本概念

多媒体是一种以交互方式将文本、图形、图像、音频、视频等多种媒体信息，经过计算机设备的获取、操作、存储等综合处理后，以单独或合成的形式表示的技术和方法。

多媒体计算机除了常规的硬件，如主机、硬盘驱动器、显示器、网卡之外，还有音频信息处理硬件、视频信息处理硬件及光盘驱动器等部分。

1. 声卡

声卡也叫音频卡（港台地区称之为声效卡）。声卡是多媒体技术中最基本的组成部分，是实现声波/数字信号相互转换的一种硬件。声卡的基本功能是把来自话筒、磁带、光盘的原始声音信号加以转换，输出到耳机、扬声器、扩音机、录音机等声响设备，或通过音乐设备的数字接口（MIDI）使乐器发出美妙的声音，如图 1.6 所示。

2. 视频卡

视频卡用来支持视频信号（如电视）的输入与输出，如图 1.7 所示。

图 1.6　音频卡

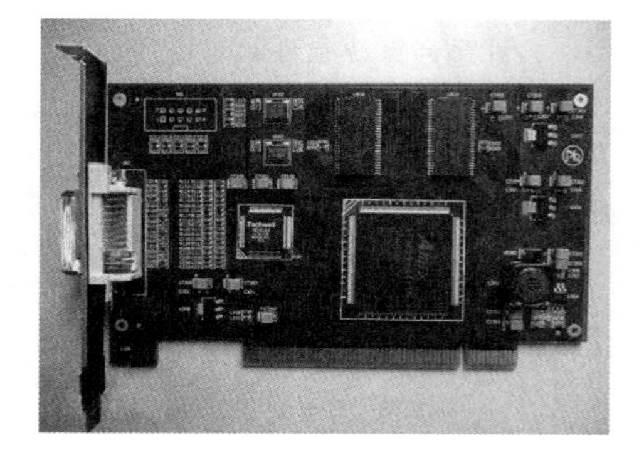

图 1.7　视频卡

3. 采集卡

采集卡能将电视信号转换成计算机能识别的数字信号，便于使用软件对转换后的数字信号进行剪辑、加工和色彩控制,还可以将处理后的数字信号输出到录像带中。

4. 扫描仪

扫描仪是利用光电技术和数字处理技术,以扫描方式将图形或图像信息转换为数字信号的装置。扫描仪通常被用于计算机外部仪器设备,通过捕获图像并将其转换成计算机可以显示、编辑、存储和输出的数字化输入设备。照片、文本页面、图纸、美术图画、照片底片、菲林软片,甚至纺织品、标牌面板、印制板样品等都可作为扫描对象,经扫描仪可提取和将原始的线条、图形、文字、照片、平面实物转换成可以编辑及加入文件中。扫描仪属于计算机辅助设计(CAD)中的输入系统,通过计算机软件和计算机输出设备(激光打印机、激光绘图机)接口,组成印前计算机处理系统,而适用于办公自动化(OA),广泛应用在标牌面板、印制板、印刷行业等,如图 1.8 所示。

5. 光驱

光驱是计算机用来读写光碟内容的机器,也是在台式计算机和笔记本电脑里比较常见的一个部件。随着多媒体的应用越来越广泛,使得光驱在计算机诸多配件中已经成为标准配置。光驱可分为 CD-ROM 驱动器、DVD 光驱(DVD-ROM)、康宝(COMBO)、蓝光光驱(BD-ROM)和刻录机等,如图 1.9 所示。

图 1.8　扫描仪

图 1.9　光驱

1.5.2　多媒体的特性

与传统媒体相比,多媒体具有集成性、控制性、非线性、交互性、互动性、实时性、信息使用的方便性、信息结构的动态性等特点。其中,集成性和交互性是多媒体的精髓所在。

1. 集成性

能够对信息进行多通道统一获取、存储、组织与合成。

2. 控制性

多媒体技术是以计算机为中心,综合处理和控制多媒体信息,并按人的要求以多种媒体形式表现出来,同时作用于人的多种感官。

3. 交互性

交互性是多媒体应用有别于传统信息交流媒体的主要特点之一。传统信息交流媒体只能单向地、被动地传播信息,而多媒体技术则可以实现人对信息的主动选择和控制。

4. 非线性

多媒体技术的非线性特点将改变人们传统循序性的读写模式。以往人们的读写方式大都采用章、节、页的框架,循序渐进地获取知识,而多媒体技术将借助超文本链接(Hyper

Text Link)的方法,把内容以一种更灵活、更具变化的方式呈现给读者。

5. 实时性

当用户给出操作命令时,相应的多媒体信息都能够得到实时控制。

6. 信息使用的方便性

用户可以按照自己的需要、兴趣、任务要求、偏爱和认知特点来使用信息,选取图、文、声等信息表现形式。

7. 信息结构的动态性

"多媒体是一部永远读不完的书",用户可以按照自己的目的和认知特征重新组织信息,增加、删除或修改节点,重新建立链接。

1.5.3 多媒体的数字化

在计算机和通信领域,最基本的三种媒体是声音、图像和文本。

1. 声音的数字化

数字声音即以 MP3 格式、WAV 等类型的编码技术对模拟声音进行采样、量化、压缩及还原的声音。其有以下几种常见格式。

(1) **WAV**:该格式记录声音的波形,声音文件能够和原声基本一致,质量非常高,主要应用于需要忠实记录原声的地方,但文件所占空间很大。

(2) **MP3**:一种压缩储存声音的文件格式,是音频压缩的国际标准,特点是声音失真小、文件小。

(3) **MIDI**:是数字音乐/电子合成乐器的统一国际标准。MIDI 格式文件存储的是一系列指令,不是波形,因此它需要的磁盘空间非常小,主要用于音乐制作、游戏配乐等。

(4) **RA 或 RM**:该格式文件在网上播放时,能够边下载边播放,也被称为"流"式声音。

(5) **WMA**:是微软公司推出的与 MP3 格式齐名的一种新的音频格式。由于 WMA 格式在压缩比和音质方面都超过了 MP3 格式,更是远胜于 RA(Real Audio)格式,即使在较低的采样频率下也能产生较好的音质。

(6) **CD 音轨**:是能够在计算机上播放的音质最好的音频节目源之一,每张 CD 唱片可以储存约一小时的高保真音频。注意,CD 唱片中的音频信息的保存形式是 CD 音轨,不是计算机系统能够直接识别的声音文件。

2. 图像的数字化

1) 图像数字化的对象

(1) 模拟图像:空间上连续/不分割、信号值不分等级的图像。

(2) 数字图像:空间上被分割成离散像素,信号值分为有限个等级、用数码 0 和 1 表示的图像。

2) 图像数字化的意义

图像数字化是将模拟图像转换为数字图像。图像数字化是进行数字图像处理的前提。图像数字化必须以图像的电子化作为基础,把模拟图像转变成电子信号,随后才将其转换成数字图像信号。

3) 图像数字化的方法

图像信息采集技术运用的主要方法是扫描技术,该技术已非常成熟。另外的方法是直接运用数字摄影技术。

4）图像数字化概念

图像的模拟/数字转换：将模拟图像信号转换为数字图像信号的过程和技术。

过程：模拟/数字(A/D)转换分为三步，即模拟信号采样、量化、编码。

采样：按照某种时间间隔或空间间隔，采集模拟信号的过程（空间离散化）。

量化：将采集到的模拟信号归到有限个信号等级上（信号值等级有限化）。

编码：将量化的离散信号转换成用二进制数码0/1表示的形式。

采样频率：单位时间或单位长度内的采样次数。

量化位数：模拟信号值划分的等级数。一般按二进制位数衡量。量化位数决定了图像阶调层次级数的多少。

5）数字视频文件

AVI文件（Microsoft的标准）：可用Windows 98中的媒体播放机播放。

MOV文件（Apple的标准）：安装专门的驱动程序后播放。

MPEG文件（VCD标准）：可用XING软件在Windows 95中播放。

6）图像文件格式

（1）位图：是图像在计算机内存中的一种表示方法，每个图像元素都被表示成数个位而存于内存中。位图采用的是写实的手法，忠实地记录每个像素的颜色，再把这些像素点组合成一幅图像。一般用来表达真实的照片，也可以表现复杂绘画的某些细节。位图可以用扫描仪、视频采集设备和绘图软件手工制作。常用的位图制作软件有Photoshop、Publisher等，它们可对位图进行特殊效果处理。

位图文件常见格式：BMP、PCX、GIF、TIF、JPG。

（2）矢量图：采用的是一种计算的方法，它记录的是生成图形的算法，每次显示时都要重新计算再生成。无论如何放大图形，矢量图打印出来时都不会失真。常用的矢量图制作软件有：CorelDRAW、Freehand等。

矢量图文件常见格式：CDR、AI、FHX。

同样一张图，用位图格式表示所占内存大，但显示速度快；用矢量图格式表示所占内存小，但显示速度慢（因需要计算再生成）。

3. 多媒体计算机的组成

多媒体计算机的基本硬件组成如下。

PC＋声频卡（及音箱）＋CD-ROM驱动器＋视频卡（可选）＋电影解压卡（可选）

1）声频卡

声频卡的主要功能有如下几种。

（1）将话筒或音响输入的声音进行数字化处理并将处理后的数字波形声音还原为模拟信号声音，经功率放大后输出；

（2）可外接MIDI键盘，将弹奏的乐曲以MIDI形式输入计算机并合成为音乐声音后输出；

（3）与CD-ROM相连直接播放激光唱片的声音。

2）视频卡

视频卡（视卡）是计算机中将采集到的视频信息（特指运动图像）进行数字化处理和实时

压缩编码所用的硬件。一般的计算机用户不配视频卡(注意不要与显示卡搞混,显示卡是与微机显示器相对应的部件)。

3) 电影解压卡

电影解压卡是利用硬解压方式看 VCD 小影碟时所用的硬件,直接插在计算机主板上。其工作原理是:影片的视频和音频信息是用 MPEG 技术压缩在 VCD 光盘中的,计算机通过光驱读取这些数据后,解压卡使用 MPEG 实时解压缩技术对数据进行快速解码,再把解码后的音频和视频数据分别送到音频转换器和显示卡。解压卡每秒钟能连续播放 20 帧或 30 帧的全屏幕彩色视频图像及其立体声配音。若想用低档微机看 VCD 必须配此卡。用电影解压卡看 VCD 时,图像和声音都是由电影解压卡直接解压播放的,与显示卡、声卡无关。

【注意】 一般高档计算机可以不配电影解压卡而用软件解压方式看 VCD,但必须配声卡。

1.5.4 多媒体的操作与应用

目前,由于多媒体在生活中的广泛运用,人们应该更多地学习多媒体的使用操作技术,更多地了解多媒体技术的应用。

1. 多媒体实用操作

(1) 更改操作系统中事件的声音。

(2) 在文档中加入 WAVE、MIDI 或 AVI 格式的文件。

(3) 为解说词配背景音乐。

(4) 在计算机上唱卡拉 OK。

(5) 通过计算机在电视上看 VCD。

(6) 将 VCD 转录到录像带上。

(7) 将计算机与家中高级音响连接起来听音乐。

(8) 用视频捕捉卡将摄像机拍摄的录像制作成计算机中的小电影。

(9) 计算机画像(用摄像头捕捉图像,再通过彩色打印机打印出来)。

(10) 用计算机创作音乐。

(11) 用计算机收看电视。

2. 多媒体技术的应用

目前,多媒体技术的应用领域十分广泛,主要有多媒体出版物、多媒体广播电视、电子出版物及多媒体通信等。

1) 多媒体出版物

以光盘为载体的多媒体电子出版物:各种文化、娱乐作品。

以国际互联网为载体的电子网络出版物:订阅报纸、杂志、书籍等。

2) 多媒体广播电视

数字音频广播:不仅音质好,而且在听到声音的同时,还可以看到文字、图形。

数字电视:不仅可以看到更多、更清晰的电视节目,还可以点播电视、实时响应用户中断。

3) 多媒体通信

如可视电话、视频会议、远程会诊、远程教学等。

1.6 计算机病毒及其防治

1.6.1 计算机病毒的特征和分类

20 世纪 60 年代，被称为计算机之父的数学家冯·诺依曼在《计算机与人脑》一书中论述了程序能够在内存中进行繁殖活动的理论。计算机病毒的出现和发展是计算机软件技术发展的必然结果。

1. 病毒的定义

病毒是一些人蓄意编制的一种寄生性的计算机程序，它能在计算机系统中生存，通过自我复制来传播，在一定条件下被激活，会给计算机系统造成一定损害，甚至严重破坏。据估计，至今在计算机上流行的病毒已有一万多种，且每天有 5～7 种新病毒产生。

2. 计算机病毒的特点

计算机病毒一般具有 4 个特点：寄生性、破坏性、潜伏性、隐蔽性。

1）寄生性

计算机病毒寄生在其他程序之中，当执行该程序时，病毒就被激活并起破坏作用，而在未启动这个程序之前，它是不易被人发觉的。

2）破坏性

病毒既会对计算机的系统进行破坏，还会对磁盘中的数据进行破坏，并使数据不能被恢复，以致给用户带来极大的损失。

3）潜伏性

有些病毒像定时炸弹一样，其发作时间是预先编制好的，不到预定时间无法觉察，等到条件具备的时候便会发作，并对系统进行破坏。

4）隐蔽性

计算机病毒具有很强的隐蔽性，有的可以通过杀毒软件检测出来，有的并不会被查出，有的时隐时现，这类病毒处理起来通常很困难。

3. 计算机病毒的分类

根据多年来专家对于计算机病毒的研究，按照科学的、系统的、严谨的方法，计算机病毒分类如下。

1）根据病毒存在的媒体分类

根据病毒存在的媒体，病毒可以划分为网络病毒、文件病毒、引导型病毒。

2）根据病毒破坏的能力分类

（1）**无害型**：除了传染时减少磁盘的可用空间外，对系统没有其他影响。

（2）**无危险型**：这类病毒仅仅是减少内存、显示图像、发出声音及同类音响。

（3）**危险型**：这类病毒在计算机系统操作中会造成严重的错误。

（4）**非常危险型**：这类病毒删除程序、破坏数据、清除系统内存区和操作系统中重要的信息。

3）根据病毒特有的算法分类

（1）**伴随型病毒**：这一类病毒并不改变文件本身，它们根据算法产生 EXE 文件的伴随体，具有同样的名字和不同的扩展名(COM),例如,XCOPY. EXE 的伴随体是 XCOPY. COM。

(2) **蠕虫型病毒**:通过计算机网络传播,不改变文本和资料信息,利用网络从一台机器的内存传播到其他机器的内存,计算网络地址,将自身的病毒通过网络发送。有时它们在系统中存在,一般除了内存不占用其他资源。

(3) **寄生型病毒**:除了伴随型和蠕虫型,其他病毒均可称为寄生型病毒,它们依附在系统的引导扇区或文件中,通过系统的功能进行传播。

(4) **练习型病毒**:病毒自身包含错误,不能进行很好的传播,例如一些病毒在调试阶段,还不具备发作的条件。

(5) **诡秘型病毒**:它们一般不直接修改 DOS 中断和扇区数据,而是通过设备技术和文本缓冲区等 DOS 内部修改,不易看到资源,使用比较高级的技术。利用 DOS 空闲的数据区进行工作。

(6) **变型病毒(又称幽灵病毒)**:这一类病毒使用一个复杂的算法,使自己每传播一份都具有不同的内容和长度。

4. 计算机病毒的主要表现

一般情况下,计算机病毒总是依附于某一系统软件或用户程序进行繁殖和扩散,计算机病毒发作时危及计算机的正常工作,破坏数据与程序,侵犯计算机资源。计算机在感染计算机病毒后,总是有一定规律地出现异常现象。主要症状如下。

(1) 屏幕出现异常情况,如出现异常图形、异常滚动、异常的信息提示。

(2) 系统运行异常,如速度突然减慢、异常死机、系统不能启动。

(3) 磁盘存取异常,如磁盘空间异常减少、读写异常、磁盘驱动器“丢失”。

(4) 文件异常,如文件长度无故加长、文件无故变化或丢失。

(5) 打印机异常,如系统丢失打印机、打印机状态发生变化、无故打不出汉字、蜂鸣器无故发声。

计算机病毒的表现症状很多,也很复杂。不同的病毒有自己独特的表现形式,只有在使用计算机系统的过程中不断地总结经验,认真而仔细地观察运行的系统,才能及早发现病毒的入侵,防止病毒的蔓延。

1.6.2 计算机病毒的防治与清除

1. 病毒的防治与清除

(1) **病毒的预防**:不在计算机上使用带病毒的光盘(不要轻易使用来历不明的光盘),经常对计算机进行病毒检测,在自己的计算机上安装防病毒软件。

(2) **病毒的清除**:当发现计算机有异常情况时,用正版杀毒软件对计算机进行一次全面的清查,注意不要用那些盗版的、解密的、从别处复制的杀毒软件。

2. 数据的安全维护

由于计算机硬件故障、病毒、用户误操作等多种意外情况都会导致计算机中的系统数据或其他重要数据丢失或破坏,为安全起见,应将硬盘上的有用数据定期地复制到其他的存储设备上,如磁带、ZIP、MO 等设备上,并放在安全的地方保管。平时对这些数据备份介质,也要防止霉变和其他自然灾害。

3. 软件的法律保护

可用于保护计算机软件的法律有三种：著作权法、专利法、商业秘密法。1991年6月由国务院正式颁布了《计算机软件保护条例》，作为我国保护软件著作权的专门性行政法规。

1.7 Internet 基础及应用

Internet(因特网)是20世纪最伟大的发明之一。它由成千上万个计算机网络组成，覆盖范围从大学校园网、商业公司的局域网到大型的在线服务提供商，几乎涵盖了社会的各个应用领域(如政务、军事、科研、文化、教育、经济、新闻、商业和娱乐等)。人们只需使用鼠标、键盘，就可以从Internet上找到所需信息，可与世界另一端的人们通信交流，一起参加视频会议。Internet已经深深地影响和改变了人们的工作、生活方式，并正以极快的速度不断发展和更新。

1.7.1 计算机网络的概念、组成及分类

1. 计算机网络

计算机网络是计算机技术与通信技术高度发展、紧密结合的产物，是将分布在不同的地理位置、具有独立功能的多台计算机通过外部设备和通信线路连接起来，从而实现资源共享和信息传递的计算机系统。计算机网络主要具有以下特点。

(1) **可靠性**：在一个网络系统中，若网络中的一条链路发生故障，可以选择其他通信链路来连接。

(2) **独立性**：网络系统中各个相连的计算机是相互独立的，但又互相联系。

(3) **扩充性**：在计算机网络系统中，人们能够很方便地接入新的计算机，从而达到扩充网络系统功能的目的。

(4) **高效性**：在网络系统中，相连的计算机可以互相传送数据信息，使得相距很远的计算机之间能够及时、快速地交换数据。

(5) **廉价性**：计算机网络使微机用户能够分享到大型计算机的功能特性，充分体现了网络系统的群体优势，使之能节省投资和降低成本。

(6) **分布性**：将分布在不同地理位置的计算机进行互连，可将大型、复杂的综合性问题实行分布式处理。

(7) **易操作性**：掌握网络使用技术比掌握大型计算机使用技术简单，实用性也强。

2. 数据通信

数据通信是通信技术和计算机技术相结合而产生的一种新的通信方式。要在两地间传输信息必须有传输信道，根据传输媒体的不同，分为有线数据通信与无线数据通信。但它们都是通过传输信道将数据终端与计算机连接起来，而使不同地点的数据终端实现软、硬件和信息资源的共享。

1) 信道

信道(Channel)，通俗地说，是指以传输媒质为基础的信号通路。具体地说，信道是指由有线或无线电线路提供的信号通路。信道的作用是传输信号，它提供一段频带让信号通过，同时又给信号加以限制和损害。通常，我们将仅指信号传输媒介的信道称为狭义信道。目

前采用的传输媒介有架空明线、电缆、光导纤维(光缆)、中长波地表波传播、超短波及微波视距传播(含卫星中继)、短波电离层反射、超短波流星余迹散射、对流层散射、电离层散射、超短波超视距绕射、波导传播、光波视距传播等。可以看出,狭义信道是指接在发端设备和收端设备中间的传输媒介(以上所列)。狭义信道的定义直观,易理解。在通信原理的分析中,从研究消息传输的观点看,我们所关心的只是通信系统中的基本问题,因而,信道的范围还可以扩大。它除包括传输媒介外,还可能包括有关的转换器,如馈线、天线、调制器、解调器等。通常将这种扩大了范围的信道称为广义信道。在讨论通信的一般原理时,通常采用的是广义信道。

2) 带宽与传输速率

如果从电子电路角度出发,带宽(Bandwidth)本意指的是电子电路中存在一个固有通频带,这个概念或许比较抽象,我们有必要做进一步解释。大家都知道,各类复杂的电子电路无一例外都存在电感、电容或相当功能的储能元件,即使没有采用现成的电感线圈或电容,导线自身就是一个电感,而导线与导线之间、导线与地之间便可以组成电容——这就是通常所说的杂散电容或分布电容;不管是哪种类型的电容、电感,都会对信号起着阻滞作用从而消耗信号能量,严重的话会影响信号品质。这种效应与交流电信号的频率成正比关系,当频率高到一定程度、令信号难以保持稳定时,整个电子电路自然就无法正常工作。为此,电子学上就提出了“带宽”的概念,它指的是电路可以保持稳定工作的频率范围。而属于该体系的有显示器带宽、通信/网络中的带宽等。

而第二种带宽的概念大家也许会更熟悉,它所指的其实是数据传输率,譬如内存带宽、总线带宽、网络带宽等,都是以“字节/秒”为单位。我们不清楚从什么时候起这些数据传输率的概念被称为“带宽”,但因业界与公众都接受了这种说法,代表数据传输率的带宽概念非常流行,尽管它与电子电路中“带宽”的本意相差很远。带宽越大,数据传输速率越大。

3) 模拟信号与数字信号

模拟信号是一种连续变化的信号,如电话线上传输的按照声音强弱幅度连续变化所产生的电信号,就是一种典型的模拟信号,可以用连续的电波表示。数字信号指自变量是离散的、因变量也是离散的信号,这种信号的自变量用整数表示,因变量用有限数字中的一个数字来表示。在计算机中,数字信号的大小常用有限位的二进制数表示,例如,字长为两位的二进制数可表示 4 种大小的数字信号,它们是 00、01、10 和 11;若信号的变化范围为 −1～1,则这 4 个二进制数可表示 4 段数字范围,即[−1,−0.5)、[−0.5,0)、[0,0.5)和[0.5,1]。

由于数字信号是用两种物理状态来表示 0 和 1 的,故其抵抗干扰的能力比模拟信号强很多;在现代技术的信号处理中,数字信号发挥的作用越来越大,复杂的信号处理几乎都离不开数字信号;或者说,只要能把解决问题的方法用数学公式表示,就能用计算机来处理代表物理量的数字信号。

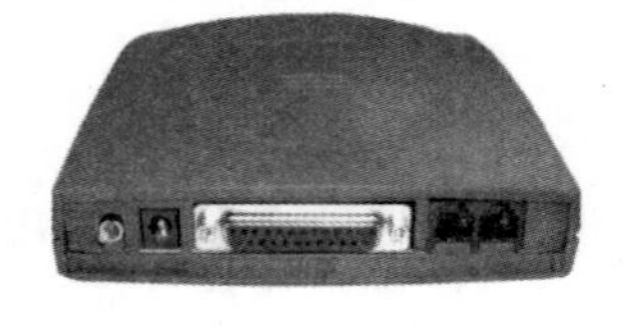
图 1.10 调制解调器

4) 调制与解调

调制就是将发送端数字脉冲信号转换成模拟信号的过程,将接收端模拟信号还原成数字脉冲信号的过程为解调。将调制和解调功能结合在一起的设备称为调制解调器(Modem),如图 1.10 所示。

5）误码率

误码率是衡量在规定时间内数据传输精确性的指标。误码是由于在信号传输中，衰变改变了信号的电压，导致信号在传输中遭到破坏而产生的。误码率则是指二进制比特在数据传输系统中被传错的概率，是衡量通信系统可靠性的指标。在计算机网络系统中，一般要求误码率小于 10^{-6}（百万分之一）。

3. 计算机网络的分类

计算机网络的分类方式有很多种，可以按网络的覆盖范围、交换方式、网络拓扑结构等分类。

1）根据网络的覆盖范围进行分类

（1）局域网（LAN）。局域网用于将有限范围内（如一个实验室、一幢大楼、一个校园）的各种计算机、终端与外部设备互连成网。局域网按照采用的技术、应用范围和协议标准的不同可以分为共享局域网与交换局域网。局域网技术发展迅速，应用日益广泛，是计算机网络中最活跃的领域之一。局域网的特点：限于较小的地理区域内，一般不超过 2km，通常是由一个单位组建成的，如一个建筑物内、一个学校内、一个工厂的厂区内等。局域网的组建简单、灵活，使用方便。

（2）城域网（MAN）。城市地区网络常简称为城域网。目标是要满足几十千米范围内的大企业、机关、公司的多个局域网互联的需求，以实现大量用户之间的数据、语音、图形与视频等多种信息的传输功能。其实城域网基本上是一种大型的局域网，通常使用与局域网相似的技术，把它单列为一类的主要原因是它有单独的一个标准而且被应用了。城域网地理范围可从几十千米到上百千米，可覆盖一个城市或地区，分布在一个城市内，是一种中等形式的网络。

（3）广域网（WAN）。广域网也称为远程网。它所覆盖的地理范围从几十千米到几千千米。广域网覆盖一个国家、地区，或横跨几个洲，形成国际性的远程网络。广域网的通信子网主要使用分组交换技术。广域网的通信子网可以利用公用分组交换网、卫星通信网和无线分组交换网，它将分布在不同地区的计算机系统互连起来，达到资源共享的目的。

【注意】 三种网络的比较：局域网的范围在 2km 内，同一栋建筑物内或同一园区，传输速度快（10M/100M），成本便宜。城域网的范围比局域网的大，为 2～10km，在同一城市内，但传输速度比不上局域网，属于中等网络，成本也较昂贵。广域网是三个网中范围最大的，在 10km 以上，可跨越国家或洲界，但传输速度是最慢的，成本很贵。原因在于：传输距离不同，技术不同，性能和成本也不同。

2）按交换方式进行分类

（1）电路交换。最早出现在电话系统中，早期的计算机网络就是采用此方式来传输数据的，数字信号经过变换成为模拟信号后才能在线路上传输。

（2）报文交换。当通信开始时，源机发出的一个报文被存储在交换器里，交换器根据报文的目的地址选择合适的路径发送报文，这种方式称作存储-转发方式。

（3）分组交换。采用报文传输，但它不是以不定长的报文作为传输的基本单位，而是将一个长的报文划分为许多定长的报文分组，以分组作为传输的基本单位，灵活性高且传输效率高。这不仅大大简化了对计算机存储器的管理，而且也加速了信息在网络中的传播速度。由于分组交换优于线路交换和报文交换，具有许多优点，因此它已成为计算机网络的主流。

3）按网络拓扑结构进行分类

【注意】 计算机网络的物理连接形式叫作网络的物理拓扑结构。连接在网络上的计算机、大容量的外存、高速打印机等设备均可看作是网络上的一个节点，也称为工作站。

（1）星状拓扑结构。星状布局是以中央节点为中心与各节点连接而组成的，各个节点间不能直接通信，而是经过中央节点控制进行通信，如图 1.11 所示。这种结构适用于局域网，特别是近年来连接的局域网大都采用这种连接方式。这种连接方式以双绞线或同轴电缆作为连接线路。**星状拓扑结构的优点是**：安装容易，结构简单，费用低，通常以集线器(Hub)作为中央节点，便于维护和管理。中央节点的正常运行对网络系统来说是至关重要的，便于管理、组网容易、网络延迟时间短、误码率低。**星状拓扑结构的缺点是**：共享能力较差，通信线路利用率不高，中央节点负担过重。

（2）环状拓扑结构。环状网中各节点通过环路接口连在一条首尾相连的闭合环状通信线路中，环路上任何节点均可以请求发送信息，如图 1.12 所示。请求一旦被批准，便可以向环路发送信息。一个节点发出的信息必须穿越环中所有的环路接口，信息流中的目的地址与环上某节点的地址相符时，即被该节点的环路接口所接收，而后信息继续流向下一环路接口，一直流回到发送该信息的环路接口节点为止。这种结构特别适用于实时控制的局域网系统。**环状拓扑结构的优点是**：安装容易，费用较低，电缆故障容易查找和排除。有些网络系统为了提高通信效率和可靠性，采用了双环结构，即在原有的单环上再套一个环，使每个节点都具有两个接收通道，简化了路径选择的控制、可靠性较高、实时性强。**环状拓扑结构的缺点是**：节点过多时传输效率低，故扩充不方便。

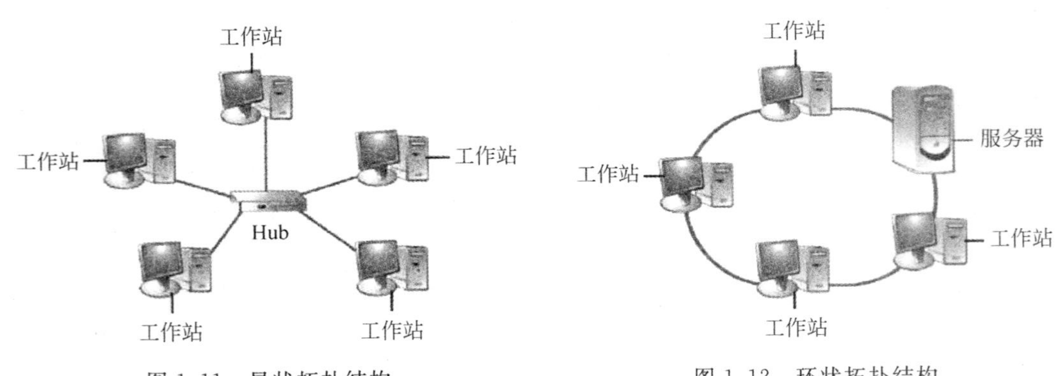

图 1.11　星状拓扑结构　　　　图 1.12　环状拓扑结构

（3）总线型拓扑结构。总线型拓扑结构是一种共享通路的物理结构，如图 1.13 所示。这种结构中总线具有信息的双向传输功能，普遍用于局域网的连接。总线一般采用同轴电缆或双绞线。**总线型拓扑结构的优点是**：安装容易，扩充或删除一个节点很容易，不需要停止网络的正常工作，节点的故障不会殃及系统。由于各个节点共用一个总线作为数据通路，信道的利用率高，结构简单灵活、便于扩充、可靠性高、响应速度快；设备量少、价格低、安装使用方便、共享资源能力强、便于广播式工作。**总线型结构也有其缺点**：由于信道共享，连接的节点不宜过多，并且总线自身的故障会导致系统的崩溃。总线长度有一定限制，一条总线也只能连接一定数量的节点。

(4) 树状拓扑结构。树状结构是总线型结构的扩展,它是在总线网上加上分支形成的,其传输介质可有多条分支,但不形成闭合回路。树状拓扑结构就像一棵"根"朝上的树,与总线型拓扑结构相比,主要区别在于总线型拓扑结构中没有"根",如图1.14所示。这种拓扑结构的网络一般采用同轴电缆,用于军事单位、政府部门等上、下界限相当严格和层次分明的部门。**树状拓扑结构的优点是**:容易扩展,故障也容易分离处理;**缺点是**整个网络对根的依赖性很大,一旦网络的根发生故障,整个系统就不能正常工作。

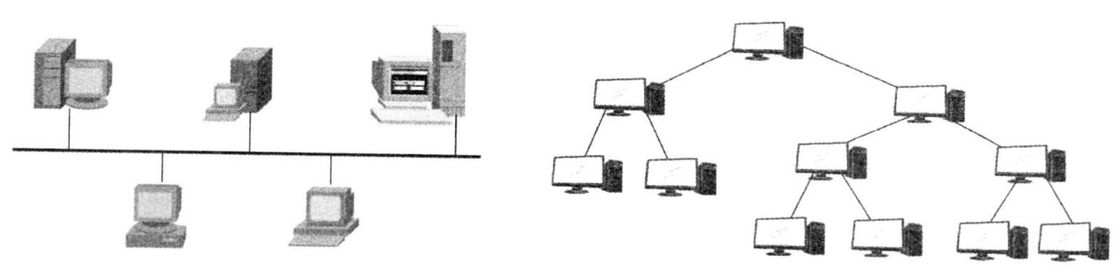

图1.13　总线型拓扑结构

图1.14　树状拓扑结构

(5) 网状拓扑结构。将多个子网或多个网络连接起来构成网状拓扑结构。在一个子网中,集线器、中继器将多个设备连接起来,而桥接器、路由器及网关则将子网连接起来。**网状拓扑结构的优点是**:可靠性高,资源共享方便,在好的通信软件支持下通信效率高;**缺点是**:贵,结构复杂。

4. 常用的网络硬件设备

网络硬件设备是网络的基本组成单元,它们有的实现网络上基本的信息传输功能,有的实现网上信息的安全转发功能……通过它们的有机整合才可以构成一个完整的网络。下面对人们经常使用的网络硬件设备做一个简单的介绍。

1) 集线器

集线器(Hub)可以说是一种特殊的多端口数据信号再生放大器,作为网络传输介质间的中央节点,它克服了介质单一通道的缺陷。集线器可分为无源(Passive)集线器、有源(Active)集线器和智能(Intelligent)集线器。随着交换技术在集线器上的应用,集线器又分为共享式和交换式两种。

2) 交换设备

交换设备主要是指各种网络交换机,如ATM交换机、FDDI交换机、以太网/快速以太网/千兆以太网交换机、交换式以太网交换机、交换式快速以太网交换机等。

3) 客户机

客户机(Client)为最终用户提供上机应用平台,包括一般使用的IBM兼容计算机、苹果计算机以及高级的图形工作站等。

4) 服务器

服务器(Server)主机是整个Intranet的核心硬件设备,它为某个网段或整个网络提供信息服务和网络管理功能,包括常用的PC服务器、UNIX小型计算机以及大型主机等。

5) 调制解调器

调制解调器(Modem)就是我们常用于拨号上网的"猫"。在企业的Intranet上,调制解调器连同远程访问服务器,为远程用户提供访问企业内部网络资源的通路。

6）防火墙

防火墙（Firewall）是指一个由软件系统和硬件系统组合而成的屏障。防火墙的功能是防止非法入侵和非法使用系统资源，执行被赋予的安全管制任务，并记录下所有可疑的事件。

7）路由器

路由器（Router）也称选径器，是在网络层实现互连的设备。路由器有很强的异种网互连能力，连接对象包括局域网和广域网。

8）网桥

网桥（Bridge）又称桥接器，是一种在链路层实现局域网互连的存储转发设备。网桥从一个局域网接收 MAC 帧，拆封、校验之后，按另一个局域网的格式重新组装，发往它的物理层。

9）网关

网关（Gateway）又称网间连接器、协议转换器。网关在传输层上实现网络互连，是最复杂的网络互连设备，仅用于两个高层协议不同的网络互连。

1.7.2 计算机与网络安全的概念和防控

1. 计算机安全定义

国际标准化组织（ISO）对计算机安全的定义是：为数据处理系统所采取的技术上和管理上的安全保护，保护计算机硬件、软件不因偶然的或恶意的原因而遭受破坏、更改和暴露。

2. 计算机安全立法

国务院于 1994 年 2 月 18 日颁布的《中华人民共和国计算机信息系统安全保护条例》第一章第三条的定义是：计算机信息的安全保护，应当保障计算机及其相关的配套设备设施（含网络）的安全，运行环境的安全，保障信息的安全，保障计算机功能的正常发挥，以维护计算机信息系统的安全运行。

3. 计算机的安全操作

计算机使用环境：温度在 15～35℃；相对湿度在 20%～80%；对电源一是要求稳，二是在机器工作时供电不能间断；在计算机的附近避免磁场干扰。

计算机的维护：要注意防潮、防水、防尘、防火，在使用时注意通风，不用时应盖好防尘罩，机器表面要用软布沾中性清洁剂经常擦拭。

开机顺序为先对外设加电，再对主机加电；而关机顺序正好与此相反。每次开机与关机之间的间隔不应少于 10s。在加电情况下，机器的各种设备不要随便移动，也不要插拔各种接口卡。应避免频繁开关机器，计算机要经常使用，不要长期闲置不用。

4. 计算机安全管理

为了保证计算机的安全使用，在日常工作中要做好以下几个方面的工作。

(1) 系统启动盘要专用，对来历不明的软件不应马上装入自己的计算机系统，要先检测，然后安装使用。

(2) 对系统文件和重要数据，要进行备份和写保护。

(3) 对外来光盘，必须进行检测方可使用。

(4) 不要轻易装入各种游戏软件，游戏软件通过存储介质将病毒带入计算机系统的可能性极大。

(5) 定期对所使用的磁盘进行病毒的检测与防治。

(6) 若发现系统有任何异常现象,及时采取措施。

(7) 对于联网的计算机,在下载软件时要特别注意,不要因此将病毒带入计算机。

1.7.3 Internet 的基础

Internet 是一个巨大的全球性计算机网络体系,它把全球数万个计算机网络以及数千万台主机连接起来,包含着难以计数的信息资源,并为用户提供信息服务,是世界由工业化走向信息化的象征。

1. Internet 的产生与发展

因特网是 Internet 的中文译名,它的前身是美国国防部高级研究计划局(ARPA)主持研制的 ARPANET。

20 世纪 60 年代末,正处于冷战时期。当时美国军方为了自己的计算机网络在受到袭击时,即使部分网络被摧毁,其余部分仍能保持通信联系,便由美国国防部的高级研究计划局(ARPA)建设了一个军用网,叫作“阿帕网”(ARPANET)。阿帕网于 1969 年正式启用,当时仅连接了 4 台计算机,供科学家们进行计算机联网实验用。这就是因特网的前身。

到了 20 世纪 70 年代,ARPANET 已经有了几十个计算机网络,但是每个网络只能在网络内部的计算机之间互联通信,不同计算机网络之间仍然不能互通。为此,ARPA 又设立了新的研究项目,支持学术界和工业界进行有关的研究。研究的主要内容就是想用一种新的方法将不同的计算机局域网互联,形成“互联网”。研究人员称之为“internetwork”,简称“Internet”,这个名词就一直沿用到现在。

2. IP 地址和域名

1) IP 地址

IP 地址是指互联网协议地址(Internet Protocol Address,又译为网际协议地址),是 IP Address 的缩写。IP 地址是 IP 协议提供的一种统一的地址格式,它为互联网上的每一个网络和每一台主机分配一个逻辑地址,以此来屏蔽物理地址的差异。IP 是英文 Internet Protocol 的缩写,意思是“网络之间互连的协议”,也就是为计算机网络相互连接进行通信而设计的协议。在因特网中,它是能使连接到网上的所有计算机网络实现相互通信的一套规则,规定了计算机在因特网上进行通信时应当遵守的规则。任何厂家生产的计算机系统,只要遵守 IP 协议就可以与因特网互连互通。正是因为有了 IP 协议,因特网才得以迅速发展成为世界上最大的、开放的计算机通信网络。因此,IP 协议也可以叫作“因特网协议”。IP 地址被用来给 Internet 上的计算机一个编号。人们日常见到的情况是每台联网的 PC 上都需要有 IP 地址,才能正常通信。可以把“个人计算机”比作“一台电话”,那么“IP 地址”就相当于“电话号码”,而 Internet 中的路由器,就相当于电信局的“程控式交换机”。

2) 域名

域名(Domain Name)是由一串用点分隔的名字组成的 Internet 上某一台计算机或计算机组的名称,用于在数据传输时标识计算机的电子方位(有时也指地理位置,地理上的域名,指代有行政自主权的一个地方区域)。一个域名是便于记忆和沟通的一组服务器的地址(如网站、电子邮件、FTP 等)。世界上第一个注册的域名是在 1985 年 1 月注册的。

域名的注册遵循先申请先注册的原则,管理认证机构对申请企业提出的域名是否违反了第三方的权利不进行任何实质性审查。在中华网库每一个域名的注册都是独一无二、不可重复的。因此在网络上域名是一种相对有限的资源,它的价值将随着注册企业的增多而逐步为人们所重视。

网络是基于 TCP/IP 进行通信和连接的,每一台主机都有一个唯一的标识——固定的 IP 地址,以区别在网络上成千上万个用户和计算机。网络在区分所有与之相连的网络和主机时,均采用了一种唯一、通用的地址格式,即每一个与网络相连接的计算机和服务器都被指派了一个独一无二的地址。为了保证网络上每台计算机的 IP 地址的唯一性,用户必须向特定机构申请注册,分配 IP 地址。网络中的地址方案分为两套:IP 地址系统和域名地址系统。这两套地址系统其实是一一对应的关系。IP 地址用二进制数来表示,每个 IP 地址长 32 位,由 4 个小于 256 的数字组成,数字之间用点间隔,例如,100.10.0.1 表示一个 IP 地址。由于 IP 地址是数字标识,使用时难以记忆和书写,因此在 IP 地址的基础上又发展出一种符号化的地址方案,来代替数字型的 IP 地址。每一个符号化的地址都与特定的 IP 地址对应,这样网络上的资源访问起来就容易得多了。这个与网络上的数字型 IP 地址相对应的字符型地址,就被称为域名。例如:pku.edu.cn 是北京大学的一个域名,其中 pku 是北京大学的英文缩写,edu 表示教育机构,cn 表示中国。

可见域名就是上网单位的名称,是一个通过计算机登上网络的单位在该网中的地址。一个公司如果希望在网络上建立自己的主页,就必须取一个域名。域名也是由若干部分组成,包括数字和字母。通过该地址,人们可以在网络上找到所需的详细资料。域名是上网单位和个人在网络上的重要标识,起着识别作用,便于识别和检索某一企业、组织或个人的信息资源,从而更好地实现网络上的资源共享。除了识别功能外,在虚拟环境下,域名还可以起到引导、宣传、代表等作用。通俗地说,域名就相当于一个家庭的门牌号码,别人通过这个号码可以很容易找到这个家庭。

1.7.4 Internet 的应用

1. 基本概念

1) 万维网

WWW(亦作"Web""WWW""W3",World Wide Web),中文名字为"万维网""环球网"等,常简称为 Web,分为 Web 客户端和 Web 服务器程序。WWW 可以让 Web 客户端(常用浏览器)访问浏览 Web 服务器上的页面,是一个由许多互相链接的超文本组成的系统,通过互联网访问。在这个系统中,每个有用的事物,称为一样"资源";并且由一个全局"统一资源标识符"(URL)标识;这些资源通过超文本传输协议(Hypertext Transfer Protocol,HTTP)传送给用户,而后者通过单击链接来获得资源。

万维网联盟(World Wide Web Consortium,W3C),又称 W3C 理事会,1994 年 10 月在麻省理工学院(MIT)计算机科学实验室成立。万维网联盟的创建者是万维网的发明者蒂姆·伯纳斯·李。

万维网并不等同互联网,万维网只是互联网所能提供的服务之一,是靠着互联网运行的一项服务。

2）超文本和超链接

超文本是用超链接的方法，将各种不同空间的文字信息组织在一起的网状文本。超文本更是一种用户界面范式，用以显示文本及与文本之间相关的内容。现时超文本普遍以电子文档方式存在，其中的文字包含可以链接到其他位置或者文档的连接，允许从当前阅读位置直接切换到超文本链接所指向的位置。超文本的格式有很多，目前最常使用的是超文本标记语言（标准通用标记语言下的一个应用）及富文本格式。

超级链接在本质上属于一个网页的一部分，它是一种允许我们同其他网页或站点之间进行连接的元素。各个网页链接在一起后，才能真正构成一个网站。所谓的超链接是指从一个网页指向一个目标的连接关系，这个目标可以是另一个网页，也可以是相同网页上的不同位置，还可以是一个图片、一个电子邮件地址、一个文件，甚至是一个应用程序。而在一个网页中用来超链接的对象，可以是一段文本或者是一个图片。当浏览者单击已经链接的文字或图片后，链接目标将显示在浏览器上，并且根据目标的类型来打开或运行。

3）统一资源定位器

统一资源定位符是对可以从互联网上得到的资源的位置和访问方法的一种简洁的表示，是互联网上标准资源的地址。互联网上的每个文件都有一个唯一的 URL，它包含的信息指出文件的位置以及浏览器应该怎么处理它。URL 的格式为"协议://IP 地址或域名/路径/文件名。其中，协议就是服务方式或获取数据的方法，常见的有 HTTP、FTP 等；协议后的冒号加双斜杠表示接下来是存放资源的主机的 IP 地址或域名；路径和文件名是用路径的形式表示 Web 页在主机中的具体位置（如文件夹、文件名等）。

它最初是由蒂姆·伯纳斯·李发明用来作为万维网的地址，现在它已经被万维网联盟编制为互联网标准 RFC1738 了。

2. 浏览器

浏览器是指可以显示网页服务器或者文件系统的 HTML 文件（标准通用标记语言的一个应用）内容，并让用户与这些文件交互的一种软件。

它用来显示在万维网或局域网等内的文字、图像及其他信息。这些文字或图像，可以是连接其他网址的超链接，用户可迅速及轻易地浏览各种信息。大部分网页为 HTML 格式。

一个网页中可以包括多个文档，每个文档都是分别从服务器获取的。大部分的浏览器本身支持除了 HTML 之外的广泛的格式，例如 JPEG、PNG、GIF 等图像格式，并且能够扩展支持众多的插件。另外，许多浏览器还支持其他的 URL 类型及其相应的协议，如 FTP、Gopher、HTTPS（HTTP 的加密版本）。HTTP 内容类型和 URL 协议规范允许网页设计者在网页中嵌入图像、动画、视频、声音、流媒体等。

国内网民计算机上常见的网页浏览器有 QQ 浏览器、Internet Explorer、Firefox、Safari、Opera、Google Chrome、百度浏览器、搜狗浏览器、猎豹浏览器、360 浏览器、UC 浏览器、傲游浏览器、世界之窗浏览器等，浏览器是最经常使用到的客户端程序。

3. 文件传输协议

文件传输协议（File Transfer Protocol，FTP）是 TCP/IP 协议组中的协议之一。FTP 包括两个组成部分，其一为 FTP 服务器，其二为 FTP 客户端。其中，FTP 服务器用来存储文件，用户可以使用 FTP 客户端通过 FTP 访问位于 FTP 服务器上的资源。在开发网站的时候，通常利用 FTP 把网页或程序传到 Web 服务器上。此外，由于 FTP 传输效率非常高，在网络上传输大的文件时，一般也采用该协议。

默认情况下，FTP 使用 TCP 端口中的 20 和 21 这两个端口，其中，20 用于传输数据，21 用于传输控制信息。但是，是否使用 20 作为传输数据的端口与 FTP 使用的传输模式有关，如果采用主动模式，那么数据传输端口就是 20；如果采用被动模式，则具体最终使用哪个端口要由服务器端和客户端协商决定。

第2章 利用 Word 2010 高效创建电子文档

Word 2010 是 Microsoft 公司 2010 年开发的 Office 2010 办公组件之一，主要用于文字处理工作。因其具备界面友好、操作方便、功能完备、高效易用等诸多优点，已经成为众多用户创建高效电子文档的主流软件。

Microsoft Word 2010 提供了功能更为全面的文本和图形编辑工具，同时采用了以任务为导向的全新用户界面，可以为用户创建更具专业水准的文档，并可以更加轻松地与他人协同工作，可在任何地方访问文件。

本章主要任务：

(1) 熟悉 Microsoft Office 应用界面使用和功能设置；

(2) 熟悉 Word 的基本功能，如文档的创建、编辑、保存、打印和保护等基本操作；

(3) 熟悉设置字体和段落格式、应用文档样式和主题、调整页面布局等排版操作；

(4) 熟悉文档中表格的制作与编辑；

(5) 熟悉文档中图形、图像（片）对象的编辑和处理，文本框和文档部件的使用，符号与数学公式的输入与编辑；

(6) 掌握文档的分栏、分页和分节操作，文档页眉、页脚的设置，文档内容引用操作；

(7) 掌握文档审阅和修订；

(8) 利用邮件合并功能批量制作和处理文档；

(9) 掌握多窗口和多文档的编辑，文档视图的使用；

(10) 分析图文素材，并根据需求提取相关信息引用到 Word 文档中。

2.1 以任务为导向的应用界面

为了使用户更加容易地按照日常事务处理的流程和方式操作软件功能，Office 2010 应用程序提供了一套以工作成果为导向的用户界面，让用户可以用最高效的方式完成日常工作。全新的用户界面覆盖所有 Office 2010 的组件，包括 Word 2010、Excel 2010、PowerPoint 2010 等。

2.1.1 全面认识 Word 2010 功能区

Microsoft Word 从 Word 2007 升级到 Word 2010，其最显著的变化就是使用“文件”按钮代替了 Word 2007 中的 Office 按钮，使用户更容易从 Word 2003 和 Word 2000 等旧版本中转移。另外，Word 2010 同样取消了传统的菜单操作方式，而代之于各种功能区。在 Word 2010 窗口上方看起来像菜单的名称其实是功能区的名称，当单击这些名称时并不会打开菜单，而是切换到与之相对应的功能区面板。

功能区是一种全新的设计，它以选项卡的方式对命令进行分组和显示。同时，功能区上的选项卡在排列方式上与用户所要完成的任务的顺序相一致。功能区显示的内容并非一成不变，Word 2010 会根据应用程序窗口的宽度自动调整在功能区中显示的内容。Word 2010 系统默认的选项卡为“开始”选项卡，当用户切换某选项卡时，该选项卡按钮就会凹下去。各选项卡对应的功能区如下。

1. “开始”功能区

“开始”功能区中包括“剪贴板”“字体”“段落”“样式”和“编辑”5 个组，对应 Word 2003 的“编辑”和“段落”菜单的部分命令。该功能区主要用于帮助用户对 Word 2010 文档进行文字编辑和格式设置，是用户最常用的功能区，如图 2.1 所示。

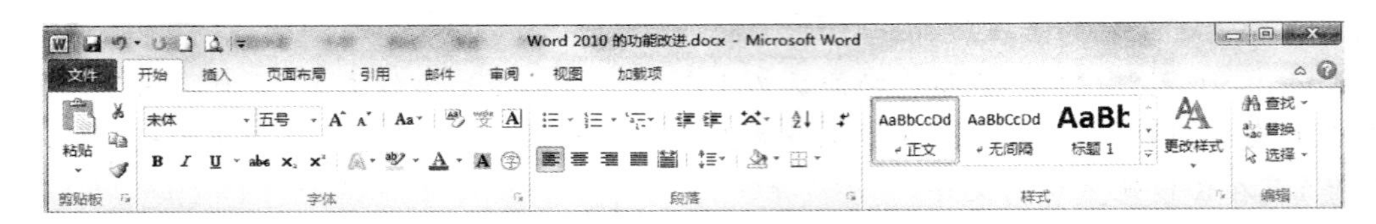

图 2.1 “开始”功能区

2. “插入”功能区

“插入”功能区包括“页”“表格”“插图”“链接”“页眉和页脚”“文本”“符号”7 个组，对应 Word 2003 中“插入”菜单的部分命令，主要用于在 Word 2010 文档中插入各种元素，如图 2.2 所示。

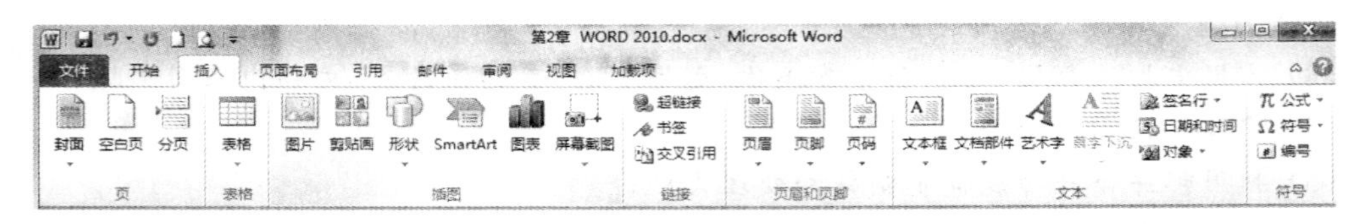

图 2.2 “插入”功能区

3. “页面布局”功能区

“页面布局”功能区包括“主题”“页面设置”“页面背景”“段落”“排列”5 个组，对应 Word 2003 的“页面设置”菜单命令和“段落”菜单中的部分命令，用于帮助用户设置 Word 2010 文档页面样式，如图 2.3 所示。

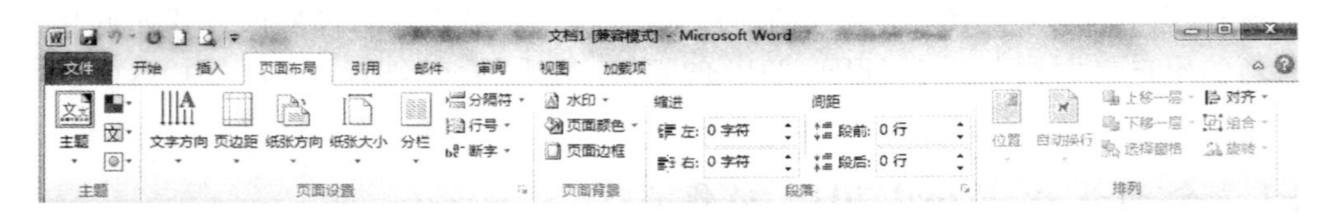

图 2.3 “页面布局”功能区

4. “引用”功能区

“引用”功能区包括“目录”“脚注”“引文与书目”“题注”“索引”和“引文目录”6 个组，用于实现在 Word 2010 文档中插入目录等比较高级的功能，如图 2.4 所示。

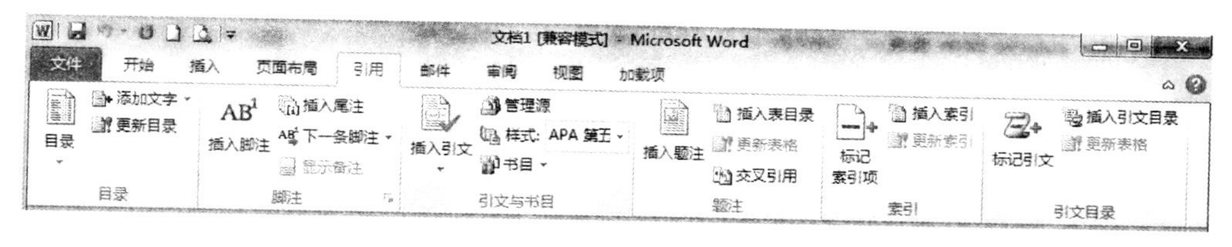

图 2.4 “引用”功能区

5. “邮件”功能区

“邮件”功能区包括“创建”“开始邮件合并”“编写和插入域”“预览结果”和“完成”5 个组，该功能区的作用比较专一，专门用于在 Word 2010 文档中进行邮件合并方面的操作，如图 2.5 所示。

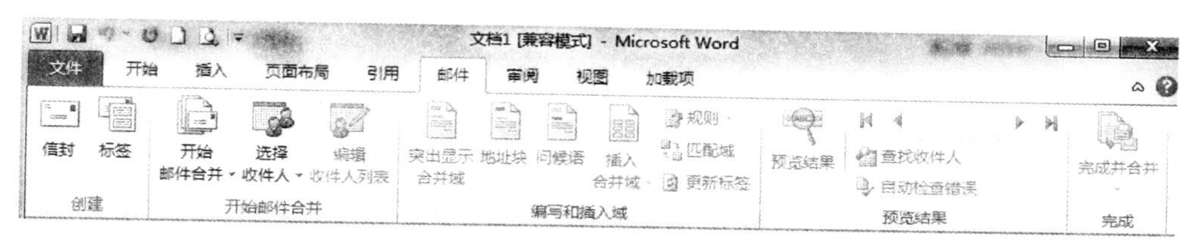

图 2.5 “邮件”功能区

6. “审阅”功能区

“审阅”功能区包括“校对”“语言”“中文简繁转换”“批注”“修订”“更改”“比较”和“保护”8 个组，主要用于对 Word 2010 文档进行校对和修订等操作，适用于多人协作处理 Word 2010 长文档，如图 2.6 所示。

图 2.6 “审阅”功能区

7. “视图”功能区

“视图”功能区包括“文档视图”“显示”“显示比例”“窗口”和“宏”5 个组，主要用于帮助用户设置 Word 2010 操作窗口的视图类型，以方便操作，如图 2.7 所示。

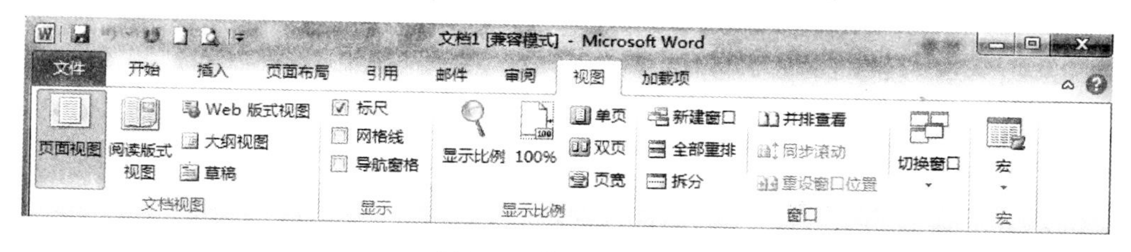

图 2.7 “视图”功能区

8. “加载项”功能区

“加载项”功能区仅包括“菜单命令”一个组，加载项是可以为 Word 2010 安装的附加属性，如自定义的工具栏或其他命令扩展。“加载项”功能区则可以在 Word 2010 中添加或删除加载项，如图 2.8 所示。

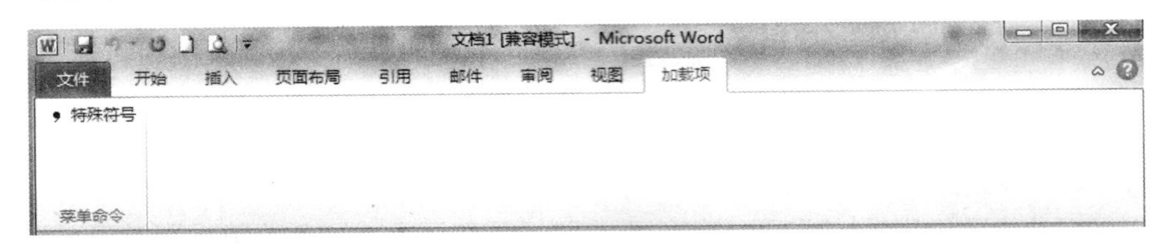

图 2.8 “加载项”功能区

2.1.2 选项卡

在 Word 2010 中，功能区是以选项卡的方式对命令进行分组和显示的。选项卡可引导用户开展各种工作，简化对应用程序中多种功能的使用方式，并会直接根据用户正在执行的任务来显示相关命令。单击选项组右下角的对话框启动器按钮，即可打开该选项卡对话框。

有些选项卡只有在编辑、处理某些特定对象的时候才会在功能区中显示出来，以供用户使用。上下文选项卡仅在需要时显示，从而使用户能够更加轻松地根据正在进行的操作来获得和使用所需要的命令。这种工具不仅智能、灵活，同时也保证了用户界面的整洁性。例如，在 Word 2010 中，用于编辑图片的“图片工具”功能区中的选项卡，只有当文档中存在图片并且用户选中该图片时才会显示出来，如图 2.9 所示。

图 2.9 上下文选项卡仅在需要时显示出来

2.1.3 实时预览

当用户将鼠标指针移动到相关的选项后，实时预览功能就会将指针所指的选项应用到当前所编辑的文档中来。这种全新的、动态的功能可以提高布局设置、编辑和格式化操作的执行效率，因此用户只需花费很少的时间就能获得较好的效果。

例如，当用户希望在 Word 文档中更改图片样式时，只需将鼠标在各个图片样式集选项上滑过，而无须执行单击操作进行确认，即可实时预览到该样式集对当前图片的影响，如图 2.10 所示，从而便于用户迅速做出最佳决定。

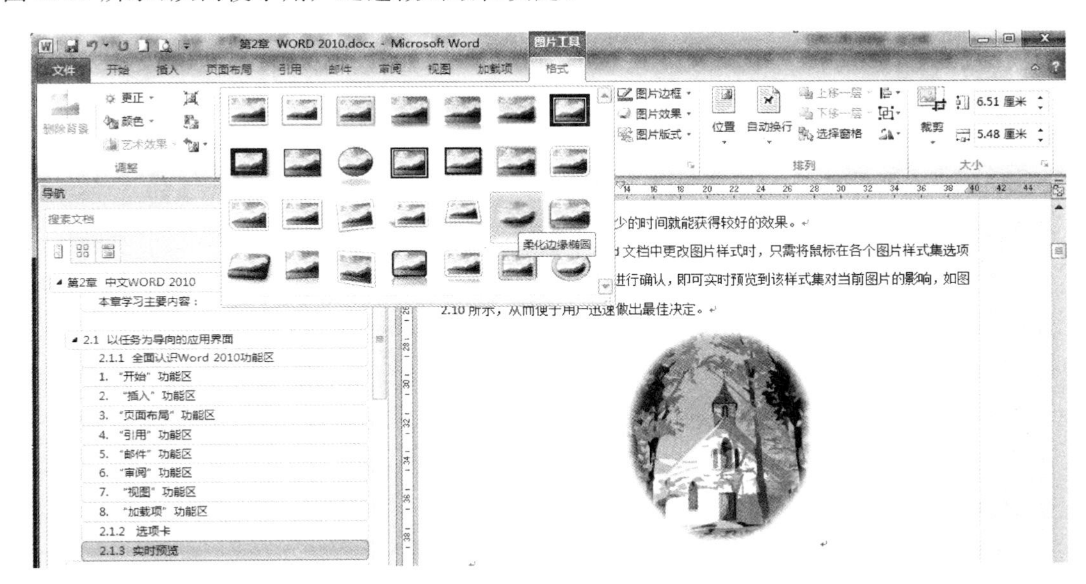

图 2.10 实时预览功能

2.1.4 增加的屏幕提示

全新的用户界面在很大程度上提升了访问命令和工具相关信息的效率。同时，Office 2010 还提供了比以往版本显示面积更大，容纳信息更多的屏幕提示。这些屏幕提示可以直接从某个命令的显示位置快速访问其相关帮助信息。

当将鼠标指针移至某个命令时，就会弹出相应的屏幕提示，它所提供的信息对于想快速了解该功能的用户往往已经足够。如果用户想获得更加详细的信息，可以利用该功能所提供的相关辅助信息的链接（这种链接已被置入用户界面当中），直接从当前命令对其进行访问，而不必打开帮助窗口进行搜索了。

2.1.5 快速访问工具栏

在 Office 2010 中，有些命令使用相当频繁，例如新建、保存、撤销、浏览等命令。利用 Office 2010 的快速访问工具栏，无论用户处于哪个选项卡下，都能够方便地执行这些命令。快速访问工具栏位于 Office 2010 各应用程序标题栏的左侧，默认状态只包含“保存”“撤销”“恢复”三个基本的常用命令，用户可以根据自己的需要把一些常用命令添加到其中，以方便使用。操作如下。

(1) 单击 Word 2010 快速访问工具栏右侧的小三角符号,在弹出的菜单中包含一些常用命令,如果希望添加的命令恰好位于其中,选择相应的命令即可;否则选择“其他命令”选项,如图 2.11 所示。

(2) 右键单击功能区空白处,在打开的快捷菜单中选择“自定义快速访问工具栏”,打开“Word 选项”对话框,并自动定位在“快速访问工具栏”选项组中。在左侧的命令列表中选择所需要的命令,并单击“添加”按钮,将其添加到右侧的“自定义快速访问工具栏”命令列表中,如图 2.12 所示。设置完成后单击“确定”按钮。

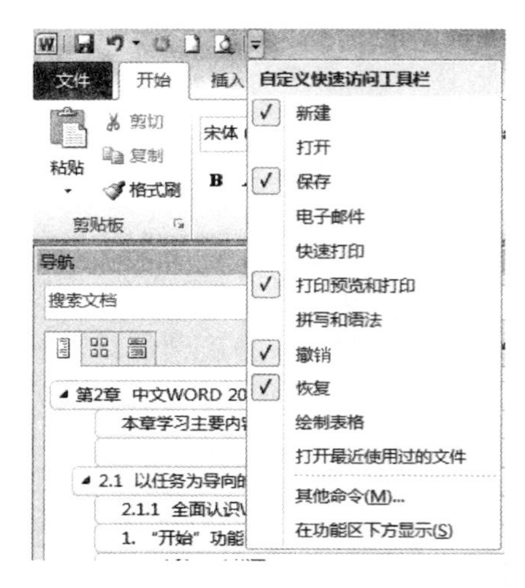

图 2.11　自定义快速访问工具栏

图 2.12　选择出现在快速访问工具栏中的命令

2.1.6　后台视图

如果说 Office 2010 功能区中包含用于在文档中工作的命令集,那么 Office 后台视图则是用于对文档或应用程序执行操作的命令集。

在 Office 2010 应用程序中选择“文件”选项卡,即可查看 Office 后台视图。在后台视图中可以管理文档和有关文档的相关数据。例如，创建、保存和发送文档；检查文档中是否包含隐藏的元数据或个人信息；文档安全控制选项；应用程序自定义选项等。

2.1.7 自定义 Office 功能区

Office 2010 根据多数用户的操作习惯来确定功能区中选项卡以及命令的分布，然而这可能依然不能满足各种不同的使用需求。因此，用户可以根据自己的使用习惯自定义 Office 2010 应用程序的功能区。操作步骤如下。

(1) 在功能区空白处单击鼠标右键，执行“自定义功能区”命令。

(2) 打开“Word 选项”对话框，并自动定位在“自定义功能区”选项组中。此时用户可以在该对话框右侧区域中单击“新建选项卡”或“新建组”按钮，创建所需要的选项卡或命令组，并将相关的命令添加其中即可，如图 2.13 所示。设置完成后单击“确定”按钮。

图 2.13 自定义功能区

2.2 Word 2010 的基本操作

Word 2010 是 Office 2010 中一个非常优秀的文字处理组件，是深受用户欢迎并得到广泛应用的软件之一。利用它既能制作各种简单的办公商务文档和个人文档，又能满足专业人员制作版式复杂的文档的需要。使用 Word 2010 处理文档文件，能大大提高文字处理的效率。

2.2.1 新建 Word 文档

用户可以在 Word 2010 中通过以下方式新建文档。

1. 创建空白的新文档

(1) 单击 Windows 任务栏中的“开始”按钮 →“所有程序”→ Microsoft Office → Microsoft Word 2010 命令，启动 Word 2010 应用程序并自动创建一个基于 Normal 模板的空白文档。此时用户可以直接在该文档中输入并编辑内容。

(2) 若已启动 Word 2010 应用程序，则可以通过“文件”选项卡的后台视图来实现。操作步骤：单击“文件”→“新建”，在“可用模板”选项区中选择“空白文档”选项，单击“创建”按钮，如图 2.14 所示。

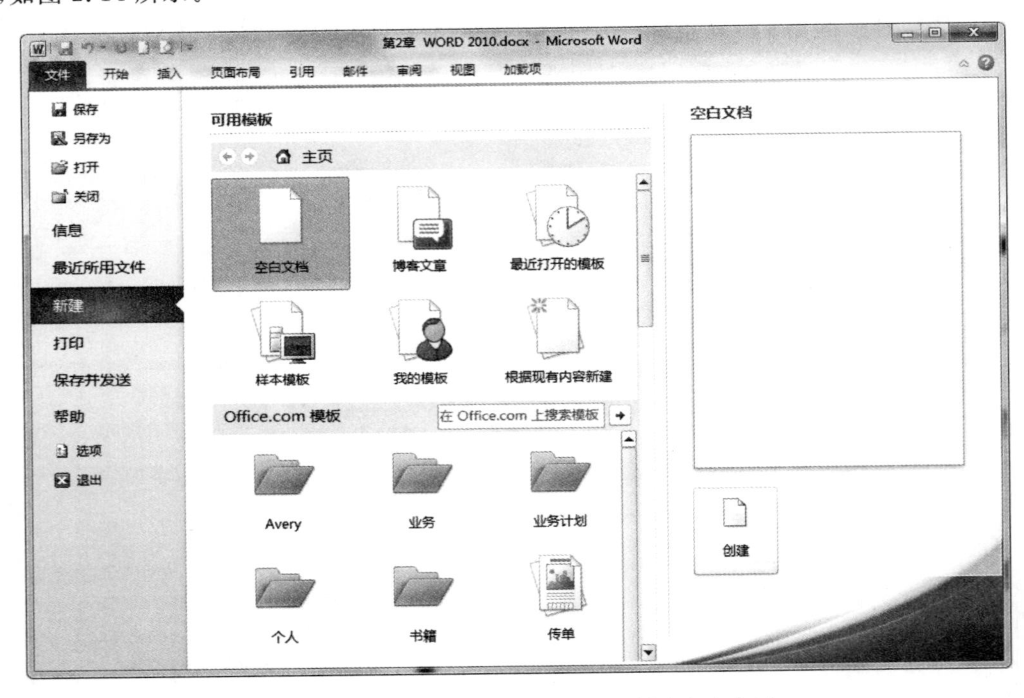

图 2.14 利用 Word 2010 后台视图创建空白文档

(3) 若已启动 Word 2010 应用程序，且在“快速访问工具栏”中已经添加了“新建”按钮，则只需直接单击该按钮即可。此方法是最为便捷的创建空白文档的方式。

2. 利用模板创建新文档

使用模板可以快速创建出外观精美、格式专业的文档。Word 2010 提供了多种模板，用户可以根据具体的应用需要选用不同的模板，对于不熟悉 Word 2010 的初级用户而言，模板的使用能够有效减轻工作负担。

利用模板创建新文档的操作步骤如下。

(1) 在 Word 2010 窗口中，单击“文件”→“新建”命令。

(2) 在“可用模板”选项区中选择“样本模板”，即可打开在计算机中已经安装的 Word 模板类型，选择需要的模板后，在窗口右侧将显示利用本模板创建的文档外观。

(3) 单击“创建”按钮,即可快速创建出一个带有格式和内容的文档。

如果本机上已安装的模板仍不能满足用户工作的需要,还可以到微软公司网站的模板库中挑选。在 Office Online 上,用户可以浏览并下载近四十个分类、上万个文档模板。通过使用 Office Online 上的模板,可以节省创建标准化文档的时间,有助于用户提高处理 Office 文档的职业水准,如图 2.15 所示。

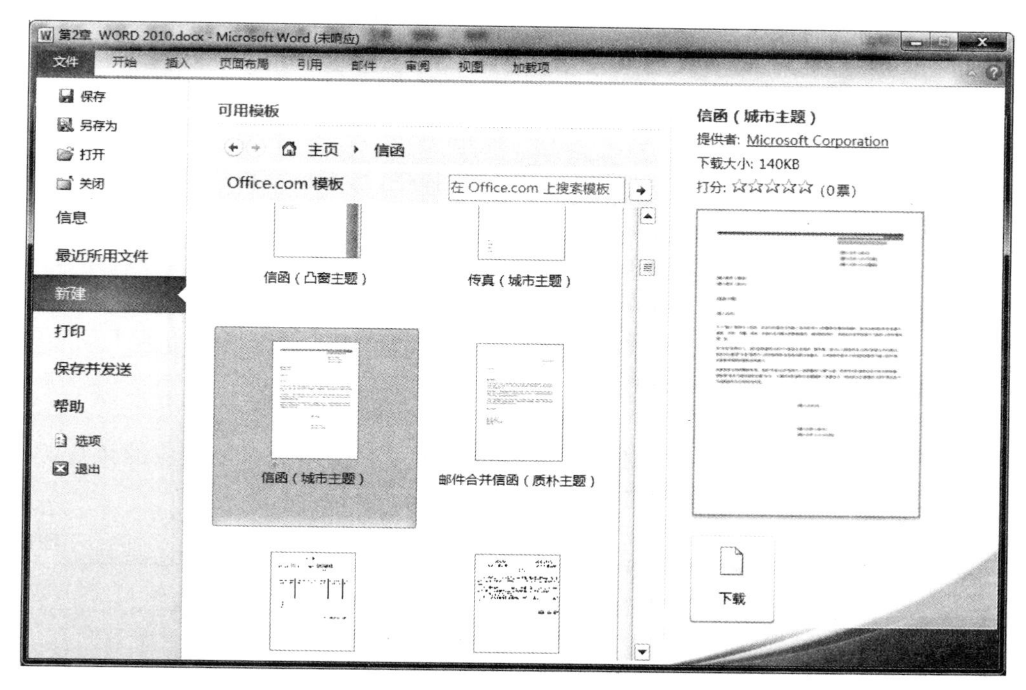

图 2.15 搜索 Office. com 上的模块创建文档

2.2.2 编辑文档

1. 输入文本

创建了新文档后,在文本编辑区域中将会出现一个闪烁的光标,它表明了目前文档的输入位置,即插入点,用户可由此开始输入文档内容。

当输入的文本到达文档编辑区边界,而本段输入又未结束时,Word 2010 将自动换行。若要另起一段,只需按 Enter 键,这时会显示出一个“↵”符号,称为硬回车符,又称段落标记,它能够使文本强制换行而开始一个新的段落。

2. 选择文本

在 Word 2010 中输入文本内容后,为了配合文本的删除、移动、复制、格式设置等操作,通常需要先选择文本。熟练掌握文本选择的方法,将有助于提高工作效率。

1) 使用鼠标选取文本

使用鼠标选择文本是最基本、最常用的方法。使用鼠标可以轻松地改变插入点的位置,因此使用鼠标选取文本十分方便。

(1) 拖动选取。用户只需将鼠标指针定位在所要选定内容的开始位置,然后按住鼠标左键拖动,直到所要选定部分的结尾处,即所有需要选定的内容都已成反向显示,松开鼠标即可，如图 2.16 所示。

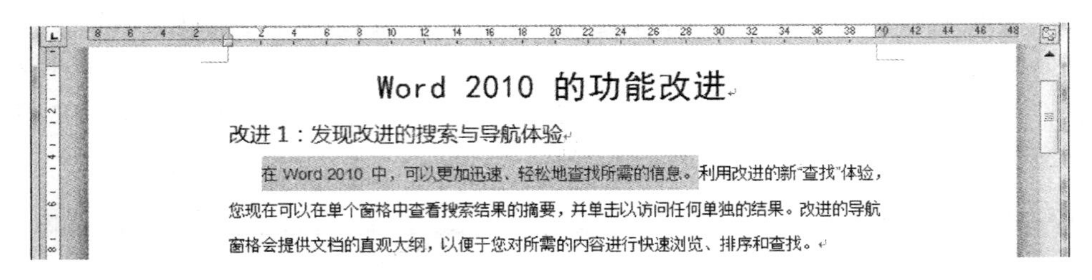

图 2.16　拖动鼠标选定文本

(2) 单击选取。将光标移到要选定行的左侧选择栏，当光标变成↗形状时，单击左键即可选取该行文本。

(3) 双击选取。将光标移到文本编辑区左侧选择栏，当光标变成↗形状时，双击左键即可选取该段文本；将光标定位到单词中间或左侧，双击左键即可选取该单词。

(4) 三击选取。将光标定位到要选取段落中，三击左键可选中该段落文本；将光标移到文档左侧选择栏，当光标变成↗形状时，三击左键即可选中整篇文档内容。

2) 使用键盘选取文本

在 Word 2010 中，用户也可以使用键盘来选取文本。使用键盘上相应的快捷键，可以达到选取文本的目的。利用快捷键选取文本内容的功能如表 2.1 所示。

表 2.1　选取文本的快捷键及功能

选　择	操　作
右侧的一个字符	按 Shift+→组合键
左侧的一个字符	按 Shift+←组合键
一个单词(从开头到结尾)	将插入点放在单词开头，再按 Shift+Ctrl+→组合键
一个单词(从结尾到开头)	将插入点放在单词开头，再按 Shift+Ctrl+←组合键
一行(从开头到结尾)	按 Home 键，然后按 Shift+End 组合键
一行(从结尾到开头)	按 End 键，然后按 Shift+Home 组合键
下一行	按 End 键，然后按 Shift+↓组合键
上一行	按 Home 键，然后按 Shift+↑组合键
一段(从开头到结尾)	将指针移动到段落开头，再按 Shift+Ctrl+↓组合键
一段(从结尾到开头)	将指针移动到段落结尾，再按 Shift+Ctrl+↑组合键
一个文档(从结尾到开头)	将指针移动到文档结尾，再按 Shift+Ctrl+Home 组合键
一个文档(从开头到结尾)	将指针移动到文档开头，再按 Shift+Ctrl+End 组合键
从窗口的开头到结尾	将指针移动到窗口开头，再按 Shift+Ctrl+Alt+Page Down 组合键
整篇文档	按 Ctrl+A 组合键
矩形文本块	按 Shift+Ctrl+F8 组合键，然后使用箭头键。按 Esc 键可关闭选择模式
最近的字符	按 F8 键打开选择模式，再按向左方向键或向右方向键；按 Esc 键可关闭选择模式
单词、句子、段落或文档	按 F8 键打开选择模式，再按一次 F8 键选择单词，按两次选择句子，按三次选择段落，按四次选择文档。按 Esc 键可关闭选择模式

3）使用鼠标和键盘的结合选取文本

除了使用鼠标或键盘选取文本外，还可以使用鼠标和键盘相结合来选取文本。使用鼠标和键盘结合的方式，不仅可以选取连续的文本，也可以选择不连续的文本，还可以方便快捷地选取较长的文本块。

（1）选取连续的较长文本块。将插入点定位到要选取区域的开始位置，按住 Shift 键，再移动光标至要选取区域的结尾处，单击左键即可选取该区域之间的所有文本内容。

（2）选取不连续的文本。选取任意一段文本，按住 Ctrl 键，再拖动鼠标选取其他文本，即可同时选取多段不连续的文本。

（3）选取整篇文档。按住 Ctrl 键，将光标移到文本编辑区左侧选择栏，当光标变成形状时，单击左键即可选取整篇文档。

（4）选取矩形文本块。按住 Alt 键，将鼠标指针移动到要选择文本的开始字符，按下鼠标左键，然后拖动鼠标，直到要选择文本的结尾处，松开鼠标。此时，一块矩形文本就被选择上，如图 2.17 所示。

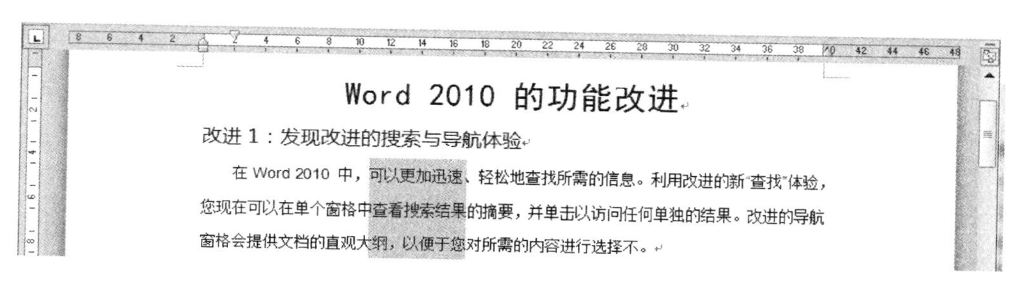

图 2.17　选择矩形文本

4）取消选定文本

若要取消选定文本，只需在文档任意地方单击鼠标即可。

3. 编辑文本

在编辑文档的过程中，通常需要对一些文本进行复制、移动、删除、查找和替换、撤销和恢复、定位等编辑操作，这些操作是 Word 中最基本、最常用的操作。熟练地运用文本的编辑功能，可以节省大量的时间，从而提高文档编辑的工作效率。

1）复制和粘贴文本

在文档中经常需要重复输入文本时，可以使用复制文本的方法进行操作以节省输入文本的时间，加快输入和编辑的速度。所谓文本的复制，是指将要复制的文本移动到其他的位置，而原版文本仍然保留在原来的位置。复制文本有以下几种方法。

（1）选择需要复制的文本，在"开始"选项卡的"剪贴板"组中，单击"复制"按钮，将插入点移到目标位置处，单击"粘贴"按钮。

（2）选取需要复制的文本，按 Ctrl+C 组合键，把插入点移到目标位置，再按 Ctrl+V 组合键。

（3）选取需要复制的文本，按住 Ctrl 键，按住鼠标左键并拖动鼠标，此时光标变成右下角带"＋"的箭头，到达目标位置后松开鼠标即可。

（4）选取需要复制的文本，按住鼠标右键并拖动鼠标到目标位置，松开右键会弹出一个快捷菜单，从中选择“复制到此位置”命令。

(5) 选取需要复制的文本，右击鼠标，从弹出的快捷菜单中选择“复制”命令，把插入点移到目标位置，右击鼠标，从弹出的快捷菜单中选择“粘贴”命令。

2) 格式复制

格式复制就是将文本的字体、字号、段落设置等重新应用到目标文本。首先，选中已经设置好格式的文本。然后，在“开始”选项卡中单击“剪贴板”选项组中的“格式刷”按钮 格式刷 。最后，当鼠标指针变为带有小刷子的形状时，选中要应用该格式的目标文本即可完成格式的复制。

3) 选择性粘贴

选择性粘贴提供了更多的粘贴选项，该功能在跨文档之间进行粘贴时非常实用。复制选中的文本后，将鼠标指针移动到目标位置。然后，在“开始”选项卡的“剪贴板”选项组中，单击“粘贴”按钮下方的下三角按钮 ，在弹出的下拉列表中执行“选择性粘贴”命令。在随后打开的“选择性粘贴”对话框中，选中“粘贴”单选按钮，最后单击“确定”按钮即可，如图 2.18 所示。

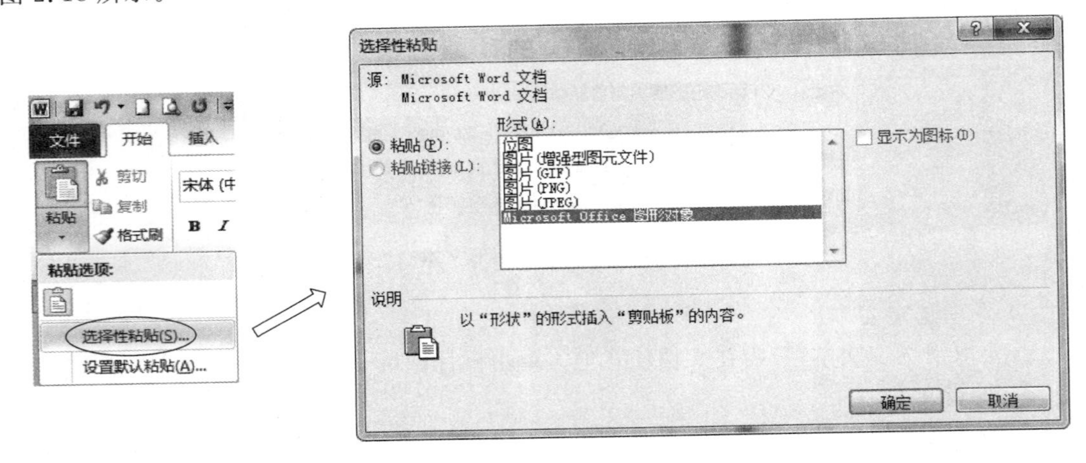

图 2.18　选择性粘贴

4) 移动文本

顾名思义，移动文本是指将当前位置的文本移到其他位置，在移动文本的同时，会删除原来位置上的文本。移动文本的操作与复制文本类似，唯一的区别在于，移动文本后，原位置的文本消失，而复制文本后，原位置的文本仍在。移动文本有以下几种方法。

(1) 选择需要移动的文本，在“开始”选项卡的“剪贴板”组中，单击“剪切”按钮，光标移动到目标位置处，单击“粘贴”按钮。

(2) 选择需要移动的文本，按 Shift+X 组合键；在目标位置处按 Ctrl+V 组合键来实现移动操作。

(3) 选择需要移动的文本后，按住鼠标左键并拖动鼠标，此时鼠标光标变为形状，移动光标到目标位置时，释放鼠标即可将选取的文本移动到该处。

(4) 选择需要移动的文本，按住右键并拖动鼠标至目标位置，松开鼠标后弹出一个快捷菜单，从中选择“移动到此位置”命令。

(5) 选择需要移动的文本后,右击,在弹出的快捷菜单中选择“剪切”命令;在目标位置处右击,在弹出的快捷菜单中选择“粘贴”命令。

5) 删除文本

在文档编辑的过程中,经常需要对多余或错误的文本进行删除操作。针对不同的删除内容,可采用不同的删除方法。

如果在输入过程中删除单个文字,最简便的方法是按 Delete 键或 BackSpace 键。这两个键的使用方法是不同的:Delete 键将删除光标所在位置右边的内容;而 BackSpace 键将删除光标所在位置左边的内容。

对于大段文本的删除,可以先选中所要删除的文本,然后再按 Delete 键即可。

6) 撤销和恢复操作

在输入文本或编辑文档时,Word 会自动记录用户所执行过的每一步操作。若执行了错误的操作,可以通过撤销功能将错误的操作撤销;若误撤销了某些操作,还可通过恢复操作将其恢复到原有的状态。

撤销操作主要有如下两种方法。

(1) 单击快速访问工具栏上的“撤销”按钮 可撤销上一次的操作,单击该按钮旁的下拉按钮,在弹出的下拉列表中可选择要撤销的操作,从而撤销最近执行的多次操作。

(2) 按 Ctrl+Z 组合键,可撤销最近一步操作,连续按 Ctrl+Z 组合键可撤销多步操作。

在进行撤销操作后,若想恢复以前的修改,可以使用恢复功能来对其进行恢复。

恢复操作主要有如下两种方法。

(1) 单击快速访问工具栏上的“重复”按钮 ,可重复上一步的操作,连续单击该按钮,可多次重复上一步操作。

(2) 按 Ctrl+Y 组合键,可恢复最近一步撤销的操作,连续按 Ctrl+Y 组合键可恢复多步撤销操作。

4. 查找与替换文本

在编辑文档的过程中,用户可能会发现某个词语输入错误或使用不够妥当需要更改。这时,如果在整篇文档中通过拖动滚动条,人工逐行搜索该词语,然后手工逐个地修改,将是一件极其费时费力又容易出错的工作。Word 2010 为用户提供了强大的查找和替换功能,可以帮助用户从烦琐的人工修改中解脱出来,从而实现高效率的工作。

1) 查找文本

在 Word 2010 中,使用查找功能不仅可以在文档中查找普通文本,还可以对特殊格式的文本、符号等进行查找。

查找文本功能可以帮助用户快速找到指定的文本以及这个文本所在的位置,同时也能帮助核对该文本是否存在。查找文本的操作步骤如下。

(1) 在 Word 2010 功能区的“开始”选项卡中,单击“编辑”选项组中的“查找”按钮。

(2) 打开“导航”任务窗格,在“搜索文档”区域中输入需要查找的文本(如输入“Word”),如图 2.19 所示。此时,在文档中查找到的文本便会以黄色突出显示出来。

2) 替换文本

使用“查找”功能,可以迅速找到特定文本或格式的位置。而若要将查找到的目标进行替换,就要使用“替换”命令。替换文本的操作步骤如下。

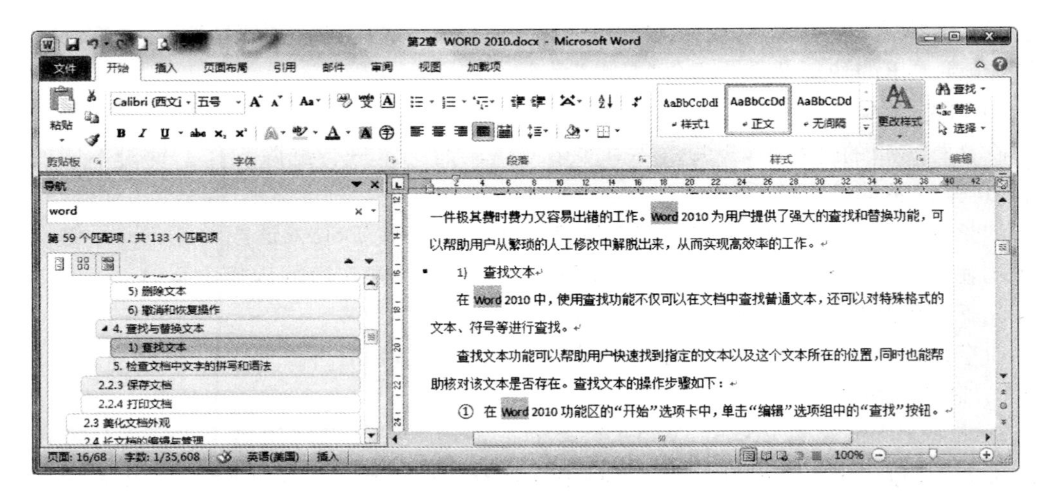

图 2.19　在“导航”任务空格中查找文本

(1) 在 Word 2010 功能区的“开始”选项卡中，单击“编辑”选项组中的“替换”按钮。

(2) 打开如图 2.20 所示的“查找和替换”对话框，在“替换”选项卡中的“查找内容”文本框中输入用户需要查找的文本，在“替换为”文本框中输入要替换的文本。

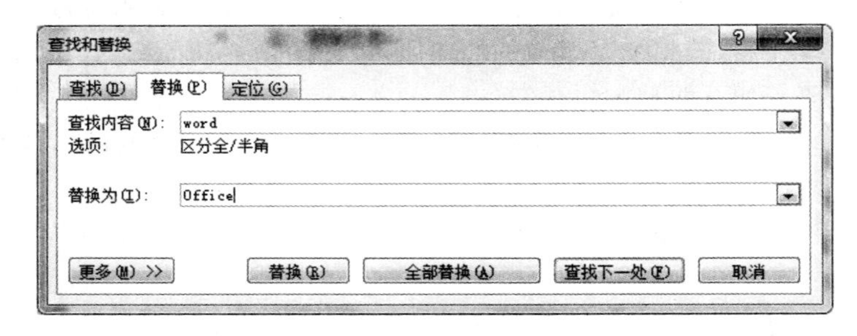

图 2.20　“查找和替换”对话框

(3) 单击“全部替换”按钮。用户也可以连续单击“替换”按钮，逐个进行查找并替换。

此时，Word 会弹出一个提示对话框，说明已完成对文档的搜索和替换工作，单击“确定”按钮。

此外，用户还可以在“查找和替换”对话框中单击左下角的“更多”按钮(此时“更多”按钮变为“更少”按钮)，打开如图 2.21 所示的对话框，进行高级查找和替换设置。

在如图 2.21 所示的“查找和替换”对话框中，各选项的功能如下。

(1)“搜索”下拉列表框：用来选择文档的搜索范围。选择“全部”选项，将在整个文本中进行搜索；选择“向下”选项，可从插入点处向下进行搜索；选择“向上”选项，可从插入点处向上进行搜索。

(2)“区分大小写”复选框：选中该复选框，可在搜索时区分大小写。

(3)“全字匹配”复选框：选中该复选框，可在文档中搜索符合条件的完整单词，而不搜索长单词中的一部分。

(4)“使用通配符”复选框：选中该复选框，可搜索输入“查找内容”文本框中的通配符、

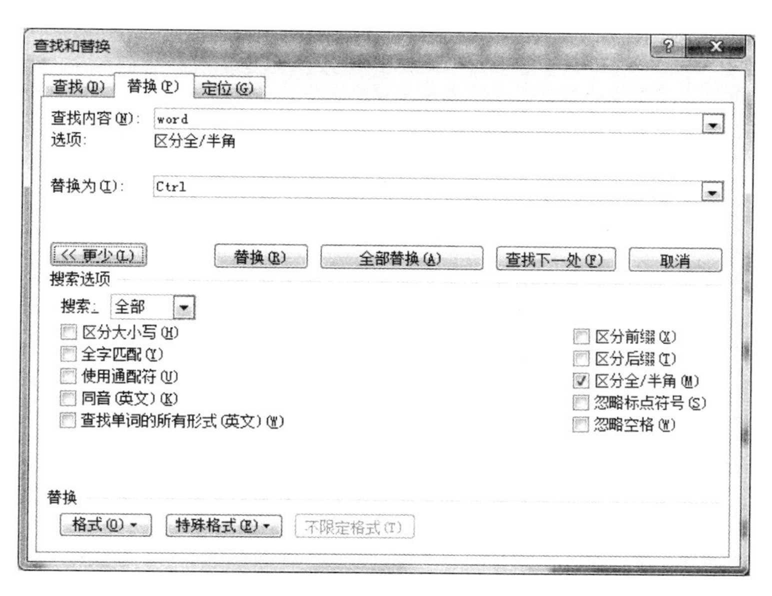

图 2.21　设置“查找和替换”的高级选项

特殊字符或特殊搜索操作符。

(5)“同音(英文)”复选框：选中该复选框，可搜索与“查找内容”文本框中文字发音相同但拼写不同的英文单词。

(6)“查找单词的所有形式(英文)”复选框：选中该复选框，可搜索与“查找内容”文本框中的英文单词相同的所有形式。

(7)“区分全/半角”复选框：选中该复选框，可在查找时区分全角与半角。

(8)“格式”按钮：单击该按钮，将在弹出的下一级子菜单中设置查找文本的格式，例如字体、段落、制表位等。

(9)“特殊格式”按钮：单击该按钮，在弹出的下一级子菜单中可选择要查找的特殊字符，如段落标记、省略号、制表符等。

(10)“不限定格式”按钮：若设置了查找文本的格式后，单击该按钮可取消查找文本的格式设置。

5. 检查文档中文字的拼写和语法

在编辑文档时，用户经常会因为疏忽而造成一些错误，很难保证输入文本的拼写和语法都完全正确。Word 2010 的拼写和语法功能开启后，将自动在它认为有错误的字句下面加上波浪线，从而提醒用户。如果出现拼写错误，则用红色波浪线进行标记；如果出现语法错误，则用绿色波浪线进行标记。

1) 开启拼写和语法检查功能

操作步骤如下。

(1) 在 Word 2010 应用程序中，打开“文件”选项卡，打开 Office 后台视图。

(2) 单击“选项”命令，打开“Word 选项”对话框，选择“校对”选项卡，如图 2.22 所示。

(3) 在“在 Word 中更正拼写和语法时”选项区域中，选中“键入时检查拼写”“键入时标记语法错误”和“随拼写检查语法”复选框。用户还可以根据具体需要，选中“使用上下文拼

图 2.22 设置自动拼写和语法检查功能

写检查”等其他复选框，设置相关功能。

(4) 单击“确定”按钮，完成开启拼写和语法检查功能。

2) 拼写和语法检查

拼写和语法检查功能的使用十分简单，操作如下。

打开“审阅”选项卡，单击“校对”选项组中的“拼写和语法”按钮，打开“拼写和语法”对话框，然后根据具体情况进行忽略或更改等操作，如图 2.23 所示。

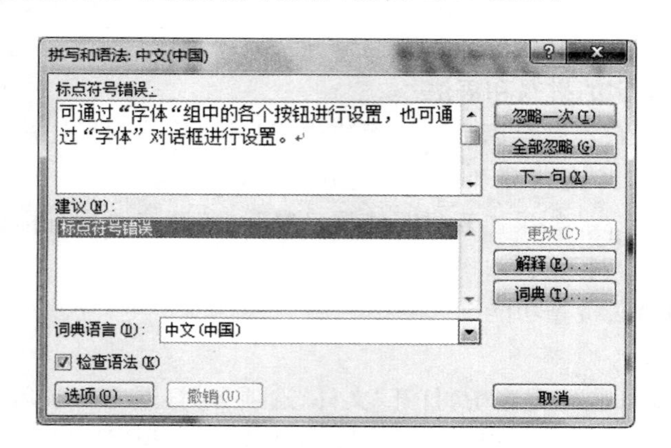

图 2.23 使用拼写和语法检查功能

2.2.3 保存文档

对于新建的 Word 文档或正在编辑一个文档时，如果出现了计算机突然死机、停电等非正常关闭的情况，文档中的信息可能会丢失，因此为了保护劳动成果，及时保存文档是非常重要的。

1. 手动保存文档

在文档的编辑过程中，应及时对其进行保存，以避免由于一些意外情况导致文档内容丢失。手动保存文档分为以下三种情形。

1）保存新建文档

在 Word 2010 应用程序中，打开“文件”选项卡，在打开的 Office 后台视图中执行“保存”命令。此时会打开“另存为”对话框，选择文档所要保存的位置，并在“文件名”文本框中输入文档的名称，如图 2.24 所示。

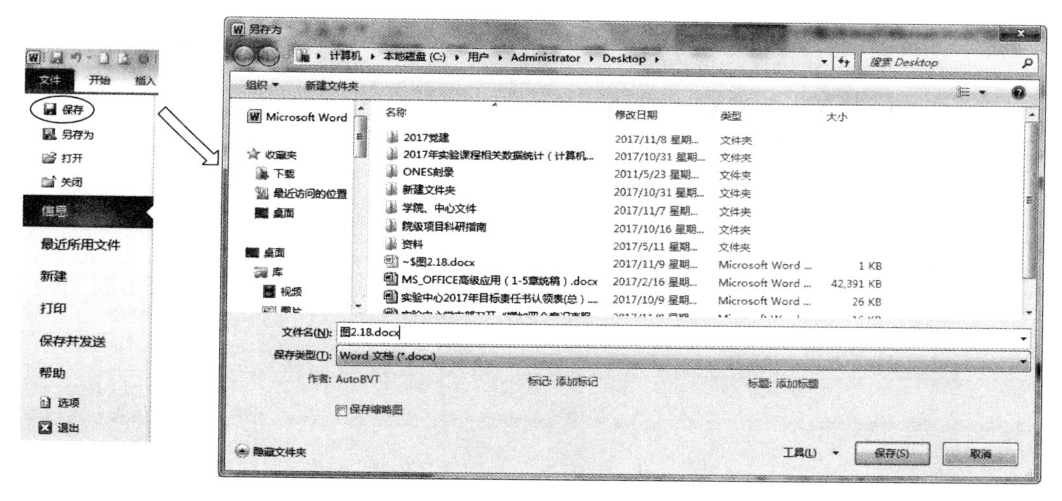

图 2.24　保存文档

2）保存已保存过的文档

在 Word 2010 应用程序中，打开“文件”选项卡，在打开的 Office 后台视图中，直接执行“保存”命令，即可按照原有的路径、名称以及格式进行保存。

提示：也可在“自定义快速访问工具栏”中，单击“保存”按钮或按 Ctrl+S 组合键，完成对当前文档的保存。

3）另存为其他文档

如果文档已保存过，在进行了一些编辑操作之后，需要将其保存下来，但也保留原有的文档，这时就需要对文档进行另存为操作。

操作方法：打开“文件”选项卡，在打开的 Office 后台视图中执行“另存为”命令。此时会打开“另存为”对话框，选择文档所要保存的路径、名称以及保存类型，单击“保存”按钮。

2. 自动保存文档

“自动保存”是指 Word 会在一定时间内自动保存一次文档。这样的设计可以有效地防止用户在进行了大量工作之后，因没有保存而发生意外（停电、死机等）所导致的文档内容大量丢失。虽然仍有可能因为一些意外情况而引起文档内容丢失，但损失可以降到最小。

设置文档自动保存的操作步骤如下。

（1）单击功能区中的“文件”选项卡→“选项”→“保存”，如图 2.25 所示。

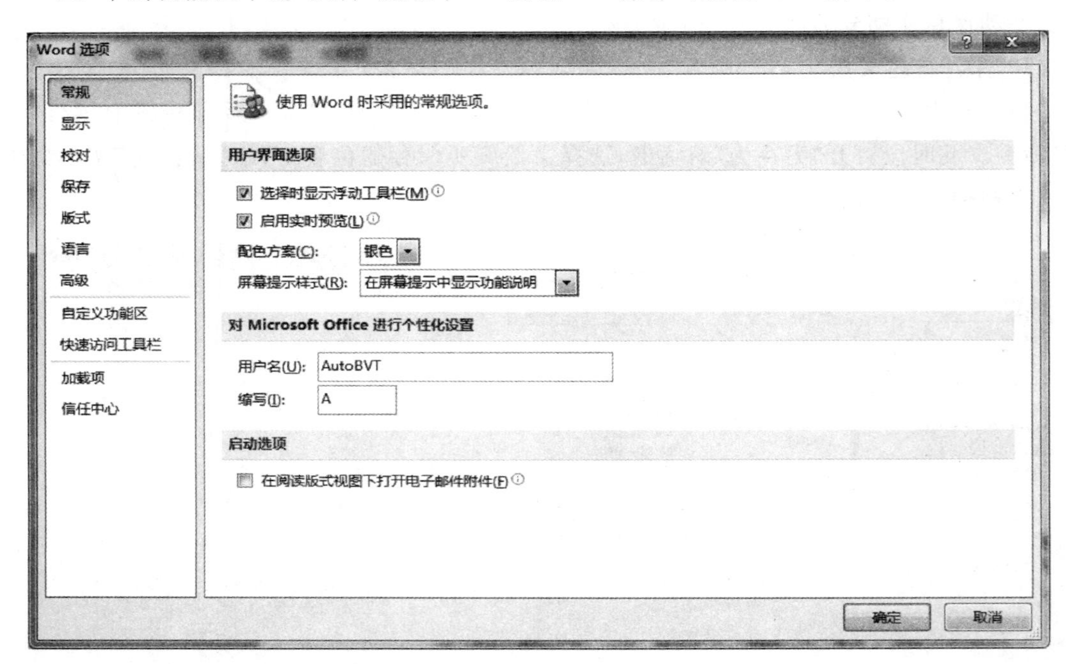

图 2.25 设置文档自动保存选项

（2）在“保存文档”选项区域中，选中“保存自动恢复信息时间间隔”复选框，并指定具体分钟数（可输入 1～120 的整数）。默认自动保存的时间间隔是 10 分钟。

（3）最后单击“确定”按钮，自动保存文档设置完毕。

2.2.4 打印文档

打印文档在日常办公中是一项常见而且很重要的工作。Word 2010 提供了非常强大的打印功能，可以很轻松地按要求将文档打印出来。在打印 Word 文档之前，可以通过打印预览功能查看一下整篇文档的排版效果，设置打印范围、打印份数、纸张类型、手动或自动单（双）面打印、奇数页或偶数页打印等，还可以后台打印以节省时间。

操作步骤如下。

（1）单击功能区中的“文件”→“打印”，打开“打印”后台视图，如图 2.26 所示。

（2）设置相关参数并浏览打印效果，确认无误后，单击“打印”按钮。

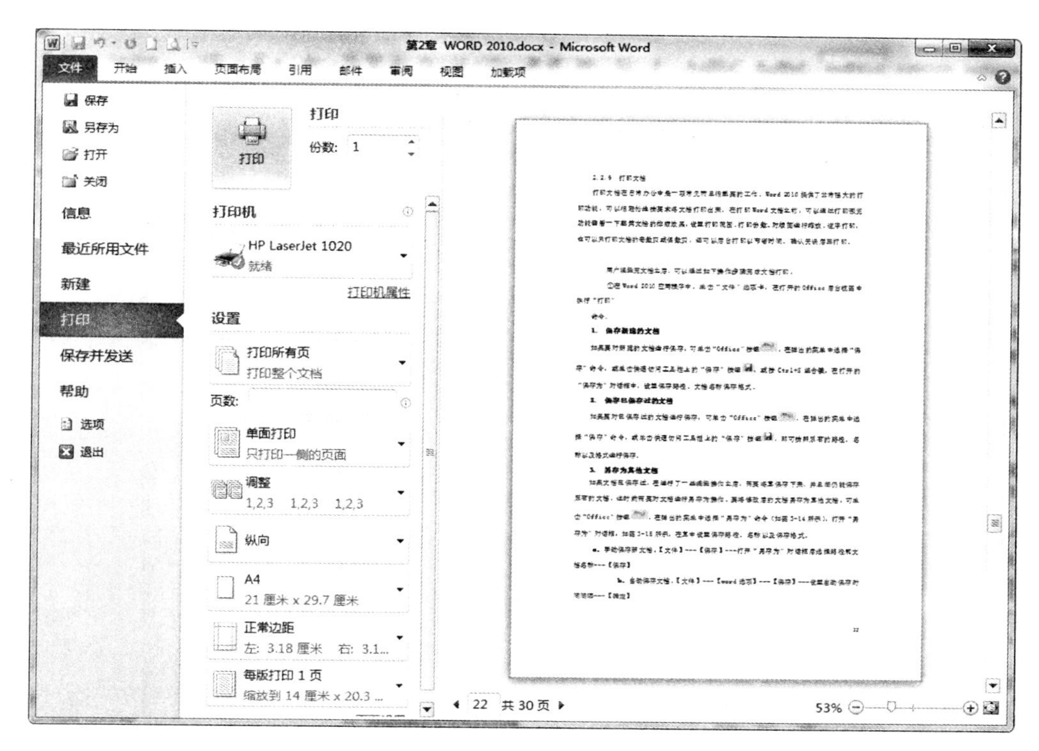

图 2.26 打印文档后台视图

2.3 文档的排版

如果想要让单调乏味的文本变得醒目美观，就需要对其格式进行多方面的设置，如字体、字号、字形、颜色、字符间距等。恰当的格式设置不仅有助于美化文档，还能够在很大程度上增强信息的传递力度，从而帮助用户更加轻松自如地阅读文档。

2.3.1 设置文本格式

如果用户在编辑文本的过程中通篇采用相同的字体、字号、字形、颜色等，那么文档就会变得毫无特色。若想让单调乏味的文本变得醒目美观，就需要对其格式进行多方面的设置。恰当的格式设置不仅有助于美化文档，还能够在很大程度上增强信息的传递力度，从而帮助用户更加轻松自如地阅读文档。

1. 设置字体、字号和字形

在 Word 文档中输入的文字默认为常规五号宋体字，为了使文档更加美观、条理更加清晰、层次更加鲜明、内容更加突出，通常需要对文本的字体、字号和字形进行重新设置。

操作步骤如下。

(1) 在 Word 文档中选中要设置字体和字号的文本。

(2) 在“开始”选项卡中的“字体”选项组中，单击“字体”下拉列表框右侧的下三角按钮，弹出“字体”列表框，如图 2.27 所示。

(3) 在“字体”列表框中，选择需要的字体选项，此时，被选中的文本就会以新的字体显示出来。

(4) 在“开始”选项卡中的“字体”选项组中，单击“字号”下拉列表框右侧的下三角按钮，在随后弹出的“字号”列表框中，选择需要的字号，如图 2.28 所示。

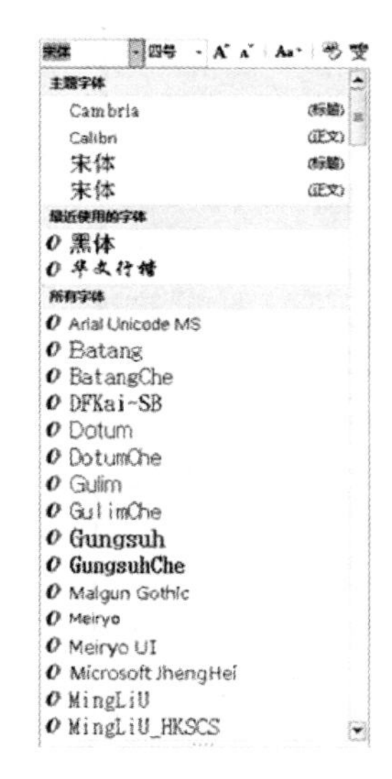

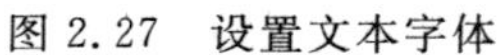
图 2.27 设置文本字体

图 2.28 设置文本字号

提示：当鼠标在“字体”或“字号”下拉列表框中滑动时，凡是经过的字体或字号选项都会实时地反映到文档中，用户可以在没有执行单击操作前实时预览到不同字体或字号的显示效果，从而便于用户确定最终选择。

(5) 在“开始”选项卡中的“字体”选项组中，单击字形设置区域的对应按钮，即可对文本进行加粗、倾斜、下画线、删除线、角标等相应设置(再次单击对应按钮则取消该设置)，如图 2.29 所示。

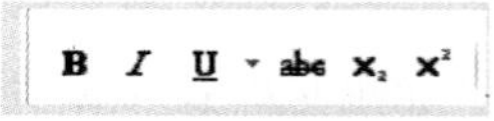

图 2.29 设置文本字形

提示：除上述方法外，用户还可以在“开始”选项卡中，单击“字体”对话框启动器，使用“字体”选项卡来设置文本的字体、字号、字形，如图 2.30 所示。

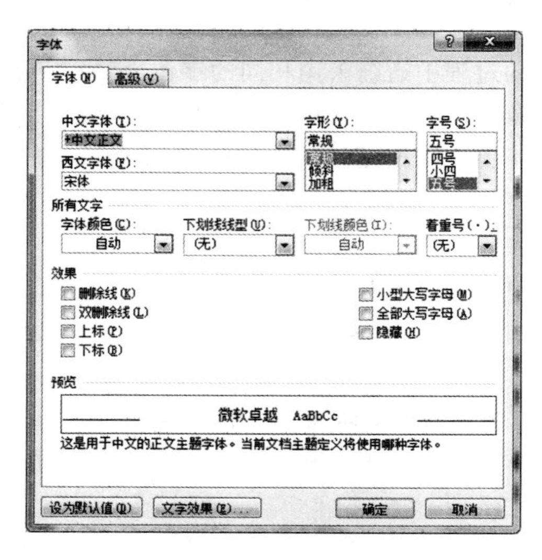

图 2.30 “字体”选项卡

2. 设置字体颜色

单击“字体”选项组中“字体颜色”按钮旁边的下三角按钮，在弹出的下拉列表中选择自己喜欢的颜色即可，如图 2.31 所示。

如果系统提供的主题颜色和标准色不能满足用户的个性需求，可以在弹出的下拉列表中执行“其他颜色”命令，打开“颜色”对话框，如图 2.32 所示。此时可在“标准”选项卡和“自定义”选项卡中选择合适的字体颜色。

提示：用户也可以在 Word 2010 功能区中的“开始”选项卡中，单击“字体”选项组中的“文本效果”按钮 ，为选中的文本套用文本效果格式或自定义文本效果格式，如图 2.33 所示。

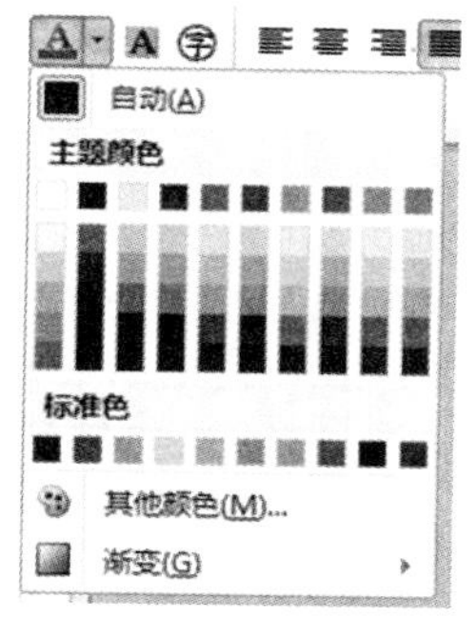

图 2.31　设置字体颜色

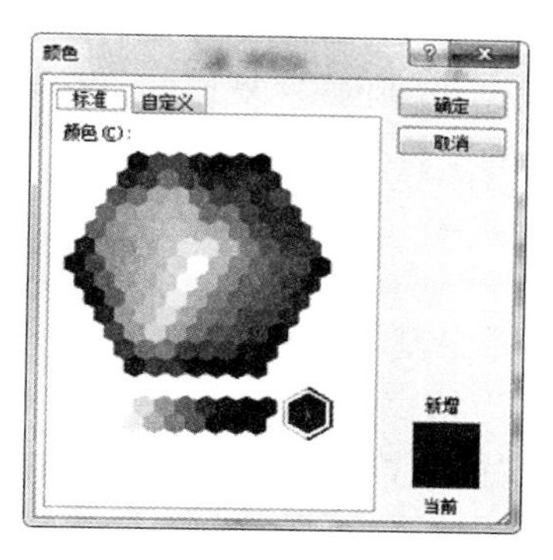

图 2.32　“颜色”对话框

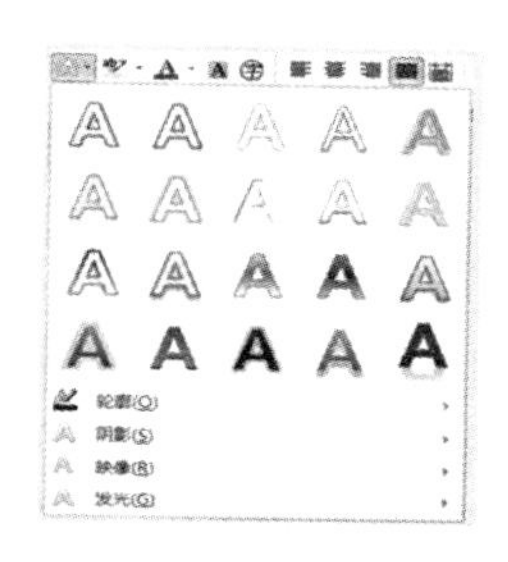
图 2.33　通过即时预览设置文本效果

3. 设置字符间距

Word 2010 允许用户对字符间距进行调整。在 Word 2010 功能区中的“开始”选项卡中，单击“字体”选项组中的“对话框启动器”按钮 ，打开“字体”对话框，切换到“高级”选项卡，在该对话框的“字符间距”选项区域中包括诸多选项设置，用户可以通过这些选项设置来轻松调整字符间距，如图 2.34 所示。

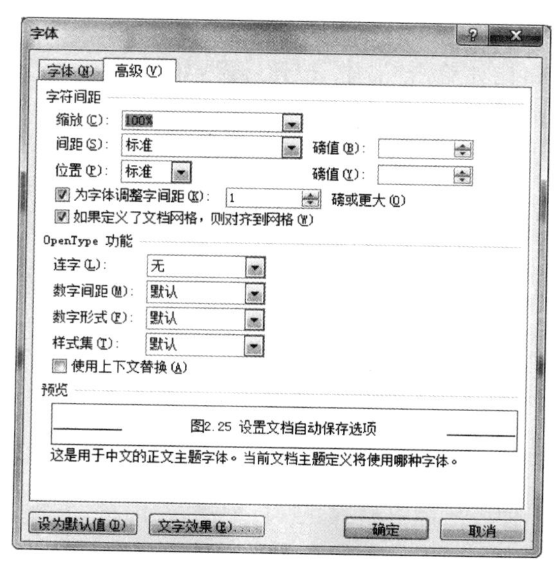

图 2.34　设置字符间距

(1) 在“缩放”下拉列表框中，有多种字符缩放比例可供选择，用户也可以直接在下拉列表框中输入想要设定的缩放百分比数值(可不必输入“%”)对文字进行横向缩放。

(2) 在“间距”下拉列表框中，有“标准…”“加宽”和“紧缩”三种字符间距可供选择。“加宽”方式将使字符间距比“标准”方式宽 1 磅，“紧缩”方式使字符间距比“标准”方式窄 1 磅。用户也可以在右边的“磅值”微调框中输入合适的字符间距。

(3) 在“位置”下拉列表框中，有“标准”“提升”和“降低”三种字符位置可选，用户也可以在“磅值”微调框中输入合适的字符位置来控制所选文本相对于基准线的位置。

(4) “为字体调整字间距”复选框用于调整文字或字母组合间的距离，以使文字看上去更加美观、均匀。用户可以在其右边的微调框中输入数值进行设置。

(5) 选中“如果定义了文档网格，则对齐到网格”复选框，Word 2010 将自动设置每行字符数，使其与“页面设置”对话框中设置的字符数相一致。

2.3.2 设置段落格式

段落是构成整个文档的骨架，是文章最基本的单位，内容上具有一个相对完整的意思。在 Word 中，段落是以特定符号(↵)作为结束标记的一段文本，也可以是一个图表或图形等，用于标记段落的特定符号(↵)称为“回车符”，它是不可打印的字符。

在编排整篇文档时，合理的段落格式设置，可以使内容层次有致、结构鲜明，从而便于用户阅读。Word 2010 的段落排版命令总是适用于整个段落的，因此要对一个段落进行排版，可以将光标移到该段落的任何地方，但如果要对多个段落进行排版，则需要将这几个段落同时选中。段落的格式设置包括段落对齐、段落缩进、段落间距设置等。

1. 段落对齐方式

段落对齐是指文档边缘的对齐方式。Word 2010 提供了 5 种段落对齐方式：文本左对齐、居中、文本右对齐、两端对齐和分散对齐，在“开始”选项卡中的“段落”选项组中可以看到与之相对应的 5 个按钮。系统默认为“文本左对齐”方式，如图 2.35 所示。

设置段落对齐通常有两种方式：一种是直接单击“开始”选项卡“段落”组中的相关按钮，比如单击“居中”按钮 ☰，如图 2.35 所示；另一种是启动“段落”对话框，在“常规”选择区域的“对齐方式”中，单击右边的下三角按钮，在打开的下拉菜单中进行选择，如图 2.36 所示。

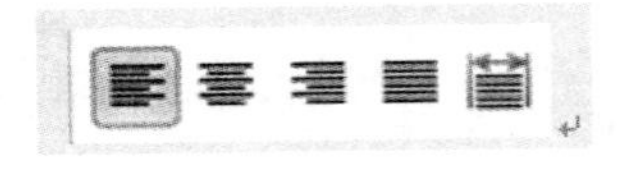

图 2.35 段落对齐方式

说明： 分散对齐是指文本左右两边均对齐，而且每个段落的最后一行不满一行时，将拉大字符间距使该行文字均匀分布，如图 2.37 所示。

2. 段落缩进

段落缩进是指段落中的文本与页边距之间的距离。在 Word 中，文本的输入范围是整个页面除去页边距以外的部分，但有时为了美观，需要对文本向内缩进一段距离，这就是段落缩进。增加或减少缩进量时，改变的是文本和页边距之间的距离。默认状态下，段落左、右缩进量都是零。

Word 2010 提供了 4 种段落缩进格式：首行缩进、左缩进、右缩进和悬挂缩进。

首行缩进是指每一个段落的第一行第一个字符的缩进空格位。中文段落普遍采用首行缩进两个字符。

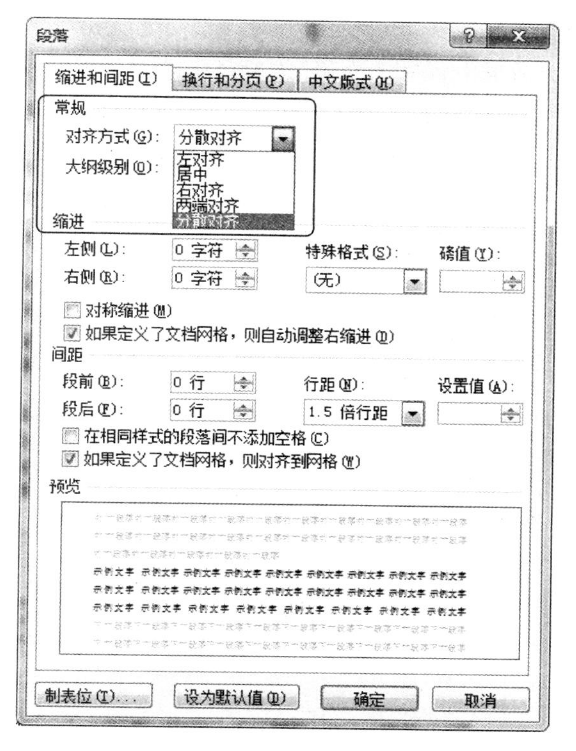

图 2.36　设置段落对齐方式

分散对齐是指文本左右两边均对齐，而且每个段落的最后一行不满一行时，将拉大字符间距
使　　该　　行　　文　　字　　均　　匀　　分　　布

图 2.37　段落"分散对齐"的效果

悬挂缩进是指段落的首行起始位置不变，其余各行一律缩进一定距离。这种缩进方式常用于如词汇表、项目列表等文档。

左缩进是指整个段落都向右缩进一定距离。

右缩进则是整个段落的右端均向左移动一定距离。

设置段落缩进的操作方法通常有以下两种。

1）利用标尺设置

通过标尺可以比较直观地设置段落的缩进距离（在功能区的"视图"选项卡中，选中"显示"组中的"标尺"复选框，即可打开标尺）。Word 2010 标尺栏中有 4 个小滑块，它们分别代表 4 种段落缩进标记，拖动相应的缩进标记可以改变对应的缩进量，如图 2.38 所示。

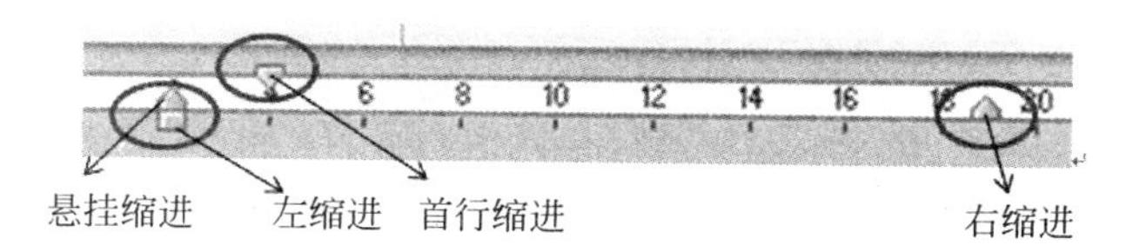

图 2.38　利用标尺设置段落缩进

2）使用功能区设置

在功能区的“开始”选项卡中，单击“段落”选项组中的对话框启动器按钮打开“段落”对话框，在 缩进和间距(I) 选项卡的“缩进”选择区域中，单击相关选项旁边的微调按钮或三角形按钮，即可完成对选中段落的缩进方式和缩进量的详细设置，如图 2.39 所示。

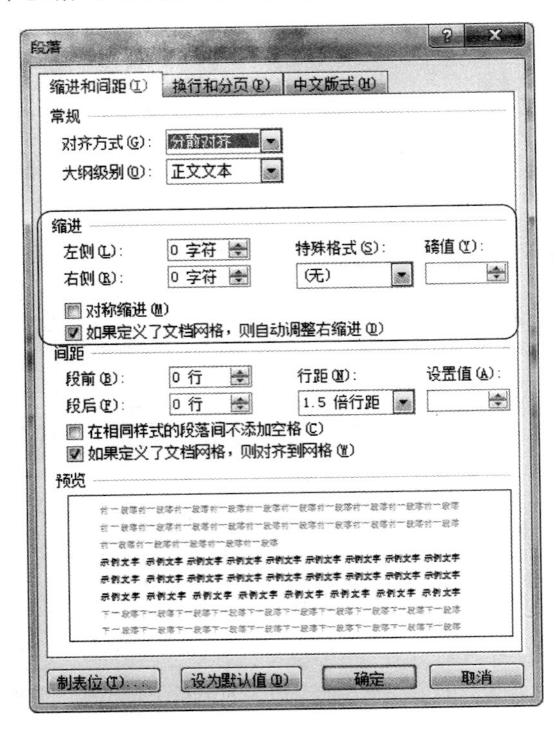

图 2.39 “段落”设置对话框

此外，用户还可以通过在“开始”选项卡中单击“段落”选项组中的“减少缩进量”按钮和“增加缩进量”按钮，来快速减少或增加段落的缩进量。需要注意的是，这时的缩进是段落的整体向右缩进，即左缩进。

3. 行间距和段落间距

行间距是指段落中行与行之间的距离，段落间距是指前后相邻的段落之间的距离。行间距决定段落中各行文本之间的垂直距离，段落间距决定段落前后空白距离的大小。

Word 2010 中既可以对整篇文档统一设置段落间距，也可以只对某一个段落设置间距，还可以对连续或不连续的多个段落设置间距。需要注意的是，在设置间距之前必须选中需被设置的段落，如果不选择表示只对当前段落进行设置。

1）设置行间距

单击“开始”选项卡上“段落”选项组中的“行距”按钮，就会弹出一个下拉列表，用户在这个下拉列表中可以选择所需要的行距，如图 2.40 所示。

如果用户在该下拉列表中执行“行距选项”命令，将会打开“段落”对话框，在 缩进和间距(I) 选项卡的“间距”选项区域的“行距”下拉列表框中，用户可以选择其他行距选项并可在“设置值”微调框中设置具体的数值，如图 2.41 所示。

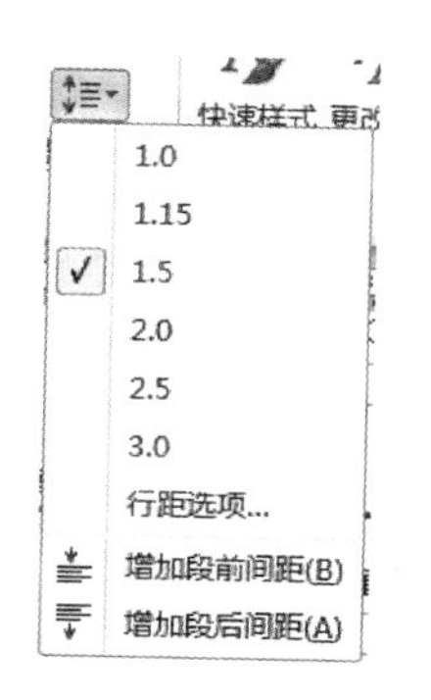

图 2.40 “行距”下拉列表

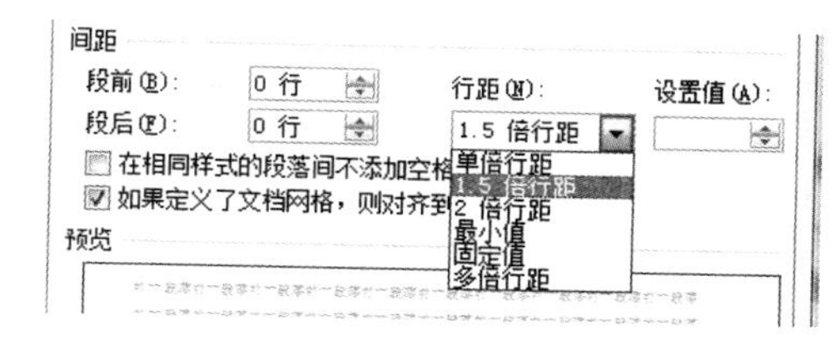

图 2.41 设置行间距

2）设置段间距

在某些情况下，为了满足排版的需要，会对段落之间的距离进行调整。用户可以通过以下 4 种方法来设置段间距。

（1）执行“行距”下拉列表中的“增加段前间距”和“增加段后间距”命令，迅速调整段落间距。

（2）在“段落”对话框中的“间距”选项区域中，单击“段前”和“段后”选择框后面的微调按钮，可以精确设置段落间距。

（3）打开功能区“页面布局”选项卡，在“段落”选项组中，单击“段前”和“段后”选择框中的微调按钮，同样可以完成段落间距的设置工作，如图 2.42 所示。

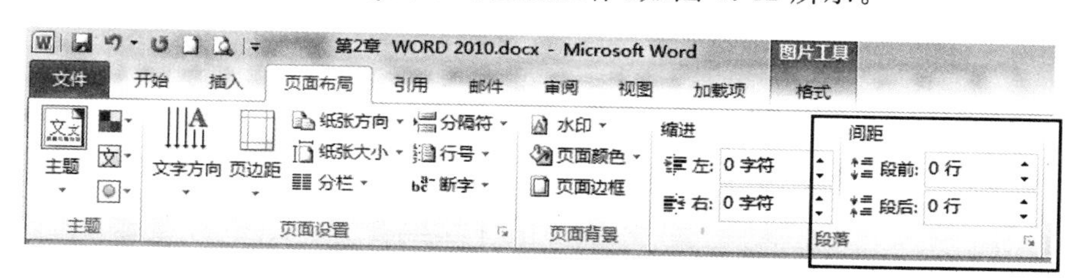

图 2.42 在“页面布局”选项卡的“段落”组中设置段落间距

（4）单击鼠标右键，在弹出的快捷菜单中选择“段落”命令来完成行间距和段落间距的设置。

2.3.3 设置页面格式

字符和段落文本只会影响到某个页面的局部外观，影响文档整体外观的一个重要因素是它的页面设置。页面设置包括页边距、纸张大小、页眉版式和页眉、页脚等。使用 Word 2010 能够排出清晰、美观的版面。

本节主要介绍如何设置页边距及页面纸张大小，怎样为文档添加页眉和页脚，如何进行分栏等操作。

1. 设置页边距

页边距是指文本区到页边界的距离。Word 2010 提供了页边距设置选项，用户可以使用默认的页边距，也可以自己指定页边距，以满足不同的文档版面要求。设置页边距的操作步骤如下。

(1) 在 Word 2010 的功能区中，打开“页面布局”选项卡。

(2) 在“页面布局”选项卡中的“页面设置”选项组中，单击“页边距”按钮。

(3) 在弹出的下拉列表中，提供了多种预定义的页边距，用户可以从中进行选择以迅速设置页边距，如图 2.43 所示。

(4) 如果用户需要自己指定页边距，可以在弹出的下拉列表中执行“自定义边距”命令。打开“页面设置”对话框中的“页边距”选项卡，如图 2.44 所示。在“页边距”选项区域中，用户可以通过单击微调按钮调整“上”“下”“左”“右”4 个页边距的大小和“装订线”的大小位置，在“装订线位置”下拉列表框中选择“左”或“上”选项。

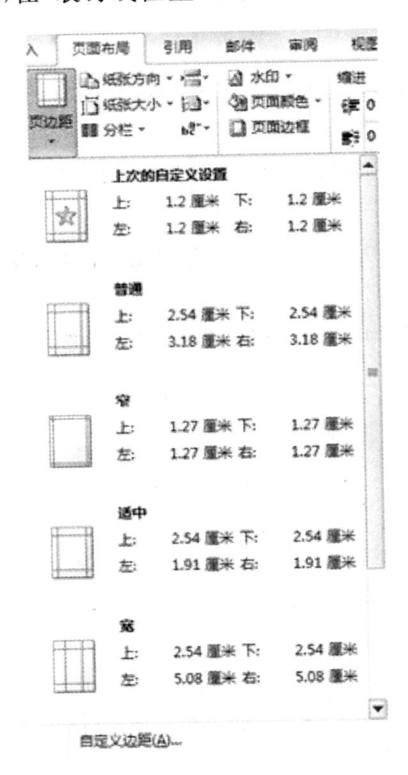

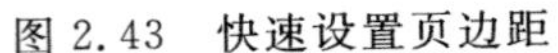

图 2.43　快速设置页边距

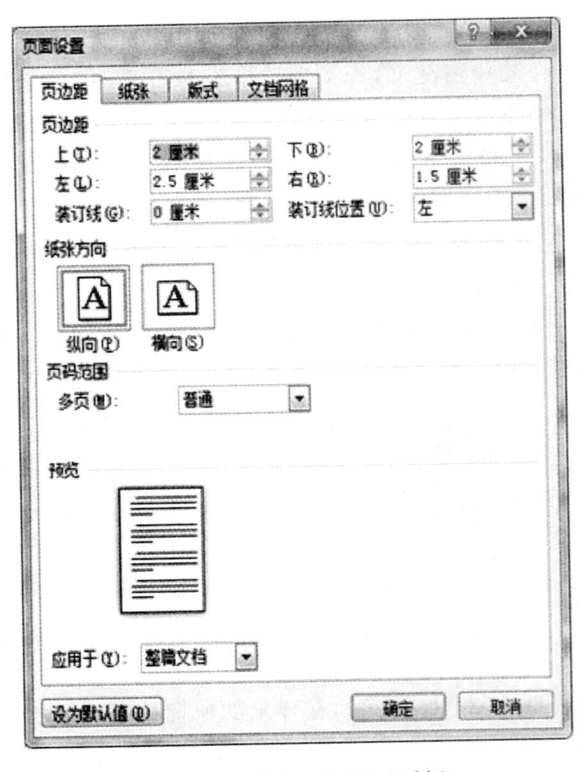

图 2.44　“页面设置”对话框

在如图 2.44 所示对话框中有“应用于”下拉列表框，若选择“整篇文档”选项，则用户设置的页面就应用于整篇文档，这是系统默认的状态。如果只想设置部分页面，则需要将光标移到这部分页面的起始位置，然后在该下拉列表框中选择“插入点之后”选项，这样从起始位置之后的所有页都将应用当前的设置。单击“确定”按钮即可完成自定义页边距的设置。

2. 设置纸张大小

Word 2010 为用户提供了预定义的纸张大小设置，用户既可以使用默认的纸张大小，也可以自己重新设定，以满足不同的应用要求。设置纸张大小的操作步骤如下。

(1) 在“页面布局”选项卡中的“页面设置”选项组中，单击“纸张大小”按钮。

(2) 在弹出的下拉列表中，系统提供了许多种预定义的纸张大小，如图 2.45 所示，用户可以从中进行选择以迅速设置纸张大小。

(3) 如果用户需要自己指定纸张大小，则可以在该下拉列表中执行“其他页面大小”命令。打开“页面设置”对话框中的“纸张”选项卡，如图 2.46 所示。

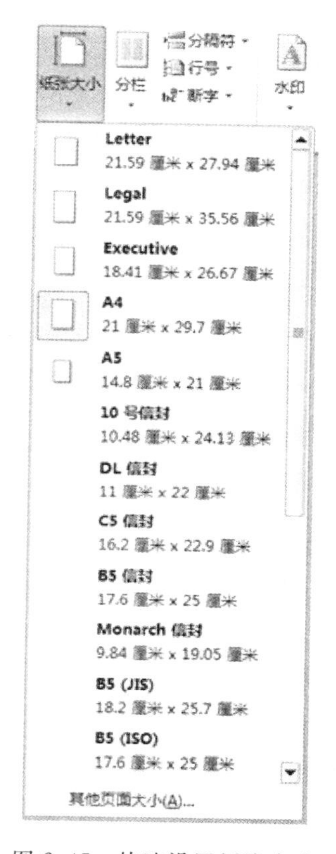

图 2.45 快速设置纸张大小

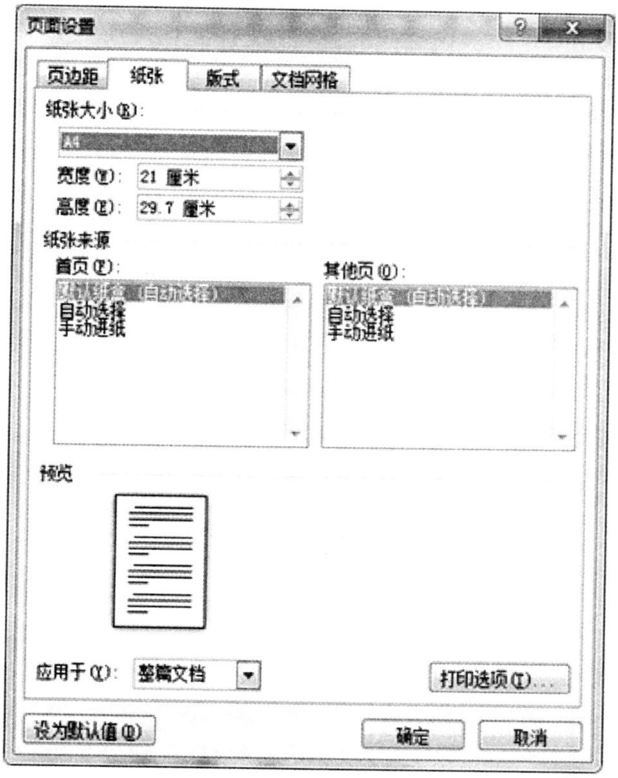

图 2.46 “页面设置”对话框“纸张”选项卡

(4) 在“纸张大小”下拉列表框中，用户可以选择不同型号的打印纸，例如 A3、A4、“16 开”和“其他页面大小”等。选择“其他页面大小”，用户可根据需要使用微调按钮自行设置。最后单击“确定”按钮即可完成页面大小的设置。

3. 设置纸张方向

“纸张方向”决定了页面所采用的布局方式，Word 2010 提供了纵向(垂直)和横向(水平)两种布局供用户选择(系统默认为纵向布局)。更改纸张方向时，与其相关的内容选项也会随之更改。例如，封面、页眉、页脚样式库中所提供的内置样式便会始终与当前所选纸张方向保持一致。

如果需要更改整个文档的纸张方向，操作步骤如下。

(1) 在“页面布局”选项卡的“页面设置”选项组中，单击“纸张方向”按钮。

(2) 在弹出的下拉列表中，用户可根据实际需要选择“纵向”或“横向”即可。

2.4 文档的美化

2.4.1 设置页面颜色和背景

给文档加上丰富多彩的背景，可以使文档更加生动和美观。Word 2010 为用户提供了丰富的页面背景设置功能，用户可以非常便捷地为文档应用水印、页面颜色和页面边框的设置。

为文档设置页面颜色和背景的操作步骤如下。

(1) 在“页面布局”选项卡的“页面背景”选项组中，单击“页面颜色”按钮。

(2) 在弹出的下拉列表中，用户可以在“主题颜色”或“标准色”区域中单击所需颜色。如果没有用户所需的颜色还可以执行“其他颜色”命令，在打开的“颜色”对话框中进行选择。如果用户希望添加特殊的效果，可以在弹出的下拉列表中执行“填充效果”命令，如图 2.47 所示。

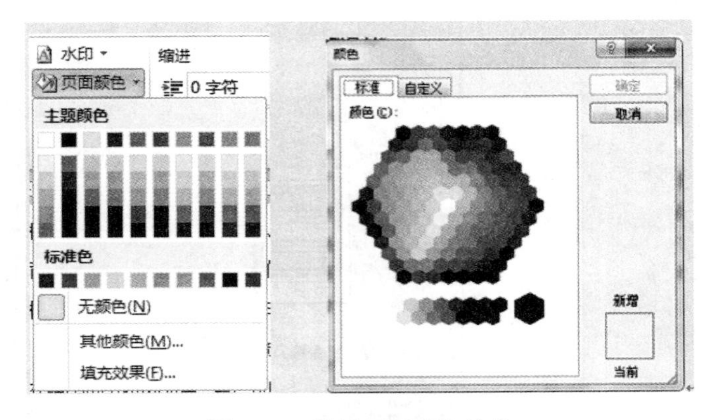

图 2.47 设置页面填充效果

(3) 设置完成后，单击“确定”按钮，即可为整个文档中的所有页面应用美观的背景。

2.4.2 设置水印效果

水印是指印在页面上的一种透明的花纹。水印可以是一幅图画、一个图表或一种艺术字体等。当用户在页面上创建水印以后，它在页面上将以灰色显示，成为正文的背景，从而起到美化文档的作用。

在 Word 2010 中，不仅可以从水印文本库中插入预先设计好的水印，也可以插入一个自定义的水印。操作步骤如下。

(1) 在“页面布局”选项卡的“页面背景”选项组中，单击“水印”按钮。

(2) 在弹出的下拉列表中，系统提供了“机密”和“紧急”两种水印的相关样式，用户可在对应区域中单击所需水印进行快速设置，如图 2.48 所示。如果没有用户所需的水印还可以执行“自定义水印”命令，在随后打开的“水印”对话框中进行设置。用户既可以选择图片水印，也可以选择文字水印，如图 2.49 所示。设置完成后单击“确定”按钮。

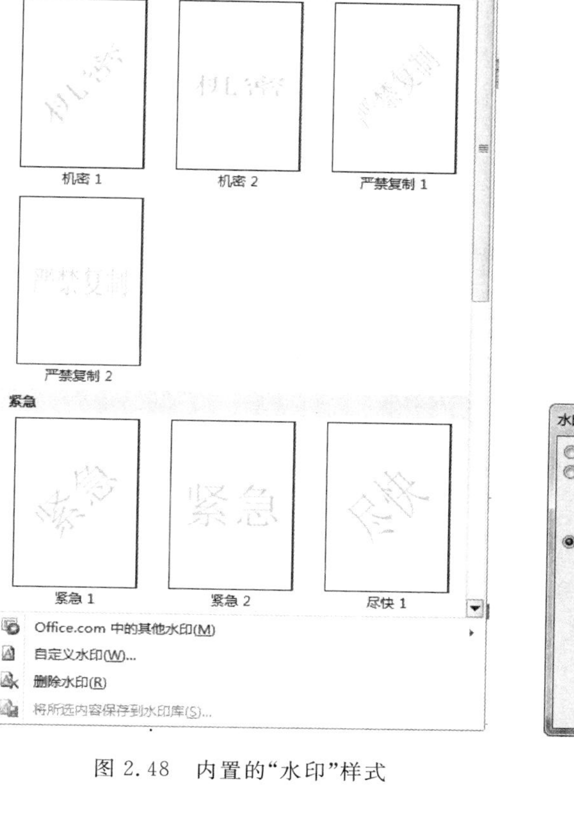

图 2.48　内置的“水印”样式

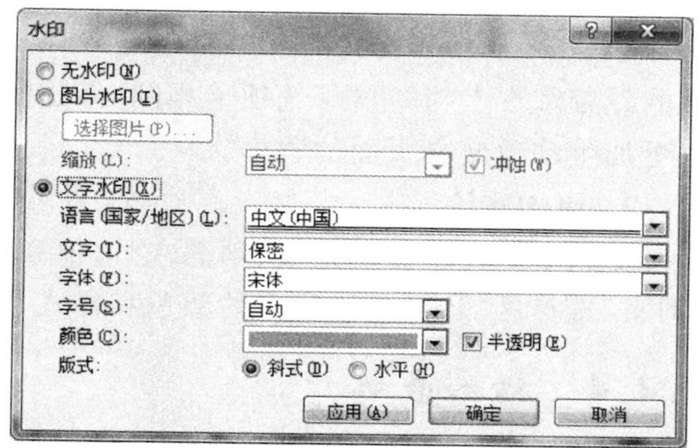

图 2.49　“水印”对话框

2.4.3　设置边框、底纹

对文档的字符、段落及页面格式进行设置后，整个文档就比较规范美观了。除此之外，还可以为文档中各元素添加边框和底纹，既能起到一定的美化作用，又能增加文档的生动性和实用性。

1. 设置边框

不同的边框设置方法不同，Word 2010 提供了多种边框类型，用来强调或美化文档内容。

1）设置段落边框

选取需要进行边框设置的段落，在“开始”选项卡的“段落”选项组中，单击“下框线”按钮右边的三角按钮，在弹出的菜单中选择“边框和底纹”命令，打开“边框和底纹”对话框，如图 2.50 所示。

选择“边框”选项卡，在“设置”选项区域中有多种边框样式，用户可从中选择所需的样式；在“样式”列表框中列出了各种不同的线条样式，用户可从中选择所需的线型；在“颜色”和“宽度”下拉列表框中可以为边框设置所需的颜色和宽度；在“应用于”列表框中，可以设定边框应用的对象是文字或段落。

2）设置页面边框

如果要对页面进行边框设置，只需在“边框和底纹”对话框中选择“页面边框”选项卡，其

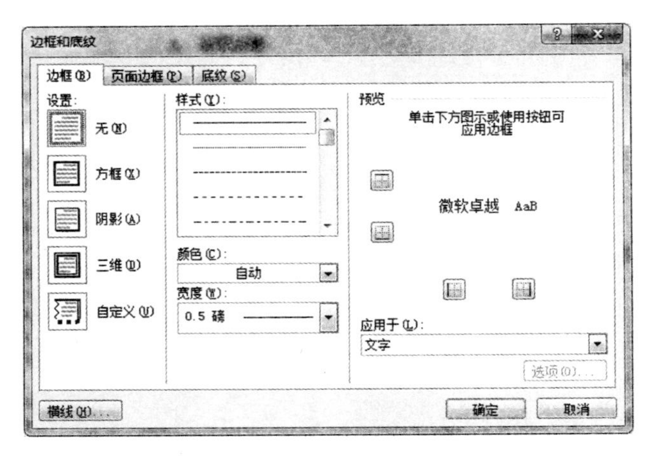

图 2.50 “边框和底纹”对话框

中的设置基本上与“边框”选项卡相同,只是多了一个“艺术型”下拉列表框,通过该列表框可以更加生动地定义页面的边框。

2. 添加底纹

如果要对文本设置底纹,则需在“边框和底纹”对话框中选择“底纹”选项卡,在“填充”和“图案”选择区域中,选择相应的颜色和样式,设置完成后单击“确定”按钮即可。

2.4.4 插入表格

作为文字处理软件,表格功能是必不可少的,Word 2010 在这方面的功能十分强大。与之前的版本相比,Word 2010 中的表格有了很大的改变,增添了表格样式、实时预览等全新的功能与特性,最大限度地简化了表格的格式化操作,使用户可以更加轻松地创建出专业、美观的表格。

1. 创建表格

1) 使用即时预览创建表格

在 Word 2010 中,用户可以通过多种途径来创建精美别致的表格,而利用“表格”下拉列表插入表格的方法既简单又直观,并且可以让用户即时预览到表格在文档中的效果。其操作步骤如下。

(1) 将鼠标指针定位在要插入表格的文档位置,打开功能区中的“插入”选项卡。

(2) 在“插入”选项卡上的“表格”选项组中,单击“表格”按钮。

(3) 在弹出的下拉列表中的“插入表格”区域,以滑动鼠标的方式指定表格的行数和列数。与此同时,用户可以在文档中实时预览到表格的大小变化,如图 2.51 所示。确定行列数目后,单击鼠标左键即可将指定行列数目的表格插入到文档中。

(4) 此时,在 Word 2010 的功能区中会自动打开“表格工具”中的“设计”上下文选项卡。用户可以在表格中输入数据,然后在“表样式”选项组中的“表格样式库”中选择一种满意的表格样式,以快速完成表格格式化操作。

2) 使用“插入表格”命令创建表格

在 Word 2010 中还可以使用“插入表格”命令来创建表格。该方法可以让用户在插入表格之前选择表格尺寸和格式,其操作步骤如下。

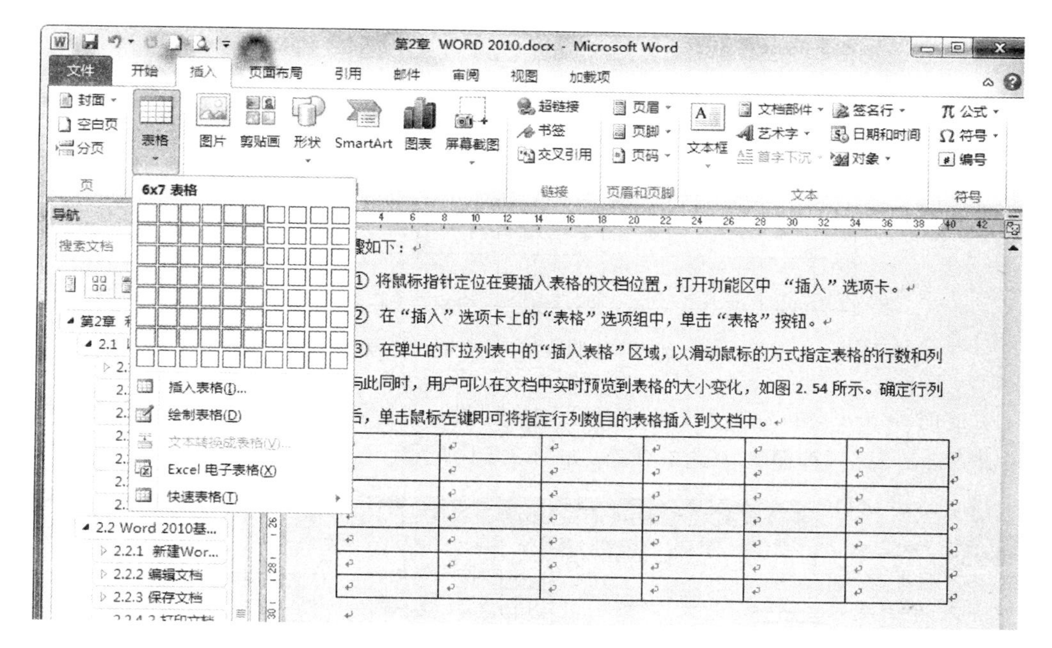

图 2.51　使用即时预览创建表格

(1) 鼠标指针定位在要插入表格的文档位置，打开功能区中的"插入"选项卡。

(2) 在"插入"选项卡上的"表格"选项组中，单击"表格"按钮。

(3) 在弹出的下拉列表中单击"插入表格"命令，此时将打开"插入表格"对话框，如图 2.52 所示。

(4) 在打开的"插入表格"对话框中，用户可以通过在"表格尺寸"选项区域中单击微调按钮分别指定表格的"列数"和"行数"。还可以在"'自动调整'操作"选项区域中，根据实际需要选中相应的单选按钮，以调整表格尺寸。如果用户选中了"为新表格记忆此尺寸"复选框，那么在下次打开"插入表格"对话框时，就默认保持此次的表格设置了。

图 2.52　"插入表格"对话框

(5) 设置完毕后，单击"确定"按钮，即可将表格插入到文档中。用户同样可以在 Word 自动打开的"表格工具"中的"设计"上下文选项卡上进一步设置表格外观和属性。

3) 手动绘制表格

在实际应用中，行与行之间以及列与列之间都是等距的规则表格很少，多数情况下需要插入各种栏宽、行高都不等的不规则表格。通过 Word 2010 中的"绘制表格"功能，可绘制不规则、复杂的表格。此方法使创建表格操作更具灵活性，操作步骤如下。

(1) 先将鼠标指针定位在要插入表格的文档位置，打开功能区中的"插入"选项卡。

(2) 在"插入"选项卡上的"表格"选项组中，单击"表格"按钮，在弹出的下拉列表中执行"绘制表格"命令。

(3) 此时，鼠标指针会变为铅笔状 ，按住鼠标左键，从页面左上角开始往页面右下角方向拖动(此时页面上绘制虚线的表格外框)，外框的大小适中时松开鼠标(此时虚线变成实线)，表格外框(矩形)绘制完成，然后在该矩形内根据实际需要绘制行线、列线或斜线，如图 2.53 所示。

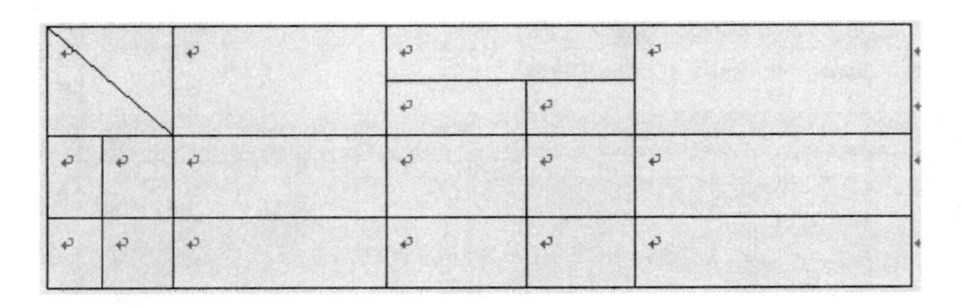

图 2.53 使用“绘制表格”命令制作不规则表格

(4) 此时 Word 会自动打开“表格工具”中的“设计”上下文选项卡，并且“绘图边框”选项组中的“绘制表格”按钮处于选中状态，如图 2.54 所示。

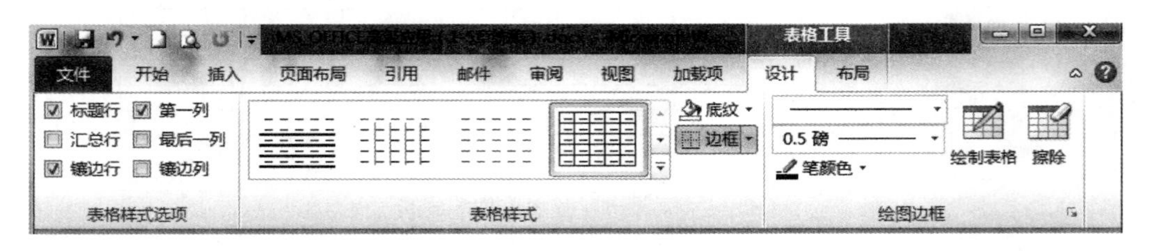

图 2.54 “表格工具”中的“设计”上下文选项卡

这时用户在对应的下拉列表中，既可以改变“边框”样式，也可以改变“笔样式”“笔画粗细”和“笔颜色”，还可以单击“擦除”按钮(光标变成橡皮擦形状)擦除多余的表格线(再次单击“擦除”按钮则取消擦除模式)。

4) 使用快速表格

快速表格是作为构建基块存储在库中的表格，可以随时被访问和重用。Word 2010 提供了一个“快速表格库”，其中包含一组预先设计好格式的表格，用户可以从中选择以迅速创建表格。这样既大大节省了用户创建表格的时间，同时减少了用户的工作量，使插入表格操作变得十分轻松。其操作步骤如下。

(1) 将鼠标指针定位在要插入表格的文档位置，打开功能区中的“插入”选项卡。

(2) 在“插入”选项卡上的“表格”选项组中，单击“表格”按钮。

(3) 在弹出的下拉列表中，执行“快速表格”命令，打开系统内置的“快速表格库”，并且以图示化的方式为用户提供了各种不同的表格样式，如图 2.55 所示。此时用户可以根据实际需要进行选择。例如选择“矩阵”快速表格，如图 2.56 所示。

此时所选快速表格就会插入到文档中。另外，为了符合特定需要，用户可以用所需的数据替换表格中的占位符数据。

通过以上几种方法，用户均可以制作不同需求的表格。不难发现，在文档中插入表格后，在 Word 2010 的功能区中会自动打开“表格工具”中的“设计”上下文选项卡，用户可以进一步对表格的样式进行设置。

在“设计”上下文选项卡的“表格样式选项”选项组中，用户可以选择为表格的某个特定部分应用特殊格式，例如，选中“标题行”复选框，则将表格的首行设置为特殊格式。在“表格

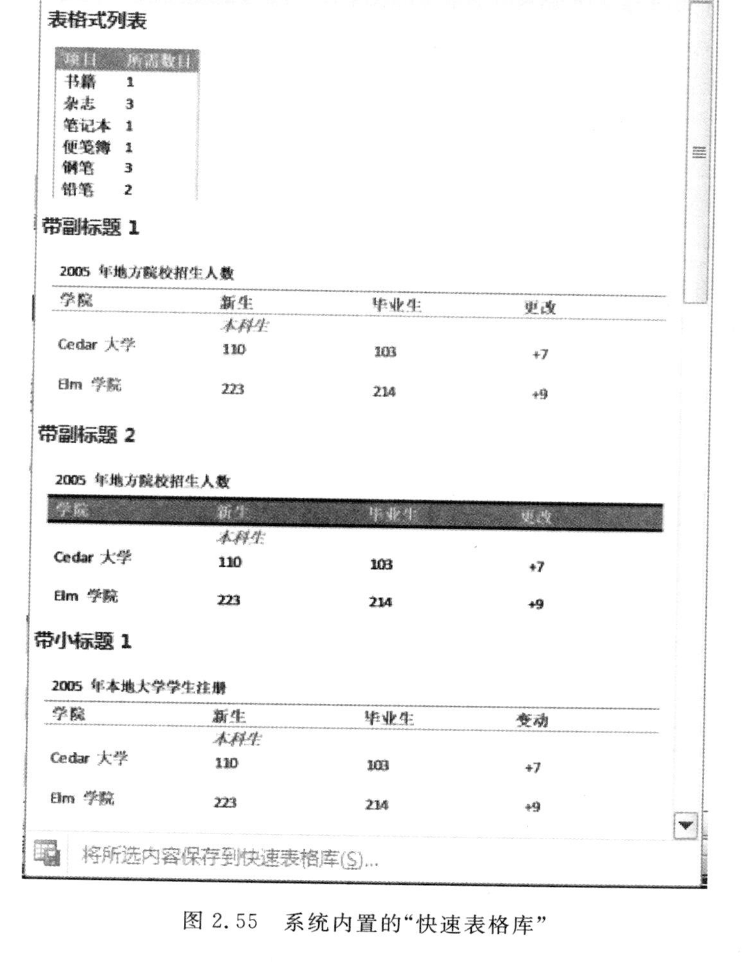

图 2.55 系统内置的“快速表格库”

城市或城镇	点 A	点 B	点 C	点 D	点 E
点 A	—				
点 B	87	—			
点 C	64	56	—		
点 D	37	32	91	—	
点 E	93	35	54	43	—

图 2.56 “矩阵”快速表格

样式”选项组中单击“表格样式库”右侧的滚动按钮，用户可以在打开的“表格样式库”中选择合适的表格样式。当将鼠标指针停留在预定义的表格样式上时，还可以实时预览到表格外观的变化。

2. 表格的输入、选定和修改

1）表格内容的输入

将光标移到表格的某一单元格(用 Tab 键、光标键或鼠标均可)，即可像输入正文一样输入和修改单元格内容。

2）表格内容的选定

(1) 将鼠标指针放在单元格的左侧，当鼠标指针改变形状后（变成指向右上角的箭头）单击，即可选中一个单元格。

(2) 将鼠标指针放在行的左侧，当鼠标指针改变形状后单击，即可选中一行。

(3) 将鼠标指针放在列的顶端，当鼠标指针改变形状后单击，即可选中一列。

(4) 要连续选中几个单元格、几行或几列，可以利用鼠标拖动的方式。

3）表格的修改

(1) 插入行或列。

插入行或列的具体步骤如下。

① 在表格中选择几行或几列（选择多少行或列表示将要插入多少行或列）。

② 单击鼠标右键，展开“插入”子菜单，选择插入行或列，如图 2.57 所示。

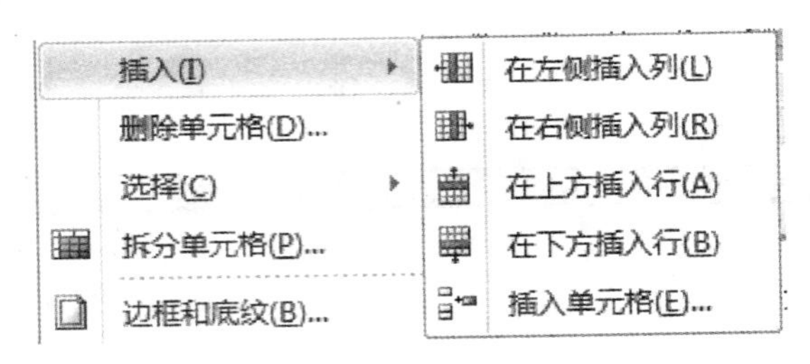

图 2.57　插入行或列

(2) 删除单元格、行或列。

① 选中要删除的单元格、行或列。

② 单击鼠标右键，从弹出的快捷菜单中选择“删除单元格”“删除行”或“删除列”命令即可。

提示：插入或删除行（或列）操作也可在“表格工具”中的“布局”选项卡中找到相应命令按钮，如图 2.58 所示。

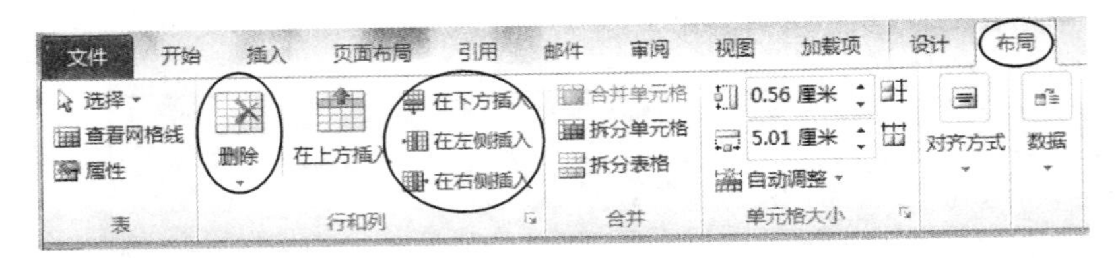

图 2.58　“布局”选项卡

(3) 合并单元格。

选定要合并的单元格，打开“表格工具”中的“布局”上下文选项卡，在“合并”组中单击合并单元格按钮即可。

(4) 拆分单元格。

将光标定位于要拆分的单元格中，打开“表格工具”中的“布局”上下文选项卡，在“合并”选项组中单击拆分单元格 按钮，在弹出的“拆分单元格”对话框中输入需要拆分的行、列数，单击“确定”按钮。例如，将表格第一个单元格拆分为两行两列 4 个单元格，如图 2.59 所示。

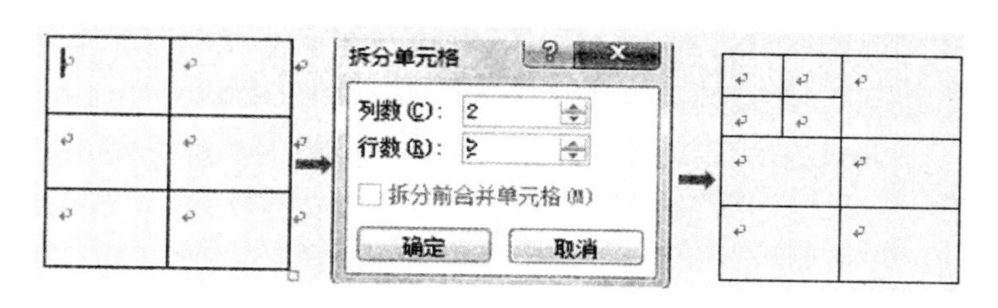

图 2.59　拆分单元格

(5) 拆分表格。

如果要将一个表格拆成两个表格，其操作方法是：将光标置于要拆分的地方，单击“表格工具”中的“布局”上下文选项卡标签，在该选项卡的“合并”组中单击 拆分表格 按钮，选中的行将成为新表格的首行，如图 2.60 所示。

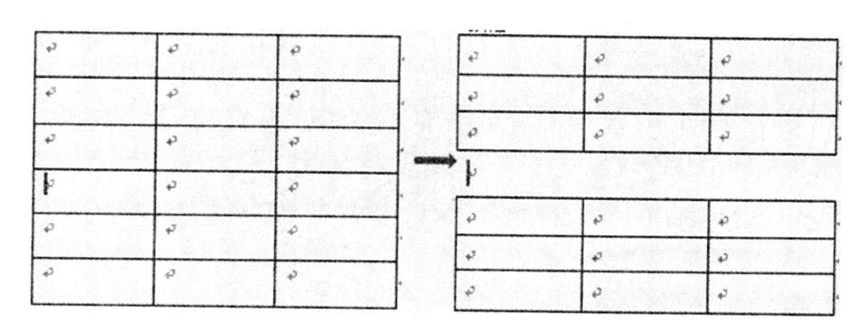

图 2.60　拆分表格

(6) 改变表格中文本的对齐方式。

Word 表格中，文本对齐方式默认为“靠上两端对齐”，若要改变其对齐方式，其操作方法如下：首先选定要改变对齐方式的单元格，然后打开“表格工具”中的“布局”上下文选项卡，在“对齐方式”组中(如图 2.61 所示)，系统提供了 9 种对齐方式，用户可根据需要选择需要对齐的样式。此外，在“对齐方式”组中，用户还可以改变单元格中的文字方向和单元格边距。

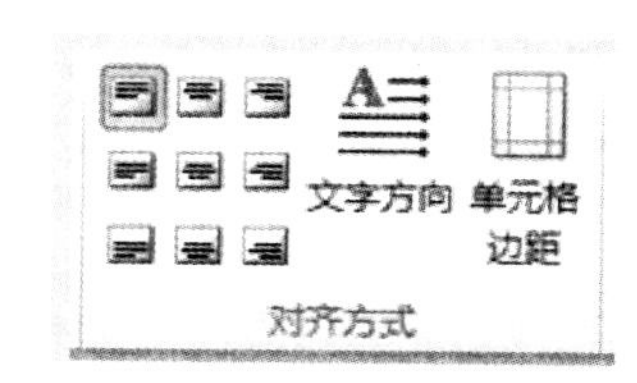

图 2.61　表格中文本的对齐方式

3. 设置表格属性

在使用 Word 2010 制作表格时，往往需要对表格、单元格、行、列等相关属性进行设置。操作方法：打开“表格工具”中的“布局”上下文选项卡，在“布局”选项卡的“表”选项组中，单击 属性 按钮(或单击“单元格大小”组的对话框启动器)，打开“表格属性”对话框，如图 2.62 所示。

1) 设置单元格属性

选择要设置属性的单元格，在打开的“表格属性”对话框中选择“单元格”选项卡，如图 2.63 所示。在“指定宽度”微调框中输入单元格的高度，在“度量单位”微调框中选择一个度量的单位，然后在“垂直对齐方式”区域中选择合适的对齐方式。

2) 设置行列属性

如果要改变行高或列宽，则可通过设置行或列的属性来实现。

图 2.62 “表格属性”对话框

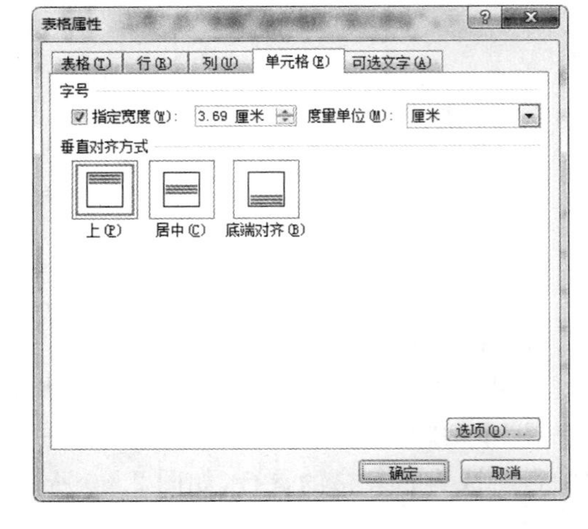

图 2.63 “表格属性”的“单元格”选项卡

(1) 选择要设置属性的行(或列),在打开的“表格属性”对话框中选择“行”(或“列”)选项卡。

(2) 在“行”(或“列”)选项卡的对应区域中,设置行(或列)的指定高度(或宽度)及度量单位等参数。

(3) 单击“确定”按钮完成设置。

提示:*若想均分行高或列宽,可以先选中表格,然后在“布局”选项卡的“单元格大小”选项组中,单击“分布行”按钮(或“分布列”按钮)即可。*

3) 设置表格属性

表格属性包括表格的尺寸、对齐方式及文字环绕等参数。操作如下。

(1) 选择要设置属性的表格,打开“表格属性”对话框中的“表格”选项卡。

(2) 选中“指定宽度”复选框,然后在后面的微调框中输入表格的宽度。

(3) 在“对齐方式”区域中,选择表格中文本的对齐方式。

(4) 在“文字环绕”区域中,选择是否在表格左右有文字环绕。如果选择了“环绕”选项,可单击“定位”按钮,打开“表格定位”对话框,对表格的位置进行设置。

(5) 单击“边框和底纹”按钮,设置表格的边框和底纹。

(6) 单击“选项”按钮,可以对表格的属性进行进一步的设置。

提示:*以上设置表格属性的有关操作,也可通过在表格中右击鼠标,在弹出的快捷菜单中选择“表格属性”命令来实现。*

4. 设置表格的标题行跨页重复

如果表格的内容较多,难免会跨越两页或更多页面。此时,如果希望表格的标题可以自动地出现在每个页面的表格上方,操作步骤如下。

(1) 将鼠标指针定位在指定为表格标题的行中。

(2) 在功能区中打开“表格工具”中的“布局”上下文选项卡。

(3) 在“布局”选项卡上的“数据”选项组中,单击“重复标题行”按钮即可,如图 2.64 所示。

5. 表格中数字的计算与排序

在 Word 2010 表格中，不仅可以对其中的数据进行一些简单的运算，以方便、快捷地得到计算结果，还能够方便地按数字、字母顺序或拼音的顺序对表格中的内容进行排序。

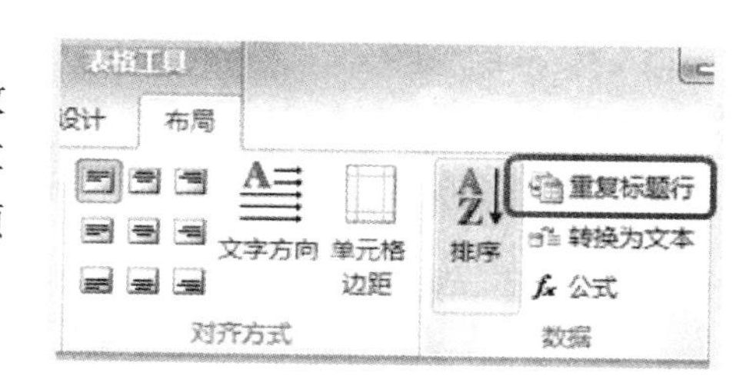

图 2.64 设置重复标题行

1）在表格中计算

在表格中，可以通过输入带有加、减、除等运算符的公式进行计算，也可以使用 Word 附带的函数进行较为复杂的计算。例如想利用公式求表中数据的和，可以把光标定位到需要求和的"行"或"列"后面的第一个单元格中，单击"布局"选项卡中的"公式"按钮，按默认选项(公式=SUM(LEFT))进行设置并单击"确定"按钮，然后选中该计算结果，把它复制到下面的单元格中，按 F9 键进行更新，其余行或列的和就都计算出来了，如表 2.2 所示。

表 2.2 利用公式求和

序号	A	B	C	D	总计
1	89	65	50	53	257
2	126	62	98	78	364
3	40	80	48	78	246
小计	255	207	196	209	867

2）在表格中排序

在 Word 2010 中，还可以对表格中的一个指定的列进行排序，也可以选择两个或者多个列进行排序。如果需要，还可以设置是否区分大小写和排序的语言等选项。

例如，若想在如表 2.3 所示的"学生成绩表"中，将学生的总分按降序排序，如果总分相同则按政治成绩降序排序，操作方法如下。

表 2.3 学生成绩表

学号	姓名	语文	数学	英语	政治	综合	总分
120301	包宏伟	91.5	89	94	86	92	629.5
120302	陈万地	93	99	92	92	86	621
120303	杜学江	102	116	113	73	78	656
120304	符合	99	98	101	78	94	656
120305	吉祥	101	94	99	93	90	659
120306	李北大	100.5	103	104	90	88	652.5

(1) 选取要进行排序的表格，然后选择"表格工具"的"布局"选项卡。

(2) 在"数据"组中单击"排序"按钮，将打开"排序"对话框，如图 2.65 所示。

(3) 在"排序"对话框的"主要关键字"下拉列表框中，选择用于排序的主要关键字"总分"；在"次要关键字"下拉列表框中选择用于排序的第二关键字"政治"；在"类型"下拉列表框中选择"数字"选项，并且选中"降序"单选按钮。

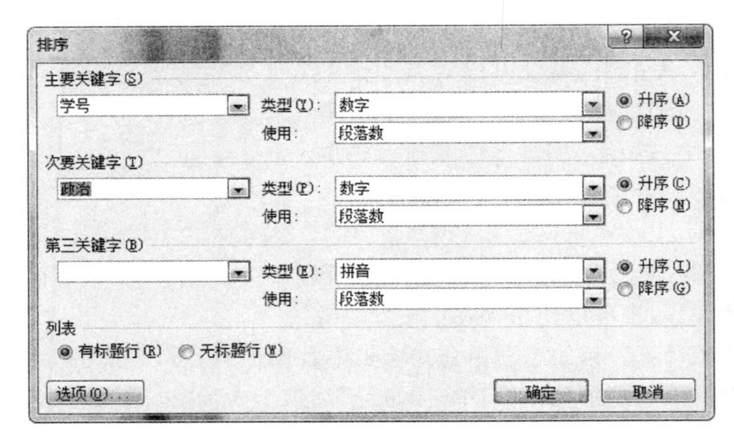

图 2.65 “排序”对话框

(4) 设置完毕后,单击“确定”按钮。排序后的结果如表 2.4 所示。

表 2.4 学生成绩表(按总分排序)

学号	姓名	语文	数学	英语	政治	综合	总分
120305	吉祥	101	94	99	93	90	659
120304	符合	99	98	101	78	94	656
120303	杜学江	102	116	113	73	78	656
120306	李北大	100.5	103	104	90	88	652.5
120301	包宏伟	91.5	89	94	86	92	629.5
120302	陈万地	93	99	92	92	86	621

从表 2.4 中可以看出,总分相同的则按政治由高到低排序。

6. 文本与表格的相互转换

在 Word 2010 中,可以将文本转换为表格,也可以将表格转换为文本。要把文本转换为表格时,应首先将需要进行转换的文本格式化,即把文本中的每一行用段落标记隔开,每列用分隔符(如逗号、空格、制表符等)分开,否则系统不能正确识别表格的行列分隔,从而导致错误的转换。

1) 文本转换为表格

(1) 首先在 Word 文档中输入文本,并在希望分隔的位置按 Tab 键(或其他分隔符),在希望开始新行的位置按 Enter 键。

(2) 选定要转换为表格的文本,打开功能区的“插入”选项卡,单击“表格”选项组中的“表格”按钮。

(3) 在弹出的下拉列表中,执行“文本转换成表格”命令,打开如图 2.66 所示的“将文字转换成表格”对话框。

(4) 在该对话框的“文字分隔位置”选项区

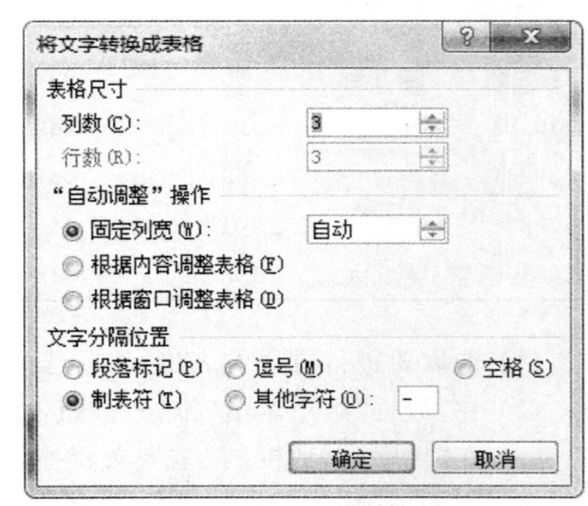

图 2.66 文字转换为表格

域中，包括“段落标记”“逗号”“空格”“制表符”“其他字符”5个单选按钮。通常，Word会根据用户在文档中输入的分隔符，默认选中相应的单选按钮。本例默认选中“制表符”单选按钮。同时，Word会自动识别出表格的尺寸，本例为“3”列、“2”行。此时用户可根据实际需要，设置其他选项。确认无误后，单击“确定”按钮。

这样，原先文档中的文本就被转换成表格了。用户可以再进一步设置表格的格式。

此外，用户还可以将某表格置于其他表格内，包含在其他表格内的表格称作嵌套表格。通过在单元格内单击，然后使用任何创建表格的方法就可以插入嵌套表格。当然，将现有表格复制和粘贴到其他表格中也是一种插入嵌套表格的方法。

2）表格转换为文本

将表格转换为文本，可以去除表格线，仅将表格中的文本内容按原来的顺序提取出来，但会丢失一些特殊的格式。

选取要转换为文本的表格，选择“表格工具”的“布局”选项卡，在“数据”组单击“转换为文本”按钮，将打开“表格转换成文本”对话框，如图2.67所示。在对话框中选择“文字分隔符”选项，然后单击“确定”按钮。

图2.67　表格转换成文本

7. 插入或粘贴Excel电子表格

在使用Word 2010制作和编辑表格时，既可以直接插入Excel电子表格，也可以粘贴Excel电子表格。所不同的是，插入的电子表格仍具有Excel的数据运算、排序等功能，而粘贴的电子表格则不具有Excel的数据运算等功能。

1）插入Excel电子表格

（1）在Word功能区的“插入”选项卡的“表格”组中，单击“表格”按钮。

（2）在弹出的下拉列表中执行“Excel电子表格”命令，文档中将会出现Excel电子空表格，此时便可在此表格中输入数据并进行计算、排序等操作，如图2.68所示。

学号	姓名	语文	数学	英语	总分
120301	包宏伟	91.5	89.0	94.0	274.5
120302	陈万地	93.0	99.0	92.0	284.0
120303	杜学江	102.0	116.0	113.0	331.0
120304	符合	99.0	97.0	101.0	297.0
120305	吉祥	101.0	94.0	99.0	294.0
120306	李北大	100.5	103.0	104.0	307.5
平均分		97.8	99.7	100.5	298.0

图2.68　在Word中插入Excel电子表格

2）粘贴Excel电子表格

（1）首先打开Excel软件，选中需要复制到Word 2010中的表格。

（2）在“开始”选项卡的“剪贴板”组中单击“复制”按钮。

（3）切换到Word 2010文档，将光标定位于需要插入表格的位置，然后在“开始”选项卡的“剪贴板”组中单击“粘贴”按钮。

2.4.5　插入文本框

Word 2010中提供了特别的文本框编辑操作，它是一种可移动位置、可调整大小的文字或图形容器。使用文本框，可以在一页上放置多个文字块内容，或使文字按照与文档中其他文字不同的方式排布。

如需在文档中插入文本框，操作步骤如下。

(1) 在“插入”选项卡中的“文本”选项组中，单击“文本框”按钮。

(2) 在弹出的下拉列表中，用户可以在内置的文本框样式中选择适合的文本框类型，如图 2.69 所示。

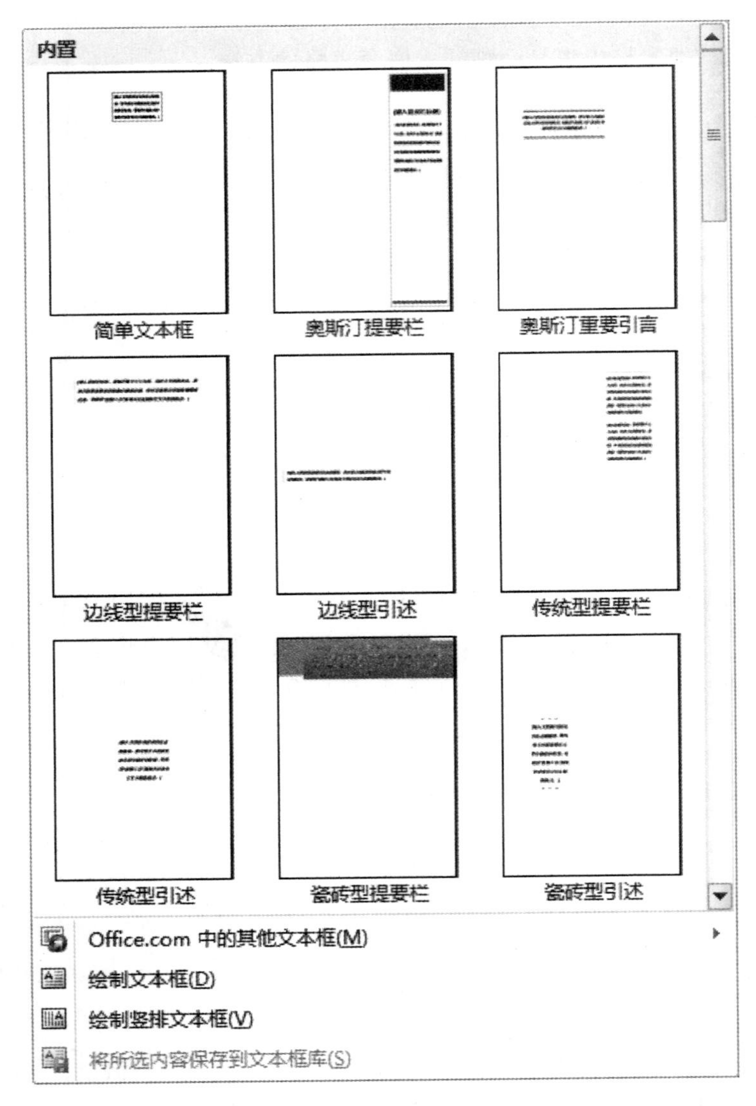

图 2.69　内置的文本框样式

(3) 单击选择的文本框类型，将在文档中插入该文本框，并将其处于编辑状态，用户直接在其中输入内容即可。

(4) 选中文本框，在出现的“绘图工具”中选择“格式”选项卡，根据需要对其进行大小、位置、边框、填充色、文字方向和版式等设置。例如，对文本框设置为：彩色颜色“红色”，填充“橄榄”,文字方向“垂直”,其效果如图 2.70 所示。

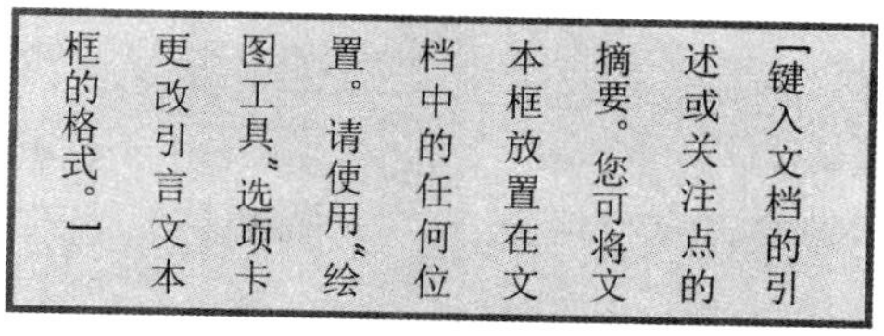

[键入文档的引述或关注点的摘要。您可将文本框放置在文档中的任何位置。请使用“绘图工具”选项卡更改引言文本框的格式。]

图 2.70　在文档中使用文本框

2.4.6　插入图形对象

如果一篇文档通篇只有文字、表格,没有任何其他修饰性的内容,这样的文档在阅读时不仅缺乏吸引力,而且会使读者阅读起来感到劳累。因此,在文档中适当地插入一些图形、图片等,不仅会使文章、报告显得生动有趣,更具有阅读性,还能帮助读者更快地理解文章内容。Word 2010 具有强大的绘图和图形处理功能。

1. 插入图片

在实际文档处理过程中,用户往往需要在文档中插入一些图片或剪贴画来装饰文档,从而增强文档的视觉效果。Word 2010 提供了图片效果的极大控制力,全新的图片效果,例如,映像、发光、三维旋转等,将使图片更加靓丽夺目。同时,用户还可以根据需要对文档中的图片进行裁剪和修饰。

1) 在文档中插入图片

在 Word 2010 中不仅可以插入系统提供的图片,还可以从其他程序和位置导入图片,也可以从扫描仪或数码相机中直接获取图片。

在文档中插入图片并设置图片样式的操作步骤如下。

(1) 先将鼠标指针定位在要插入图片的位置,然后在 Word 2010 的功能区中打开“插入”选项卡,在“插图”选项组中单击“图片”按钮。

(2) 打开“插入图片”对话框,在指定文件夹下选择所需图片,单击“插入”按钮,即可将所选图片插入到文档中。

(3) 插入图片后,Word 会自动出现“图片工具”中的“格式”上下文选项卡,如图 2.71 所示。

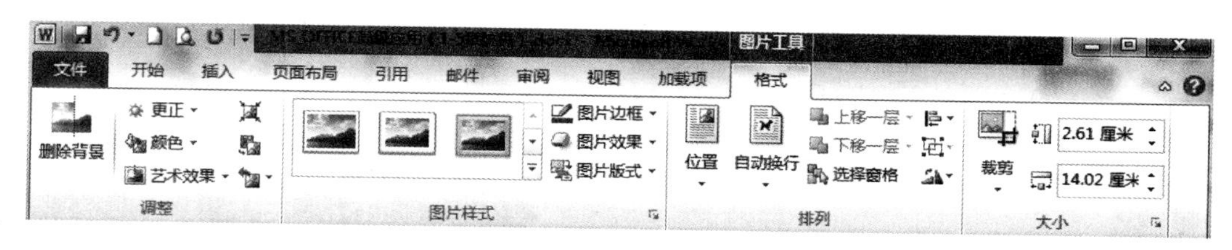

图 2.71　“图片工具”选项卡

(4) 此时,用户可以通过鼠标拖动图片边框以调整大小,或在“大小”选项组中单击对话框启动器按钮,打开“布局”对话框中的“大小”选项卡,如图 2.72 所示。

(5) 在“缩放”选项区域中,选中“锁定纵横比”复选框,然后设置“高度”和“宽度”的百分比即可更改图片的大小,设置完成后单击“关闭”按钮。

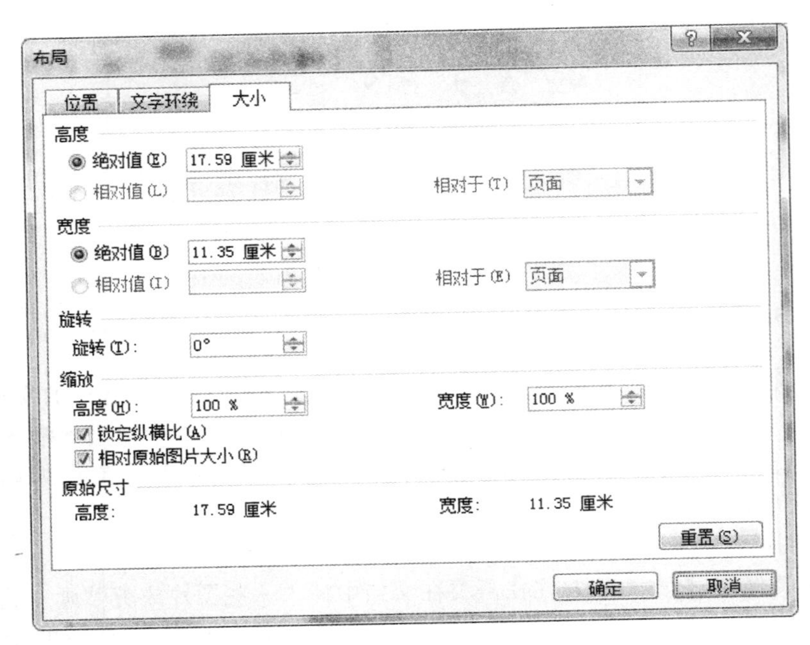

图 2.72　图形“布局”对话框

(6) 在“图片工具”的“格式”上下文选项卡中，单击“图片样式”选项组中的“其他”按钮 ，在展开的“图片样式库”中，系统提供了许多图片样式供用户选择，如图 2.73 所示。当光标移动到某种样式上时，文档中的图片就立即以该样式展现在用户面前，如果确认需要某种样式就在该样式上单击鼠标即可。

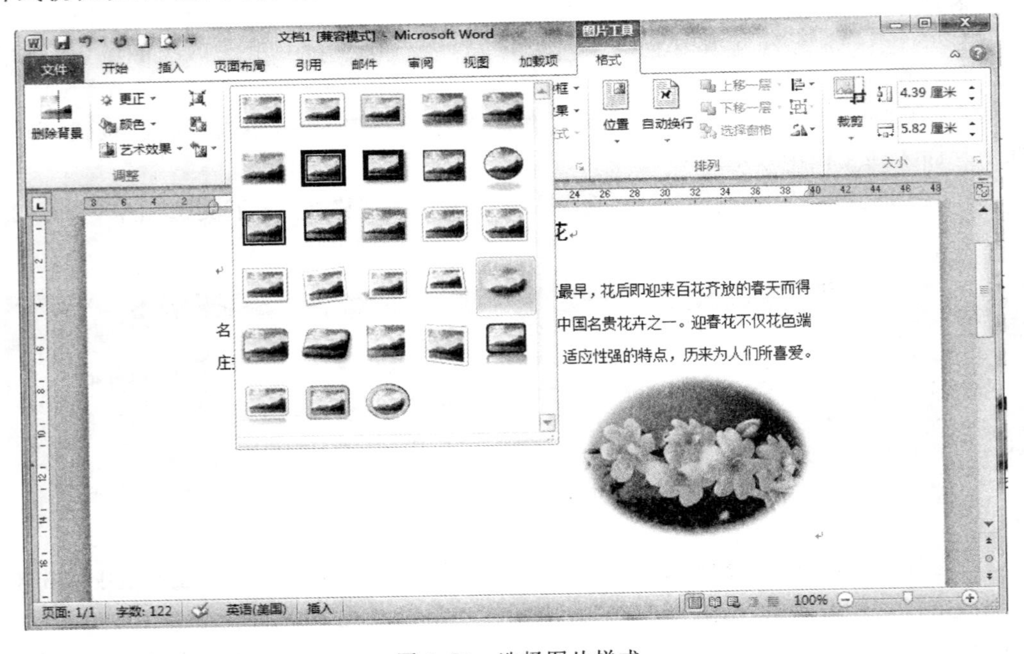

图 2.73　选择图片样式

此外，细心的用户可能会发现在“格式”上下文选项卡上的“图片样式”选项组中，还包括“图片版式”“图片边框”和“图片效果”这三个命令按钮。如果用户觉得“图片样式库”中内置的图片样式还不能满足实际需求，可以通过单击这三个按钮对图片进行多方面的属性设置。同时，在“调整”命令组中的“更正”“颜色”和“艺术效果”命令可以让用户自由地调节图片的亮度、对比度、清晰度以及艺术效果。

2）设置图片与文字环绕方式

环绕决定了图形之间以及图形与文字之间的交互方式。要设置图形的环绕方式，可以按照如下操作步骤执行。

（1）选中要进行设置的图片，打开“图片工具”的“格式”上下文选项卡。

（2）在“格式”上下文选项卡中，单击“排列”选项组中的“自动换行”命令，在展开的下拉选项菜单中选择想要采用的环绕方式，如图 2.74 所示。

（3）或者用户也可以在“自动换行”下拉选项列表中单击“其他布局选项”命令，在打开的“布局”对话框的“文字环绕”选项卡中（如图 2.75 所示），根据需要设置“环绕方式”“自动换行”方式、“距正文”距离等。

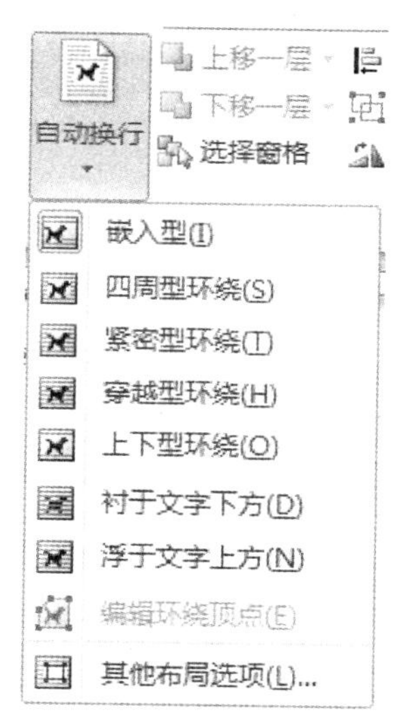

图 2.74　选择环绕方式

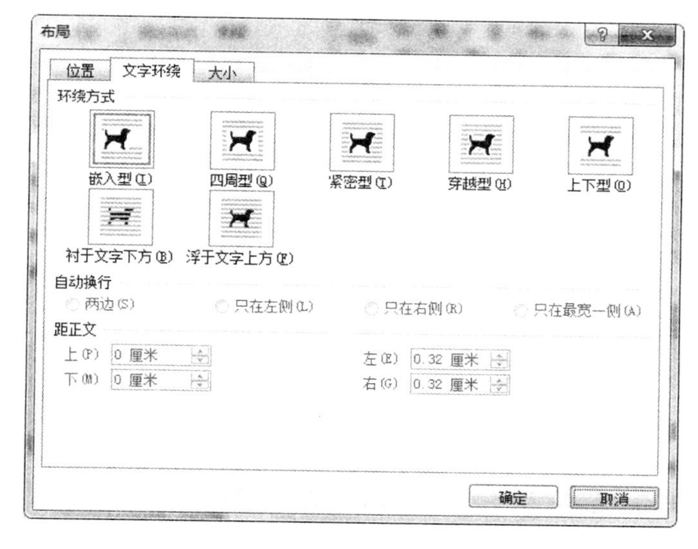

图 2.75　设置文字环绕布局

环绕有两种基本形式：嵌入（在文字层中）和浮动（在图形层中）。浮动意味着可将图片拖动到文档的任何位置，而不像嵌入到文档文字层中的图片那样受到一些限制。

3）设置图片在页面上的位置

Word 2010 提供了可以便捷控制图片位置的工具，让用户可以合理地根据文档类型布局图片。设置图片在页面位置的操作步骤如下。

（1）选中要进行设置的图片，打开“图片工具”的“格式”上下文选项卡。

（2）在“格式”上下文选项卡中，单击“排列”选项组中的“位置”命令，在展开的下拉列表中选择想要采用的位置布局方式，如图 2.76 所示。

用户也可以在“位置”下拉选项列表中单击“其他布局选项”命令，打开如图 2.77 所示的“布局”对话框。在“位置”选项卡中根据需要设置“水平”“垂直”位置以及其他相关的选项。

其中“选项”选择区域中几个复选框的作用如下。

图 2.76　选择位置布局

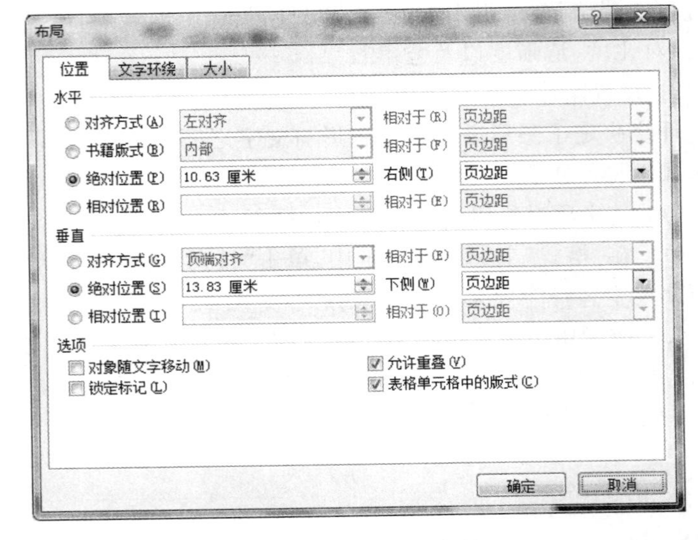

图 2.77　选择位置布局

① 对象随文字移动：该设置将图片与特定的段落关联起来，使段落始终保持与图片显示在同一页面上。该设置只影响页面上的垂直位置。

② 锁定标记：该设置锁定图片在页面上的当前位置。

③ 允许重叠：该设置允许图形对象相互覆盖。

④ 表格单元格中的版式：该设置允许使用表格在页面上安排图片的位置。

2. 插入剪贴画

Microsoft Office 为用户提供了大量的剪贴画，并将其存储在剪辑管理器中。剪辑管理器中包含剪贴画、照片、影片、声音和其他媒体文件，统称为剪辑，用户可将它们插入到文档中，以便于演示或发布。并且，当用户连接 Internet 时，还可以快速搜索在 Microsoft Office Online 站点上免费提供的更多资源。

(1) 将鼠标指针定位在要插入剪贴画的文档位置，然后在 Word 2010 的功能区中打开“插入”选项卡，在“插图”选项组中单击“剪贴画”按钮。

(2) 打开“剪贴画”任务窗格，在“搜索文字”文本框中输入描述所需剪贴画的单词或词组，或输入剪贴画文件的全部或部分文件名，如图 2.78 所示。

图 2.78　搜索剪贴画

(3) 在“结果类型”下拉列表框中选择所需媒体文件类型，其中包括“插图”“照片”“视频”和“音频”，单击“搜索”按钮。此时,如果有符合搜索条件的剪贴画,就会在“剪贴画”任务窗格中的列表框中显示出来。

(4) 将光标移到所需剪贴画上,单击鼠标即可将所选剪贴画插入到当前文档中。

3. 截取屏幕图片

Office 2010 增加了屏幕图片捕获能力,可以让用户方便地在文档中直接插入已经在计算机中开启的屏幕画面,并且可以按照自己选定的范围截取图片内容。

在 Word 中插入屏幕画面的操作步骤如下。

(1) 在 Word 功能区“插入”选项卡的“插图”组中,单击“屏幕截图”按钮。

(2) 在弹出的“可用视窗”中显示出当前已经开启的程序窗口,如图 2.79 所示。单击其中某个窗口就可以截取这个应用程序的窗口图片。

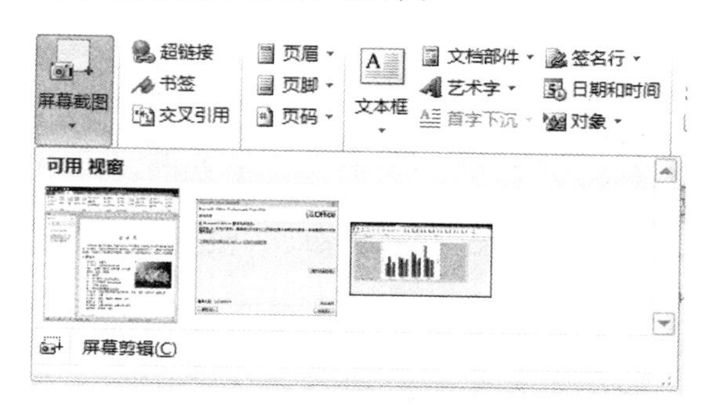

图 2.79 插入屏幕截图

(3) 此外,用户也可单击“可用视窗”下面的“屏幕剪辑”按钮,按住左键,选择要截取的区域,然后松开左键,截取的图片就会插入到 Word 文档中。

4. 删除图片背景与裁剪图片

插入在文档中的图片,有时往往由于原始图片的大小、内容等因素不能满足需要,期望能够对所采用的图片进行进一步处理。而 Word 2010 中的去除图片背景及剪裁图片功能,让用户在文档制作的同时就可以完成图片处理工作。

删除图片背景并裁剪图片的操作步骤如下。

(1) 选中要进行设置的图片(如图 2.80 所示),打开“图片工具”的“格式”上下文选项卡。

(2) 在“格式”上下文选项卡中,单击“调整”选项组中的“删除背景”命令,此时在图片上出现遮幅区域,如图 2.81 所示。

(3) 在图片上调整选择区域拖动柄,使要保留的图片内容浮现出来。调整完成后,在“背景消除”上下文选项卡中单击“保留更改”按钮,完成图片背景消除操作,如图 2.82 所示。

虽然图片中的背景被消除,但是该图片的长和宽依然与之前的原始图片相同,因此希望将不需要的空白区域裁剪掉。

(4) 在“格式”上下文选项卡中,单击“大小”选项组中的“裁剪”按钮,然后在图片上拖动图片边框的滑块,以调整到适当的图片大小,如图 2.83 所示。

(5) 调整完成后,按 Esc 键退出裁剪操作,此时在文档中即可保留裁剪了多余区域的图片。

图 2.80　文档中插入的图片

图 2.81　删除图片背景

图 2.82　消除背景后的图片

图 2.83　裁剪图片大小

(6) 其实,在裁剪完成后,图片的多余区域依然保留在文档中。如果期望彻底删除图片中被裁剪的多余区域,可以单击“调整”选项组中的“压缩图片”按钮,打开“压缩图片”对话框,选中“压缩选项”区域中的“删除图片的剪裁区域”复选框,然后单击“确定”按钮完成操作。

5. 插入形状

在 Word 中,用户可以插入各种形状的图形、箭头、标注等,以增强文档的趣味性、生动性和可读性。

(1) 在功能区的“插入”选项卡的“插图”组中,单击“形状”按钮。

(2) 在弹出来的“形状”列表中,选择所需形状,如图 2.84 所示。

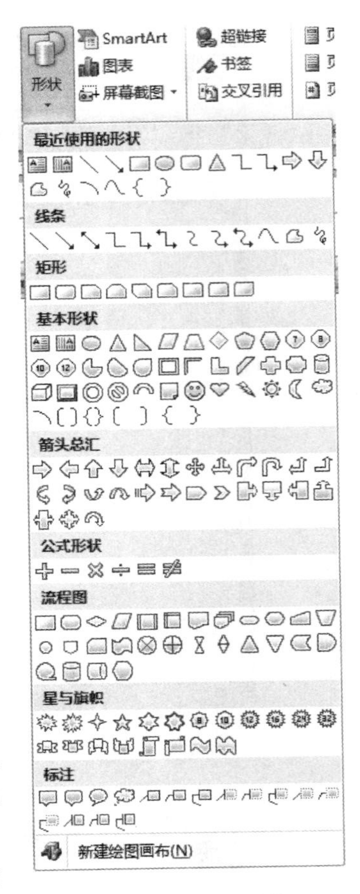

图 2.84　插入形状

(3) 此时将会出现“绘图工具”选项卡,在“绘图工具”的“格式”选项卡中的“形状样式”组中,用户可以对形状样式、形状填充、形状轮廓、形状效果等进行进一步设置。

(4) 单击“形状”列表中的“新建绘图画布”命令,将会在文档中插入一块画板,主要用于绘制各种图形和线条,并且可以设置独立于 Word 2010 文档页面的背景。

(5) 如果想对画布的格式进行更改,选中画布,单击鼠标右键,在弹出的快捷菜单中选择“设置形状格式”,在出现的“设置形状格式”对话框中可以自主对画布格式进行更改。

(6) 设置好画布后,就可在上面自由画出形状。当移动或编辑画布形状大小时,画布内形状也会随之移动位置。

6. 插入艺术字

Office 中的艺术字结合了文本和图形的特点,能够使文本具有图形的某些属性,如设置旋转、三维、映像等效果,在 Word、Excel、PowerPoint 等 Office 组件中都可以使用艺术字功能。用户可以在 Word 2010 文档中插入艺术字,操作步骤如下所述。

(1) 将插入点光标移动到准备插入艺术字的位置。在功能区的“插入”选项卡中,单击“文本”分组中的“艺术字”按钮,并在打开的艺术字预设样式面板中选择合适的艺术字样式,如图 2.85 所示。

在 Word2010 文档中插入艺术字

图 2.85　编辑艺术字文本及格式

(2) 打开艺术字文字编辑框,直接输入艺术字文本即可。用户可以对输入的艺术字分别设置字体和字号。

(3) 在随之出现的“绘图工具”的“格式”选项卡中(如图 2.86 所示),用户可以在“艺术字样式”组中进行相关设置。例如,单击“其他”按钮改变艺术字的形状样式,单击“形状填充”按钮设置文本框内文字以外地方的填充效果，单击“形状轮廓”按钮设置艺术字的轮廓样式，单击“形状效果”按钮设置文本框形状的各种效果等。

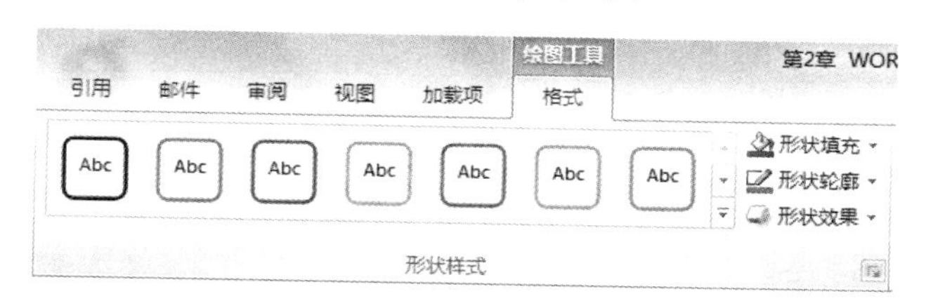

图 2.86　设置艺术字的形状样式

7. 插入符号、特殊字符和公式

在输入文本的过程中，有时需要插入一些特殊符号，例如希腊字母、商标符号、图形符号和数字符号等，这是通过键盘无法输入的。Word 2010 提供了插入符号的功能，用户可以在文档中插入各种符号。

1）插入符号、特殊字符

（1）要在文档中插入符号，可先将插入点定位在要插入符号的位置，在功能区的“插入”选项卡中，单击“符号”组中的“符号”按钮 Ω 符号，在弹出的下拉列表中选择相应的符号即可，如图 2.87 所示。

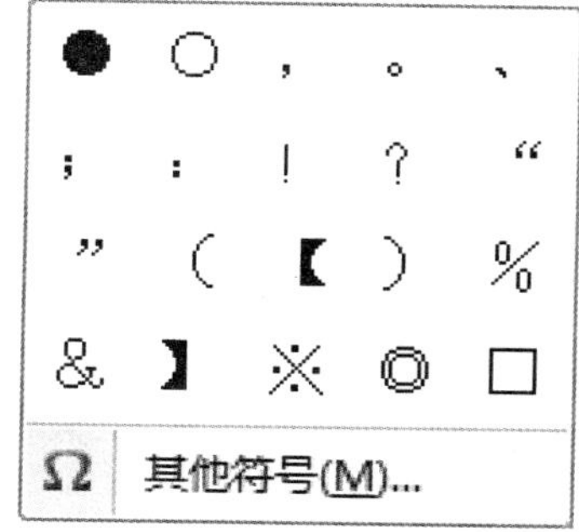

图 2.87　“符号”下拉列表

（2）在“符号”下拉列表中选择“其他符号”命令，即可打开“符号”对话框，在其中选择要插入的符号，单击“插入”按钮，可以插入其他的符号，如图 2.88 所示。

（3）在“符号”对话框中选择“特殊字符”选项卡，如图 2.89 所示。用户可以在该对话框中选择相应的符号后，单击“确定”按钮即可。

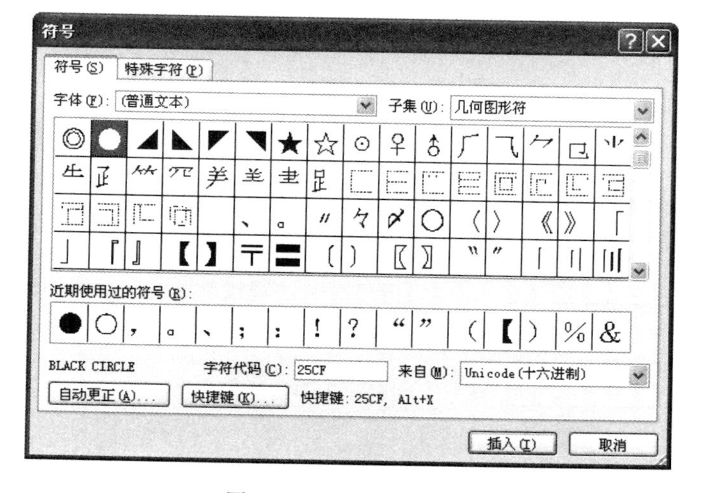

图 2.88　“符号”对话框

2）插入公式

（1）在功能区的“插入”选项卡中，在符号功能区单击“公式”的小三角形按钮，弹出“公

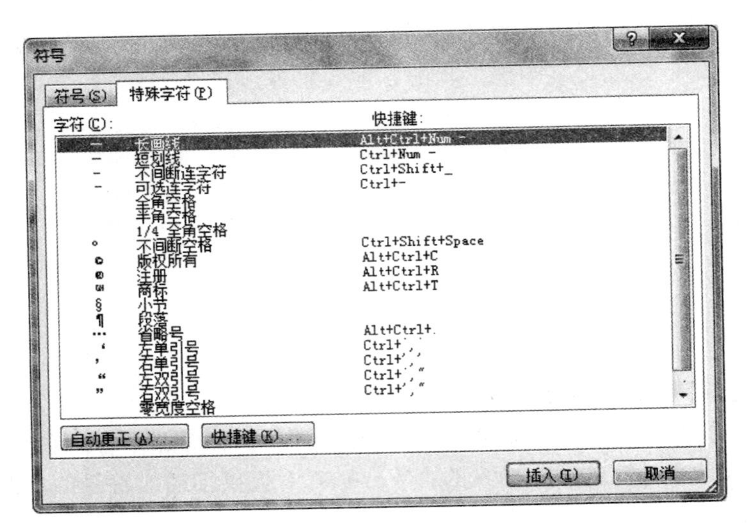

图 2.89 插入特殊符号

式”下拉列表，如图 2.90 所示。

(2) 在该下拉列表中单击“插入新公式”命令，进入 在此处键入公式。 状态。

(3) 在随之出现的“公式工具”的“设计”选项卡中，可以看到各式各样的符号及公式，此时用户可以插入所需公式或符号。如插入根式公式，如图 2.91 所示。在此公式中，用户可以编辑并代入具体的数字(假设 a=2,b=4,c=3)，如图 2.92 所示。

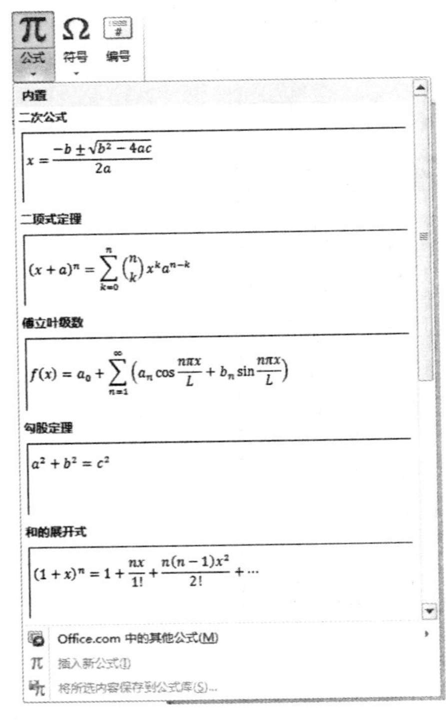

图 2.90 “公式”下拉列表

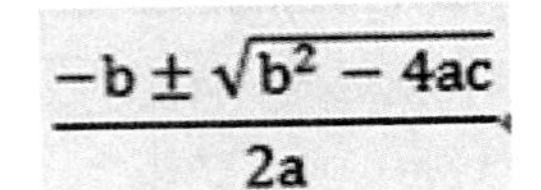

图 2.91 插入根式公式

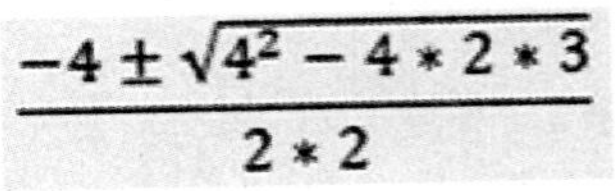

$$\frac{-4\pm\sqrt{4^2-4*2*3}}{2*2}$$

图 2.92 代入数字的根式公式

2.4.7 使用 SmartArt 图形

SmartArt 是 Word 2010 中新增加的一项图形功能，相对于 Word 2010 之前的版本提供的图形功能，SmartArt 功能更加强大、种类更丰富、效果更生动，它可以使单调乏味的文字以美轮美奂的效果呈现在用户面前，从而使用户在脑海里留下深刻的印象。

下面举例说明如何在 Word 2010 中添加 SmartArt 图形，其操作步骤如下。

（1）先将鼠标指针定位在要插入 SmartArt 图形的位置，然后在 Word 2010 的功能区中打开“插入”选项卡，在“插图”选项组中单击 SmartArt 按钮，打开如图 2.93 所示的“选择 SmartArt 图形”对话框。

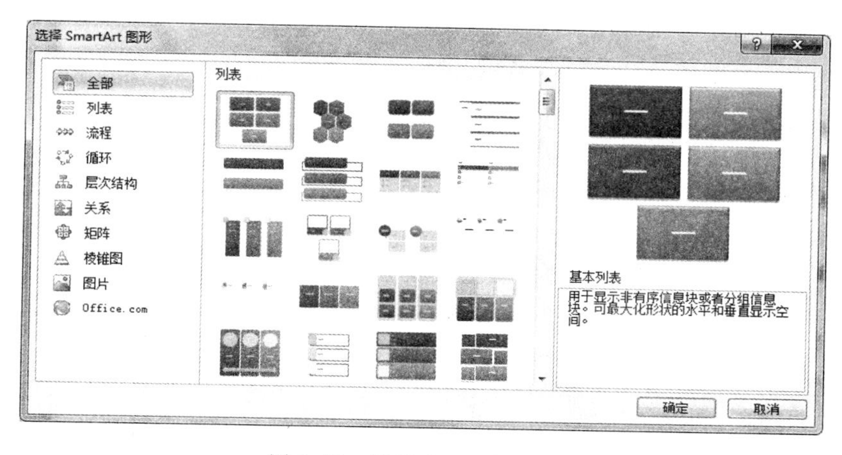

图 2.93 选择 SmartArt 图形

（2）在该对话框中列出了所有 SmartArt 图形的分类，以及每个 SmartArt 图形的外观预览效果和详细的使用说明信息。

① 列表型：显示非有序信息或者分组信息块，主要用于强调信息的重要性。

② 流程型：表示任务流程的顺序或步骤。

③ 循环型：表示阶段、任务或事件的连续序列，主要用于强调重复过程。

④ 层次结构型：用于显示组织中的分层信息或上下级关系，广泛应用于组织结构图。

⑤ 矩阵型：用于以象限的方式显示部分与整体的关系。

⑥ 棱锥图型：用于显示比例关系、互连关系或层次关系，最大的部分置于底部，向上渐窄。

⑦ 图片型：应用于包含图片的信息列表。

（3）在该对话框中选择一种 SmartArt 图形。例如，选择“列表”类别中的“垂直框列表”图形，单击“确定”按钮将其插入到文档中。此时的 SmartArt 图形还没有具体的信息，只显示占位符文本（如[文本]），如图 2.94 所示。

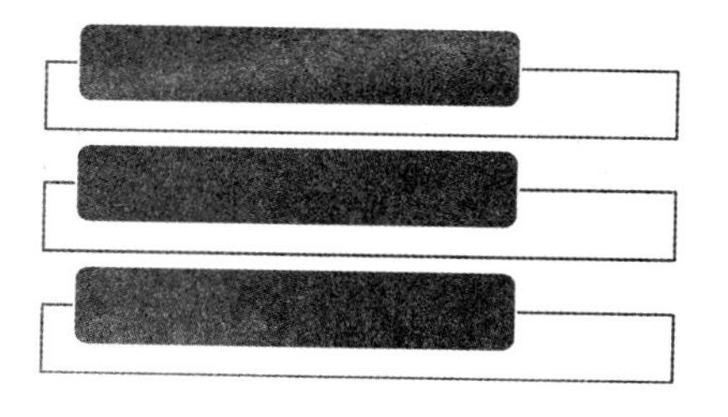

图 2.94 新的 SmartArt 图形

（4）用户可以在 SmartArt 图形中各形状上的文字编辑区域内直接输入所需信息替代占位符文本，也可以在“文本”窗格中输入所需信息。在“文本”窗格中添加和编辑内容时，SmartArt 图形会自动更新，即根据“文本”窗格中的内容自动添加或删除形状。

(5) 在“SmartArt 工具”中的“设计”上下文选项卡上，单击“SmartArt 样式”选项组中的“更改颜色”按钮，在弹出的下拉列表中选择适当的颜色，此时 SmartArt 图形就应用了新的颜色搭配效果；单击“SmartArt 样式”选项组中的“其他”按钮，在展开的“SmartArt 样式库”中，系统提供了许多 SmartArt 样式供用户选择。这样，一个能够给人带来强烈视觉冲击力的 SmartArt 图形就呈现在用户面前了，如图 2.95 所示。

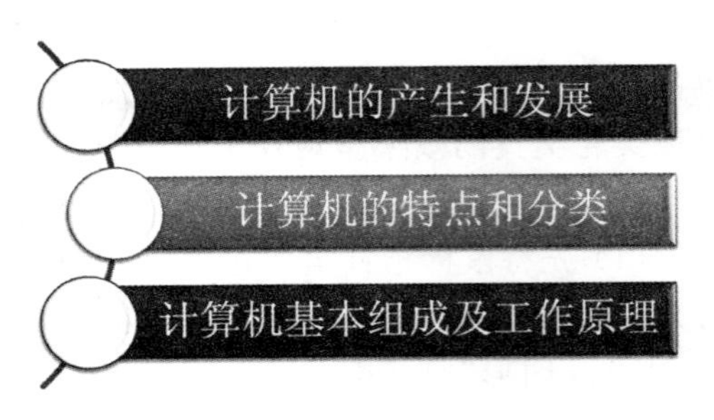

图 2.95　设置 SmartArt 颜色和形状

2.4.8　使用主题快速调整文档外观

文档主题是一套具有统一设计元素的格式选项，包括一组主题颜色(配色方案的集合)、一组主题字体(包括标题字体和正文字体)和一组主题效果(包括线条和填充效果)。通过应用文档主题，用户可以快速而轻松地设置整个文档的格式，赋予它专业和时尚的外观。

Word 2010 可以快速更改文档的主题，犹如 Windows 操作系统中更换主题。文档主题可以在 Word、Excel、PowerPoint 应用程序之间共享，这样可以确保应用了相同主题的 Office 文档都能保持高度统一的外观。

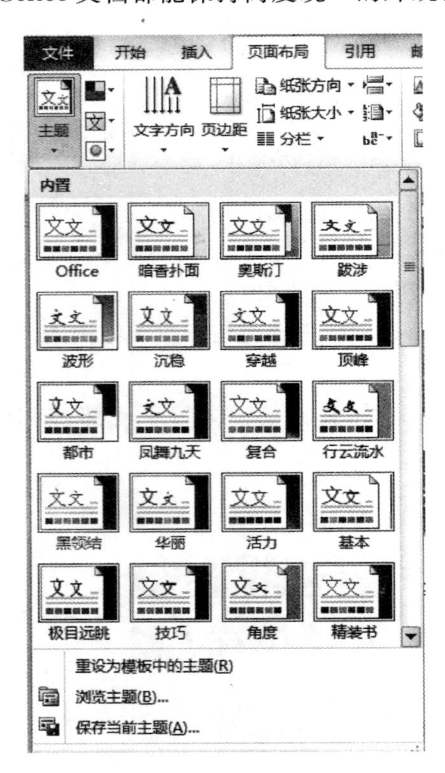

图 2.96　使用文档主题

使用主题快速调整文档，可以按照如下操作步骤执行。

(1) Word 2010 的功能区中，打开“页面布局”选项卡，在“主题”选项组中，单击“主题”按钮。

(2) 在弹出的下拉列表中，系统内置的“主题库”以图示的方式为用户罗列了 Office、“暗香扑面”“奥斯汀”等二十余种文档主题，如图 2.96 所示。用户可以在这些主题之间滑动鼠标，通过实时预览功能来试用每个主题的应用效果。

(3) 单击一个符合用户需求的主题，即可完成文档主题的设置。

用户不仅可以在文档中应用预设的文档主题，还能够依照实际的使用需求创建自定义文档主题。要自定义文档主题，需要完成对主体颜色、主题字体，以及主题效果的设置工作。对一个或多个这样的主题组件所做的更改将立即影响当前文档的显示外观。如果要保存当前主题，便于日后应用到其他文档，可以打开“页面布局”选项卡，单击“主题”选项组中的“主题”按钮，在弹出的下拉列表中执行“保存当前主题”命令。

2.4.9 插入文档封面

专业的文档要配以漂亮的封面才会更加完美，在 Word 2010 中，用户将不会再为设计漂亮的封面而大费周折，内置的“封面库”为用户提供了充足的选择空间。

为文档添加封面的操作步骤如下。

(1) 在 Word 2010 的功能区中，打开“插入”选项卡，在其中的“页”选项组中，单击“封面”按钮。

(2) 在打开的系统内设“封面库”中以图示的方式列出了许多文档封面，这些图示的大小足以让用户看清楚封面的全貌，如图 2.97 所示。在该库中，单击一个满意的封面，例如选择“拼板型”。

(3) 此时，该封面就会自动被插入到当前文档的第一页中，现有的文档内容会自动后移。单击封面中的文本属性(例如“年”或“键入文档标题”等)，然后输入相应的文字信息，并设置颜色、字体、字号等，一个漂亮的封面就制作完成了，如图 2.98 所示。

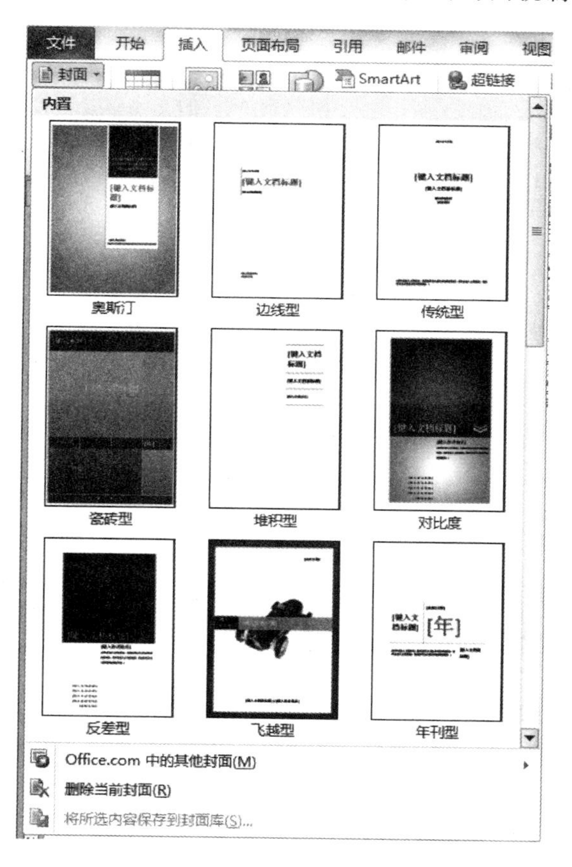

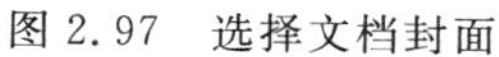
图 2.97 选择文档封面

图 2.98 文档封面

如果用户日后想要删除该封面，可以在“插入”选项卡中的“页”选项组上单击“封面”按钮，然后在弹出的下拉列表中执行“删除当前封面”命令即可。

另外，如果用户自己设计了符合特定需求的封面，也可以将其保存到“封面库”中，以避免在下次使用时重新设计。

2.5 长文档的编辑与管理

在编辑长篇文档的时候，通常会因为文档篇幅较大且段落复杂给编辑造成一定的困难。Word 2010 提供了诸多简便的功能，使长文档的编辑、排版、阅读和管理更加轻松自如。

2.5.1 使用导航窗格

利用 Word 2010 的“导航窗格”功能，可以很方便地对长篇幅的文档进行快速的审阅和编辑。操作步骤如下。

(1) 打开功能区的“视图”选项卡，在“显示”组中勾选“导航窗格”复选框。

(2) 这时在窗口的左侧出现了“导航”窗格，而且“导航”窗格已经根据当前文档使用的段落标题，对文档进行了一定的归纳，如图 2.99 所示。

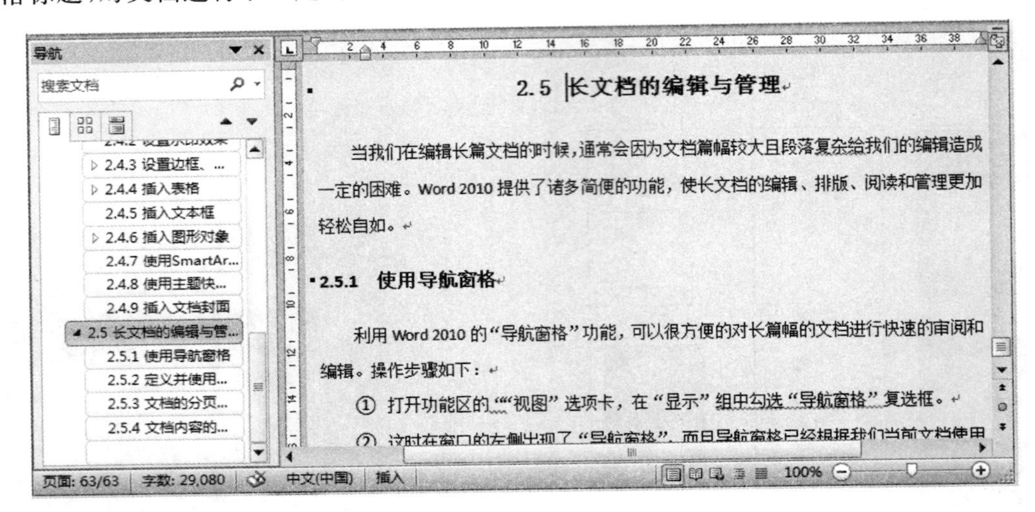

图 2.99 使用“导航”窗格

(3) 单击“导航”窗格中的段落标题标签，就能快速定位到文档中这个标题下的内容。

(4) 在“导航”窗格中，还可以方便地调整段落的顺序。随着段落顺序的调整，文档中的内容也相应发生调整。

(5) 修改文档中段落的标题时，导航也会随即更新。

2.5.2 定义并使用样式

样式是指一组已经命名的字符和段落格式，它规定了文档中标题、正文，以及要点等各个文本元素的格式。使用样式可以帮助用户轻松统一文档的格式，辅助构建文档大纲以使内容更有条理，简化格式的编辑和修改操作。此外，样式还可以用来自动生成文档目录。

1. 在文档中应用样式

在编辑文档时，使用样式可以省去一些格式设置上的重复性操作。在 Word 2010 中提供了“快速样式库”，用户可以从中进行选择以便为文本快速应用某种样式。操作如下。

(1) 在 Word 文档中，选择要应用样式的标题文本。

(2) 在“开始”选项卡上的“样式”选项组中，单击“其他”按钮 。

(3) 在打开的“快速样式库”中(如图 2.100 所示)，用户只需在各种样式之间轻松滑动鼠标，标题文本就会自动呈现出当前样式应用后的视觉效果。

(4) 如果用户还没有决定哪种样式符合需求，只需将光标移开，标题文本就会恢复到原来的样子；如果用户找到了满意的样式，只需单击它，该样式就会被应用到当前所选文本中。这种全新的实时预览功能可以帮助用户节省宝贵时间，大大提高工作效率。

用户还可以使用“样式”任务窗格将样式应用于选中文本，操作步骤如下。

(1) 在 Word 文档中，选择要应用样式的标题文本。

(2) 在“开始”选项卡上的“样式”选项组中，单击对话框启动器按钮 。

(3) 打开“样式”任务窗格，在列表框中选择希望应用到选中文本的样式，即可将该样式应用到文档中，如图 2.101 所示。

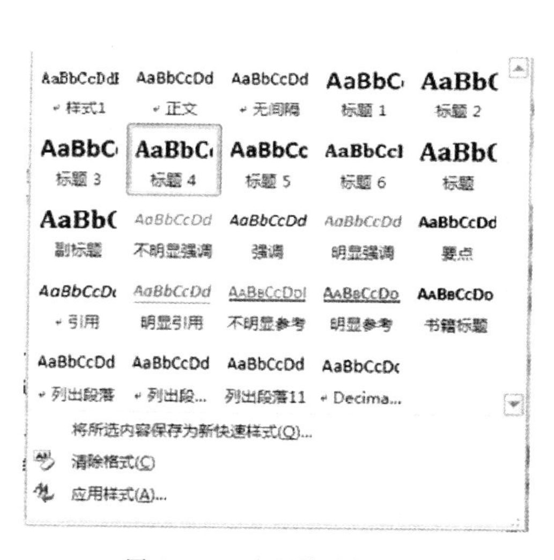

图 2.100 应用快速样式库

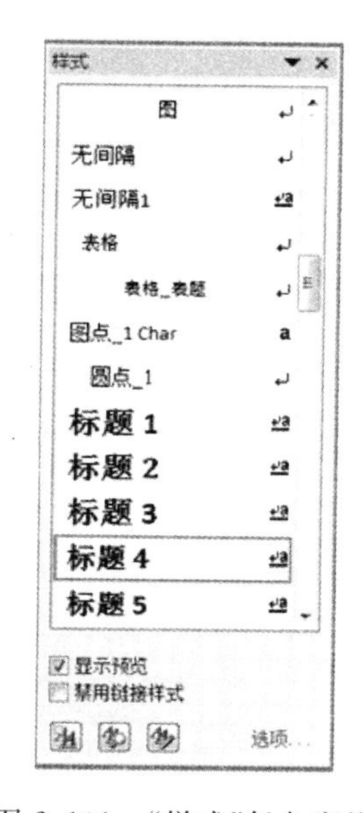

图 2.101 “样式”任务窗格

除了单独为选定的文本或段落设置样式外，Word 2010 内置了许多经过专业设计的样式集，而每个样式集都包含一整套可应用于整篇文档的样式设置。只要用户选择了某个样式集，其中的样式设置就会自动应用于整篇文档，从而实现一次性完成文档中的所有样式设置。

2. 创建样式

Word 2010 本身自带了许多内置的样式，但内置的样式往往不能满足用户需求，这时用户可以添加一个全新的自定义样式。此时用户可以在已经完成格式定义的文本或段落上执行如下操作。

(1) 选中已经完成格式定义的文本或段落，并右键单击所选内容，在弹出的快捷菜单中执行“样式”→“将所选内容保存为新快速样式”命令。

(2) 此时打开“根据格式设置创建新样式”对话框，在“名称”文本框中输入新样式的名称，例如“样式 1”，如图 2.102 所示。

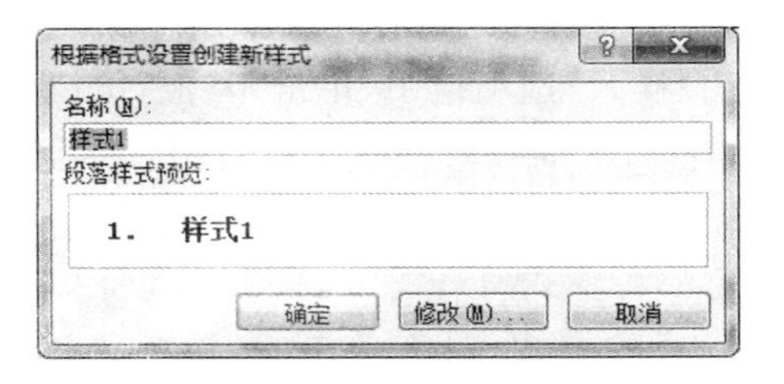

图 2.102　定义新样式名称

(3) 如果在定义新样式的同时，还希望针对该样式进行进一步定义，则可以单击 修改(M)... 按钮，打开如图 2.103 所示的对话框。在该对话框中，用户可以定义该样式的样式类型是针对文本还是段落，以及样式基准和后续段落样式。除此之外，用户也可以单击“格式”按钮，分别设置该样式的字体、段落、边框、编号、文字效果、快捷键等定义。

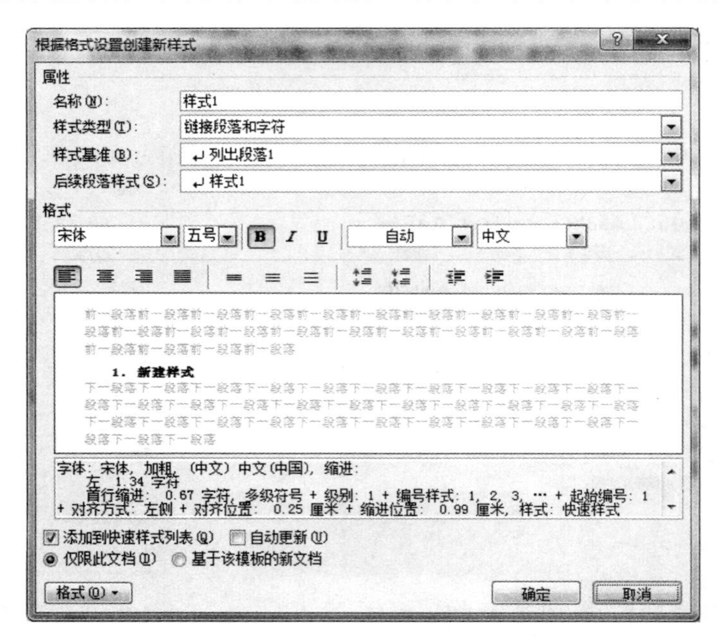

图 2.103　修改新样式定义

(4) 单击“确定”按钮，新定义的样式会出现在快速样式库中，并可以根据该样式快速调整文本或段落的格式。

3. 复制并管理样式

在编辑文档的过程中，如果需要使用其他模板或文档的样式，可以将其复制到当前的活动文档或模板中，而不必重复创建相同的样式。复制与管理样式的操作步骤如下。

(1) 打开需要复制样式的文档，在“开始”选项卡上的“样式”选项组中，单击对话框启动器按钮打开“样式”任务窗格，单击“样式”任务窗格底部的“管理样式”按钮，打开如图 2.104 所示的“管理样式”对话框。

(2) 单击“导入/导出”按钮，打开“管理器”对话框中的“样式”选项卡，如图 2.105 所示。

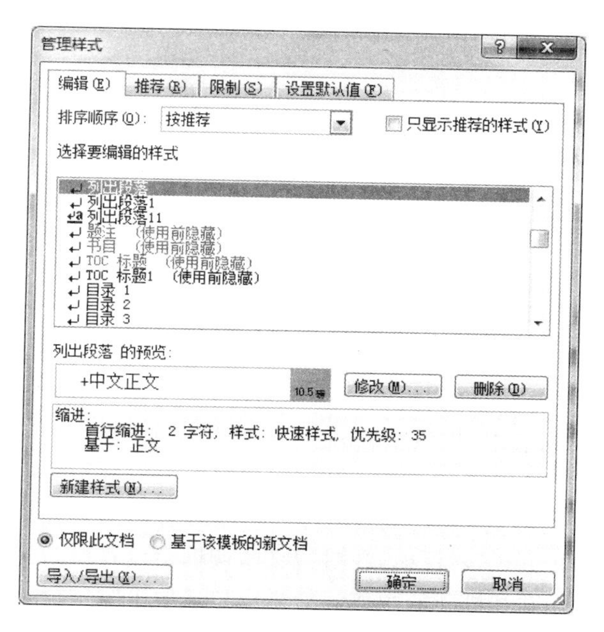

图 2.104　样式管理

在该对话框中，左侧区域显示的是当前文档中所包含的样式列表，而右侧区域则显示在Word默认文档模板中所包含的样式。

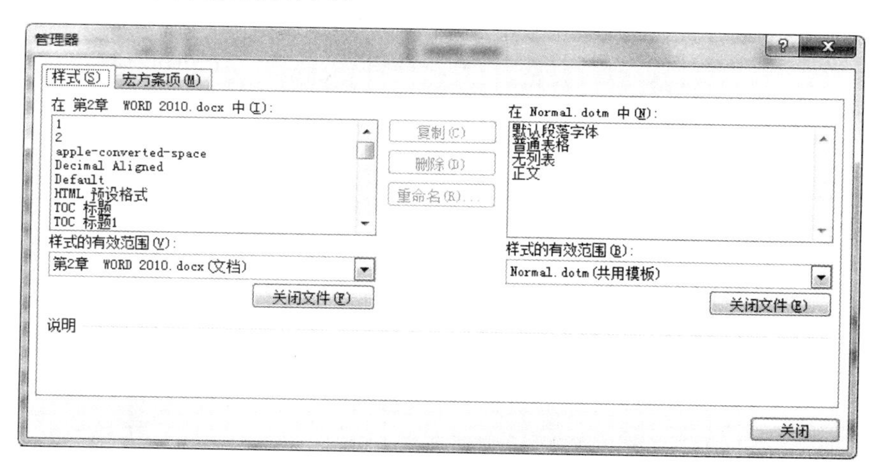

图 2.105　样式管理器

(3) 这时，可以看到在右边的“样式的有效范围”下拉列表框中显示的是“Normal.dotm(共用模板)”，而不是用户所要复制样式的目标文档。为了改变目标文档，单击“关闭文件”按钮。将文档关闭后，原来的“关闭文件”按钮就会变成“打开文件”按钮。

(4) 单击“打开文件”按钮，打开“打开”对话框。在“文件类型”下拉列表中选择“所有Word文档”，然后通过“查找范围”找到目标文件所在的路径，然后选中已经包含特定样式的文档。

(5) 单击“打开”按钮将文档打开，此时在样式“管理器”对话框的右侧将显示出包含在打开文档中的可选样式列表，选中所需要的样式类型，然后单击“复制”按钮，即可将选中的样式复制到新的文档中。

(6) 单击“关闭”按钮，结束操作。此时就可以在自己文档中的“样式”任务窗口中看到已添加的新样式了。

2.5.3 设置分栏

有时候用户会觉得文档一行中的文字太长，不便于阅读，此时就可以利用 Word 2010 提供的分栏功能将文本分为多栏排列，使版面生动地呈现出来。操作步骤如下。

(1) 选择需要设置分栏的文本。

(2) 打开功能区中“页面布局”选项卡，在“页面设置”组中单击“分栏”按钮。

(3) 在弹出的下拉列表中，提供了“一栏”“两栏”“三栏”“左”“右”5 种预定义的分栏方式，用户可以从中进行选择以迅速实现分栏排版。

(4) 如需对分栏进行更为具体的设置，可以在弹出的下拉列表中执行“更多分栏”命令。打开如图 2.106 所示的“分栏”对话框，在“栏数”微调框中设置所需的分栏数值。在“宽度和间距”选项区域中设置栏宽和栏间的距离。如果用户选中了“栏宽相等”复选框，则 Word 会在“宽度和间距”选项区域中自动计算栏宽，使各栏宽度相等。如果用户选中了“分隔线”复选框，则 Word 会在栏间插入分隔线，使得分栏界限更加清晰明了。

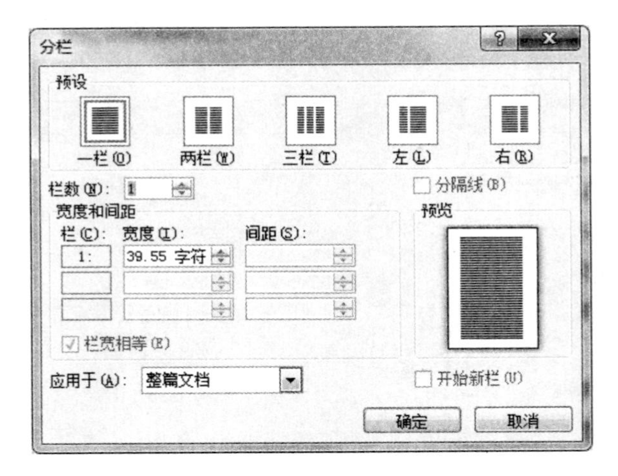

图 2.106 “分栏”对话框

(5) 如果用户事先没有选中需要进行分栏排版的文本，那么上述操作默认应用于整篇文档；如果用户在“应用于”下拉列表框中选择“插入点之后”选项，那么分栏操作将应用于当前插入点之后的所有文本。

(6) 最后，单击“确定”按钮即可完成分栏排版。

2.5.4 分页与分节

使用正常模板编辑一个文档时，Word 2010 是将整个文档作为一个大章节来处理，但在一些特殊情况下，如为了排版布局需要要求另起一页，或者要求前后两页或一页中两部分之间有另外的特殊格式时，则不便于操作。此时可在文档中插入分页符或分节符来实现。

1. 插入分页符

分页符主要用于在 Word 文档的任意位置强制分页，使分页符后边的内容转到新的一页。使用分页符分页不同于 Word 文档自动分页，分页符前后文档始终处于两个不同的页面中，不会随着字体、版式的改变合并为一页。

(1) 将光标置于需要分页的位置。

(2) 在"页面布局"选项卡上的"页面设置"选项组中，单击"分隔符"按钮，打开"插入分页符和分节符"选项列表，如图 2.107 所示。

(3) 单击该选项列表中的"分页符"命令，即可将光标后面的内容转到下一个页面中，分页符前后页面的设置属性及参数均保持一致。

提示：*用户也可在"插入"选项卡上的"页"选项组中，单击"分页"按钮，即可完成分页操作。*

2. 插入分节符

如果把一个较长的文档分成几节，即可单独设置每节的格式和版式，从而使文档的排版和编辑更加灵活。插入分节符的操作步骤如下。

(1) 将光标置于需要分页的位置。

(2) 在"页面布局"选项卡上的"页面设置"选项组中，单击"分隔符"按钮，打开如图 2.107 所示的"插入分页符和分节符"选项列表。在该列表中，列出了"下一页""连续""偶数页"和"奇数页"4 种分节符，其用途说明如下。

① "下一页"：分节符后的文本从新的一页开始。

② "连续"：新节与其前面一节同处于当前页中。

③ "偶数页"：分节符后面的内容转入下一个偶数页。

④ "奇数页"：分节符后面的内容转入下一个奇数页。

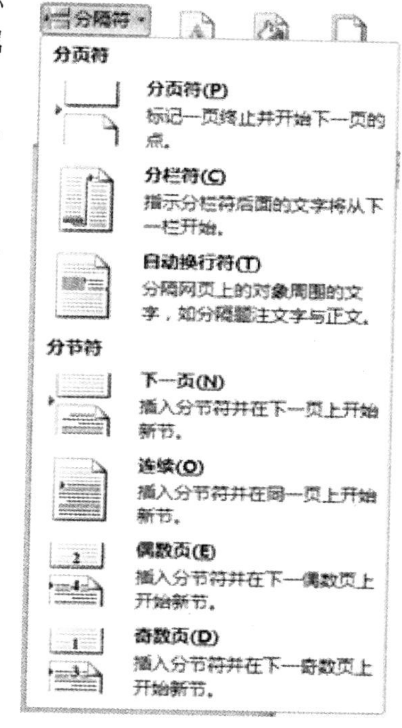

图 2.107 "插入分页符和分节符"选项列表

(3) 选择其中的一类分节符后，在当前光标位置处即插入了一个不可见的分节符。插入的分节符不仅将光标位置后面的内容分为新的一节，还会使该节从新的一页开始，实现了既分节又分页的目的。

由于"节"不是一种可视的页面元素，所以很容易被用户忽视。然而如果少了节的参与，许多排版效果将无法实现。默认方式下，Word 将整个文档视为一节，所有对文档的设置都是应用于整篇文档的。当插入"分节符"将文档分成几"节"后，可以根据需要设置每"节"的格式。

举例来说，在一篇 Word 文档中，一般情况下会将所有页面均设置为"横向"或"纵向"。但有时也需要将其中的某些页面与其他页面设置为不同方向。例如，对于一个包含较多元素的表格文档，如果采用纵向排版将无法将表格完全打印，于是就需要将该表格采取横向排版。可是，如果通过页面设置命令来改变其设置，就会引起整个文档所有页面的改变。此时在表格前插入一个"分节符"，并将该表格页面纸张设置为"横向"即可解决问题，如图 2.108 所示。

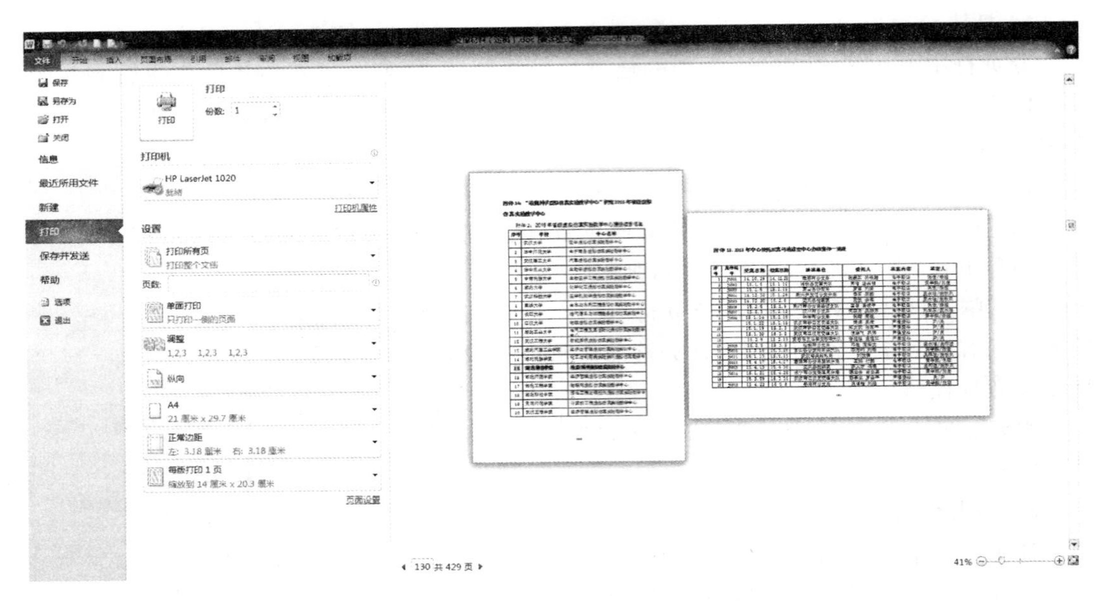

图 2.108 页面纸张方向的纵横混排

2.5.5 插入页眉、页脚

页眉和页脚常用于显示文档的附加信息，例如添加页码、时间和日期、公司徽标、文档标题、文件名或作者姓名等。页眉位于页面顶部，页脚位于页面底部。Word 2010 可以为文档的每一页建立相同的页眉和页脚，也可以设置奇偶页不同的页眉和页脚，即在奇数页和偶数页之间交替更换页眉和页脚。使用 Word 2010，不仅可以在文档中轻松地插入、修改预设的页眉或页脚样式，还可以创建自定义外观的页眉或页脚，并将新的页眉或页脚保存到样式库中。

1. 在文档中插入预设的页眉或页脚

在整个文档中插入预设的页眉或页脚，操作步骤如下。

(1) 打开功能区中的“插入”选项卡，在“页眉和页脚”选项组中，单击“页眉”或“页脚”按钮。

(2) 在打开的“页眉库”或“页脚库”中，系统以图示的方式罗列出许多内置的页眉或页脚样式，用户可从中选择一个合适的页眉或页脚样式。

(3) 此时所选页眉或页脚样式就被应用到文档中的每一页了，且功能区会自动出现“页眉和页脚工具”的“设计”上下文选项卡，如图 2.109 所示。

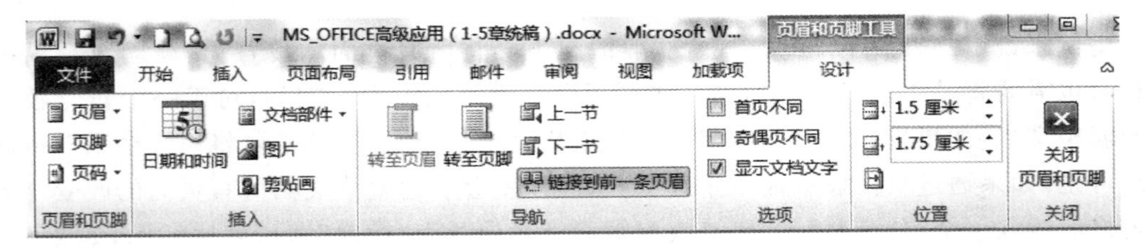

图 2.109 页眉和页脚工具

(4) 此时用户可对插入的页眉或页脚区域进行编辑，编辑完成后，在“设计”上下文选项卡中的“关闭”选项组中，单击“关闭页眉和页脚”按钮，即可关闭页眉和页脚区域。

2. 为首页创建页眉和页脚

如果希望文档首页页面的页眉和页脚与众不同，可以按如下操作进行。

(1) 双击已经插入在文档中的页眉或页脚区域，此时功能区会自动出现如图 2.109 所示的“页眉和页脚工具”中的“设计”上下文选项卡。

(2) 在“选项”选项组中，勾选“首页不同”复选框，此时文档首页中原先定义的页眉和页脚就被删除了，用户可以另行设置。

3. 为奇偶页创建不同的页眉页脚

在实际应用中，经常需要在奇偶页上使用不同的页眉或页脚。在 Word 2010 中，可以很方便地为奇偶页创建不同的页眉或页脚。操作方法如下。

(1) 在“插入”选项卡的“页眉和页脚”组中，单击“页眉”或“页脚”按钮，在弹出的下拉列表中选择“编辑页眉”或“编辑页脚”命令，勾选“设计”上下文选项卡中“选项”组的“奇偶页不同”复选框。

(2) 分别编辑奇偶页的页眉或页脚，编辑完成后单击“关闭”选项组的“关闭页眉和页脚”按钮，退出页眉或页脚编辑，也可按 Esc 键退出。

提示： 双击某一页的页眉或页脚，也可对页眉或页脚进行编辑，还可在“导航”选项组中单击“转至页脚”或“转至页眉”按钮在页眉区域和页脚区域之间切换。另外，如果选中了“奇偶页不同”复选框，则单击“导航”组中“上一节”或“下一节”按钮也可在奇数页和偶数页之间切换。

4. 为文档各节创建不同的页眉页脚

有时用户需要为一篇长文档的不同部分分别设置不同的页眉或页脚，例如，要在一篇文档的“目录”和“正文”两部分应用不同的页脚样式，可按照如下步骤操作。

(1) 首先在目录页的最后插入一个分节符。

(2) 将光标移动到前一节中，打开“插入”选项卡，在“页眉和页脚”选项组中单击“页脚”按钮。

(3) 在打开的内置“页脚库”中选择一个合适的页脚样式。这样，所选页脚样式就被应用到文档中的每一页了。

(4) 在自动打开的“设计”上下文选项卡中，单击“导航”选项组的“下一节”按钮，进入到页脚的第二节区域中，此时页脚中显示“与上一节相同”的提示信息。

(5) 在如图 2.109 所示的“导航”选项组中，单击“链接到前一条页眉”按钮，断开新节中的页脚与前一节中的页脚之间的连接。此时，页面中将不再显示“与上一节相同”的提示信息，用户可以更改或创建新的页脚了。

5. 删除页眉或页脚

在整个文档中删除所有页眉或页脚的方法很简单，其操作步骤如下。

(1) 打开功能区中“插入”选项卡，在“页眉和页脚”选项组中，单击“页眉”或“页脚”按钮。

(2) 在弹出的下拉列表中执行“删除页眉”或“删除页脚”命令即可将文档中的所有页眉或页脚删除。

6. 插入和设置页码

页码是为文档每页所编排的号码，以便读者阅读和查找。页码一般添加在页眉和页脚中，也可以添加到其他地方。

1）插入页码

要在文档中插入页码，可按如下方法操作。

(1) 打开功能区的“插入”选项卡，在“页眉和页脚”组中单击“页码”按钮。

(2) 在弹出的如图 2.110 所示的下拉列表中选择一种合适的页码位置和样式，如页面顶端或页面底端、页边距和当前位置等。

(3) 此时系统自动打开“页眉和页脚工具”的上下文选项卡“设计”选项卡，单击“关闭”选项组的“关闭页眉和页脚”按钮，退出页码编辑。

2）设置页码格式

(1) 在如图 2.110 所示的“页码”下拉列表中，执行“设置页码格式”命令，打开“页码格式”对话框，如图 2.111 所示。

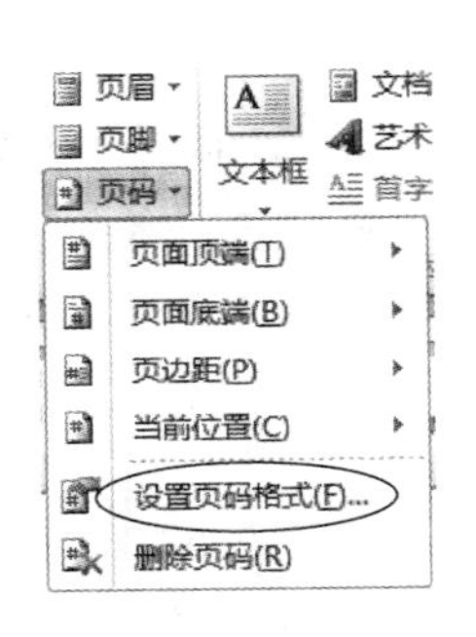

图 2.110 “页码”下拉列表

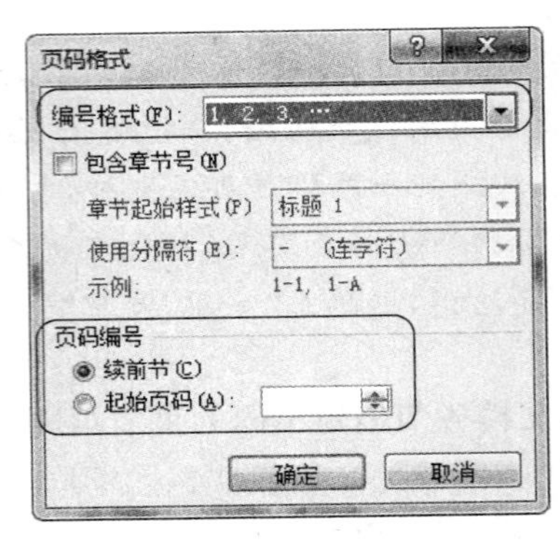

图 2.111 “页码格式”对话框

(2) 在该对话框中，通过选择“续前节”或者“起始页码”来设置当前页的页码。也可以在“编号格式”中选择其他样式的页码。

3）删除页码

双击页码编辑区域，按 Delete 键删除页码即可。

2.5.6 使用项目符号和编号列表

为了便于阅读，在编写文档时经常要添加项目符号或编号。项目符号和编号是放在文本前的点或其他符号，起强调作用。合理地使用项目符号和编号，可以使文档的层次结构更加清晰、更有条理。

1. 使用项目符号

项目符号是放在文本前以强调效果的点或其他符号。用户可以在输入文本时自动创建项目符号列表，也可以快速给现有文本添加项目符号。

1）自动创建项目符号列表

在文档中输入文本的同时自动创建项目符号列表的方法十分简单，其具体操作步骤如下。

(1) 在文档中需要应用项目符号列表的位置输入星号(*),然后按空格键或 Tab 键,即可开始应用项目符号列表。

(2) 输入所需文本后,按 Enter 键,开始添加下一个列表项,Word 会自动插入下一个项目符号。

(3) 要完成列表.可按两次 Enter 键或者按一次 BackSpace 键删除列表中最后一个项目符号即可。

2) 为原有文本自动添加项目符号

为原有文本添加项目符号和列表,可以利用"段落"选项组中的"项目符号"按钮或"编号"按钮☰ ▾来实现,具体操作步骤如下。

(1) 选择需要添加项目符号的文本。

(2) 打开功能区中"开始"选项卡,单击"段落"选项组中的"项目符号"按钮☰ ▾旁边的下三角形。

(3) 在弹出的"项目符号库"下拉列表中提供了多种不同的项目符号样式,如图 2.112 所示,用户可从中选择合适的样式。

(4) 此时文档中被选中的文本便会添加指定的项目符号。

3) 自定义项目符号

在 Word 2010 中,除了可以使用 Word 提供的项目符号之外,还可以自定义项目符号样式。操作方法如下。

(1) 选择要更改项目符号格式的段落。

(2) 单击"段落"选项组中的"项目符号"按钮☰ ▾旁的下三角形,在弹出的下拉列表中执行"定义新项目符号"命令,打开如图 2.113 所示的"定义新项目符号"对话框。

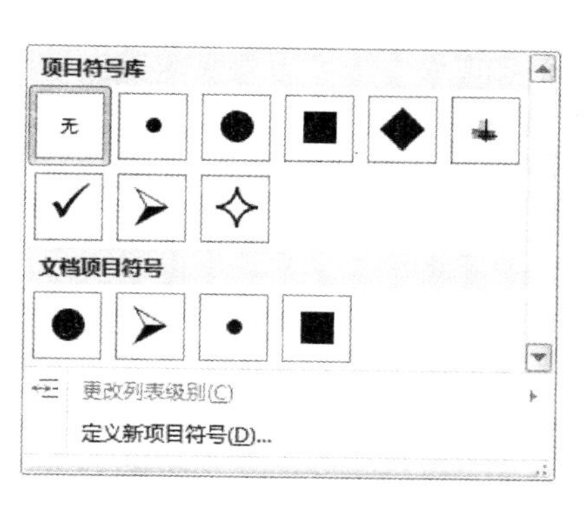

图 2.112 "项目符号库"列表

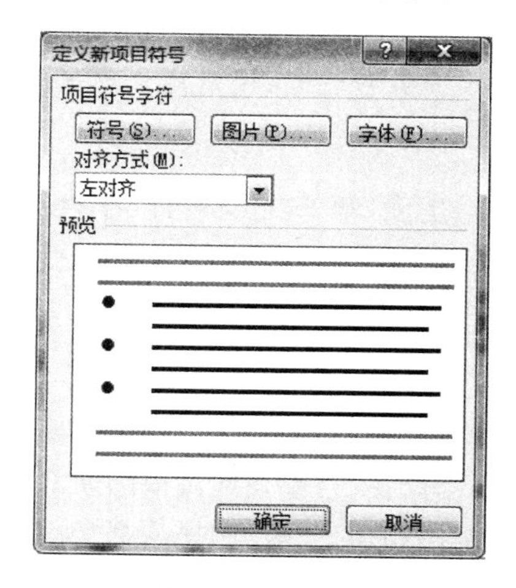

图 2.113 定义新项目符号

(3) 在"项目符号字符"选择区域中,单击"图片"按钮。

(4) 在随后打开的"项目图片符号"对话框中选择一种满意的项目符号,单击"确定"按钮,返回到"定义新项目符号"对话框,单击"确定"按钮完成设置。

4）删除项目符号

对于不再使用的项目符号可以即时将其删除，具体步骤如下。

（1）选择要删除其项目符号的文本。

（2）重新单击“格式”工具栏上的“项目符号”按钮（或把光标置于编号的后面，按 BackSpace 键），即可删除其项目符号。

2. 使用编号

在文本前添加编号有助于增强文本的层次感和逻辑性。创建编号列表与创建项目符号列表的操作过程相仿，用户同样可以在输入文本时自动创建编号列表，或者快速给现有文本添加编号。快速给现有文本添加编号的操作步骤如下。

（1）在文档中选择要向其添加编号的文本。

（2）打开功能区中的“开始”选项卡，在“段落”选项组中单击“编号”按钮旁边的下三角按钮。

（3）在弹出的下拉列表中，提供了包含多种不同编号样式的编号库，如图 2.114 所示。用户从中进行选择即可。

（4）此时文档中被选中的文本便会立即添加指定的编号。

如果编号库中的编号格式不能满足用户需求，用户也可以在如图 2.114 所示的下拉列表中执行“定义新编号格式”命令重新定义编号。

此外，为了使文档内容更具层次感和条理性，经常需要使用多级编号列表，用户可以从编号库中选择多级列表样式应用到文档中。

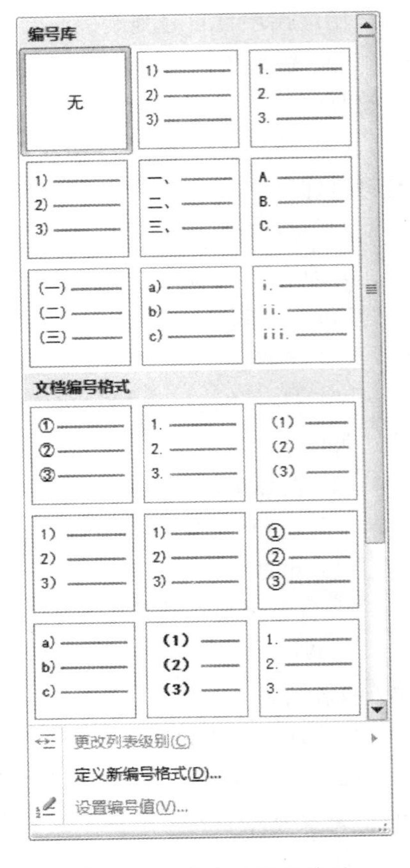

图 2.114　为文本添加编号

2.5.7　在文档中添加引用内容

在长文档的编辑过程中，文档内容的索引和脚注非常重要，这可以使文档的引用内容和关键内容得到有效的组织。

1. 插入脚注和尾注

脚注和尾注一般用于在文档和书籍中显示引用资料的来源，或者用于输入说明性或补充性信息。“脚注”位于当前页面的底部或指定文字的下方，而“尾注”则位于文档的结尾处或者指定节的结尾。脚注和尾注都是用一条短横线与正文分开的，两者的注释文本都比正文文本的字号小一些。

在文档中插入脚注或尾注的操作步骤如下。

（1）在页面视图中，单击要插入注释引用标记的位置。

（2）在“引用”选项卡的“脚注”选项组中，单击“插入脚注”或“插入尾注”按钮。

（3）Word 将插入注释编号，并将插入点置于注释编号的旁边，此时输入脚注或尾注中的注释文本。在默认情况下，Word 将脚注放在每页的结尾处，将尾注放在文档的结尾处。

(4) 双击脚注或尾注编号，返回到文档中。当在文档中移动脚注或尾注的引用标记时，脚注或尾注会重新进行编号。

(5) 如果需要对脚注或尾注的样式重新设置，则单击"脚注"选项组中的对话框启动器按钮，打开如图 2.115 所示的"脚注和尾注"对话框，设置其位置、格式及应用范围。

当插入脚注或尾注后，不必向下滚到页面底部或文档结尾处，只需将鼠标指针停留在文档中的脚注或尾注引用标记上，注释文本就会自动出现在屏幕提示中。

(6) 若要删除文档中的脚注或尾注，只需在文档中选中脚注或尾注编号，按 Delete 键即可。

2. 插入题注

题注是一种可以为文档中的图表、表格、公式或其他对象添加的编号标签，如果在文档的编辑过程中对题注执行了添加、删除或移动操作，则可以一次性更新所有题注编号，而不需要再进行单独调整。

在文档中定义并插入题注的操作步骤如下。

(1) 在文档中选择要向其添加题注的位置。

(2) 在 Word 2010 功能区中的"引用"选项卡上，单击"题注"选项组中的"插入题注"按钮，打开如图 2.116 所示的"题注"对话框。在该对话框中，可以根据添加题注的不同对象，在"选项"区域的下拉列表中选择不同的标签类型。

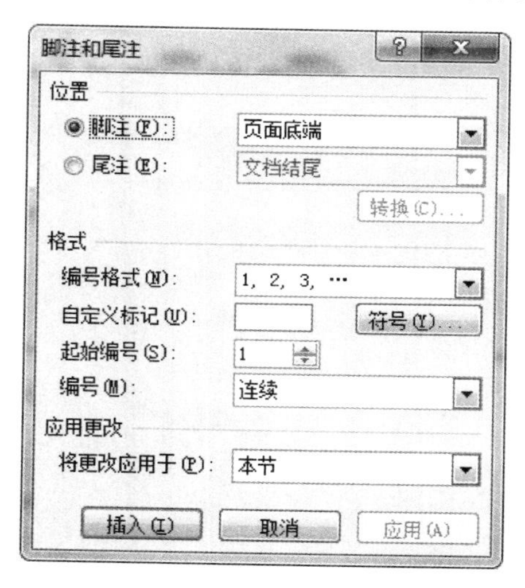

图 2.115　设置脚注和尾注

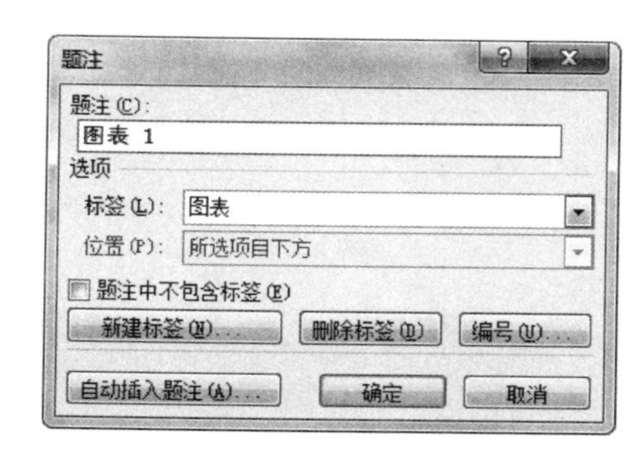

图 2.116　插入题注

(3) 如果期望在文档中使用自定义的标签显示方式，则可以单击"新建标签"按钮，为新的标签命名后，新的标签样式将出现在"标签"下拉列表中，同时还可以为该标签设置位置与标号类型。

(4) 设置完成后单击"确定"按钮，即可将题注添加到相应的文档位置。

2.5.8　插入目录和索引

目录通常是长篇幅文档不可缺少的一项内容，它与一篇文章的纲要类似，通过它可以了解全文的结构；索引可以将文档中的单词、词组和短语所在的页码列出，方便查阅。

1. 创建文档目录

目录列出了文档中的各级标题及其所在的页码，便于文档阅读者快速查找到所需内容。Word 2010 提供了一个内置的“目录库”，其中有多种目录样式可供选择，从而可代替用户完成大部分工作，使得插入目录的操作变得非常快捷、简便。

1）使用“目录库”创建目录

（1）首先将鼠标指针定位在需要建立文档目录的地方，通常是文档的最前面。

（2）打开功能区中的“引用”选项卡，在“目录”选项组中单击“目录”按钮，打开如图 2.117 所示的下拉列表，系统内置的“目录库”以可视化的方式展示了许多目录的编排方式和显示效果。

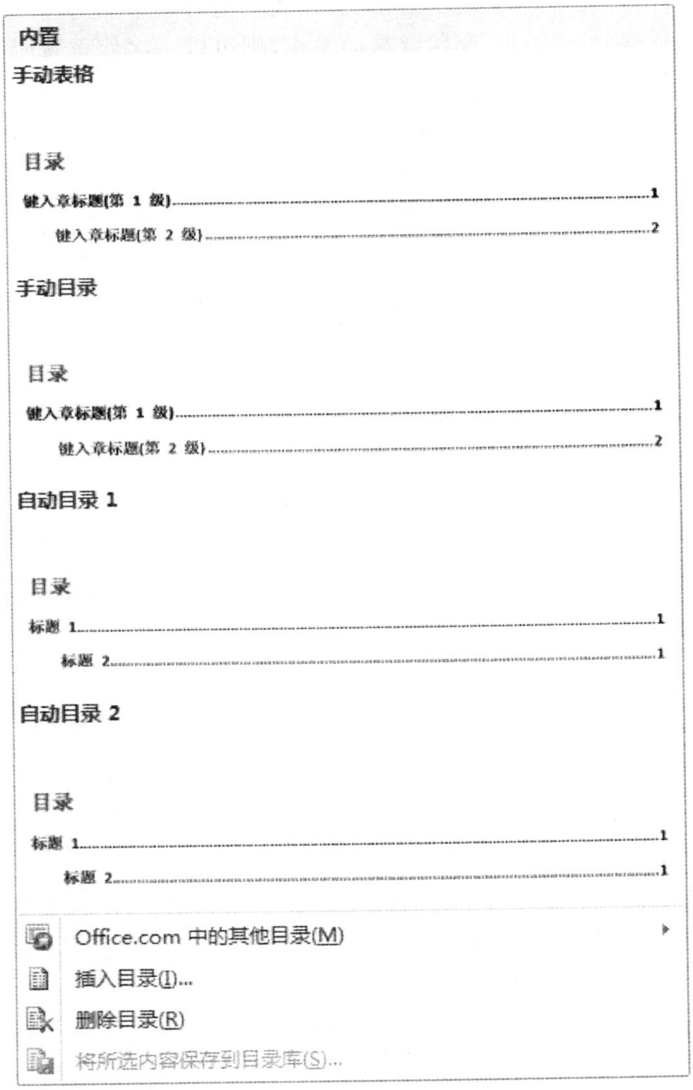

图 2.117 “目录库”中的目录样式

（3）用户只需单击其中一个满意的目录样式，Word 2010 就会自动根据所标记的标题在指定位置创建目录，如图 2.118 所示。

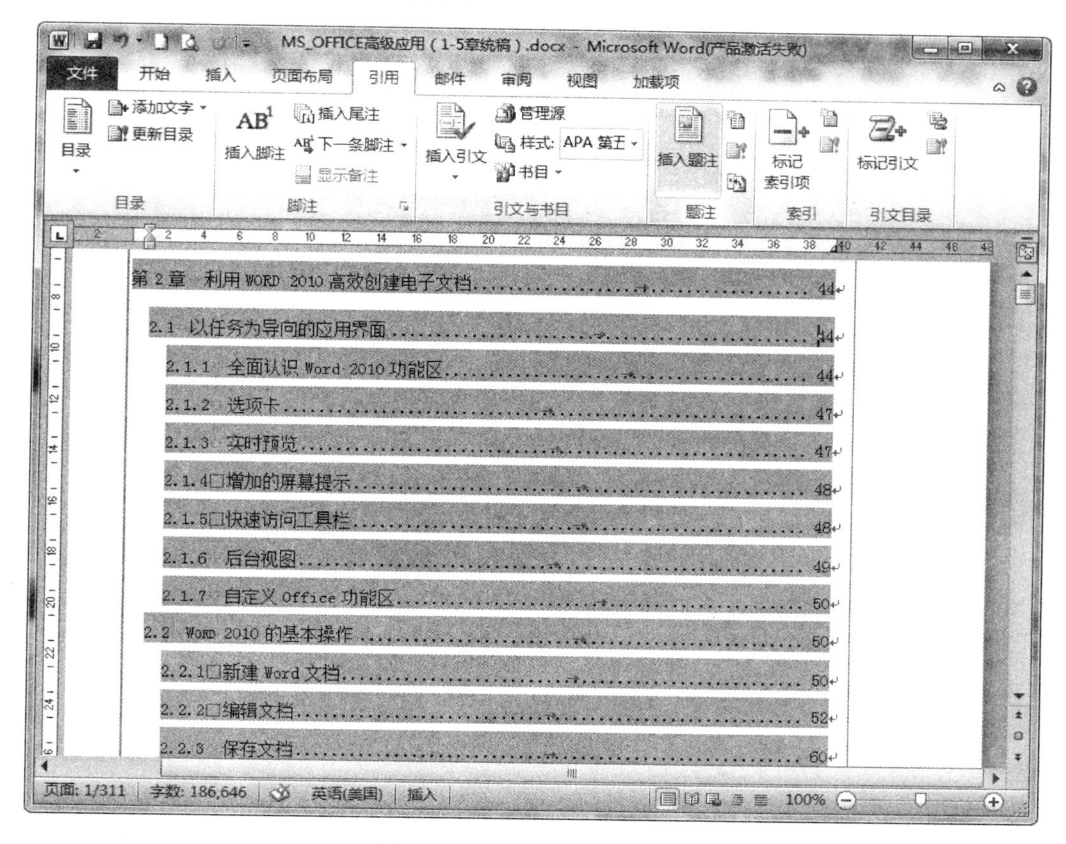

图 2.118　在文档中插入目录

2）使用自定义样式创建目录

如果用户已将自定义样式应用于标题，则可以按照如下操作步骤来创建目录。用户可以选择 Word 在创建目录时使用的样式设置。

（1）将鼠标指针定位于建立文档目录的地方，然后打开功能区中的“引用”选项卡。

（2）在“引用”选项卡上的“目录”选项组中，单击“目录”按钮。在弹出的下拉列表中，执行“插入目录”命令。

（3）打开如图 2.119 所示“目录”对话框，在“目录”选项卡中单击“选项”按钮。

（4）此时打开如图 2.120 所示的“目录选项”对话框，在“有效样式”区域中可以查找应用于文档中的标题的样式，在样式名称旁边的“目录级别”文本框中输入目录的级别（可输入 1～9 中的一个数字），以指定希望标题样式代表的级别。如果希望仅使用自定义样式，则可删除内置样式的目录级别数字，例如，删除“标题 1”“标题 2”和“标题 3”样式名称旁边的代表目录级别的数字。

（5）当有效样式和目录级别设置完成后，单击“确定”按钮关闭“目录选项”对话框，返回到“目录”对话框，用户可以在“打印预览”和“Web 预览”区域中看到 Word 在创建目录时使用的新样式设置。

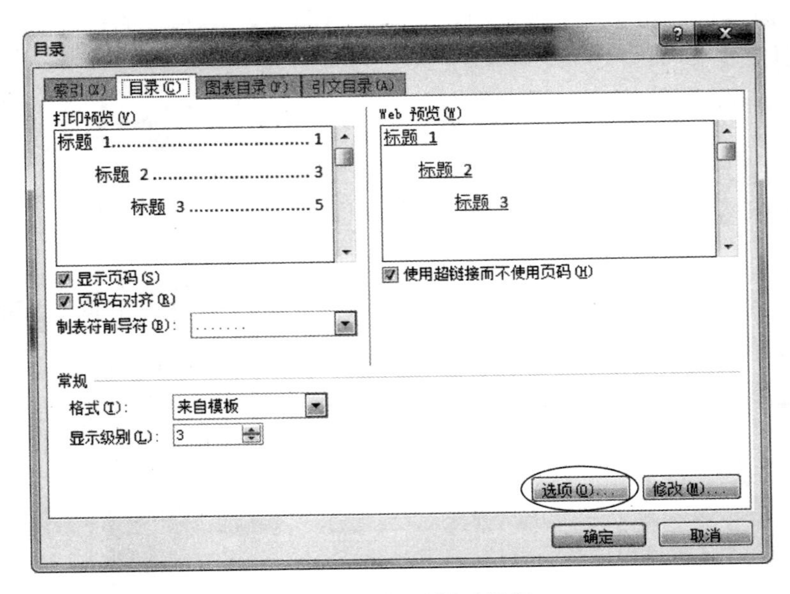

图 2.119 “目录”对话框

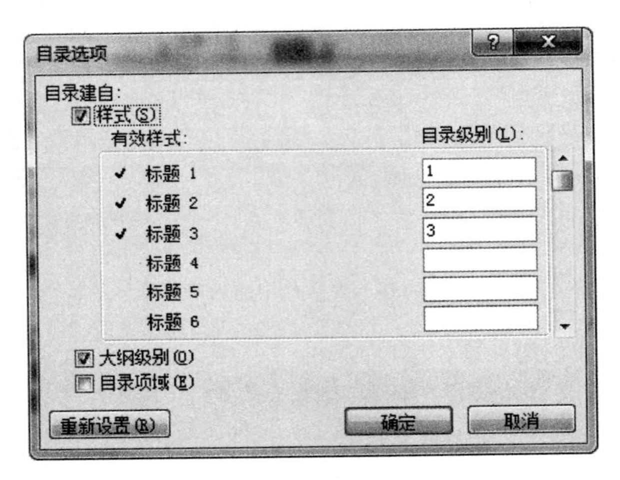

图 2.120 自定义目录选项

(6) 如果用户正在创建读者将在打印页上阅读的文档，那么在创建目录时应包括标题和标题所在页面的页码，即选中“显示页码”复选框，从而便于读者快速翻到需要的页；如果用户创建的是读者将要在 Word 中联机阅读的文档，则可以将目录中各项的格式设置为超链接，即选中“使用超链接而不使用页码”复选框，以便读者可以通过单击目录中的某项标题转到对应的内容。

(7) 单击“确定”按钮完成所有设置，系统将自动将目录插入到文档中。

提示：在设置目录前需核对各级标题的样式或大纲级别的设置是否正确，否则系统将生成错误的目录；制作完目录后，只需按 Ctrl 键，再单击目录中的一个页码，就可以将插入点跳转到该页的标题处。

3）更新目录

当创建了一个目录后，如果再次对源文档进行编辑，那么目录中的标题和页码都有可能发生变化，因此必须更新目录。

（1）打开功能区中的“引用”选项卡，在“目录”选项组中，单击“更新目录”按钮。

（2）打开如图 2.121 所示的“更新目录”对话框，在该对话框中选中“只更新页码”单选按钮或者“更新整个目录”单选按钮，然后单击“确定”按钮即可按照指定要求更新目录。

2. 插入索引

在管理长文档时，索引是一种常见的文档注释方法。标记索引项的本质就是插入了一个隐藏的代码，便于查询。

1）标记索引

在 Word 2010 中，可以使用“标记索引项”对话框对文档中的单词、词组或短语标记索引，方便以后查找这些标记内容。

（1）选取需标记索引的文字，选择“引用”选项卡，在“索引”组中单击“标记索引项”按钮。

（2）打开“标记索引项”对话框，如图 2.122 所示。在“索引”选项区域中的“主索引项”文本框中会显示选定的文本。根据需要，还可以通过创建次索引项、第三级索引项或另一个索引项的交叉引用来自定义索引项。

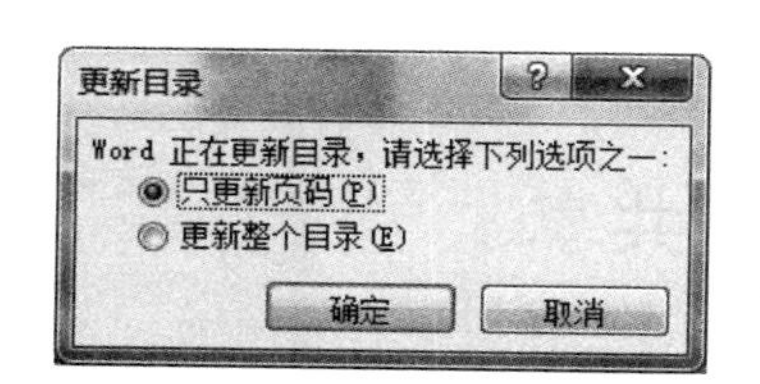

图 2.121　更新文档目录

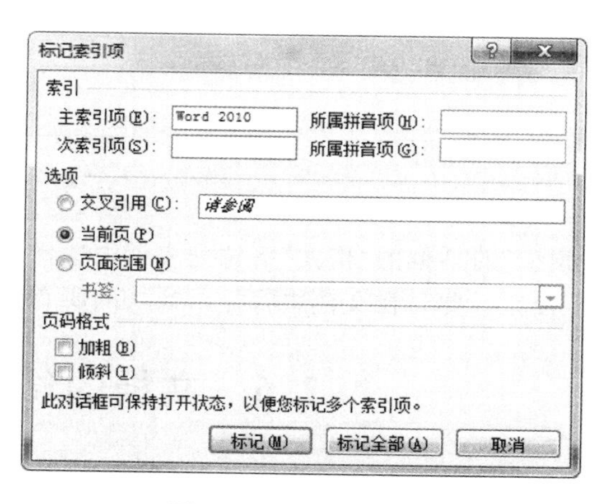

图 2.122　标记索引项

① 要创建次索引项，可在“次索引项”文本框中输入文本。次索引项是对索引对象的更深一层限制。

② 要包括第三级索引项，可在次索引项文本后输入冒号（：），然后在文本框中输入第三级索引项文本。

③ 要创建对另一个索引项的交叉引用，可以在“选项”选项区域中选中“交叉引用”单选按钮，然后在其文本框中输入另一个索引项的文本。

（3）单击“标记”按钮即可标记索引项，单击“标记全部”按钮，则在文档中该文本后都出现索引标记。用户可以看到文档中插入的索引项，它们实际上是域代码。

2）创建索引

在文档中标记好所有的索引项后，即可进行索引文件的创建了。用户可以选择一种设计好的索引格式并生成最终的索引。Word 会收集索引项，并将它们按字母顺序排序，引用其页码，找到并且删除同一页上的重复索引，然后在文档中显示该索引。

首先将鼠标指针定位在需要建立索引的地方，通常是文档的最后。

选择“引用”选项卡，在“索引”组中单击“插入索引”按钮，打开“索引”对话框，如图 2.123 所示。

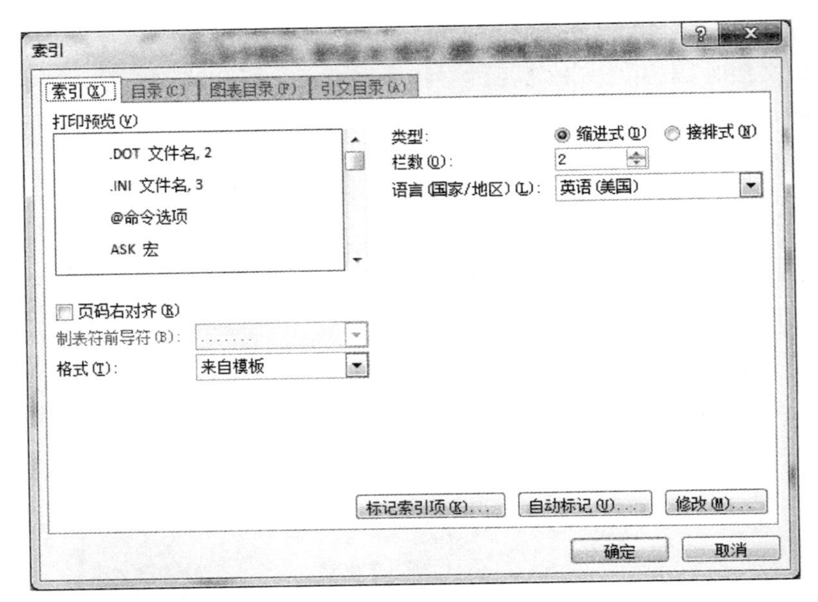

图 2.123 “索引”对话框

在“索引”对话框的“格式”下拉列表框中选择合适的格式、类型与栏数。设置完毕后，单击“确定”按钮。此时在文档中将显示插入的所有索引信息。

2.6 文档的修订与共享

当对一篇文档进行阅读以及审阅后发现一些问题后，常常不想直接对其进行修改，为此 Word 2010 的审阅功能就会起到一定作用，可以对文中需要修改以及批注的内容进行详细的描述，使其一目了然。

2.6.1 审阅与修订文档

在与他人一同处理文档的过程中，审阅、跟踪文档的修订状况将成为最重要的环节之一，用户需要及时了解其他用户更改了文档的哪些内容，以及为何要进行这些更改。Word 2010 提供了多种方式来协助用户完成文档审阅的相关操作，同时用户还可以通过全新的审阅窗格来快速对比、查看、合并同一文档的多个修订版本。

1. 修订文档

当用户在修订状态下修改文档时，Word 应用程序将跟踪文档中所有内容的变化状况，同时会把用户在当前文档中修改、删除、插入的每一项内容标记下来。

打开需要审阅的文档，在功能区的“审阅”选项卡中单击“修订”选项组的“修订”按钮，即可开启文档的修订状态(再次单击“修订”按钮则取消修订状态)，如图 2.124 所示。

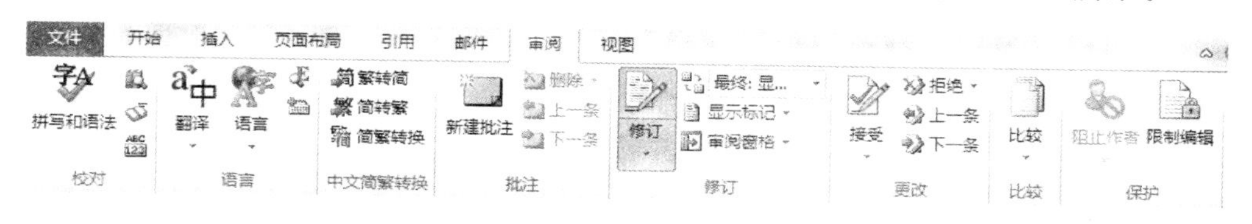

图 2.124　开启文档修订状态

用户在修订状态下，系统将会跟踪对文档的所有更改，包括插入、删除和格式的更改。直接插入的文档内容会通过颜色和下画线标记下来，删除的内容可以在右侧的页边空白处显示出来，如图 2.125 所示。

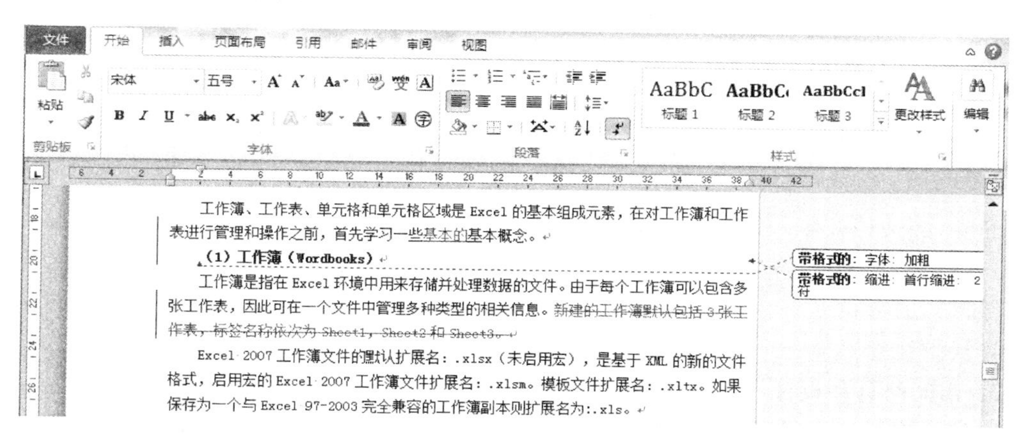

图 2.125　修订当前文档

当多个用户同时参与对同一文档进行修订时，文档将通过不同的颜色来区分不同用户的修订内容，从而可以很好地避免由于多人参与文档修订而造成的混乱局面。此外，Word 2010 还允许用户对修订内容的样式进行自定义设置，具体的操作步骤如下。

(1) 在功能区的“审阅”选项卡的“修订”选项组中，执行“修订”→“修订选项”命令，打开“修订选项”对话框。

(2) 用户在“标记”“移动”“表单元格突出显示”“格式”“批注框”5 个选项区域中，可以根据自己的浏览习惯和具体需求设置修订内容的显示情况。

2. 为文档添加批注

在多人审阅文档时，可能需要彼此之间对文档内容的变更状况做一个解释，或者向文档作者询问一些问题，这时就可以在文档中插入“批注”信息。“批注”与“修订”的不同之处在于，“批注”并不在原文的基础上进行修改，而是在文档页面的空白处添加相关的注释信息，并用有颜色的方框括起来。

如果需要为文档内容添加批注信息，则只需在“审阅”选项卡的“批注”选项组中单击“新建批注”按钮，然后直接输入批注信息即可，如图 2.126 所示。

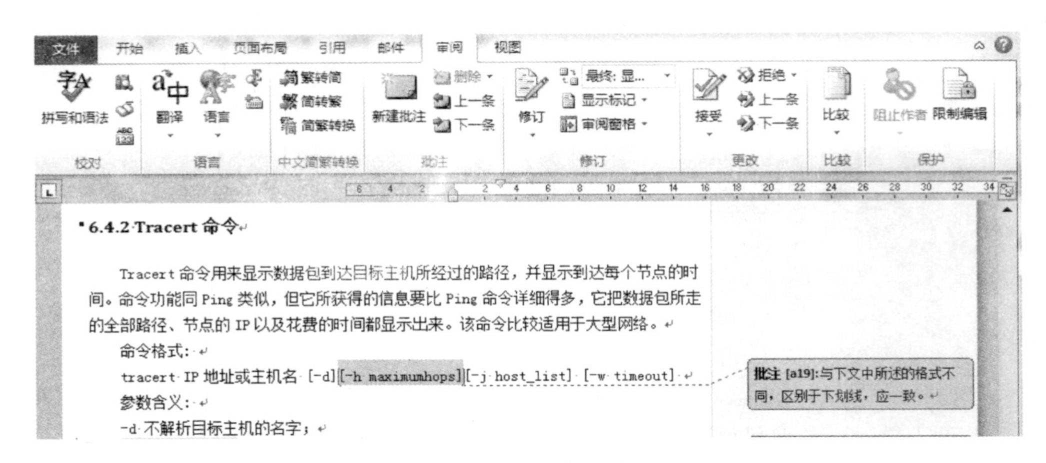

图 2.126　添加批注

如果用户要删除文档中的某一条批注信息，则可以右键单击所要删除的批注，在随后打开的快捷菜单中执行“删除批注”命令。如果用户要删除文档中的所有批注，请单击任意批注信息，然后在“审阅”选项卡的“批注”选项组中执行“删除”→“删除文档中的所有批注”命令。

另外，当文档被多人修订或审批后，用户可以在功能区的“审阅”选项卡中的“修订”选项组中，执行“显示标记”→“审阅者”命令，在显示的列表中将显示出所有对该文档进行过修订或批注操作的人员名单。可以通过选择审阅者姓名前面的复选框，查看不同人员对本文档的修订或批注意见。

3. 审阅修订和批注

文档内容修订完成以后，用户还需要对文档的修订和批注状况进行最终审阅，并确定出最终的文档版本。当审阅修订和批注时，可以按照如下步骤来接受或拒绝文档内容的每一项更改。

(1) 在“审阅”选项卡的“更改”选项组中单击“上一条”(或“下一条”)按钮，即可定位到文档中的上一条(或下一条)修订或批注。

(2) 对于修订信息可以单击“更改”选项组中的“拒绝”或“接受”按钮，来选择拒绝或接受当前修订对文档的更改；对于批注信息可以在“批注”选项组中单击“删除”按钮将其删除。

(3) 重复步骤(1)和步骤(2)，直到文档中不再有修订和批注。

(4) 如果要拒绝对当前文档做出的所有修订，可以在“更改”选项组中执行“拒绝”→“拒绝对文档的所有修订”命令；如果要接受所有修订，可以在“更改”选项组中执行“接受”→“接受对文档的所有修订”命令。

4. 快速比较文档

文档经过最终审阅以后，用户多半希望能够通过对比的方式查看修订前后两个文档版本的变化情况，Word 2010 提供了“精确比较”的功能，可以帮助用户显示两个文档的差异。使用“精确比较”功能对文档版本进行比较的具体操作步骤如下。

(1) 修改完 Word 文档后，单击功能区中的“审阅”标签，然后单击“比较”选项组中的

“比较”按钮，并在其下拉列表中选择“比较”命令，打开“比较文档”对话框，如图 2.127 所示。

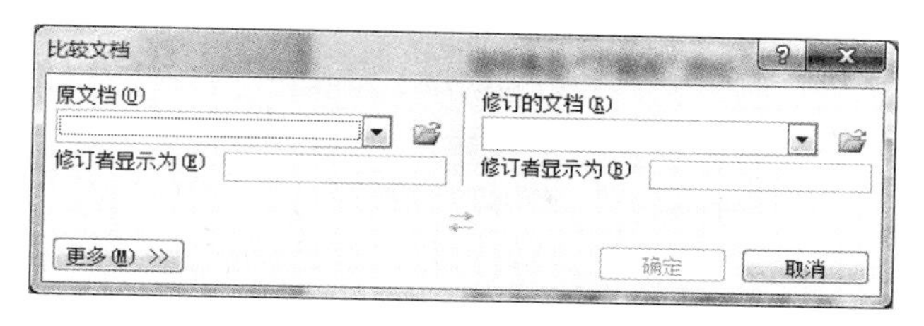

图 2.127 “比较文档”对话框

(2) 在打开的对话框中选择所要比较的“原文档”和“修订的文档”，将各项需要比较的数据设置好，单击“确定”按钮。

(3) 此时两个文档之间的不同之处将突出显示在“比较结果”文档的中间，以供用户查看，如图 2.128 所示。在文档比较视图左侧的审阅窗格中，自动统计了原文档与修订文档之间的具体差异情况。

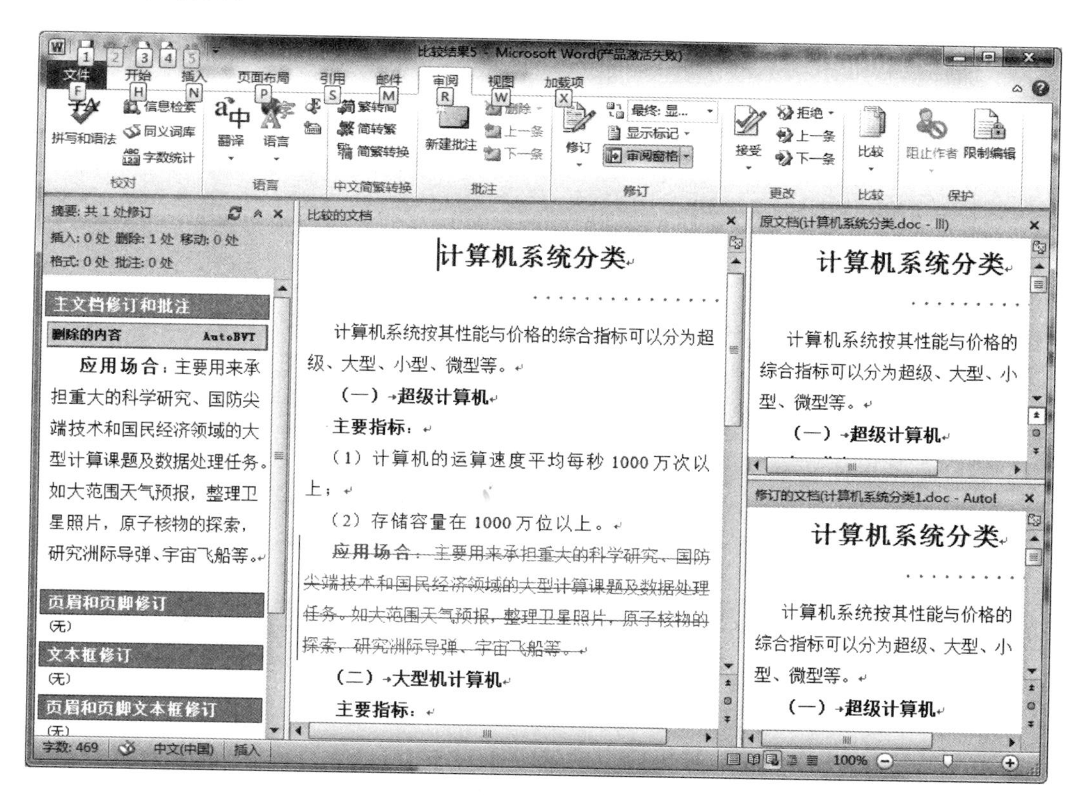

图 2.128 文档比较结果

5. 标记文档的最终状态

如果文档已经确定修改完成，用户可以为文档标记最终状态来标记文档的最终版本，此操作可以将文档设置为只读，并禁用相关的内容编辑命令。

如若标记文档的最终状态，用户可以选择“文件”选项卡，打开 Office 后台视图，然后执行“保护文档”→“标记为最终状态”命令完成设置，如图 2.129 所示。

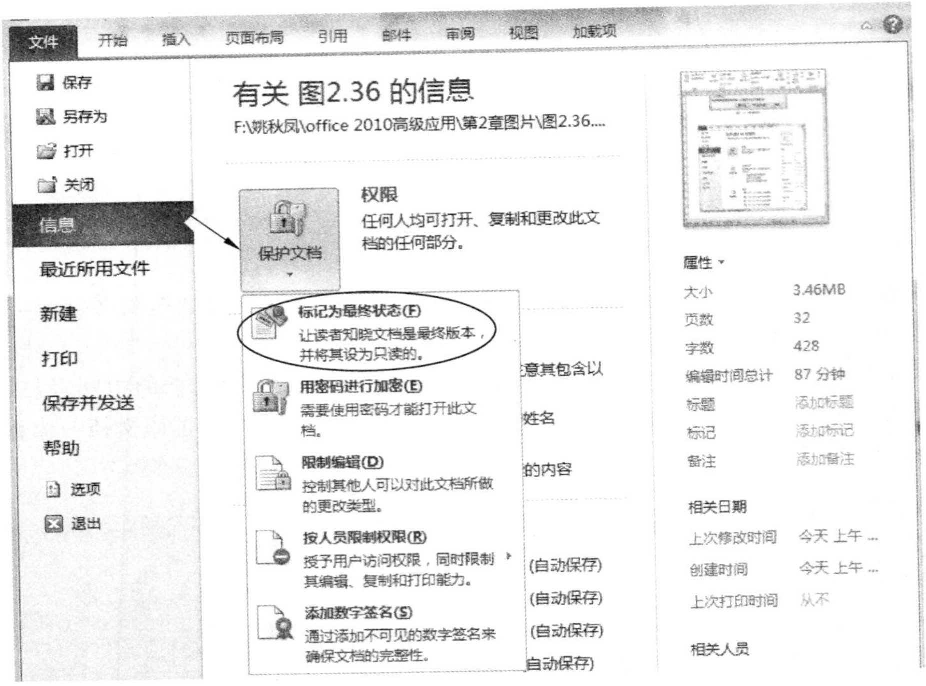

图 2.129　标记文档的最终状态

2.6.2　与他人共享文档

Word 文档除了可以直接复制，或直接通过邮箱发送或其他文件传送方式共享外，还可以直接通过文档界面进行保存发送。

1. 通过电子邮件共享文档

如果希望将编辑完成的 Word 文档通过电子邮件方式发送给对方，可以选择“文件”选项卡，打开 Office 后台视图。然后执行“保存并发送”→“使用电子邮件发送”→“作为附件发送”命令，如图 2.130 所示。

2. 转换成 PDF 文档格式

用户可以将文档保存为 PDF 格式，这样既保证了文档的只读性，同时又确保了那些没有安装 Microsoft Office 产品的用户可以正常浏览文档内容。

将文档另存为 PDF 文档的具体操作步骤如下。

(1) 选择“文件”选项卡，打开 Office 后台视图。

(2) 在 Office 后台视图中执行“保存并发送”→“创建 PDF/XPS 文档”命令，在展开的视图中单击“创建 PDF/XPS”按钮，如图 2.131 所示。

在随后打开的“发布为 PDF 或 XPS”对话框中，单击“发布”按钮，即可完成 PDF 文档的创建。

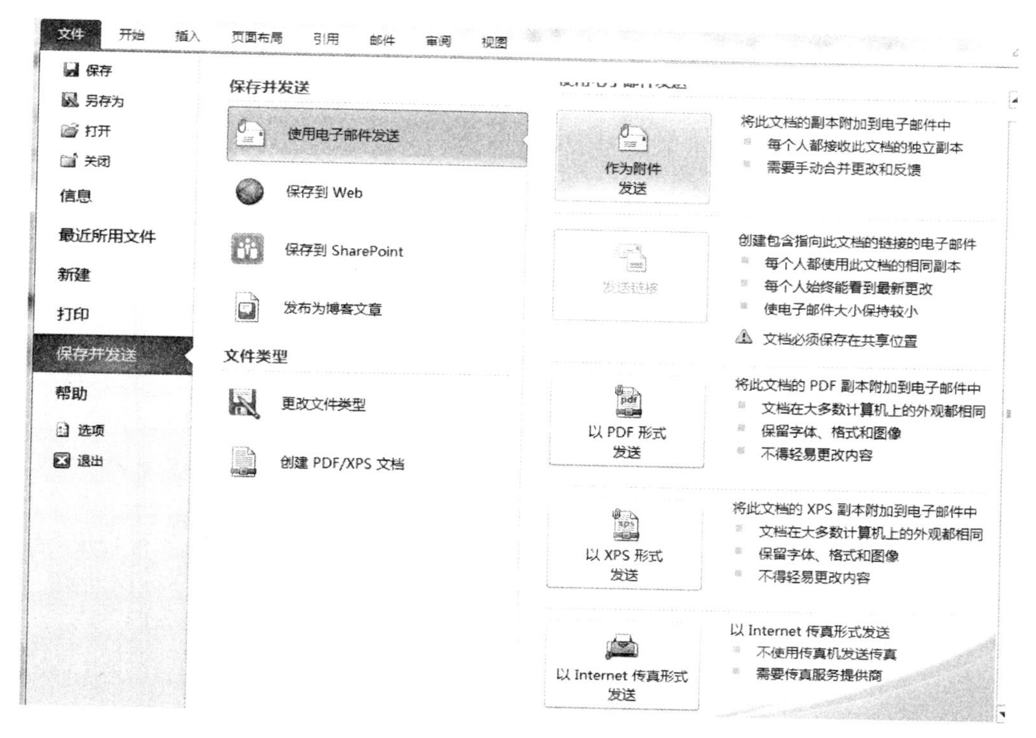

图 2.130 使用电子邮件发送文档

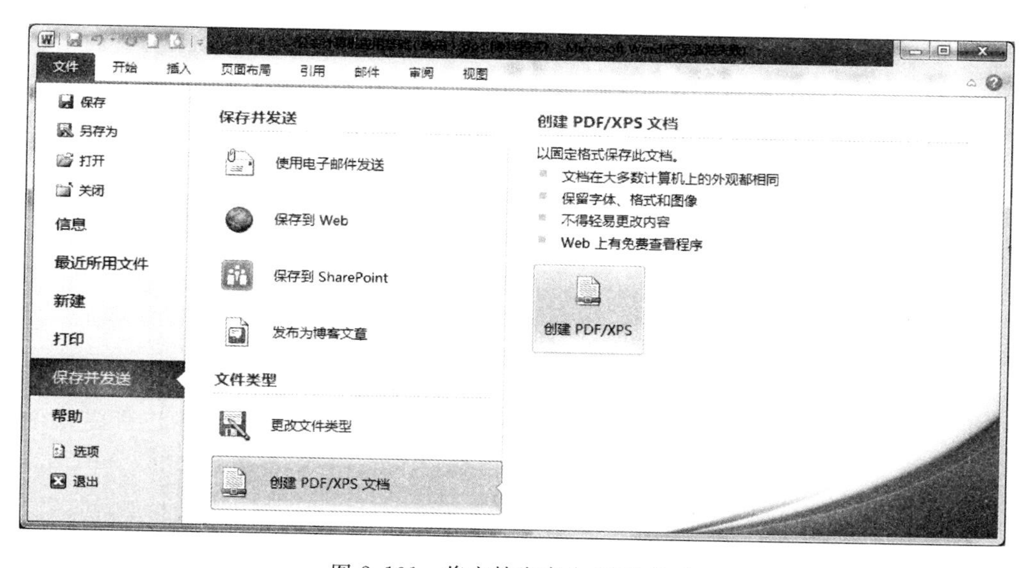

图 2.131 将文档发布为 PDF 格式

2.7 使用邮件合并功能批量处理文档

在日常的办公过程中，通常有很多的数据表格，往往需要根据这些数据信息制作出大量信函、信封或者是工资条等。借助 Word 提供的一项功能强大的数据管理功能——“邮件合并”，完全可以轻松、准确、快速地完成这些任务。

2.7.1 什么是邮件合并

“邮件合并”这个名称最初是在批量处理邮件文档时提出的。具体地说就是在邮件文档（主文档）的固定内容中，合并与发送信息相关的一组通信资料（数据源：如 Excel 表、Access 数据表等），从而批量生成需要的邮件文档，因此大大提高了工作效率，“邮件合并”因此而得名。

Word 的邮件合并功能除了可以批量处理信函、信封等与邮件相关的文档外，同样可以轻松地批量制作标签、工资条、成绩单等。

使用邮件合并通常具备以下两个规律：一是需要制作的数量比较大；二是这些文档内容分为固定不变的内容和变化的内容，比如信封上的寄信人地址和邮政编码、信函中的落款等，这些都是固定不变的内容；而收信人的地址、邮编等就属于变化的内容。其中，变化的部分由数据表中含有标题行的数据记录表表示。

含有标题行的数据记录表通常是指这样的数据表：它由字段列和记录行构成，字段列规定该列存储的共有属性信息，如“姓名”“联系电话”“通讯地址”等；记录行存储着一个对象的相应信息。

2.7.2 邮件合并的基本过程

Word 的邮件合并可以将一个主文档与一个数据源结合起来，最终生成一系列输出文档。邮件合并包括三个基本过程，理解了这三个基本过程，就抓住了邮件合并的“纲”，就可以有条不紊地运用邮件合并功能完成工作任务。

1）建立主文档

主文档是经过特殊标记的 Word 文档，它是用于创建输出文档的“蓝图”。其中包含基本的文本内容，这些文本内容在所有输出文档中都是相同的，比如信件的信头、主体以及落款等。另外还有一系列指令（称为合并域），用于插入在每个输出文档中都要发生变化的文本，比如收件人的姓名和地址等。

养成使用邮件合并之前先建立主文档的习惯，一方面可以考查预计的工作是否适合使用邮件合并，另一方面为数据源的建立或选择提供了标准和思路。

2）准备好数据源

数据源实际上就是前面提到的含有标题行的数据记录表，其中包含用户希望合并到输出文档的相关字段和记录内容。数据源表格可以是 Word、Excel、Access 或 Outlook 中的相关表格。

在实际工作中，数据源通常是现成的，比如要制作大量客户信封，多数情况下，客户信息可能早已被客户经理制作成了 Excel 表格，其中含有制作信封需要的“姓名”“地址”“邮编”等字段。在这种情况下，直接拿过来使用就可以了，而不必重新制作。也就是说，在准备自己建立之前要先考查一下，是否有现成的可用。

如果没有现成的，则要根据主文档对数据源的要求建立，根据自己的习惯使用 Word、Excel、Access 都可以，实际工作时，常常使用 Excel 制作。

3）合并数据源到主文档

前面两步完成之后，就可以将数据源中的相应字段合并到主文档的固定内容之中了，表格中的记录行数，决定着主文件生成的份数。整个合并操作过程可利用“邮件合并向导”进行，使用非常轻松便捷。

2.7.3 应用实例

下面通过批量制作信函的操作步骤，来说明邮件合并的使用方法。

如果用户要制作或发送一些信函或邀请函之类的邮件给客户或合作伙伴，这类邮件的内容通常分为固定不变的内容和变化的内容。例如，有一份如图 2.132 所示的邀请函文档，在这个文档中已经输入了邀请函的正文内容，这一部分就是固定不变的内容，邀请函中的邀请人姓名以及邀请人的称谓等信息就属于变化的内容，而这部分内容保存在如图 2.133 所示的 Excel 工作表中。

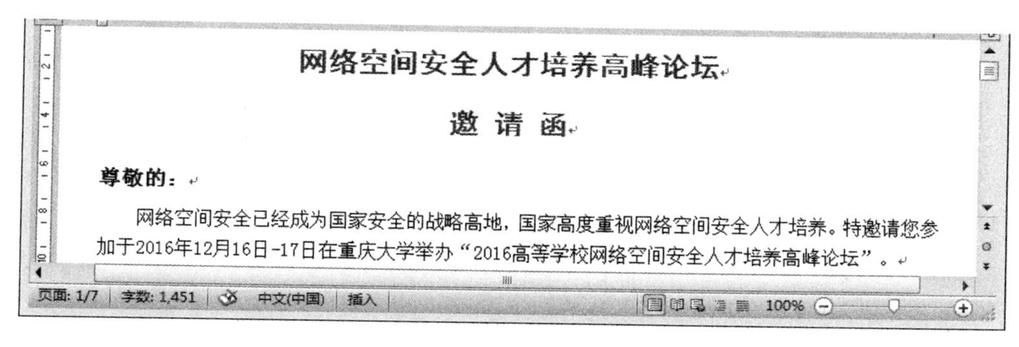

网络空间安全人才培养高峰论坛

邀 请 函

尊敬的：

网络空间安全已经成为国家安全的战略高地，国家高度重视网络空间安全人才培养。特邀请您参加于2016年12月16日-17日在重庆大学举办“2016高等学校网络空间安全人才培养高峰论坛”。

图 2.132 邀请函文档

编号	姓名	性别	职称	单位	地址	邮政编码
001	刘子轩	男	教授	北京大学	北京市海淀区颐和园路5号	100871
002	宁馨儿	女	教授	清华大学	北京市海淀区双清路30号	100084
003	宋婷	女	副教授	南京大学	江苏省南京市鼓楼区汉口路22号	210093
004	聂清泉	男	教授	武汉大学	湖北省武汉市武昌区珞珈山(八一路299号)	430072
005	范明	男	教授	湖南大学	湖南省长沙市麓山南路2号	410082
006	康一夫	男	副教授	华中科技大学	湖北省武汉市洪山区珞瑜路1037号	430074

图 2.133 保存在 Excel 表中的邀请人信息

下面介绍如何利用邮件合并功能将数据源中邀请人的信息自动填写到邀请函文档中。

由于现在已经预先制作好了“邀请函(主文档)”和“邀请人信息表(数据源)”案例文件，所以接下来的操作实际上就是邮件合并的第三个过程，即把数据源合并到主文档中。

对于初次使用该功能的用户而言，Word 提供了非常周到的服务，即“邮件合并分步向导”，它能够帮助用户一步步地了解整个邮件合并的使用过程，并高效、顺利地完成邮件合并任务。利用“邮件合并分步向导”批量创建信函的操作步骤如下。

(1) 打开功能区中的“邮件”选项卡，在“开始邮件合并”选项组中，单击“开始邮件合并”→“邮件合并分步向导”命令。

(2) 打开“邮件合并”任务窗格，如图 2.134 所示，进入“邮件合并分步向导”的第 1 步(总共有 6 步)。在“选择文档类型”选项区域中，选择一个希望创建的输出文档的类型(本例选中“信函”单选按钮)。

(3) 单击“下一步：正在启动文档”超链接，进入“邮件合并分步向导”的第 2 步，在“选择开始文档”选项区域中选中“使用当前文档”单选按钮，以当前文档作为邮件合并的主文档。接着单击“下一步：选取收件人”超链接，进入“邮件合并分步向导”的第 3 步，在“选择收件人”选项区域中选中“使用现有列表”单选按钮，如图 2.135 所示，然后单击“浏览”超链接。

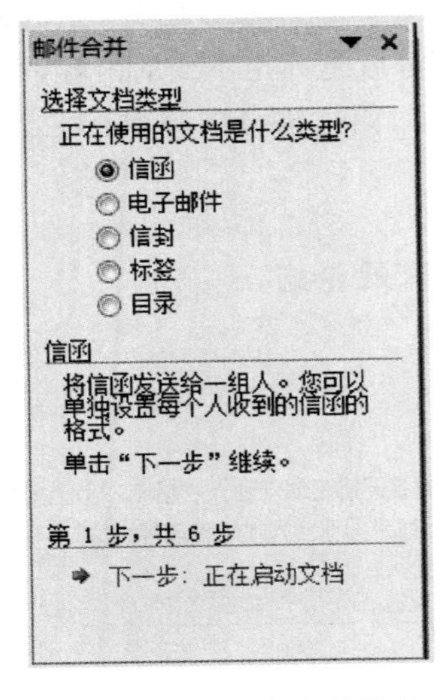

图 2.134　确定主文档类型

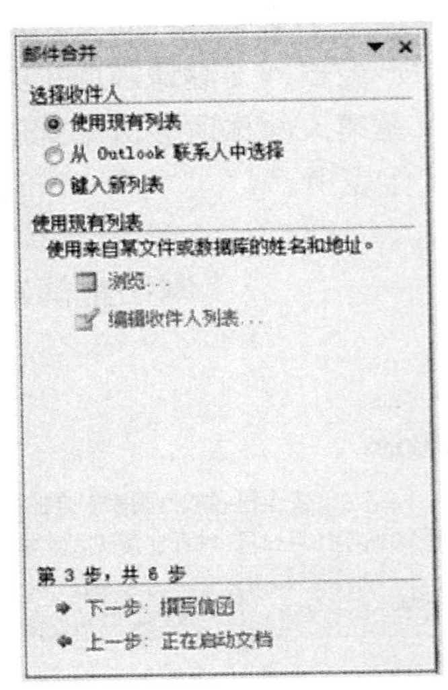

图 2.135　选择邮件合并数据源

(4) 打开“选取数据源”对话框，选择保存客户资料的 Excel 工作表文件，然后单击“打开”按钮。此时打开“选择表格”对话框，选择保存客户信息的工作表名称，如图 2.136 所示，然后单击“确定”按钮。

图 2.136　选择数据工作表

(5) 打开如图 2.137 所示的“邮件合并收件人”对话框，可以对需要合并的收件人信息进行修改，单击“确定”按钮，完成现有工作表的链接工作。

(6) 选择了收件人的列表之后，单击“下一步：撰写信函”超链接，进入“邮件合并分步向导”的第 4 步，单击“其他项目”超链接。

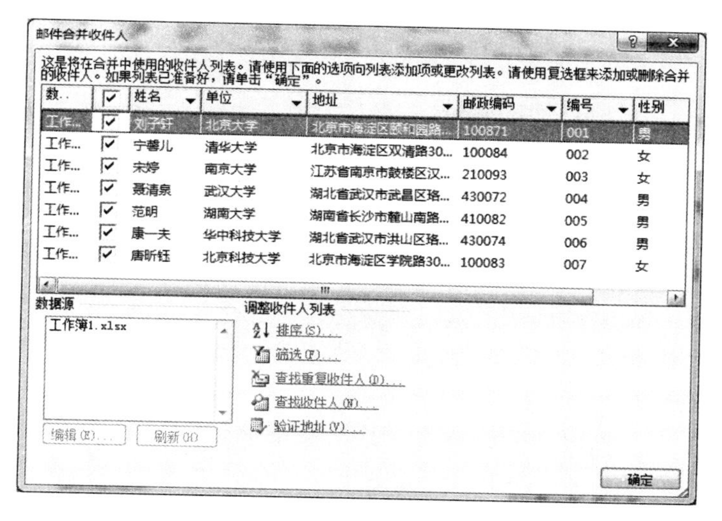

图 2.137　设置邮件合并接收人信息

(7) 打开如图 2.138 所示的"插入合并域"对话框，在"域"列表框中，选择要添加到邀请函中邀请人姓名所在位置的域，本例选择"姓名"域，单击"插入"按钮，继续选择"职称"域，单击"插入"按钮。

(8) 插入完所需的域后，单击"关闭"按钮，关闭"插入合并域"对话框，文档中的相应位置就会出现已插入的域标记，如图 2.139 所示。

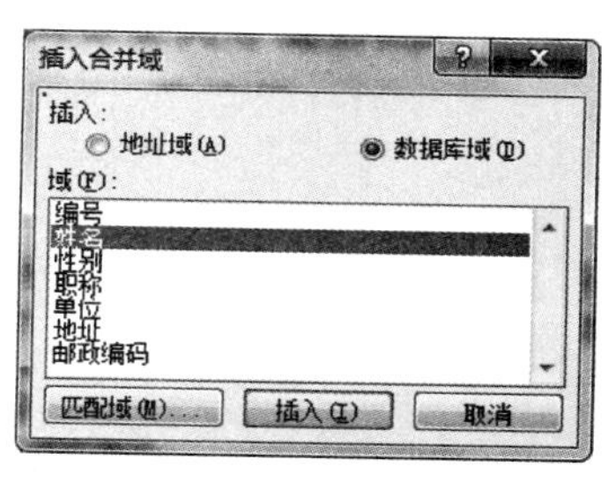

图 2.138　插入合并域

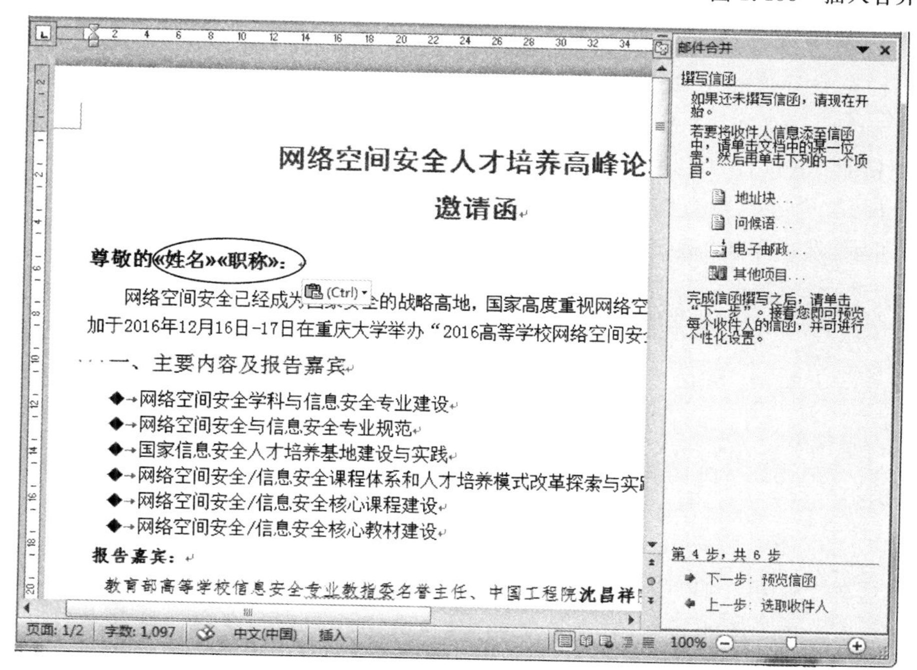

图 2.139　插入的域标记

(9) 在“邮件合并”任务窗格中，单击“下一步：预览信函”超链接，进入“邮件合并分步向导”的第 5 步，如图 2.140 所示。在“预览信函”选项区域中，单击“<<”或“>>”按钮，查看具有不同邀请人姓名和称谓的信函。

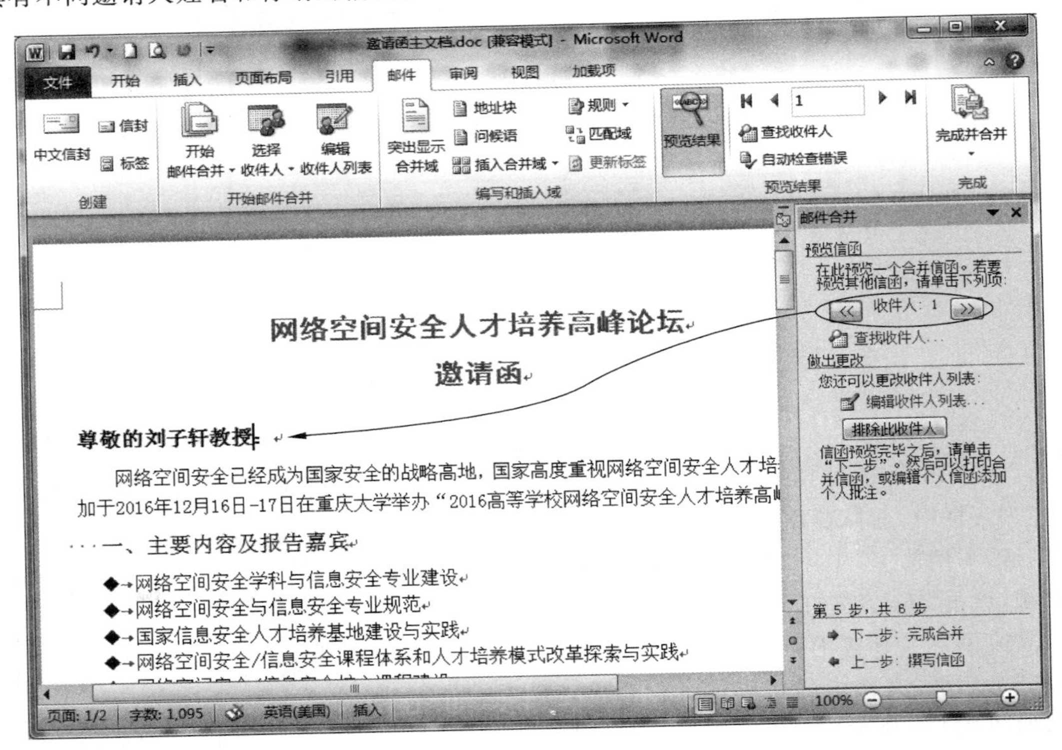

图 2.140　预览信函

(10) 预览并处理输出文档后，单击“下一步：完成合并”超链接，进入“邮件合并分步向导”的最后一步。在“合并”选项区域中，用户可以根据实际需要选择单击“打印”或“编辑单个信函”超链接，进行合并工作。本例单击“编辑单个信函”超链接。

(11) 打开“合并到新文档”对话框，在“合并记录”选项区域中，选中“全部”单选按钮，如图 2.141 所示，然后单击“确定”按钮。

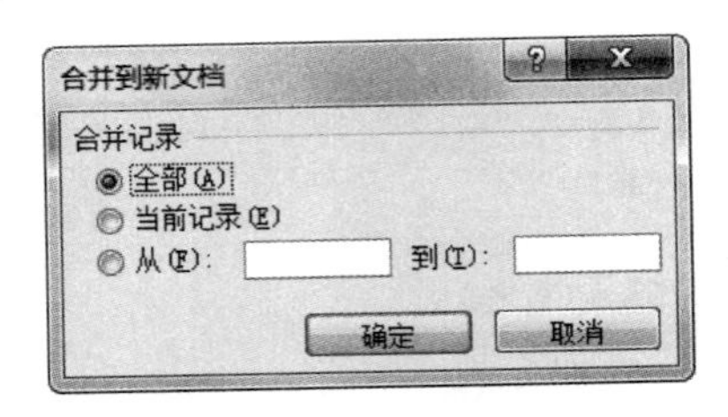

图 2.141　合并到新文档

(12) 这样，Word 会将 Excel 中存储的收件人信息自动添加到邀请函正文中，并合并生成一个如图 2.142 所示的新文档，在该文档中，每页中的邀请函客户信息均由数据源自动创建生成。

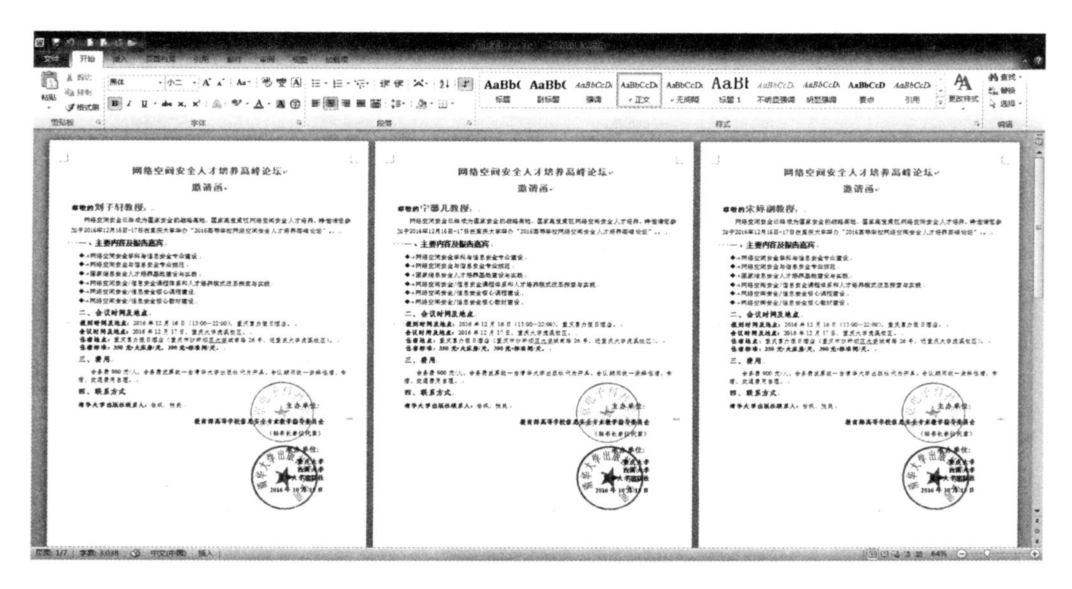

图 2.142　批量生成的文档

2.8　文 档 视 图

Word 2010 中提供了多种视图模式供用户选择，这些视图模式包括“页面视图”“阅读版式视图”“Web 版式视图”“大纲视图”和“草稿视图”等 5 种视图模式。用户可以在“视图”功能区中，单击“文档视图”选项组中相应的视图按钮，即可在几种视图模式之间进行切换。也可以在 Word 2010 文档窗口的右下方单击对应的视图按钮选择视图模式。

2.8.1　Word 2010 的视图模式

1. 页面视图

“页面视图”可以显示 Word 2010 文档的打印结果外观，用户可以看到页面在实际打印中的效果，即在页面视图中“所见即所得”。各文档页的完整形态，包括正文、页眉、页脚、自选图形、分栏等都按先后顺序、实际的打印格式精确显示出来，如图 2.143 所示。

2. 阅读版式视图

“阅读版式视图”以图书的分栏样式显示 Word 2010 文档，“文件”按钮、功能区等窗口元素被隐藏起来，而在整个屏幕显示文档的内容。在阅读版式视图中，用户还可以单击“工具”按钮选择各种阅读工具，如图 2.144 所示。

3. Web 版式视图

“Web 版式视图”以网页的形式显示 Word 2010 文档。Web 版式视图适用于发送电子邮件和创建网页，如图 2.145 所示。Web 版式视图比草稿视图的优越之处在于它显示所有文本、文本框、图片和图形对象；它比页面视图的优越之处在于它不显示与 Web 页无关的信息，如不显示文档分页，也不显示页眉页脚，但可以看到背景和为适应窗口而换行的文本，而且图形的位置与所在浏览器中的位置一致。

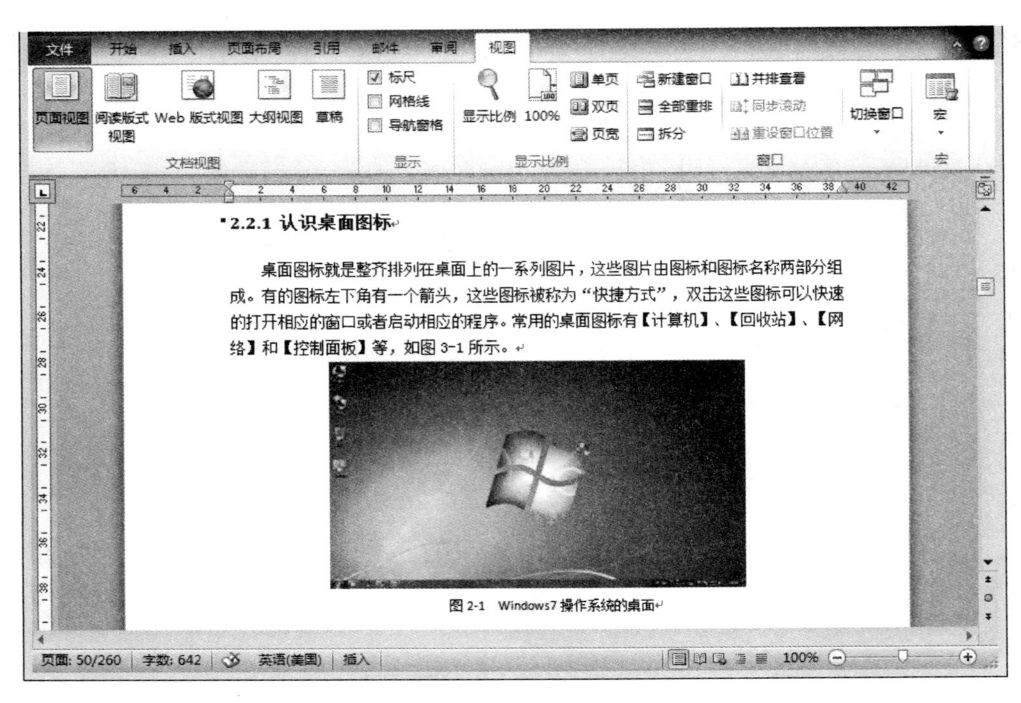

图 2.143　页面视图

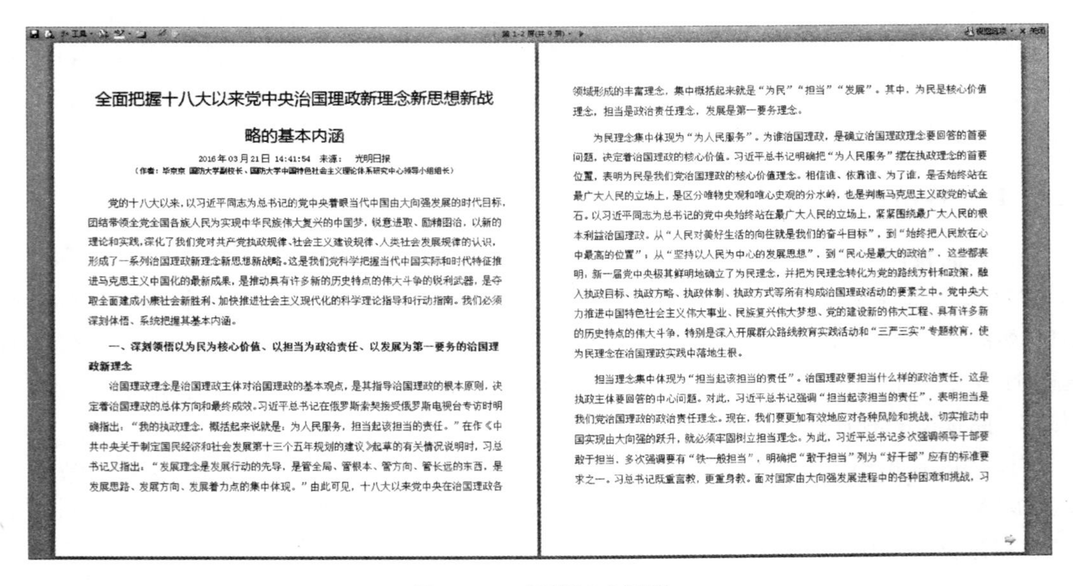

全面把握十八大以来党中央治国理政新理念新思想新战略的基本内涵

2016 年 03 月 21 日 14:41:54 来源： 光明日报

（作者：毕京京 国防大学副校长、国防大学中国特色社会主义理论体系研究中心领导小组组长）

党的十八大以来，以习近平同志为总书记的党中央着眼当代中国由大向强发展的时代目标，团结带领全党全国各族人民为实现中华民族伟大复兴的中国梦，锐意进取、励精图治，以新的理论和实践，深化了我们党对共产党执政规律、社会主义建设规律、人类社会发展规律的认识，形成了一系列治国理政新理念新思想新战略。这是我们党科学把握当代中国实际和时代特征推进马克思主义中国化的最新成果，是推动具有许多新的历史特点的伟大斗争的锐利武器，是夺取全面建成小康社会新胜利、加快推进社会主义现代化的科学理论指导和行动指南。我们必须深刻体悟、系统把握其基本内涵。

一、深刻领悟以为民为核心价值、以担当为政治责任、以发展为第一要务的治国理政新理念

治国理政理念是治国理政主体对治国理政的基本观点，是其指导治国理政的根本原则，决定着治国理政的总体方向和最终成效。习近平总书记在俄罗斯索契接受俄罗斯电视台专访时明确指出：“我的执政理念，概括起来说就是：为人民服务，担当起该担当的责任。”在作《中共中央关于制定国民经济和社会发展第十三个五年规划的建议》起草的有关情况说明时，习总书记又指出：“发展理念是发展行动的先导，是管全局、管根本、管方向、管长远的东西，是发展思路、发展方向、发展着力点的集中体现。”由此可见，十八大以来党中央在治国理政各领域形成的丰富理念，集中概括起来就是“为民”“担当”“发展”。其中，为民是核心价值理念，担当是政治责任理念，发展是第一要务理念。

为民理念集中体现为“为人民服务”。为谁治国理政，是确立治国理政理念要回答的首要问题，决定着治国理政的核心价值。习近平总书记明确把“为人民服务”摆在执政理念的首要位置，表明为民是我们党治国理政的核心价值理念。相信谁、依靠谁、为了谁，是否始终站在最广大人民的立场上，是区分唯物史观和唯心史观的分水岭，也是判断马克思主义政党的试金石。以习近平同志为总书记的党中央始终站在最广大人民的立场上，紧紧围绕最广大人民的根本利益治国理政。从“人民对美好生活的向往就是我们的奋斗目标”，到“始终把人民放在心中最高的位置”；从“坚持以人民为中心的发展思想”，到“民心是最大的政治”，这些都表明，新一届党中央极其鲜明地确立了为民理念，并把为民理念转化为党的路线方针和政策，融入执政目标、执政方略、执政体制、执政方式等所有构成治国理政活动的要素之中。党中央大力推进中国特色社会主义伟大事业、民族复兴伟大梦想、党的建设新的伟大工程、具有许多新的历史特点的伟大斗争，特别是深入开展群众路线教育实践活动和“三严三实”专题教育，使为民理念在治国理政实践中落地生根。

担当理念集中体现为“担当起该担当的责任”。治国理政要担当什么样的政治责任，这是执政主体要回答的中心问题。对此，习近平总书记强调“担当起该担当的责任”，表明担当是我们党治国理政的政治责任理念。现在，我们要更加有效地应对各种风险和挑战，切实推动中国实现由大向强的跃升，就必须牢固树立担当理念。为此，习近平总书记多次强调领导干部要敢于担当，多次强调要有“铁一般担当”，明确把“敢于担当”列为“好干部”应有的标准要求之一。习总书记既重言教，更重身教。面对国家由大向强发展进程中的各种困难和挑战，习

图 2.144　阅读版式视图

4. 大纲视图

“大纲视图”主要用于 Word 2010 文档的设置和显示标题的层级结构，并可以方便地折叠和展开各种层级。大纲视图广泛用于 Word 2010 长文档的快速浏览和设置中，如图 2.146 所示。

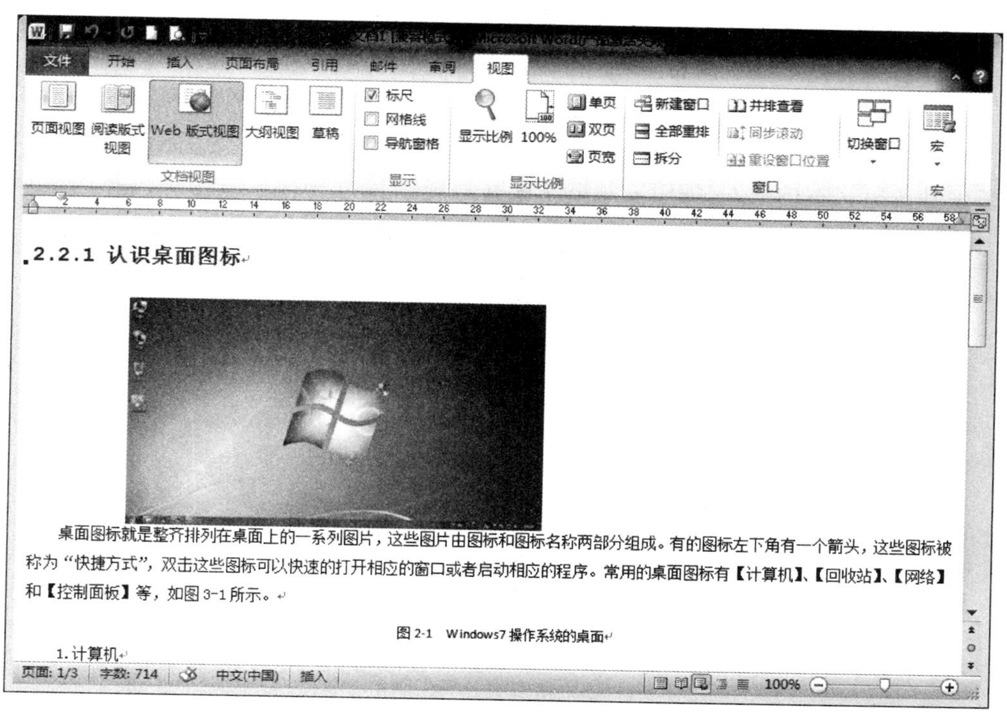

图 2.145 Web 版式视图

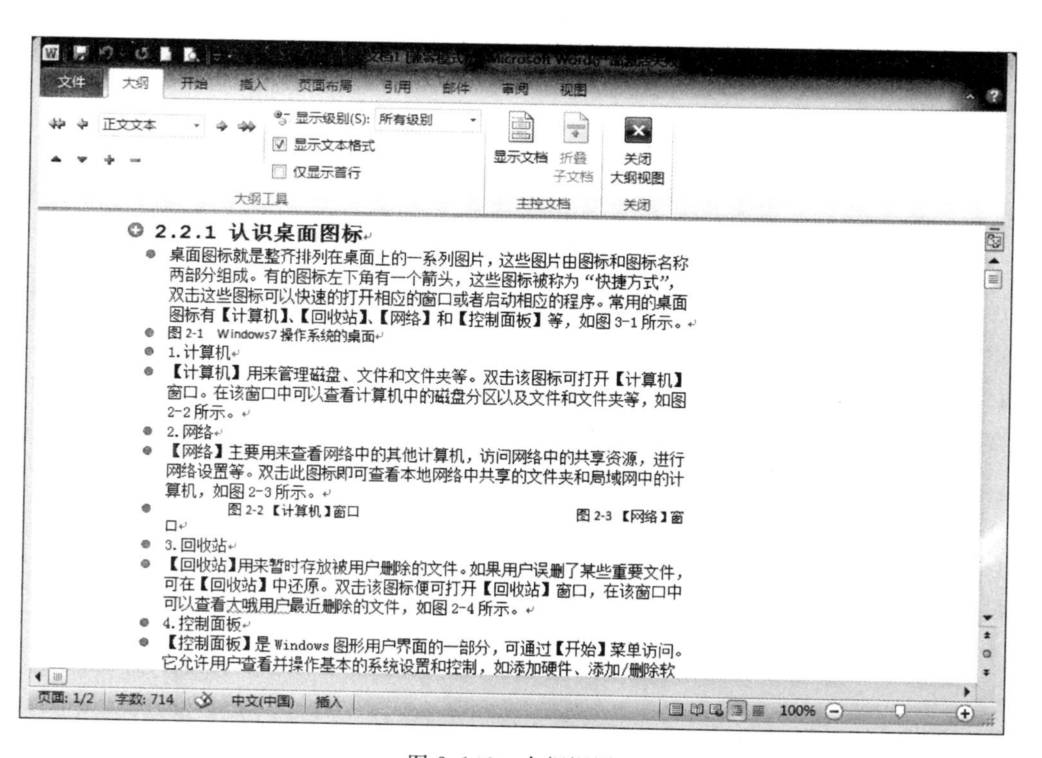

图 2.146 大纲视图

5. 草稿视图

"草稿视图"简化了页面的布局,取消了页面边距、分栏、页眉页脚和图片等元素,诸如页边距、页眉和页脚、背景、图形对象以及没有设置为"嵌入"环绕方式的图片不会在草稿视图中显示,仅显示标题和正文,是最节省计算机系统硬件资源的视图方式。在该视图中,可以非常方便地进行文本的输入、编辑以及格式设置,如图 2.147 所示。

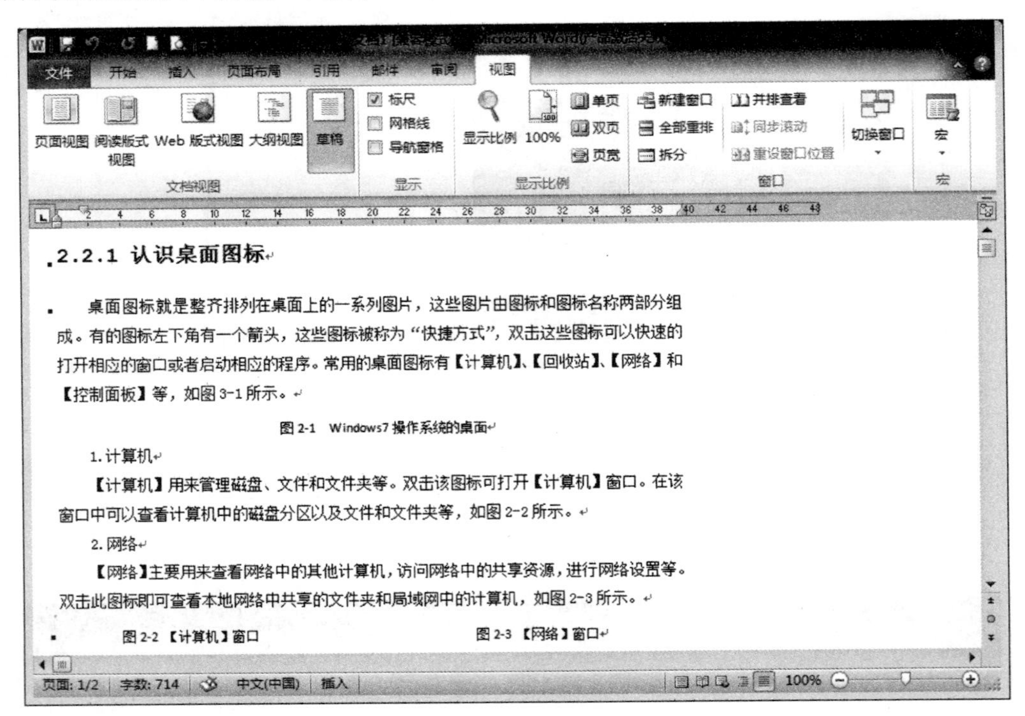

图 2.147 草稿视图

2.8.2 多文档窗口的编辑与查看

Word 2010 具有多个文档窗口并排编辑与查看的功能,通过多窗口并排查看,可以对不同窗口中的内容进行比较和编辑。

1. 同时打开多个文档窗口

要同时打开多个文档窗口,可采取以下操作方法。

(1) 如果没有启动 Word 应用程序,首先打开被编辑文档所在的文件夹,选中要打开的多个 Word 文档,然后单击菜单栏中的 打开 按钮,如图 2.148 所示。系统将自动启动 Word 并将选中的文档全部打开。

提示: *在选择文档时,如果是要选中多个连续文档,可以按下 Shift 键再用鼠标单击最后一个文档的文件名;如果要选中多个不连续文档,就按下 Ctrl 键再用鼠标单击相应的文件名。*

(2) 如果 Word 已经启动了,可以单击工具栏上的"打开"按钮,在弹出的"打开"对话框中(如图 2.149 所示),找到文件所在目录,然后选择要打开的文件,最后单击"打开"按钮即可把选中的文件依次打开。

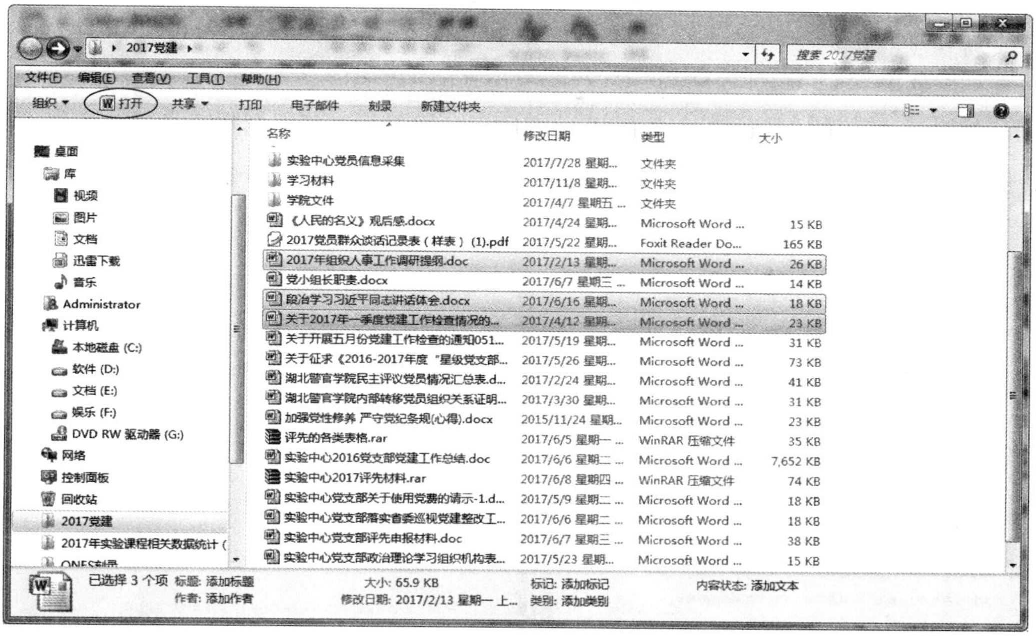

图 2.148　在文件夹中同时打开多个文档

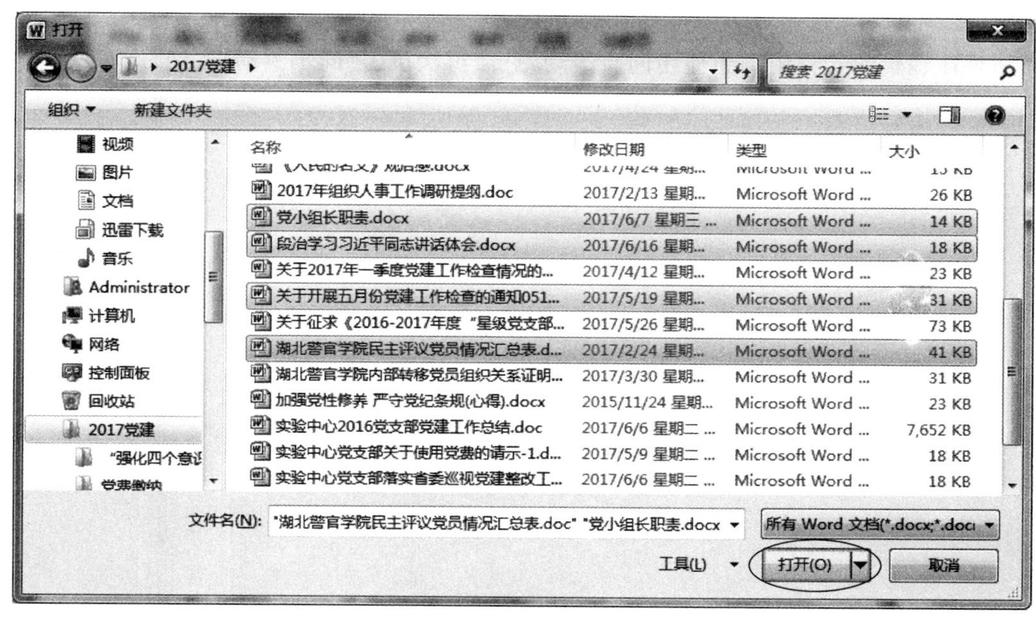

图 2.149　在 Word 中同时打开多个文档

2. 多文档窗口的编辑与查看

要实现多文档窗口的编辑与查看,可按如下步骤操作。

(1) 打开两个或两个以上 Word 2010 文档窗口,在当前文档窗口中切换到“视图”功能区,然后在“窗口”选项组中单击“并排查看”命令。

(2) 在打开的“并排比较”对话框中，选择一个准备进行并排比较的 Word 文档，并单击“确定”按钮。

(3) 在其中一个 Word 文档的“窗口”分组中单击“同步滚动”按钮，则可以实现在滚动当前文档时另一个文档同时滚动，如图 2.150 所示。此时可对任一窗口进行编辑操作。

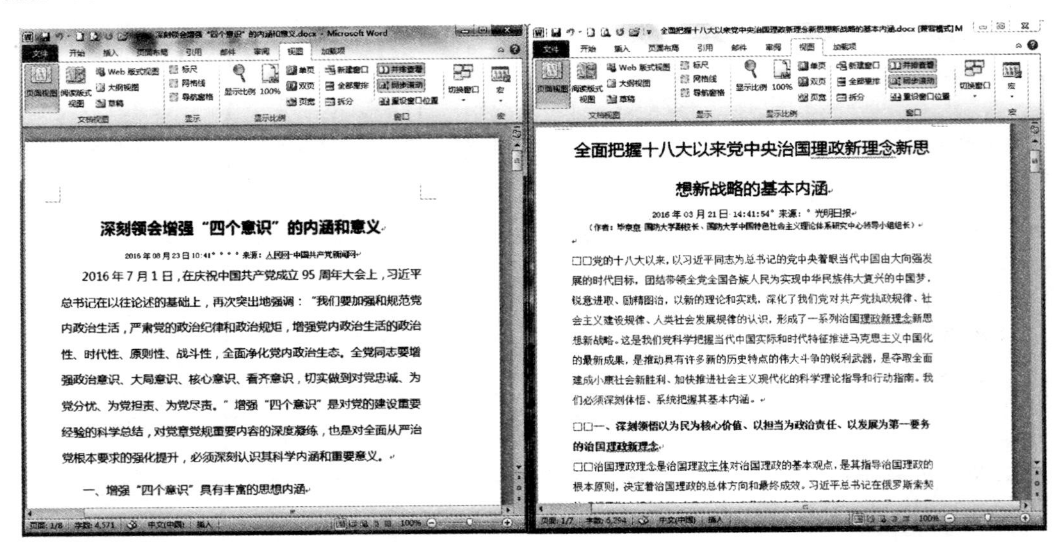

图 2.150　多窗口并排“同步滚动”

如果在编辑的过程中不想使用同步滚动，只需再次单击“同步滚动”按钮，则可取消同步滚动。

第3章　Excel 2010

Microsoft Excel 是微软公司的办公软件 Microsoft Office 的组件之一，是微软办公套装软件的一个重要的组成部分，它的功能是：进行各种数据的处理、统计分析和辅助决策操作，广泛地应用于管理、统计财经、金融等众多领域。

本章主要任务：

(1) 认识 Excel 2010 的主要功能；

(2) 对 Excel 2010 中的数据进行分析与处理；

(3) 对 Excel 2010 表格进行修饰与整理；

(4) Excel 2010 中的常用公式的应用；

(5) Excel 2010 创建图表以及与外部程序的协同和资源共享；

(6) Excel 2010 报表的输出。

3.1　Excel 2010 表格工作环境

3.1.1　启动与关闭

1. 启动

如果确定计算机已经安装了 Office 办公软件，那么 Excel 2010 会在桌面上生成一个快捷图标，双击或右击选择打开即可。

(1) 如果确定计算机已经安装了 Office 办公软件，而桌面上没有快捷图标，可以单击桌面左下角的"开始"，选择"所有程序"下面的 Microsoft Office，然后单击菜单下的 Microsoft Excel 2010，就可以启动该软件。

(2) 如果安装时没有改变其安装路径，则一般会安装到 C:\Program Files\Microsoft office\office14\目录下，在该目录下，按 E 键可以快速在该目录下以 E 开始的文件名中移动光标，找到 Excel. exe 文件后双击即可启动。

(3) 除了以上方法外，也可以利用搜索. xlsx 文件，然后双击或是在磁盘中右键单击，新建一个后缀为. xlsx 的文件后双击，都可以打开 Excel 的工作环境。

【注意】 以上所涉及的路径都是在 Windows 7 操作系统下。如果是其他操作系统，其目录有所不同。如果系统中安装了不同版本的 Office，比如 2003、2007 以及 2010，若在启动时，提示安装进度时，可以按路径 C:\Programe Files\Common Files\Microsoft Shared\Office14\Office Setup Controller\，在该目录下找到 setup. exe 文件，把该文件改成另一个名字(比如 setup1. exe)就可以了。

2. 关闭

(1) 一个文档在没有经过内容的改变时,单击“文件”后选择“退出”,就可以退出整个工作环境。也可以单击工作环境右侧最上面的“关闭”按钮其下面的关闭标识,仅关闭工作表。若文档内容改变,按上面的操作方法,会提示保存更改后的当前文档。

(2) 按 Alt+F4 组合键,也是一种关闭工作簿的方法。

(3) 若要一次关闭打开的多个工作簿,可以利用组合键 Shift+工作环境右上角的关闭标识。

3.1.2 工作界面

使用 Excel 2010 编制报表,基本上都是在如图 3.1 所示的工作界面上进行,对其有一个充分的了解是非常重要的。在图 3.1 中,已对窗口的主要部分做了标注,下面再做一些必要的说明。

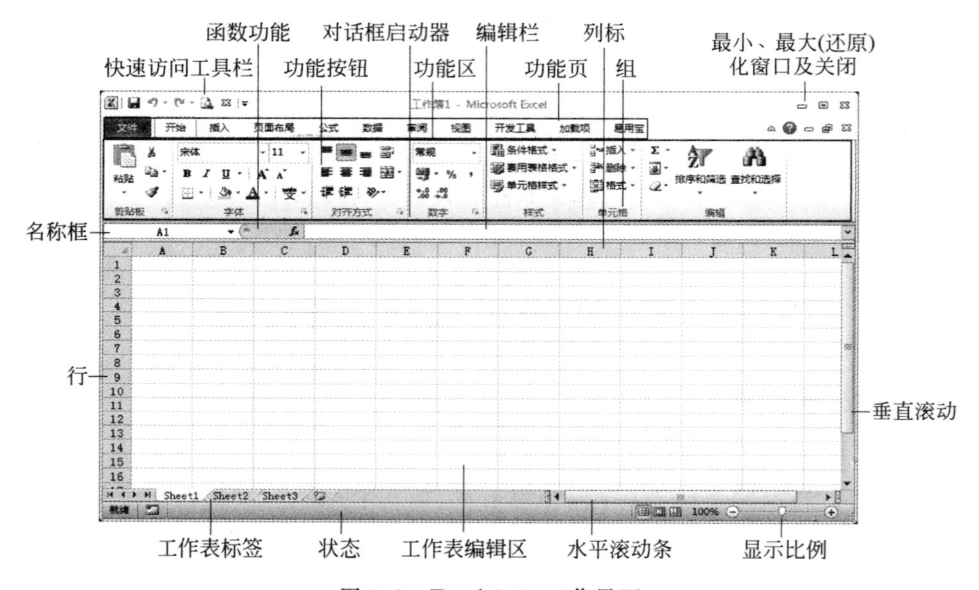

图 3.1 Excel 2010 工作界面

(1) **快速访问工具栏**:该工具栏位于工作界面的左上角,包含一组用户使用频率较高的工具,如“保存”“撤销”和“恢复”。用户可单击“快速访问工具栏”右侧的倒三角按钮,在展开的列表中选择要在其中显示或隐藏的工具按钮。

(2) **功能区**:位于标题栏的下方,是一个由 9 个选项卡组成的区域。Excel 2010 将用于处理数据的所有命令组织在不同的选项卡中。单击不同的选项卡标签,可切换功能区中显示的工具命令。在每一个选项卡中,命令又被分类放置在不同的组中。组的右下角通常都会有一个对话框启动器按钮,用于打开与该组命令相关的对话框,以便用户对要进行的操作做更进一步的设置。

(3) **编辑栏**:编辑栏主要用于输入和修改活动单元格中的数据。当在工作表的某个单元格中输入数据时,编辑栏会同步显示输入的内容。

(4) **工作表编辑区**:用于显示或编辑工作表中的数据。

(5) **工作表标签**：位于工作簿窗口的左下角，默认名称为 Sheet1、Sheet2、Sheet3、…，单击不同的工作表标签可在工作表间进行切换。

在 Excel 中，用户接触最多的就是工作簿、工作表和单元格，工作簿就像是人们日常生活中的账本，而账本中的每一页账表就是工作表，账表中的一格就是单元格。

在 Excel 中生成的文件就叫作工作簿，Excel 2010 的文件扩展名是.xlsx。也就是说，一个 Excel 文件就是一个工作簿。

(6) **名称框**：显示当前选定的单元格、图表项或绘图对象的名称，若在此框中直接输入单元格名称，然后按 Enter 键，可以快速移动光标到指定的单元格。

3.2 在表格中输入和编辑数据

当用户向工作表的单元格输入信息时，Excel 会自动对输入的数据类型进行判断。Excel 可识别的数据类型有以下几种。

- 数值
- 日期或时间
- 文本
- 公式
- 错误值与逻辑值

进一步了解 Excel 所识别单元格的数据类型，可以最大程度地避免因数据类型错误而造成的麻烦。

3.2.1 不同类型数据的输入规则

1. 输入数值

任何由数字组成的单元格输入项都被当作数值。数值里也可以包含一些特殊字符。

(1) 正号：如果在输入数值前面带有一个正号(+)或不加任何符号，Excel 都将识别为正数，但不显示符号。

(2) 负号：如果在输入数值前面带有一个负号(-)，Excel 将识别为负数。

(3) 百分比符号：在输入数值后面加一个百分比符号(%)，Excel 将识别为百分数，并且自动应用百分比格式。

(4) 货币符号：在输入数值后面加一个系统可识别的货币符号(如 $)，Excel 会识别为货币值，并且自动应用相应的货币格式。如人民币符号，可按 Alt+0165 组合键。

(5) 半角逗号和字母 E：如果在输入的数值中包含半角逗号和字母 E，且放置的位置正确，那么 Excel 会识别其为千位分隔符和科学记数符号。如 9,900 和 6E+2，Excel 会分别识别为 9900 和 6×10^2，并且自动应用货币格式和科学记数格式。而对于 99,00 和 E6 等则不会被识别为一个数值。像货币符、千位分隔符等数值型格式符号，输入时无须考虑，应用相应格式即可。

2. 输入日期和时间

在 Excel 中，日期和时间是以一种特殊的数值形式存储的，被称为“序列值”。序列值是一个大于等于 0，小于 2 958 466 的数值。因此，日期型数据实际上是一个包含在数值数据范围中的数值区间。

日期和时间系列值经过了格式设置，以日期或时间的格式显示，所以用户在输入日期和时间时需要用正确的格式输入。

在默认的中文 Windows 操作系统中，使用短杠(-)、斜杠(/)和中文“年月日”间隔等格式为有效的日期格式(如 2017-1-1)，都能被 Excel 识别，具体如表 3.1 所示。

表 3.1　日期输入的几种格式

单元格输入(-)	单元格输入(/)	单元格输入(年月日)	Excel 识别为
2017-5-5	2017/5/5	2017 年 5 月 5 日	2017 年 5 月 5 日
17-5-5	17/5/5	17 年 5 月 5 日	2017 年 5 月 5 日
78-10-27	78/10/27	78 年 10 月 27 日	1978 年 10 月 27 日
2017-5	2017/5	2017 年 5 月	2017 年 5 月 1 日
10-5	10/5	10 月 5 日	当前系统年份下的 10 月 5 日

虽然以上几种输入日期的方式都可以被 Excel 识别，但还是有以下几点需要注意。

(1) 输入年份可以用 4 位数字(如 2017)，如果输入年份只有两位数，则表示 1900 年的第几日(如 17 表示 1900 年 1 月 17 日，若是 35 则表示 1900 年 2 月 4 日)。

(2) 当输入的日期数据只包含年份(4 位年份)与月份时，Excel 会自动将这个月的 1 日作为它的日期值。

(3) 当输入日期只包含月份和日期时，Excel 会自动将当前年份值作为它的年份。

(4) 请不要以“.”作为分隔符，否则 Excel 会将其识别为普通文本或数值。

由于日期存储为数值的形式，因此它继承着数值的所有运算功能。例如，可以使用减法运算得出两个日期值的间隔天数。

日期系统的序列是一个整数数值，一天的数值单位是 1，那么 1 小时就可以表示为 1/24 天，1 分钟就可以表示为 1/(24×60)天等，一天中的每一时刻都可以由小数形式的序列值来表示。

下面列出了 Excel 可识别的一些时间格式，如表 3.2 所示。

表 3.2　Excel 可识别的时间格式

单元格输入	Excel 识别为
11：30	上午 11：30
13：30	下午 1：30
13：30：02	下午 1：30：02
11：30 上午	上午 11：30
11：30AM	上午 11：30
11：30 下午	晚上 11：30
11：30PM	晚上 11：30
1：30 下午	下午 1：30
1：30PM	下午 1：30

对于这些没有结合日期的时间，Excel 会自动存储为小于 1 的值，它会自动使用 1990 年 1 月 0 日这样一个不存在的日期作为其日期值。

用户也可以按照表3.3显示的形式将日期和时间结合起来输入。

表3.3　Excel可识别的日期时间格式

单元格输入	Excel识别为
2017/5/1 11：30	2017年5月1日上午11：30
1978/10/27 11：30	1978年10月27日上午11：30
17/5/1 0：30	2017年5月1日午夜0：30
78-10-27 10：30	1978年10月27日上午10：30

如果输入的时间值超过24小时，Excel会自动以天为单位进行整数进位处理。例如输入28：20：16，Excel会识别为1900-1-1 4：20：16。Excel中允许输入的最大时间为9999：59：59：9999。若输入当前时间，可按Shift＋Ctrl＋;组合键。

3. 输入文本

文本通常是指一些非数值的文字、符号等。事实上，Excel将不能识别为数值和公式的单元格输入值都视为文本。

在Excel 2010中，单元格中最多可显示的字符为2041个，而在编辑栏中最多可显示32 767个字符。

4. 输入公式

一般情况下，用户要在单元格内输入公式，需要用一个等号"＝"开头，表示当前输入的是公式。除了等号外，使用加号"＋"或减号"－"开头，Excel也会识别为正在输入公式。不过，一旦按下Enter键，Excel会自动在公式的开头加上等号"＝"。

在Excel中，除等号外，构成公式的元素通常还包括以下几种。

(1) 常量：包括数值、日期、文本、逻辑值和错误值。

(2) 单元格引用：包含直接单元格引用、名称引用和表格的结构化引用。

(3) 圆括号。

(4) 运算符：运算符是构成公式的基本元素之一。

(5) 工作表函数：如IF或VLOOKUP。

输入公式还需要注意以下事项。

(1) 公式长度限制(字符)：Excel 2010限制8K个字符，即1024×8＝8192个字符。

(2) 公式嵌套的层数限制：Excel 2010限制为64层。

(3) 公式中参数的个数限制：Excel 2010限制为255个。

如果用户在公式输入过程中出现语法错误，Excel会给出一些修改建议。不过，这些建议不一定总是正确的。

5. 输入分数

虽然小数完全可以代替分数来进行运算，但有些类型的数据通常需要用分数来显示更加直观，如完成了几分之几的工作量，0.3333就没有1/3看起来更直观一些。

其实，在Excel中输入分数的方法很简单，其方法在于：在分数部分与整数部分添加一个空格。

例如，在单元格中正确输入$2\frac{1}{2}$的方法是，先输入2，然后输入一个空格，再输入1/2，按

Enter 键确认。即便是真分数，整数部分也不能省略。其实，这里的整数部分可以看作是 0，这里的 0 是不可以省略的。

此外，Excel 还会对输入的分数自动进行约分，使其成为最简分数。其操作方法为：在单元格中输入分数后，Excel 会自动为其应用“分数”格式。选中分数所在的单元格，按 Ctrl+1 组合键，就可以打开“设置单元格格式”对话框进行更多的格式设置，如可以修改为“以 8 为分母”的分数等，如图 3.2 所示。

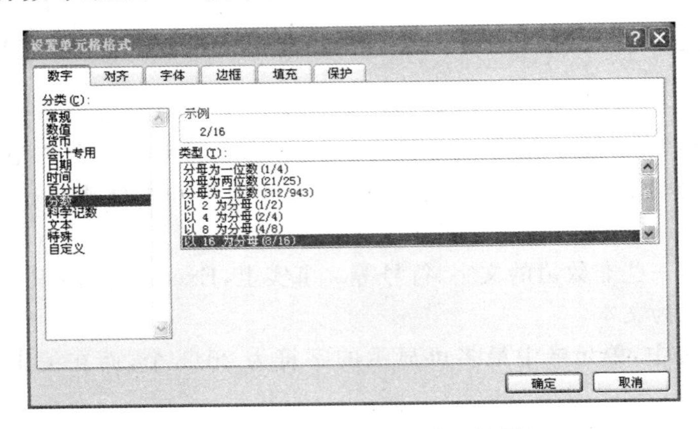

图 3.2 “设置单元格格式”对话框

如果 Excel 内置的分数格式都不能满足需求，用户还可以通过创建一个自定义数字格式，以满足各种不同的需求。

图 3.3 展示了应用自定义格式所显示的分数实例。

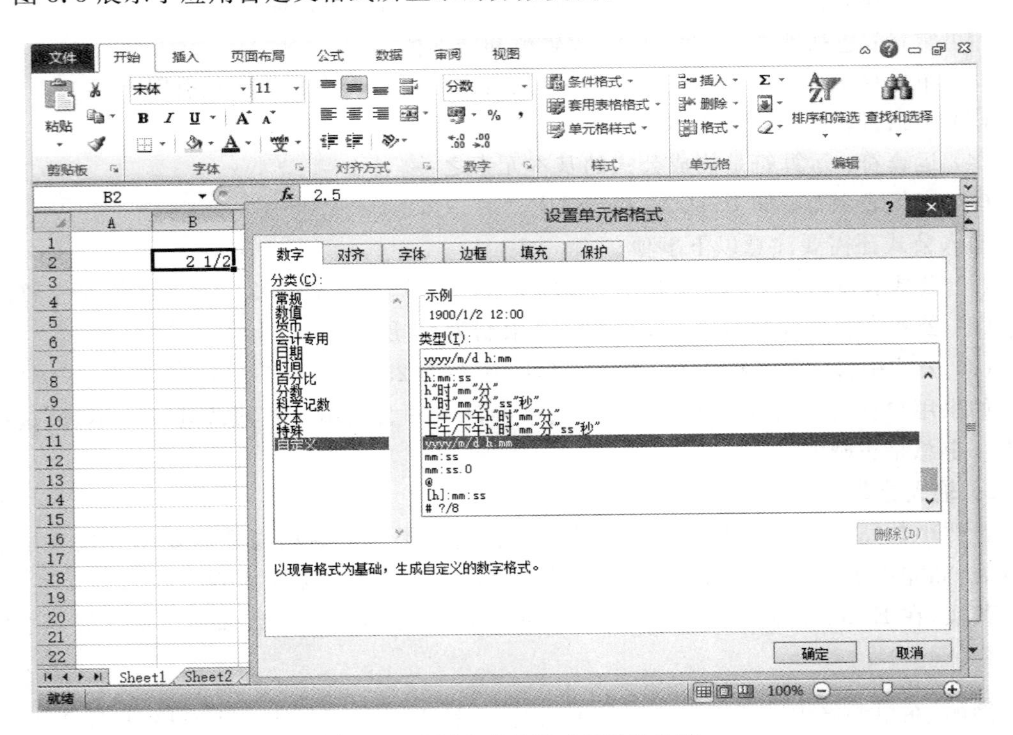

图 3.3 应用自定义格式显示的分数

6. 输入特殊字符

1）利用“插入”主菜单中的符号

大多数常用特殊字符的输入方法是：在“插入”选项卡中单击“符号”命令，打开“符号”对话框，在该对话框中直接双击需要插入的符号或选中需要插入的符号后单击“插入”按钮即可，如图 3.4 所示。

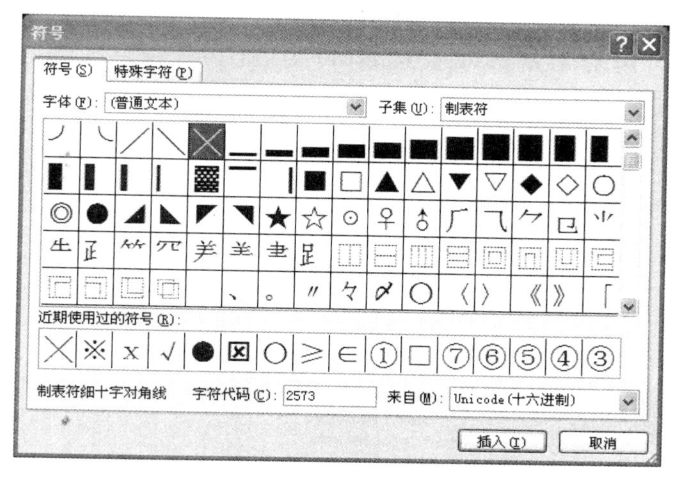

图 3.4　插入符号

在“符号”对话框中，通过在“字体”组合框中选择不同的字体、“来自”的进制以及不同的“子集”，几乎可以找到计算机上出现过的所有字符。其中，在 Wingdings 序列字体(共三个)中，有很多有趣的图形字符可供用户选择，如图 3.5 所示。

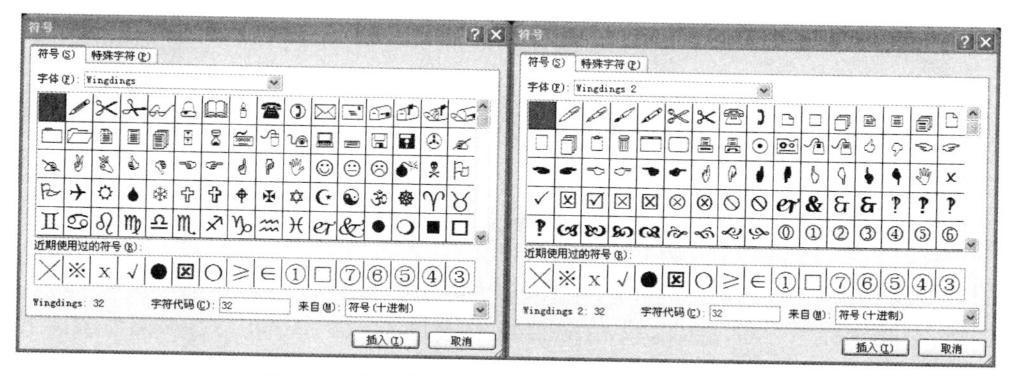

图 3.5　Wingdings 序列字体所包含的特殊字符

2）Alt＋数字键组合键输入特殊字符

Excel 为一些常用的特殊字符提供了更为快捷的输入方法，就是 Alt＋数字键组合键(数字小键盘上的数字键)的快捷键输入法。

(1) 快速输入人民币符号：Alt＋0165。

(2) 快速输入当前时间：Shift＋Ctrl＋：。

(3) 快速输入对号和错号：Alt＋41420(√)、Alt＋41409(×)。

(4) 快速输入平方与立方：Alt＋178、Alt＋179。

3.2.2 调整输入数据后的单元格指针移动方向

在默认的情况下，用户在工作表中输入完毕并按 Enter 键后，活动单元格下方的单元格会被自动激活成为新的活动单元格。用户可以通过 Excel 选择项来改变这一设置，具体方法如下。

在“文件”选项中单击“选项”命令，弹出“Excel 选项”对话框，在打开的对话框的“高级”选项卡的“编辑选项”区域，在确保勾选“按 Enter 键后移动所选内容”复选框的前提下，单击“方向”右侧的下拉按钮，在弹出的选项中单击所需要的方向，最后单击“确定”按钮关闭对话框完成操作，如图 3.6 所示。

图 3.6 鼠标指针方向选项

3.2.3 在指定的单元格区域中顺序输入

用户可以在指定的单元格区域中快速使用 Enter 键逐个定位单元格来输入数据。在输入数据前，首先选择一个单元格区域，在该区域中按 Enter 键，Excel 会自动逐个激活下一个单元格。

下一个单元格的方向取决于“Excel 选项”中鼠标指针的方向设置。例如，“方向”设置为“向下”(或取消勾选“按 Enter 键后移动所选内容”复选框)，那么在一个选定区域内按 Enter 键，Excel 会依次向下逐个激活单元格，但鼠标指针到达本区域的底部时，它会自动移动到下一列的第一个单元格。

如果需要反向移动，可以按 Shift+Enter 组合键。

如果用户喜欢按行而不是按列来输入数，可以修改“方向”为“向右”，然后按 Enter 键或 Shift+Enter 组合键进行顺序或反序输入。也可以在不改变“方向”设置的情况下按 Tab 键，同样地，按 Shift+Tab 组合键是反方向移动。

3.2.4 快速录入重复项

1. 记忆式输入

Excel 的“记忆式输入”功能可以使用户在同一列中输入重复项非常便利。

在输入过程中，Excel 会智能地记忆之前输入过的内容，当用户再次输入的起始字符与该列的录入项相符时，Excel 会自动填写其余字符；且呈黑色选中状态，按 Enter 键即可完成输入。如果不想采用自动提供的字符，则可以继续输入。如果要删除自动提供的字符，按 BackSpace 键即可。

值得注意的是，如果输入的第一个文字在已有信息中存在多个条件记录，则用户必须增加文字信息，直到能够仅与一条信息单独匹配为止。

“记忆式输入”功能除了能够帮助用户减少输入、提高效率外，还可以帮助用户确保输入的一致性。如用户在第一行中输入“Excel 2010”，当在第二行中输入小写字母“e”时，记忆功能还会帮助用户找到“Excel 2010”，此时只要按 Enter 键确认输入后，Excel 会自动把“e”变成大写，使之与之前的输入保持一致。

如果用户觉得“记忆式输入”功能分散了注意力，也可以关闭。在“文件”选项卡中单击“选项”命令，打开“Excel 选项”对话框，在“高级”选项卡的“编辑选项”区域中取消勾选“为单元格值启用记忆键入”复选框，最后单击“确定”按钮，如图 3.7 所示。

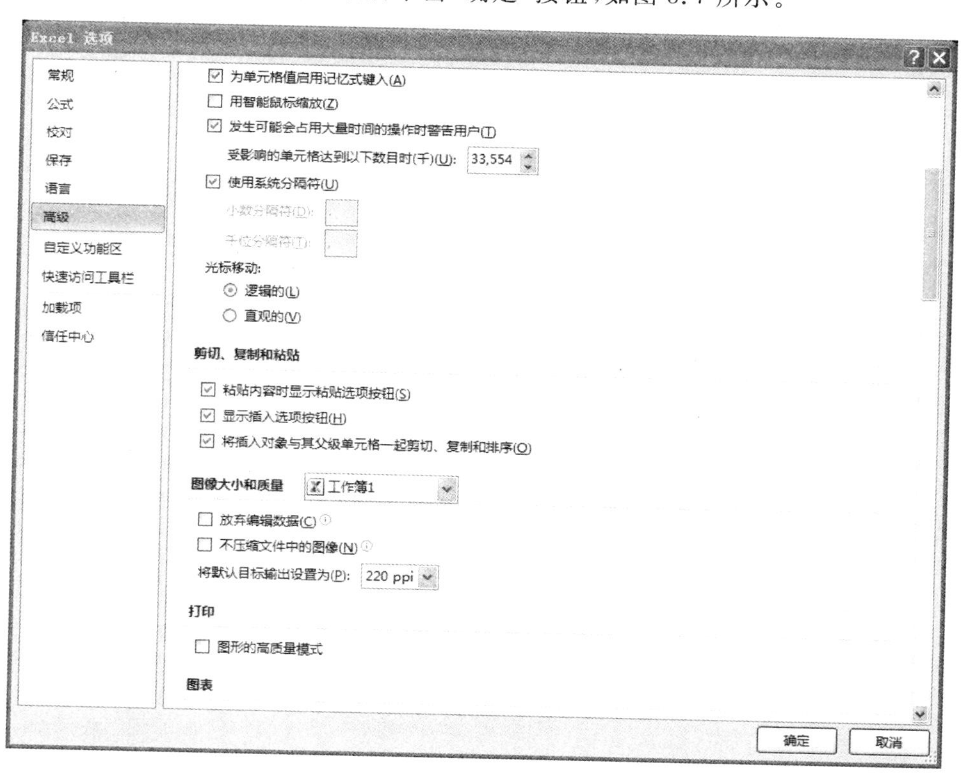

图 3.7 记忆式输入的开启与关闭

2. 从列表中选择输入

“从列表中选择输入”也称为鼠标的“记忆式输入”。其作用是一样的，只是使用方法有所区别。

在需要输入数据的单元格上按 Alt+下方向键组合键，或单击鼠标右键，在弹出的快捷菜单中选择“从下拉列表中选择”命令，就可以在单元格下方显示一个包含该列已有信息的下拉列表，按向下方向键选择，然后按 Enter 键确认即可，如图 3.8 所示。

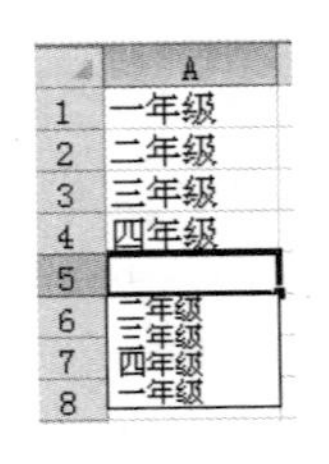

图 3.8　使用下拉列表选择数据输入

【注意】“记忆式输入”和“从列表中选择输入”只对文本型数据适用，对于数值型数据和公式无效。此外，匹配文本的查找和显示只可以在同一列的连续区域中进行，跨列则无效。如果出现空行，则 Excel 只能在空行以下的范围内查找区域项。

3.2.5　自动填充

自动填充功能是 Office 系列的一大特色，而在 Excel 中尤为强大和完善。可以说，掌握它是成为 Excel 数据处理高手必备的技能之一。

1. 自动填充功能的开启与关闭

在“文件”选项卡中单击“选项”命令，在弹出的“Excel 选项”对话框中打开“高级”选项卡，在“编辑选项”区域勾选“启用填充柄和单元格拖放功能”复选框，最后单击“确定”按钮，如图 3.9 所示。

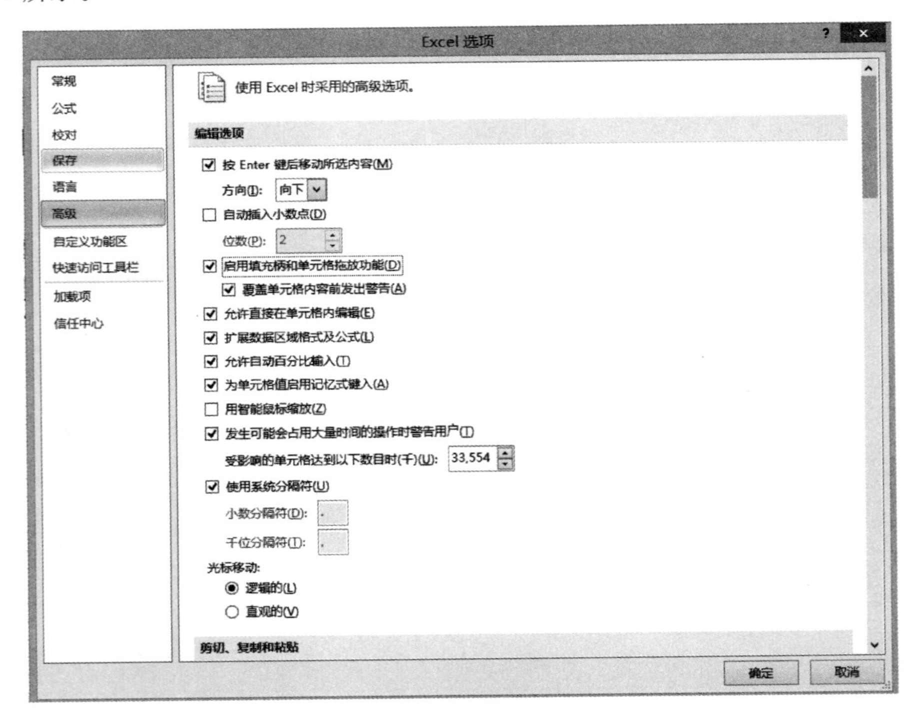

图 3.9　自动填充功能的开启与关闭

2. 数值的填充

如果要在工作表中输入一列数字(如在 A 列中输入数字 1～10)，最简单的方法就是自动填充。有以下几种方法可以轻松实现。

1）菜单法

第一步：在A1单元格中输入数值“1”。

第二步：定位光标在A1单元格上，按住鼠标左键向A10拖动，选择A1、A2、…、A10。

第三步：单击“开始”菜单下“编辑”区域中的“填充”。

第四步：在出现的对话框中选择“列”“等差序列”，步长值设为1，终止值为10，单击“确定”按钮，如图3.10所示。

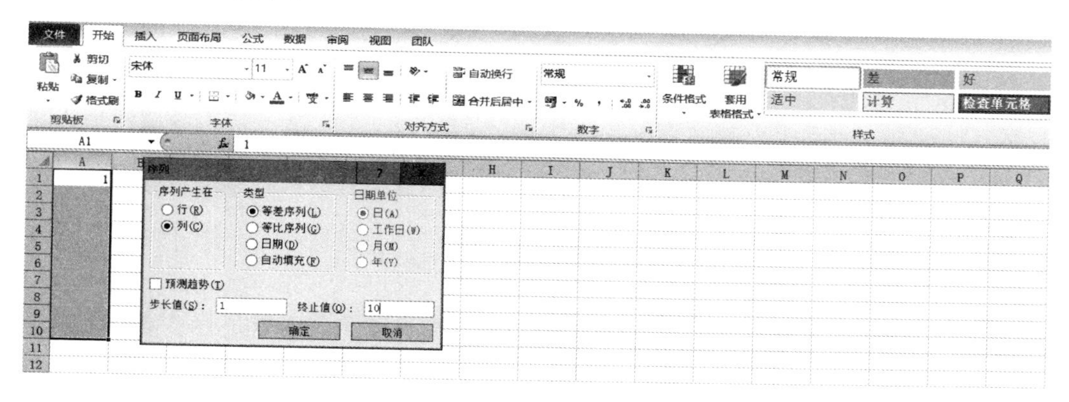

图3.10　运用菜单做数值的填充

2）填充柄拖动填充法

方法一：

第一步：在A1和A2单元格中分别输入数字“1”和“2”。

第二步：选中A1∶A2单元格区域。

第三步：把光标移动到单元格A2的右下角（也就是填充柄（一个黑色的矩形块）的位置），这时光标会变成一个小黑色实心十字。

第四步：按住鼠标左键，然后向下拖曳，这时右下方会显示一个数字，代表鼠标当前位置产生的数值，当显示10时松开鼠标左键即可，如图3.11所示。

方法二：

第一步：在A1单元格中输入数字“1”。

第二步：选中A1单元格并指向其右下角的填充柄，按住Ctrl键的同时向下拖曳鼠标至单元格A10，先松开鼠标，然后松开Ctrl键，就完成数据的填充，如图3.12所示。

方法三：

第一步：在A1单元格中输入数字“1”。

第二步：选中A1单元格并指向其右下角的填充柄，按住鼠标右键向下拖曳鼠标至单元格A10，松开鼠标，选择随之而出现快捷菜单中的“填充序列”，就完成了数据的填充，如图3.13所示。

3）双击填充柄

其实，双击Excel的填充柄可以更快捷地启用自动填充功能。同样地，在填充动作结束时，单元格区域右下角会出现“填充选项”按钮，单击该按钮选择需要的填充选项即可。

双击填充柄对于公式的填充尤为方便。

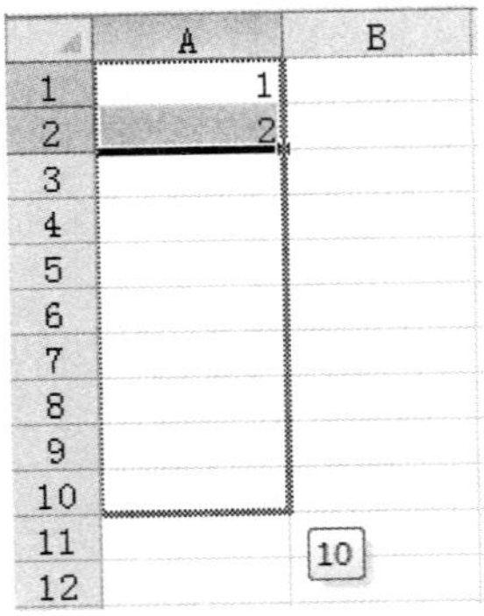

图 3.11　利用 Excel 自动填充功能填充序列 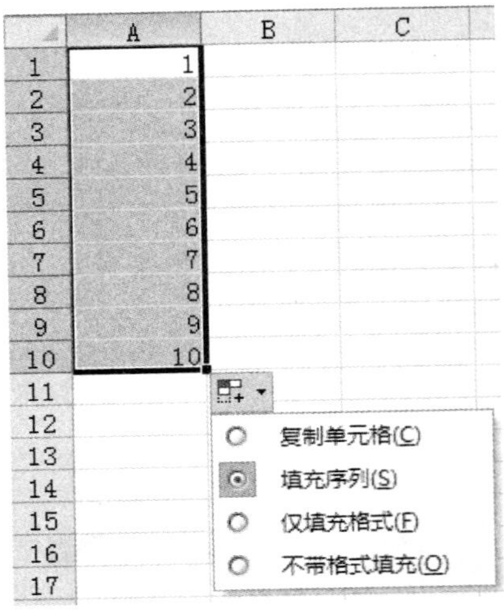　　　图 3.12　自动填充功能与 Ctrl 键配合完成数据填充

该方法的不足之处在于，填充动作所能填充到的最后一个单元格取决于左边相邻第一个空单元格的位置（如果填充列为第一列，则参考右边列中的单元格）。例如，在如图 3.14 所示的双击填充中，B 列的填充将止于 B7 单元格，因为 A8 单元格是空单元格。

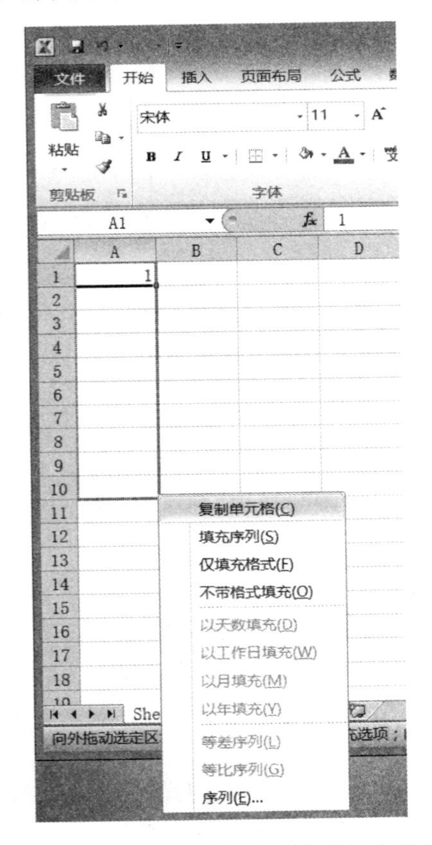

图 3.13　右键拖曳填充柄实现数值的自动填充

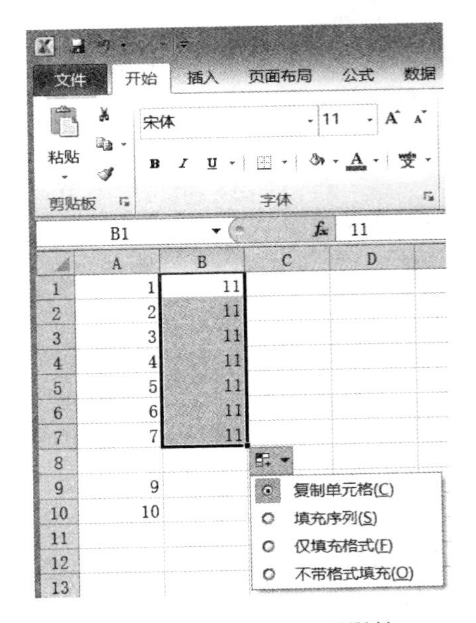

图 3.14　双击填充的局限性

请注意：在使用填充柄进行数据的填充过程中按下 Ctrl 键，可以改变默认的填充方式。

如果单元格值是数值型数据，那么默认情况下，直接拖曳是复制填充模式，而按住 Ctrl 键再进行拖曳则更改为序列填充模式，且步长为 1。反之，如果单元格值是文本型数据，但其中包含数值，也就是文本加数字，那么默认情况下直接拖曳为序列填充模式，且步长为 1，而按住 Ctrl 键再进行拖曳则复制填充模式。

在拖曳结束后，单元格区域右下角出现的小标记则为 Excel“填充选项”按钮，将鼠标移至按钮上，用户可以在更多填充选项中进行选择。

在第二种方法中，如果 A1 和 A2 单元格的差不是“1”，而是其他数值，如“2.2”“8”“－10”或者其他的任意值，那么，在进行序列填充时 Excel 会自动计算它们的差，并以此作为步长值求填充后面的序列值。

3. 日期的自动填充

Excel 的自动填充功能是非常智能的，它会随着填充数据的不同而自动调整。当起始单元格内容是日期时，填充选项会变得更为丰富。

日期不但能逐日填充，还可以逐月、逐年和逐工作日填充。如果起始单元格是某月的第一天(如 2017 年 9 月 1 日)，那么利用逐月填充选项，可返回所有月份的第一天，如图 3.15 所示。

4. 文本的自动填充

对于普通文本的自动填充，只需输入需要填充的文本，选中单元格区域，拖曳填充柄下拉填充即可。除复制单元格内容外，用户还可以选择是否填充格式，如图 3.16 所示。

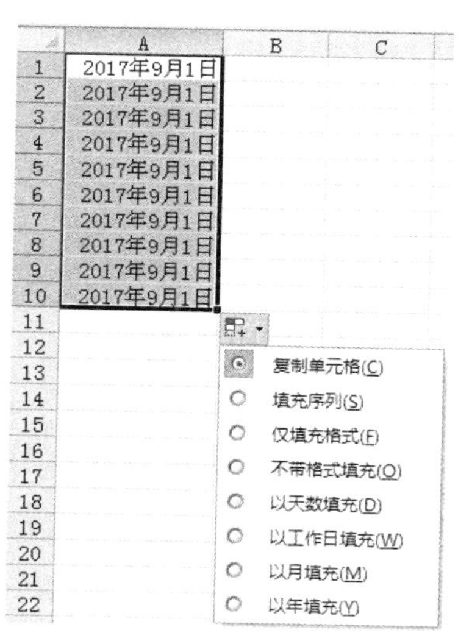

图 3.15 丰富的日期填充选项

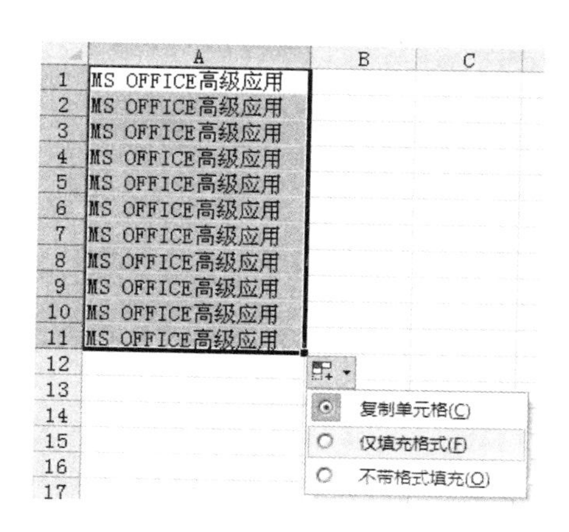

图 3.16 文本的自动填充

5. 特殊文本的填充

1) Excel 内置序列的填充

Excel 内置了一些常用的特殊文本序列，其使用非常简单，用户只需在起始单元格中输入所需序列的某一个元素，然后选中单元格区域，拖曳填充柄下拉填充即可，如图 3.17 所示。

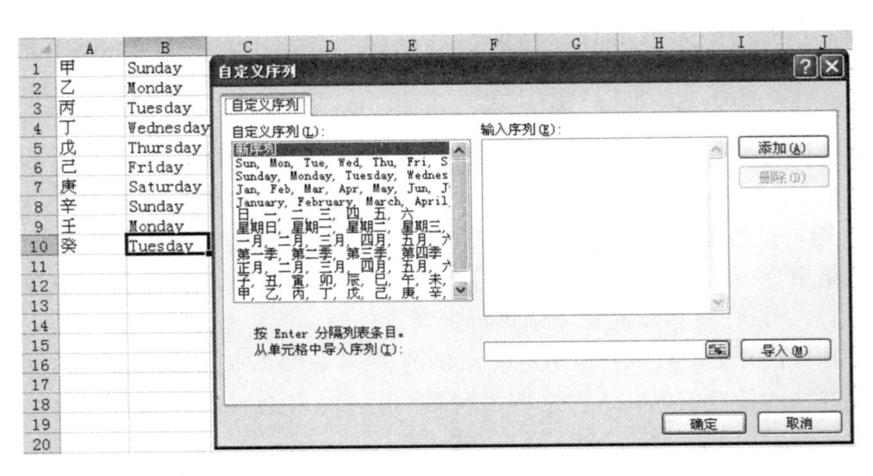

图 3.17　Excel 内置序列的使用

2）定义自己的序列

假如用户经常需要使用这样的序列“书记”“副书记”“院长”“副院长”“教授”“副教授”“讲师”“助教”，那么可以将其添加为自定义序列，以便重复使用。添加自定义序列的方法如下。

第一步：在工作表中输入“书记”“副书记”“院长”“副院长”“教授”“副教授”“讲师”“助教”，然后选中所输入的单元格区域。

第二步：依次单击“文件”→“选项”命令，弹出“Excel 选项”对话框，在“高级”选项卡中单击“常规”区域的“编辑自定义列表”按钮。

第三步：打开“自定义序列”对话框，在“从单元格中导入序列”编辑框中可以看到刚才选中的单元格区域地址已经自动添加，单击“导入”按钮，然后单击“确定”按钮关闭对话框，如图 3.18 所示。

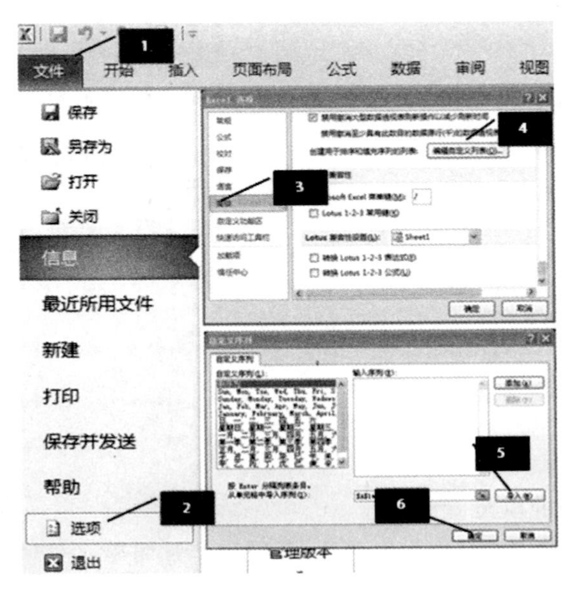

图 3.18　自定义序列

现在,用户可以像使用所有内置序列一样来使用该自定义的序列。

6. 填充公式

Excel的自动填充功能使得连续单元格区域中公式的复制变得非常简单,可提高公式输入速度和准确率。

和以上介绍的所有填充操作一样,只要选中输入了公式的起始单元格,拖曳单元格填充柄进行填充即可。

在公式的填充中,需要注意的是公式中引用单元格的引用方式。如果要让所引用单元格在填充过程中始终保持不变,请使用绝对引用,反之,可使用相对引用或混合引用。

7. 相同数据快速填充工作表

更为神奇的是,Excel的自动填充功能可以快速地将Excel工作簿中某个工作表中已有的数据填充至其他多个工作表的相应单元格中。

例如,现在需要把Sheet1中的标题行内容复制到该工作簿的Sheet2、Sheet3(或更多表)中,具体操作方法如下。

第一步:按住Ctrl键依次单击要操作的工作表标签,以便选中这些工作表。如果目标工作表为连续工作表,只要单击第一个工作表标签,然后按住Shift键同时单击最后一个工作表标签,即可选中所有目标工作表。

第二步:在所有工作表被选中的状态下,选中Sheet1需要复制的单元格区域。

第三步:在"开始"选项卡中依次单击"填充"下拉按钮下的"成组工作表"命令,在弹出的"填充成组工作表"对话框中单击"全部"单选钮,如果不需要填充格式可以选择"内容"单选钮,然后单击"确定"按钮完成操作,如图3.19所示。

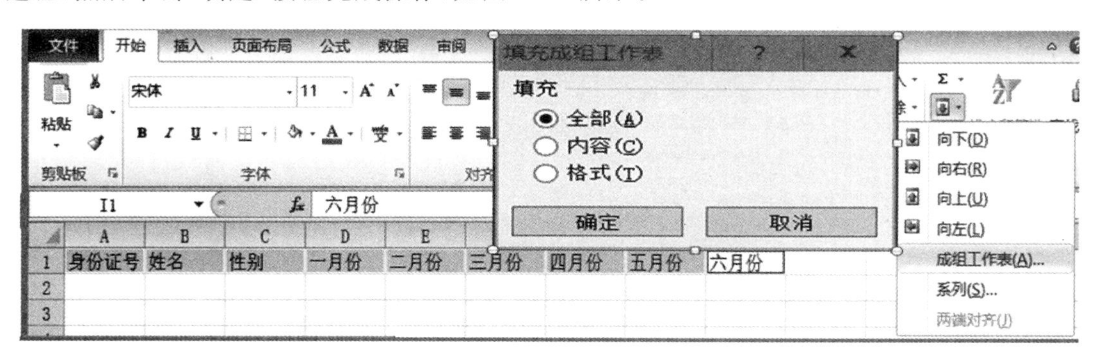

图3.19 填充成组工作表

此时,可以看到Sheet2、Sheet3的相应单元格中已经快速填充了相应的内容,甚至包括Sheet1中所设置的格式。

8. 自动更正

Excel的"自动更正"功能不但能帮助用户更正一些错别字及英文等的拼写错误,而且可以帮助用户快速地输入一些特殊字符。

比如,需要输入图标符"®"或"™",只需要在单元格中输入"(R)"或"(TM)"即可。

其操作方法:依次单击"文件"→"选项",在"Excel选项"对话框中打开"校对"选项卡,在"自动更正选项"区域单击"自动更正选项"按钮,在打开的"自动更正"对话框中可以看到很多内置的自动更正项目,如图3.20所示。

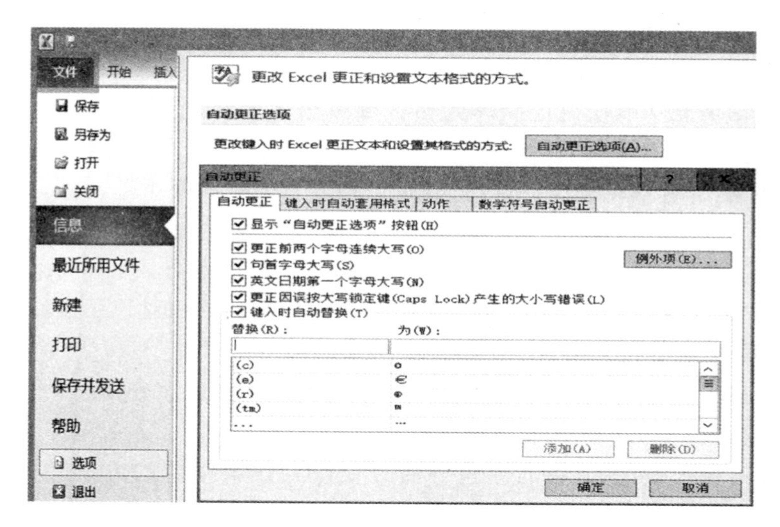

图 3.20　内置的自动更正项目

更为可喜的是,“自动更正”功能在很大程度上是允许用户自定义的。对于一些自动更正的选项,用户可以根据自己的需求来决定是否启用。

下面就以一个实例来简要介绍一下在“自动更正”对话框中添加用户自定义自动更正项目的方法。

依次按下 Alt、T、A 键,打开“自动更正”对话框,在“替换”文本框中输入“ME”,在“为”文本框中输入“Microsoft Excel”,然后单击“确定”按钮,如图 3.21 所示。

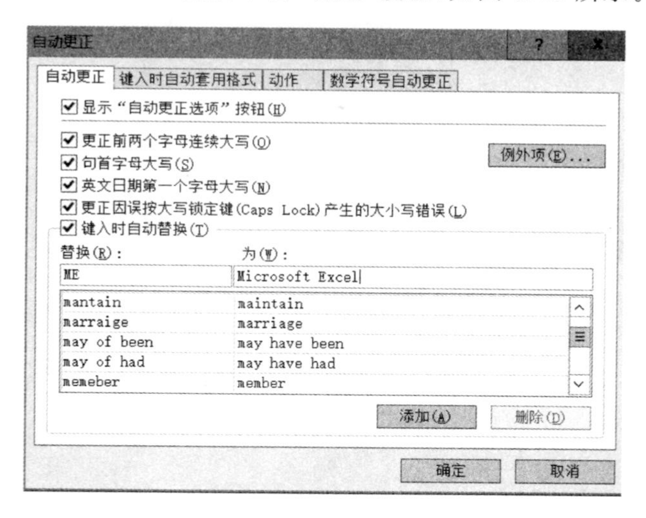

图 3.21　添加自动更正项目

此时,在工作表中输入“ME”,Excel 会自动地将其替换为“Microsoft Excel”。

若要删除所添加的自动更正项目,只需要在“自动更正”对话框项目列表中选中它,然后单击“删除”按钮即可。

【注意】 在 Excel 中创建的自动更正项目也适用于 Office 的其他程序,如 Word、PowerPoint

中，同样地，其他程序中创建的自动更正项目也适用于Excel程序。对于中文版Office，其文件名称是“MSO0127.acl”。默认的情况下，该文件位于“C:\Program File\Microsoft Office\Office14\”文件夹中。用户只需将该文件复制并粘贴到目标计算机对应的用户配置文件夹路径下，就可以实现自定义更正项目从一台计算机到另一台计算机的移植共享。

3.2.6 单元格里换行

当单元格内输入的文本内容超过单元格宽度时，Excel会显示全部文本，若其右侧存在一个非空单元格，则不再显示全部单元格内容。当长文本内容的单元格右侧包含非空单元格时，为了能在宽度有限的单元格中显示所有的内容，可以使用单元格内换行的方式。

1. 文本自动换行

选定包含长文本内容的单元格，如A1单元格，在“开始”选项卡中“对齐方式”中单击“自动换行”命令切换按钮即可。

此时，Excel会自动增加单元格高度，让长文本自动换行，以便完整地显示出来。但调整了单元格宽度时，长文本会自适应列宽以完整显示所有文本，如图3.22所示。

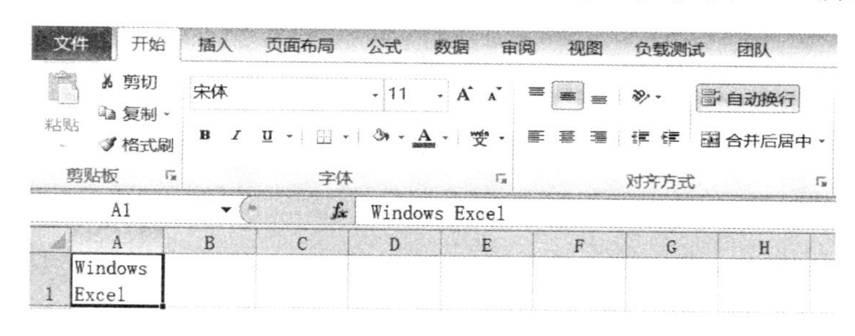

图3.22 自动换行

2. 插入换行符

用户如果想自己控制文本换行的具体位置，插入换行符无疑是最好的办法。其方法为：按Ctrl+1组合键，打开“设置单元格格式”对话框，在“文本控制”中将“自动换行”项前面的复选框选上。

如上例，选定单元格后，把光标定位到文本中需要强制换行的位置，例如，在每三个单词后面加一个换行符，只须把光标移到对应位置，然后按Alt+Enter组合键插入换行符，就能够实现如图3.23所示的换行效果。

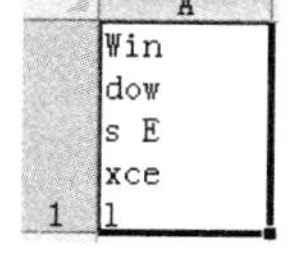

图3.23 使用换行符实现换行

3.2.7 数据的验证

1. 什么是数据验证

在表格中录入或导入数据的过程中，难免会有错误的或不符合要求的数据出现，Excel提供了一种功能可以对输入数据的准确性和规范性进行控制，这种功能称为“数据有效性”。它的控制方法包括两种：一种是限定单元格的数据输入条件，在用户输入的环节上进行验证；另一种是在现有的数据当中进行有效性校验，在数据输入完成后再进行把控。

“数据有效性”命令按钮位于“数据”选项卡的“数据”工具命令组当中，如图3.24所示。

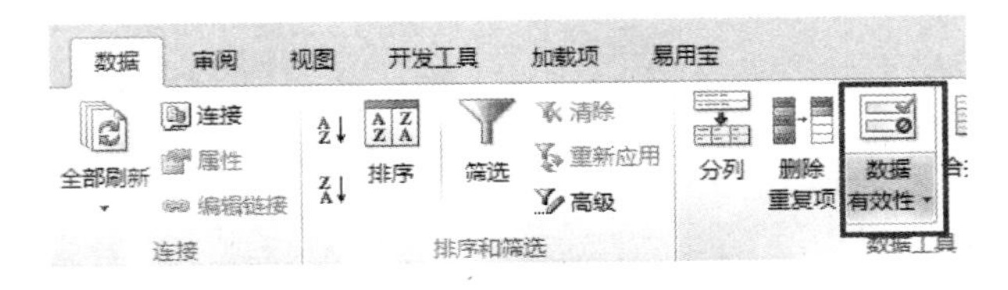

图 3.24 数据有效性

1）输入条件的限制

例如，希望对表格中 A1∶A10 单元格区域的数据输入进行条件限制，只允许输入 1～10 的整数，可以这样操作。

第一步：选定 A1∶A10 单元格区域，在“数据”选项卡中单击“数据有效性”按钮，打开“数据有效性”对话框。

第二步：打开“设置”选项卡，在“允许”下拉列表中选择“整数”选项，然后在下方的“数据”下拉列表中选择“介于”选项，继续在“最小值”编辑框中输入数值“1”，在“最大值”编辑框中输入数值“10”，最后单击“确定”按钮关闭对话框完成设置，如图 3.25 所示。

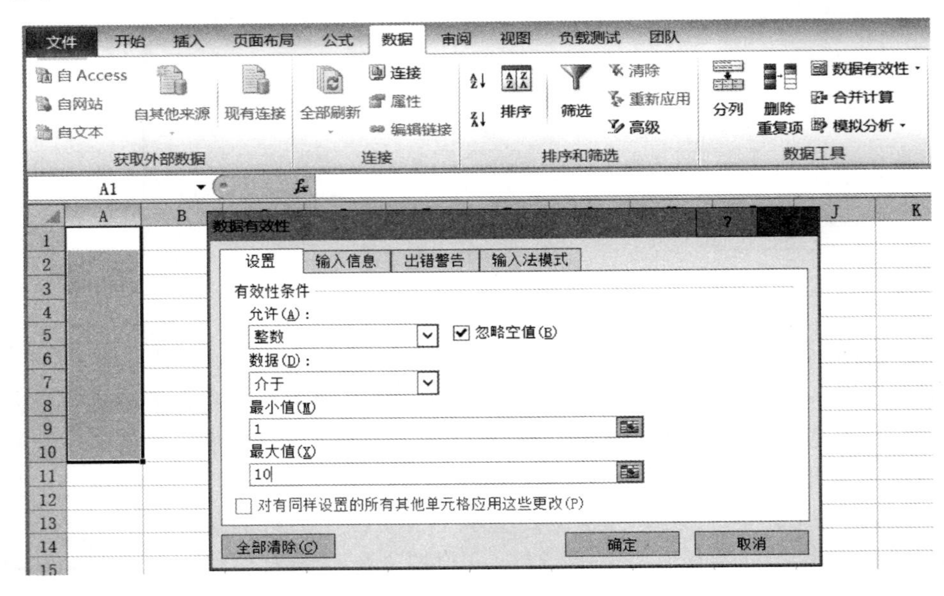

图 3.25 设定限制条件

上述限制设置完成后，如果在 A1∶A10 区域中的任意单元格中输入超出 1～10 的数值或是输入整数以外的其他数据类型，都会自动弹出警告阻止用户输入，如图 3.26 所示。

有了这样的自动验证机制，就可以在输入环节上进行有效把控，尽量避免和减少错误的或不规范的数据输入。注意，数据有效性规则仅对手动输入的数据能够进行有效性验证，对于单元格的直接复制粘贴或外部数据导入无法形成有效控制。

2）现有数据的校验

如果 A1∶A10 单元格在进行有效性设置之前已有数据输入，那么在参照上面有效性设置完成数据有效性的设置以后，可以继续对这些单元格中的已有数据是否符合限制条件再次进行验证。操作方法如下。

第一步：选定 A1∶A10 单元格区域，然后参照图 3.25 的步骤设置数据有效性的限制条件。

第二步：数据有效性设置完成后，在“数据”选项卡中依次单击“数据有效性”下拉按钮下的“圈释无效数据”，如图 3.27 所示。

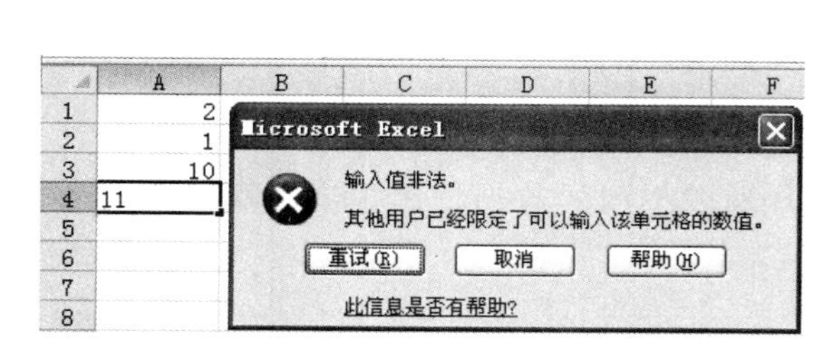

图 3.26 阻止用户输入不符合条件的数据

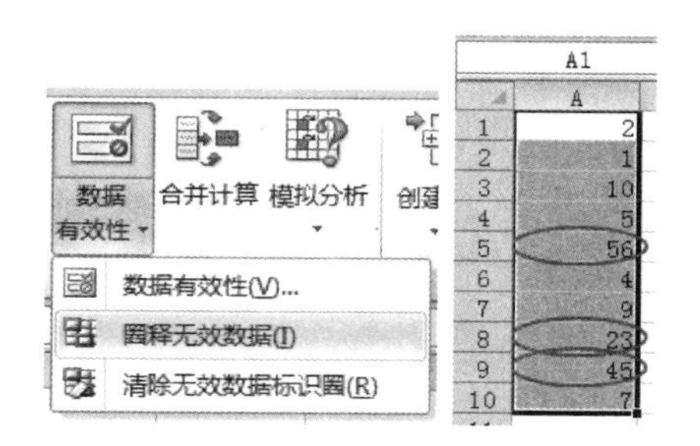

图 3.27 圈释无效数据

上述操作完成后，就可以在 A1∶A10 单元格区域中显示红色线圈，把不符合上述限制条件的数据标记出来。

这样，即使在数据都已经完成输入的情况下，用户仍可以对这些数据是否符合条件进行检验，找出其中的异常数据。

2. 有效性条件的允许类别

在数据有效性的设置对话框中，“允许”下拉列表中包含多种有效性条件类别，如图 3.28 所示。通过这些允许条件的设置，用户可以完成不同方式、不同要求的单元格数据限制。

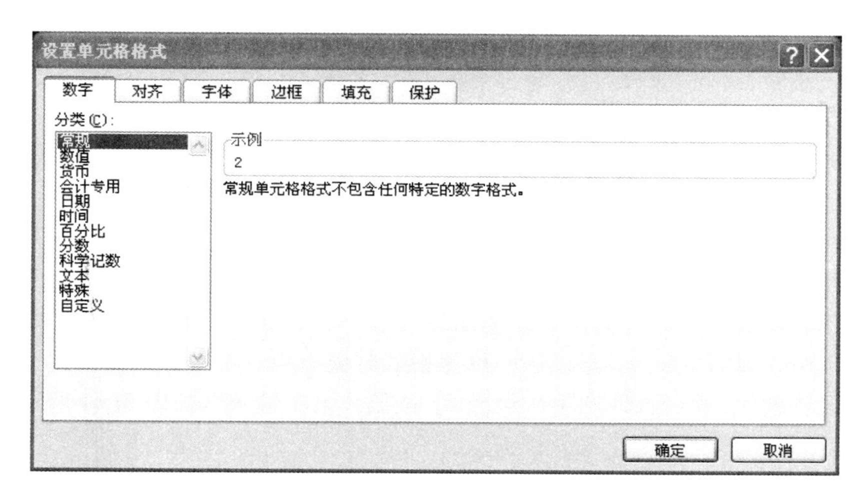

图 3.28 内置的允许类型

这几项允许条件的主要功能如下。

1）任何值

允许任何数据的输入，没有任何条件限定，这是所有单元格的默认状态。

2）整数

允许输入整数和日期，不允许小数、文本、逻辑值、错误值等数据的输入。在选择使用“整数”作为允许条件以后，还需要在“数据”下拉列表中对数值允许范围进一步限定，如图 3.29 所示。

在设置具体的数值范围时，除了直接使用固定数值，还可以引用单元格中的取值或使用公式的运算结果。

例如，如果希望在 A 列中设置整数允许范围，限定其数值必须大于 B 列中的所有数值，可以在“数据”下拉列表中选择“大于”，然后在下方的编辑栏中输入公式：

=MAX(B：B)

设置如图 3.30 所示。这样就可以根据 B 列中不同的数据情况形成动态可变的限定范围。

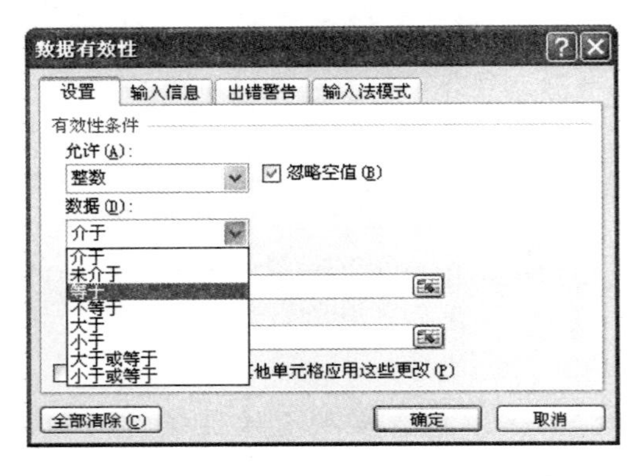

图 3.29　设置数据允许的范围

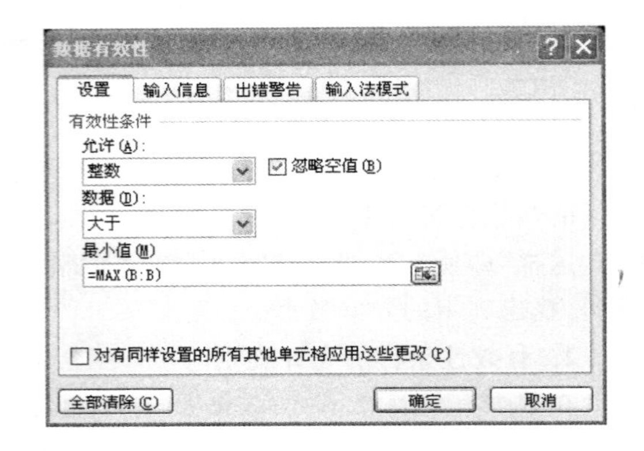

图 3.30　使用公式作为条件值

3）小数

允许输入小数、时间、分数、百分比等数据，不允许整数、文本、逻辑值和错误值等数据类型的输入。

与整数条件类似，同样需要限定数值范围。

如果希望限制只允许输入 0～1 的小数，可以在“数据”下拉列表中选择“介于”，然后在“最小值”中输入“0”，在“最大值”中输入“1”即可。

4）序列

序列是比较特殊的一类允许条件。使用序列作为允许条件，可以由用户提供多个允许输入的具体项目。设置完成后，会在选中单元格的时候出现一个下拉箭头，单击下拉箭头可以显示这些允许输入的项目，即产生所谓的“下拉形式菜单输入”，如图 3.31 所示。

5）日期

允许输入日期、时间，由于日期实质上是数值的一部分，因此也允许输入范围内的数值（包括整数和小数）。不允许输入文本、逻辑值和错误值等数据类型。

使用日期作为允许条件同样需要设定日期范围。如果需要允许使用当前系统时间之前的日期输入，可以在“数据”下拉列表中选择“小于”，然后在下方的“结束日期”编辑栏中输入公式：

=TODAY()

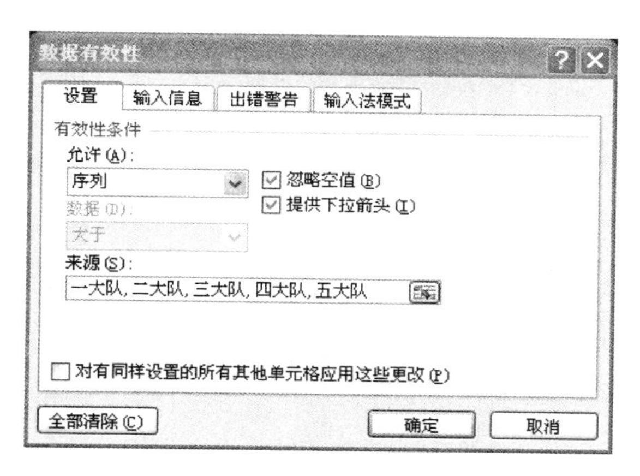

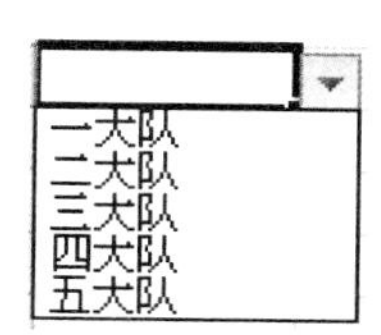

图 3.31　通过序列设置下拉菜单式输入

设置方式如图 3.32 所示，其中，TODAY 函数可以返回系统当前的日期值。

6）时间

使用时间作为允许条件，在效果上与选择“日期”作为允许条件几乎没有区别。同样允许输入日期、时间以及范围内的数值（包括整数和小数）。不允许输入文本、逻辑值和错误值等数据类型。

需要注意的是，在使用时间作为允许条件以后，设定时间范围时，“开始时间”或“结束时间”编辑框中只能输入不包含日期的时间值或 0～1 的小数，否则将会提示错误，如图 3.33 所示。

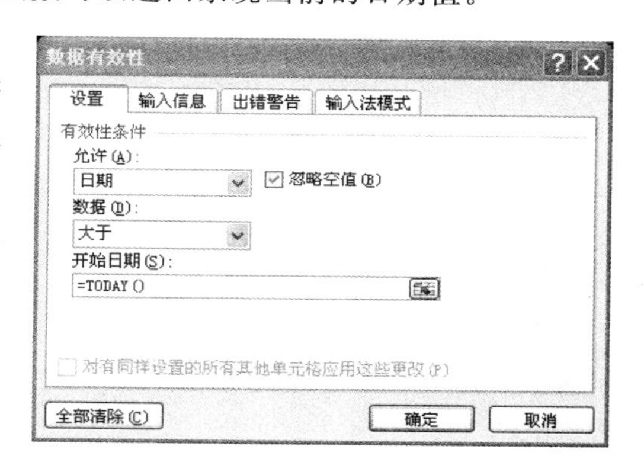

图 3.32　使用日期作为允许条件

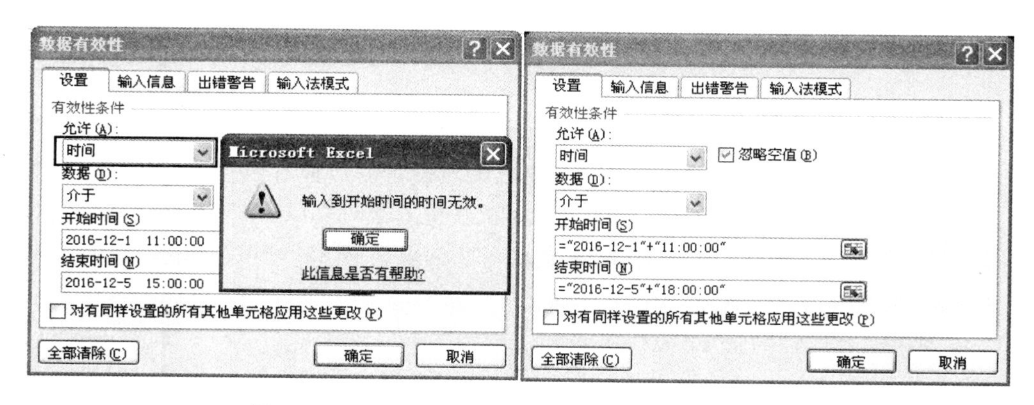

图 3.33　时间范围不能使用日期——左(错)右(对)

但是上述限制并不影响公式的使用，如果仍希望以“2016 年 12 月 1 日 11 点”和“2016 年 12 月 5 日 18 点”作为起止时间，可以在“开始时间”中输入公式：

=“2016-12-1”+“11：00”

然后在“结束时间”中输入公式：

=“2016-12-5”+“18：00”

7）文本长度

以“文本长度”作为允许条件，只根据输入数据的字符长度来进行判断而不限定数据的类型，除错误值以外的其他数据类型都允许输入。

例如，希望在单元格中限定只允许输入 18 位的身份证号码，可以使用文本长度为“18”作为允许条件。在“数据”下拉列表中选择“等于”，然后在下方的“长度”编辑栏中输入“18”即可，如图 3.34 所示。

8）自定义

除了上述这些内置的允许条件以外，如果希望定制更加复杂的允许条件，可以选择“自定义”选项，然后通过公式来进行具体的条件设定。这个公式中通常都会包含当前所在单元格的引用，根据当前单元格的输入内容来进行判断。

例如，希望限定 A1 单元格内只输入“True”或“False”这两个逻辑值中的一个，可以在“允许”类型中选择“自定义”以后，在下方的“公式”编辑栏中输入公式：

=ISLOGICAL(A1)

如图 3.35 所示。

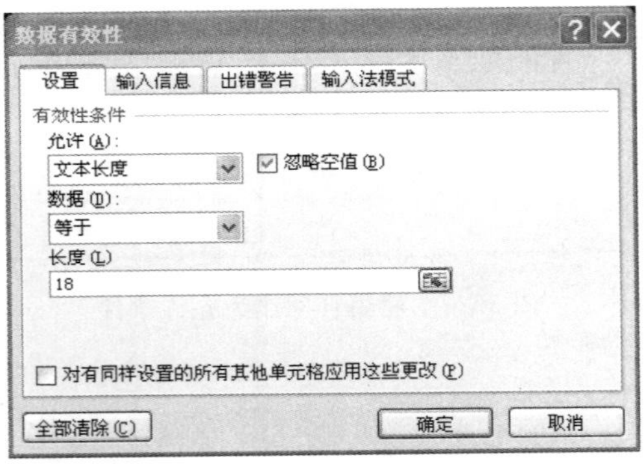

图 3.34　以字符长度作为允许条件

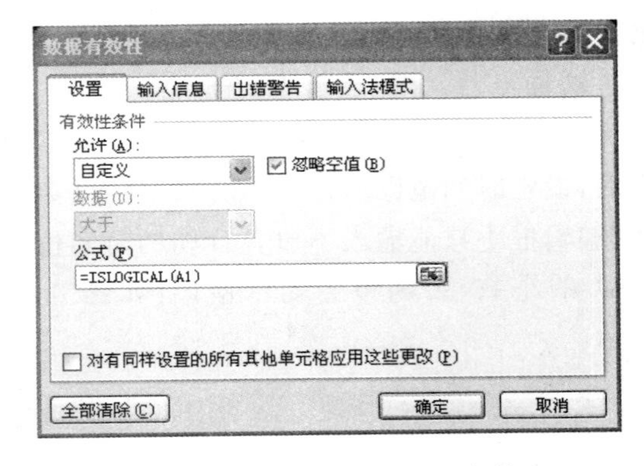

图 3.35　通过公式自定义条件

以上是不同类型数据的有效性设置，若要取消所设置的数据有效性，可以单击“数据”主菜单，在“数据工具”中找到“数据有效性”下面的“数据有效性”，在出现的对话框中选择“设置”，然后把“允许”下面选择“任何值”后确定即可。若清除圈释，则可直接在“数据有效性”下面单击“清除无效数据标识圈”。

3. 设置数据有效性的提示信息

当单元格中通过数据有效性设置了限制条件以后，用户在输入不符合条件的数据时，默认情况下会自动弹出警告阻止用户输入，如图 3.36 所示。

但是，这个警告并没有告知用户到底是哪里不符合要求，除了进行有效性设置的用户以外，其他用户不容易很快地弄清楚到底这些单元格当中允许输入什么样的数据。因此，从交互的友好性角度出发，可以考虑在数据有效性设置中增加一些提示信息以便于用户合理规范地使用。

图 3.37 中显示了某老师正在登记操作系统的分数，其中分数 0～100，希望限定只允许输入 0～100 的数值。

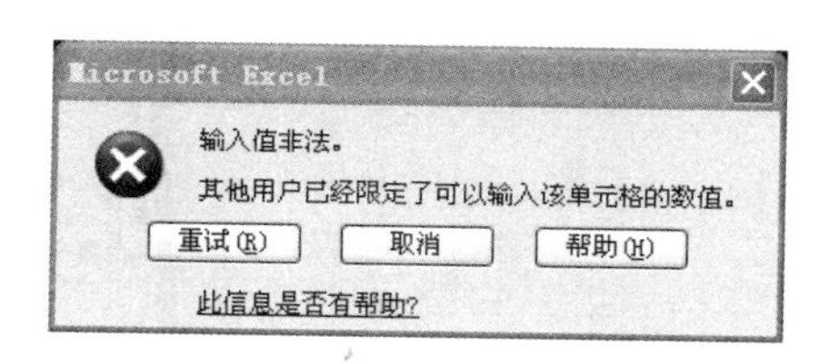

图 3.36　警告

	A	B	C
1	姓名	性别	操作系统
2	唐一	女	
3	沈二	男	
4	张三	女	
5	李四	男	
6	王五	女	
7	钱六	男	

图 3.37　学生成绩录入

可以参考以下的操作方法来提高这个有效性设置的用户友好度。

第一步：选定 C2：C7 单元格区域，在“数据”选项卡中单击“数据有效性”按钮，打开“数据有效性”对话框。

第二步：打开“设置”选项卡，在“允许”下拉列表中选择“整数”选项，然后在“数据”下拉列表中选择“介于”选项，在“最小值”编辑栏中输入“0”，在“最大值”编辑栏中输入“1”，如图 3.38 所示。

第三步：打开“输入信息”选项卡，勾选“选定单元格时显示输入信息”复选框(默认已勾选)，然后在“标题”文本框中输入“规则”，在“输入信息”文本框中输入具体需要显示的提示信息，例如“本单元格允许输入 0～100 的数值”，如图 3.39 所示。

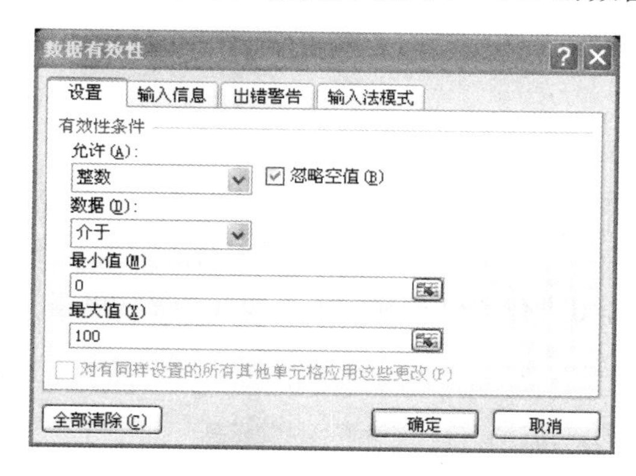

图 3.38　允许条件的设定

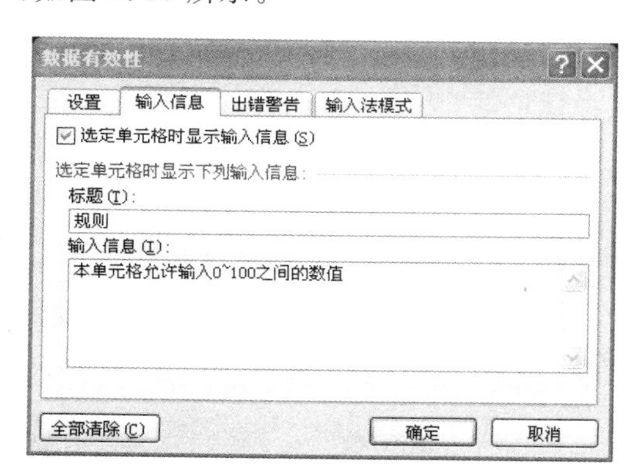

图 3.39　提示信息的设定

第四步：打开“出错警告”选项卡，勾选“输入无效数据时显示出错警告”复选框(默认已勾选)，然后在“标题”文本框中输入“输入错误”，在“错误信息”文本框中输入具体需要显示的提示信息，例如“本单元格只允许输入 0～100 的数值，请检查您的输入！”，如图 3.40 所示。

第五步：单击“确定”按钮完成设置。

在完成上述设置以后，选定 C2：C7 单元格区域中的任意单元格时，都会自动显示一个文本框，在其中显示第三步中所设定的提示信息，如图 3.41 所示。

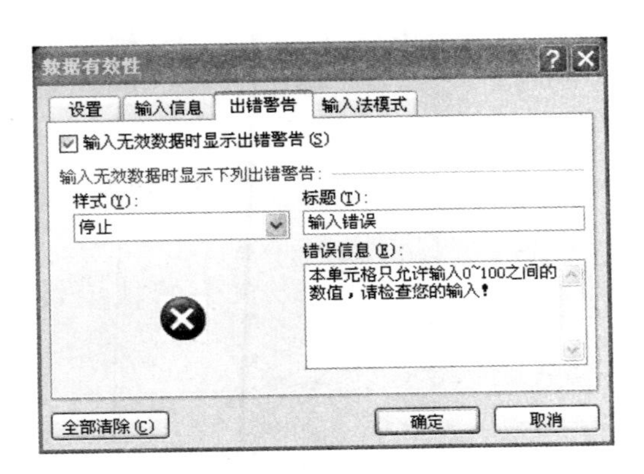

图 3.40　出错信息的设定

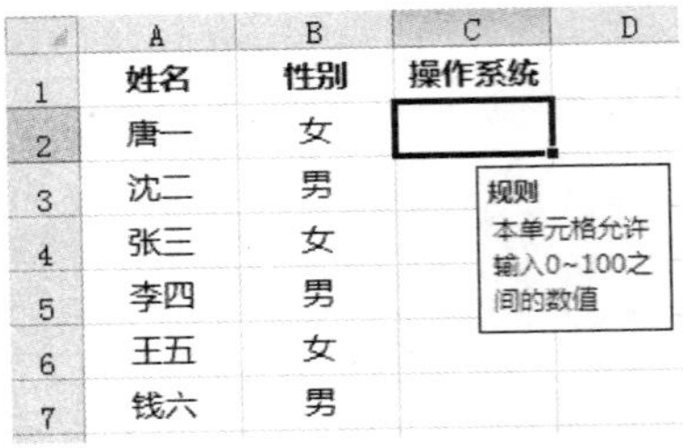

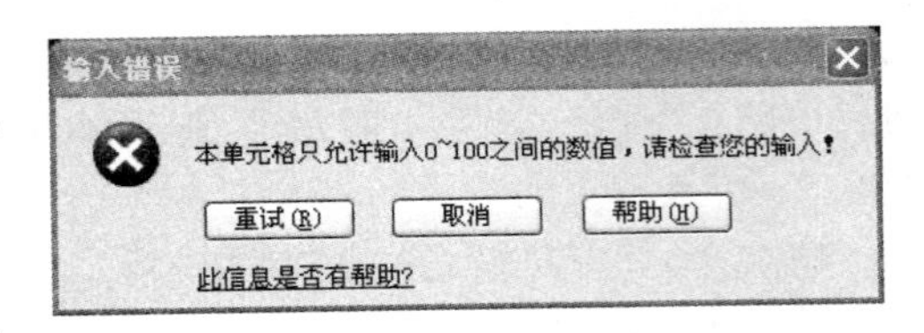

图 3.41　选定单元格显示提示信息

当单元格中输入不符合限制规则的数据时，Excel 会自动弹出警告，其中会显示第四步中所设定的出错信息，如图 3.42 所示。

这样，用户就可以根据这些提示信息正确合理地完成输入。注意，Excel 还提供了其他几种出错处理机制。

4. 数据有效性的复制与更新

数据有效性的设置信息保存在每个单元格当中，可以随单元格一同复制与粘贴。如果希望在复制过程中仅传递数据有效性信息而不包含单元格中的数据和格式等内容，可以使用“选择性粘贴”功能来实现。具体方法如下。

第一步：选定包含数据有效性设置的单元格，按 Ctrl+C 组合键进行复制。

第二步：选定需要复制有效性设置信息的目标单元格，然后在“开始”选项卡中依次单击“粘贴”下拉按钮下的“选择性粘贴”。

第三步：在打开的“选择性粘贴”对话框中单击“有效性验证”单选按钮，然后单击“确定”按钮完成设置，如图 3.43 所示。

输入错误

本单元格只允许输入0~100之间的数值，请检查您的输入!

重试(R)　取消　帮助(H)

此信息是否有帮助?

图 3.42　输入错误时的警告

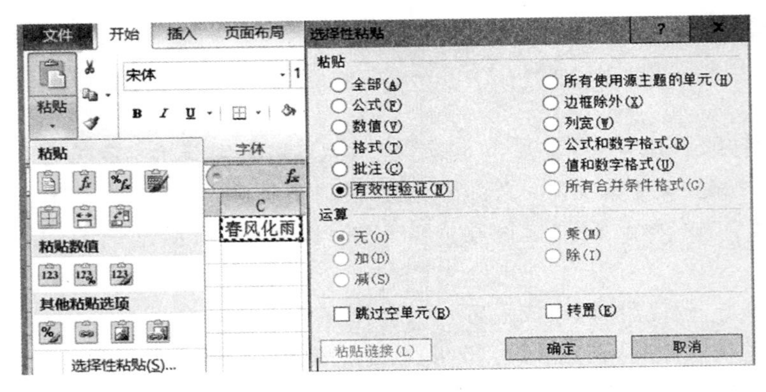

图 3.43　仅复制数据有效性设置

在不同的单元格当中使用了相同的数据有效性设置以后，如果希望更改其中的条件设置，并不需要去每一个单元格中单独设置，还有更加便捷的方式可以快速实现批量的更改。方法如下。

第一步：选定需要修改有效性设置的单元格，在“数据”选项卡中单击“数据有效性”按钮，打开“数据有效性”对话框。

第二步：勾选对话框底部的“对有同样设置的所有其他单元格应用这些更改”复选框，如图 3.44 所示。勾选此选项后，就会在当前工作表中立即选中与当前选定单元格内的数据有效性具有相同设置的所有单元格，达到批量选定的目的。

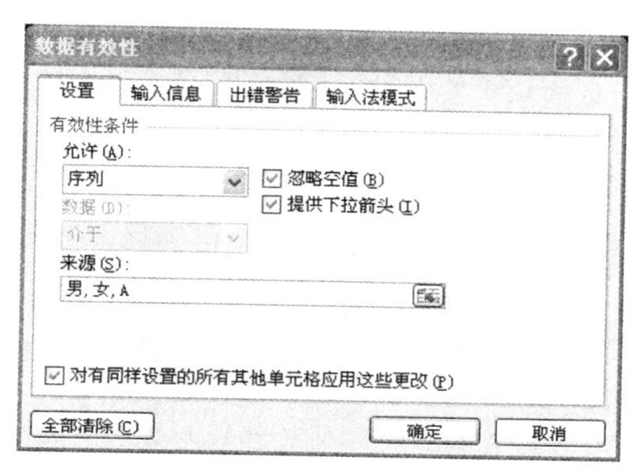

图 3.44　相同有效性的批量选定

第三步：此时再进行有效性修改，即可应用到所有相同设置的单元格中。

3.3　工作簿与工作表的操作

3.3.1　工作簿的操作

1. 工作簿的基本操作

1）创建一个工作簿

方法一：用户可以用多种方法在磁盘上创建一个 Excel 文件，该文件称为“工作簿”文件，其后缀为“.xlsx”，方法如下。

方法二：打开 Excel 2010，然后依次单击“文件”→“新建”→“空白工作簿或模板创建”。

方法三：在磁盘中右击，在快捷菜单中选择“新建”命令，然后任意建立一个文件，将其命名为后缀为“.xlsx”，也可以建立 Excel 工作簿文件。

2）保存工作簿并为其设置密码

打开 Excel 2010，依次单击“文件”→“保存或另存为”→“工具”→“常规选项”，输入密码后确定。

3）关闭工作簿与退出

方法一：打开 Excel，依次单击“文件”→“退出”。

方法二：按 Alt+F4 组合键。

方法三：如果开启的工作簿较多时，可以在按住 Shift 键的同时，单击 Excel 2010 窗口右上角的“关闭”按钮。

4）打开工作簿

方法一：双击工作簿文件。

方法二：右击，在出现的快捷菜单中选择“打开”命令。

2. 创建和使用工作簿模板

1）创建一个模板

打开一个工作簿并修改其固定不变的内容，然后依次单击“文件”→“另存为”命令，保存模式选择 Excel 模板后保存。

2）使用自定义模板创建工作簿

打开 Excel 软件，然后依次单击“文件”→“新建”→“个人模板”输入新内容，保存为正常工作簿。

3）修改模板

方法：打开软件，依次单击“文件”→“打开”选择需要修改的模板，修改内容，保存。

4）模板位置

C:\Documents and Settings\Administrator\Application Data\Microsoft\Templates。

3. 工作簿的隐藏与保护

保护工作簿有两种情况：一是为了防止他人非法打开工作簿，设置工作簿的打开权限；二是为了防止他人非法对表内数据进行编辑，设置工作簿的修改权限。

1）限制打开、修改工作簿

限制的方式是设置密码，只有正确输入密码方可正常打开、修改受保护的工作簿。限制打开工作簿的操作如下。

第一步：打开工作簿，依次单击“文件”→“另存为”，打开“另存为”对话框。

第二步：单击“工具”按钮，在展开的列表中单击“常规选项”，弹出“常规选项”对话框。

第三步：在对话框的“打开权限密码”框中输入密码，单击“确定”按钮，此时会要求用户再次输入密码，再单击“确定”按钮返回到“另存为”对话框中，最终单击“保存”按钮完成设置，如图 3.45 所示。此后，必须正确输入密码方能打开该工作簿。

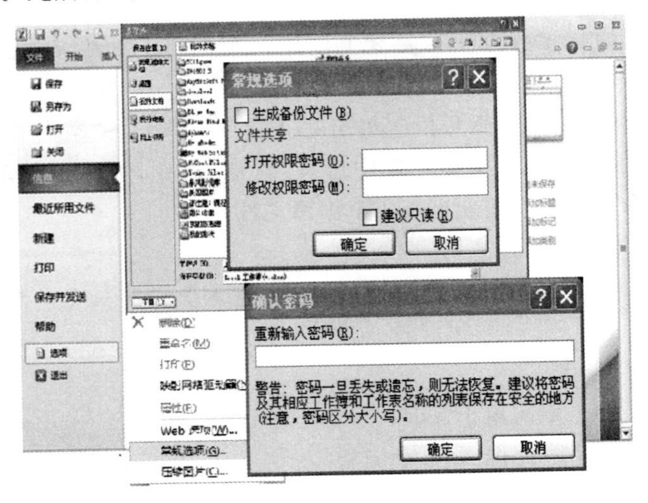

图 3.45　工作簿设置密码

在“常规选项”对话框的“修改权限密码”框中输入密码并保存，以后修改工作簿时必须输入正确的密码。

如果需要修改密码，则打开“打开权限密码”框或“修改权限密码”框重新输入密码；如果取消密码，则在“打开权限密码”框或“修改权限密码”框中删除密码即可。修改完毕，注意保存工作簿的设置方可有效。

2）对工作簿、工作表和窗口的保护

需要限制对工作表操作或对工作簿窗口操作，可进行以下设置。

第一步：在功能区，依次单击“审阅”→“保护工作簿”，弹出“保护结构和窗口”对话框。

第二步：选中“结构”复选框，保护工作簿结构不会改动；选中“窗口”复选框，则工作簿窗口被限制，无法进行移动、缩放等操作。输入密码，可防止他人取消工作簿保护，单击“确定”按钮。

3.3.2 工作表的操作

1. 工作表的基本操作

1）选择工作表

先选择对象，再实施操作，这是在 Office 系列软件中首先要确定的一个概念。在 Excel 中也同样如此，Excel 中选择对象包括工作表、单元格、单元格区域等。

（1）选择一个工作表。

在工作簿中直接单击工作表标签即可选定一个工作表。

（2）选择多个工作表。

选择多个工作表即使用“工作组”法，选择相邻或不相邻的工作表。

选定相邻的工作表：首先选择一个工作表后，按住 Shift 键，再选择最后一张工作表标签即可。此时，工作表的标题将增加“工作组”的字样，如图 3.46 所示。

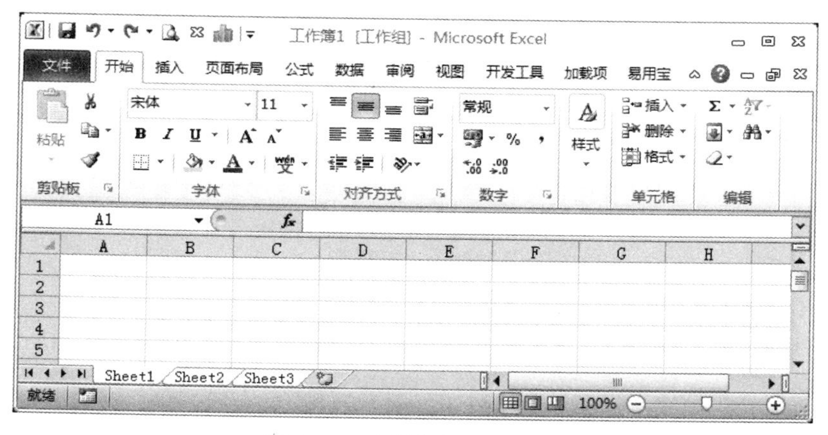

图 3.46 选择相邻的工作表

选择不相邻的工作表：选择第一个工作表后，按住 Ctrl 键，再单击需要选择的工作表标签即可。

选择全部工作表：右击工作表标签，在弹出的快捷菜单中选择“选定全部工作表”选项即可，如图 3.47 所示。

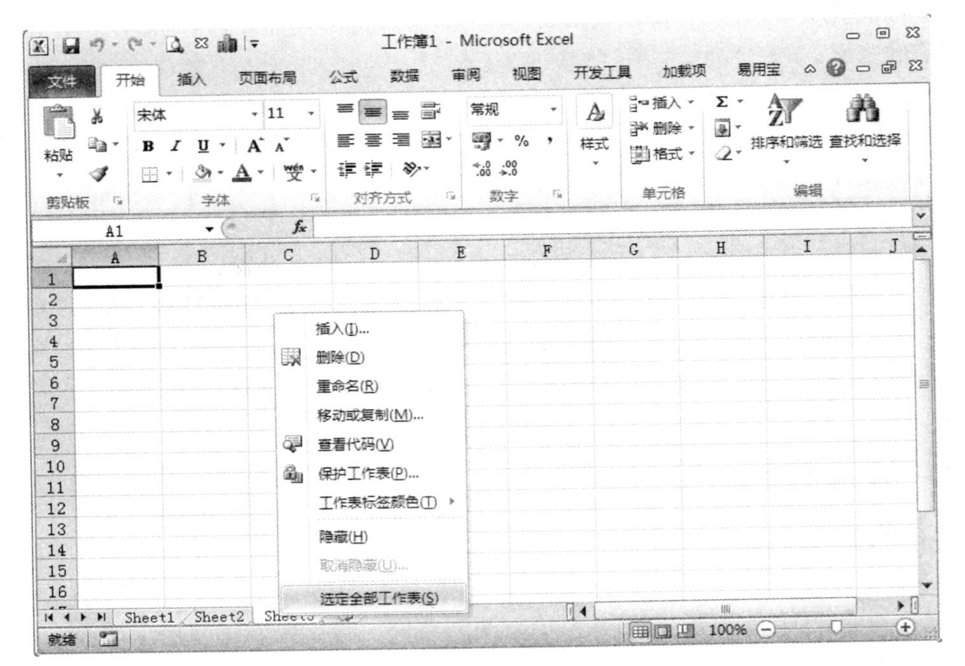

图 3.47　选择全部工作表

2）重命名工作表

Excel 默认的情况下，创建一个新的工作簿后，会包含三张以“Sheet1”“Sheet2”“Sheet3”命名的工作表，可以对默认的工作表名进行更改，操作方法如下。

第一步：右击工作表标签，在弹出的快捷菜单中选择“重命名”选项。

第二步：此时工作表标签变为黑底白字，即进入可编辑状态，可直接输入新工作表名称。

此外，还可以直接双击当前工作表标签，进入可编辑状态。

3）新建工作表

在 Excel 工作簿中，用户可以创建新的工作表，其方法有如下几种。

（1）更改“Excel 选项”创建。

依次单击“文件”→“选项”→“常规”，然后在右侧改变“包含工作表数”，如将默认的“3”改为“5”，重启 Excel 就可以看到一个新的工作簿中包含 5 张工作表，其名称分别为“Sheet1”“Sheet2”、…、“Sheet5”，其操作如图 3.48 所示。

（2）插入工作表。

用户可以通过使用按钮、命令与快捷菜单等多种方法来插入新的工作表。

使用按钮插入：直接单击工作表标签右侧的“插入工作表”按钮即可插入一个新的工作表。

使用命令插入：在“开始”选项卡中，单击“单元格”选项组“插入”下拉按钮，在列表中选择“插入工作表”命令。

使用快捷菜单插入：右击活动的工作表标签，弹出快捷菜单，选择“插入”命令，在弹出的“插入”对话框的“常用”选项卡中选择“工作表”选项，单击“确定”按钮即可插入新工作表，如图 3.49 所示。

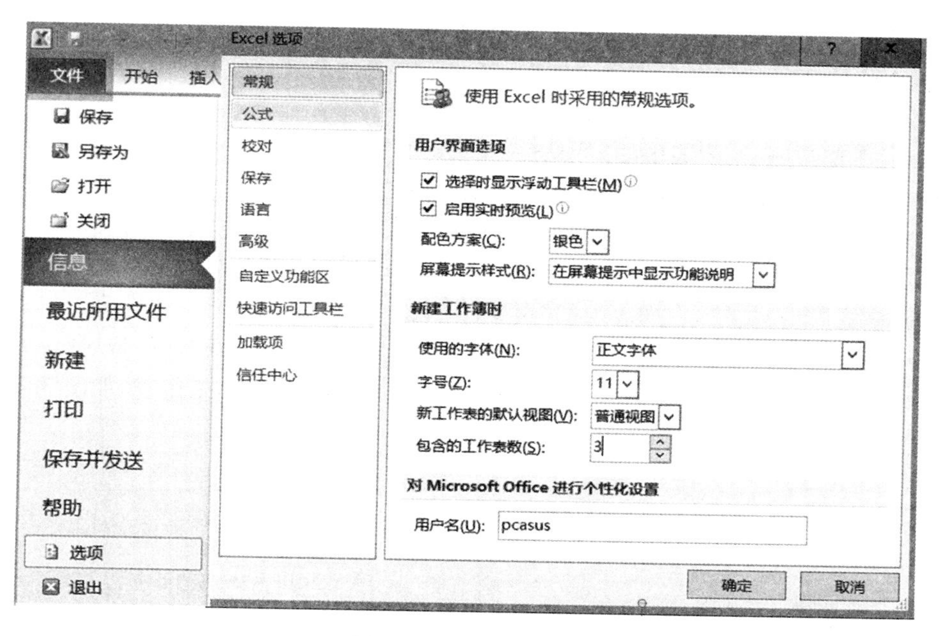

图 3.48　新建工作表

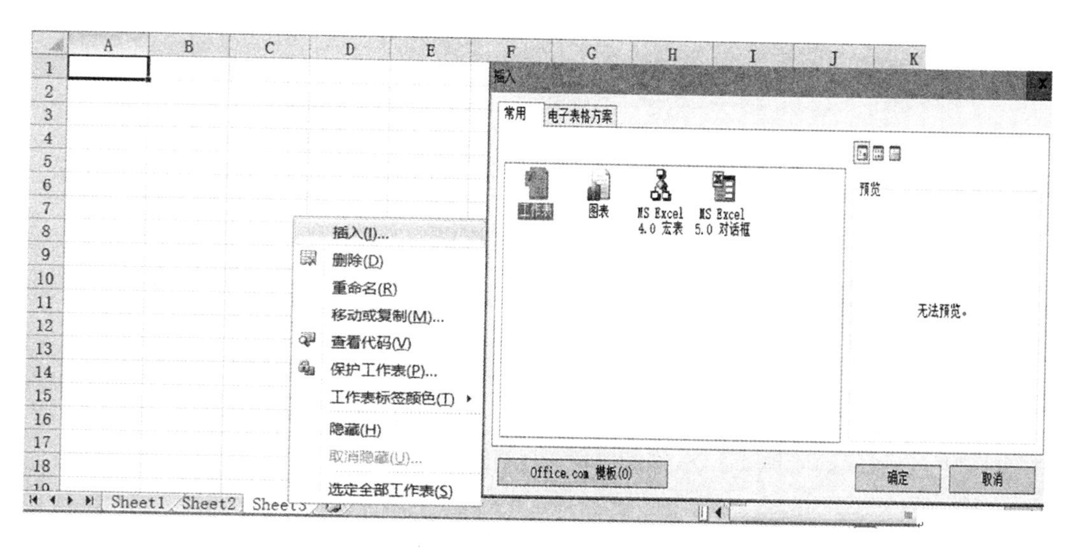

图 3.49　快捷式菜单插入表格

4）删除工作表

选定要删除的工作表，在“开始”选项卡中单击“单元格”选项组中的“删除”下拉按钮，在列表中选择“删除工作表”命令。此外还可以在需要删除的工作表标签上右击，在弹出的快捷菜单中选择“删除”命令即可。

5）隐藏与恢复工作表

使用 Excel 处理数据时，为了保护工作表中的数据，也为了避免对固定数据操作失误，用户可以将工作表进行隐藏与恢复。

(1) 隐藏工作表。

隐藏工作表主要包含对工作表中的行、列及工作表的隐藏。

隐藏行：选择要隐藏的行中的某一个单元格，在“开始”选项卡中单击“单元格”选项组中的“格式”下拉按钮，在列表中的“可见性”下选择“隐藏和取消”→“隐藏行”命令。

隐藏列：选择要隐藏的列中的某一个单元格，在“开始”选项卡中单击“单元格”选项组中的“格式”下拉按钮，在列表中的“可见性”下选择“隐藏和取消”→“隐藏列”命令。

隐藏工作表：选择要隐藏的表中的某一个单元格，在“开始”选项卡中单击“单元格”选项组中的“格式”下拉按钮，在列表中的“可见性”下选择“隐藏和取消”→“隐藏工作表”命令。

此外，还可以选择要隐藏的行、列或工作表，然后在选择区域中右击行号、列标或工作表标签，在弹出的快捷式菜单中选择“隐藏”命令，也可以隐藏行、列和工作表，如图 3.50 所示。

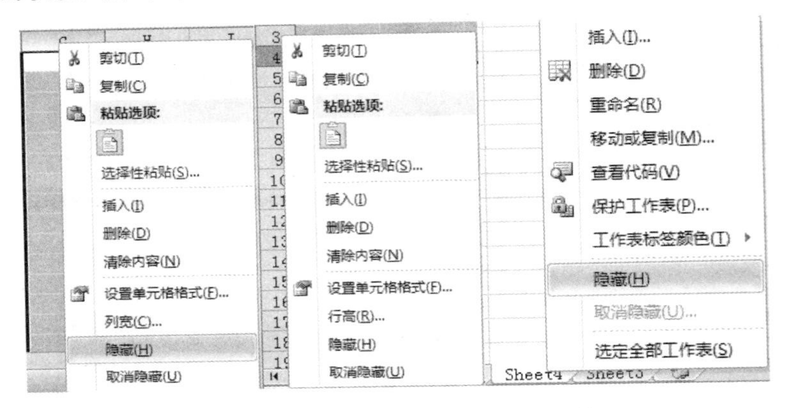

图 3.50　快捷式菜单“隐藏”行、列和工作表

(2) 恢复工作表。

隐藏行、列、工作表后，可设置恢复显示。

取消隐藏行、列：首先，按 Ctrl＋A 组合键选择工作表中所有单元格，然后在“开始”选项卡中单击“单元格”选项组中的“格式”下拉按钮，在列表中选择“隐藏和取消隐藏”命令，继续选择“取消隐藏行”或“取消隐藏列”子命令。

取消隐藏工作表：在“开始”选项卡中单击“单元格”选项组中的“格式”下拉按钮，在列表中选择“隐藏和取消隐藏”命令，继续选择“取消隐藏工作表”命令。

6) 移动和复制工作表

在 Excel 中，用户不仅可以通过移动工作表来改变工作表的顺序，还可以通过复制工作表的方法来建立工作表副本。

(1) 用鼠标移动、复制工作表。

在一个工作簿中可以调整工作表的排列次序。单击工作表标签，按住鼠标左键拖动选定的工作表标签到达新的位置，松开鼠标即可将工作表移动到新的位置。在拖动过程中，屏幕上会出现一个黑色的三角形来指示工作表将被插入的位置。

按住 Ctrl 键拖动，即可完成复制工作表的操作。

(2) 用对话框移动、复制工作表。

除了使用鼠标拖动的方法移动、复制工作表以外，还可以使用“移动或复制工作表”对话框来移动、复制工作表。启动“移动或复制工作表”对话框的方法有两种。

第一种方法：右键单击要移动或复制的工作表标签，在弹出的快捷菜单中选择“移动或复制工作表”命令，启动“移动或复制工作表”对话框。

第二种方法：首先选定工作表，然后在“开始”选项卡中单击“单元格”选项组中的“格式”下拉按钮，在列表中选择“移动或复制工作表”命令，启动“移动或复制工作表”对话框。

打开“移动或复制工作表”对话框，在“将选定工作表移至工作簿”下拉框中选择要移动的工作簿文件名，可以将选定工作表移动到当前工作簿或其他工作簿、新建工作簿中，在“下列选定工作表之前”列表中选择要移动到的工作表位置，如图 3.51 所示。

如果勾选“建立副本”选项，则移动操作变为复制操作。

7）设置工作表标签

工作表标签的颜色是可以进行设置更改的，其操作方法：右击工作表标签，在弹出的快捷菜单中选择“工作表标签颜色”选项，在展开的颜色列表中单击一种颜色即可，如图 3.52 所示。

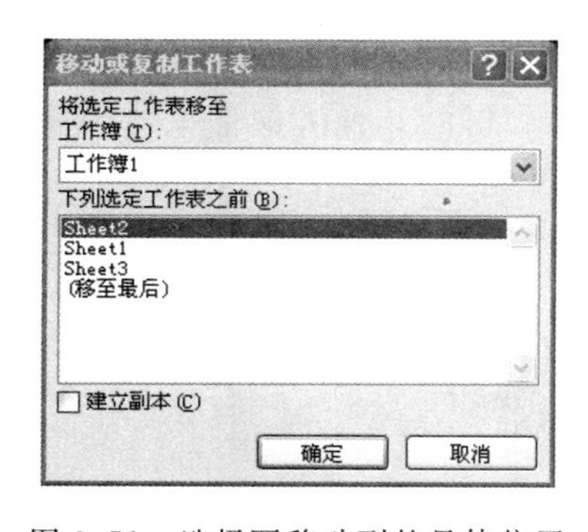

图 3.51　选择要移动到的具体位置

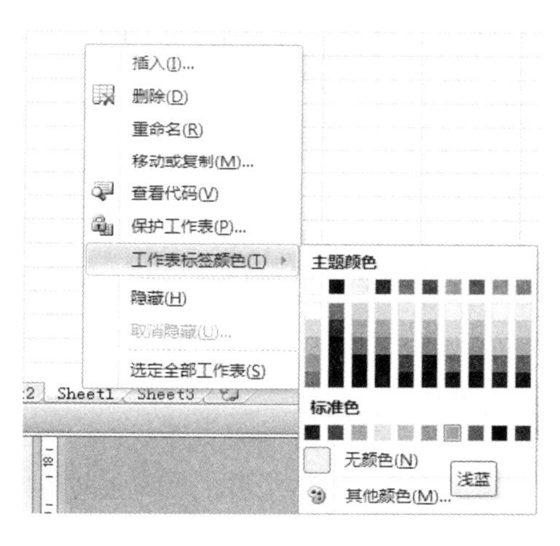

图 3.52　设置工作表标签颜色

2. 工作表背景的设置

前面介绍了如何对单元格及单元格区域进行格式设置。有时为了美化表格，需要设置整张工作表的背景，其操作步骤如下。

第一步：选中需要添加背景的工作表，然后在功能区打开“页面布局”选项卡，在“页面设置”选项组中单击“背景”按钮。

第二步：弹出“工作表背景”对话框，在该对话框中选择需要插入的工作表背景图片，单击“插入”按钮，返回到原工作表中，如图 3.53 所示。

3. 工作表的保护

(1) 用户除了对工作簿进行保护以外，还可以对指定的工作表进行保护，其操作方法如下。

第一步：使某工作表成为当前工作表。

第二步：在功能区打开“审阅”选项卡，在“更改”选项组中单击“保护工作表”按钮，弹出“保护工作表”对话框。

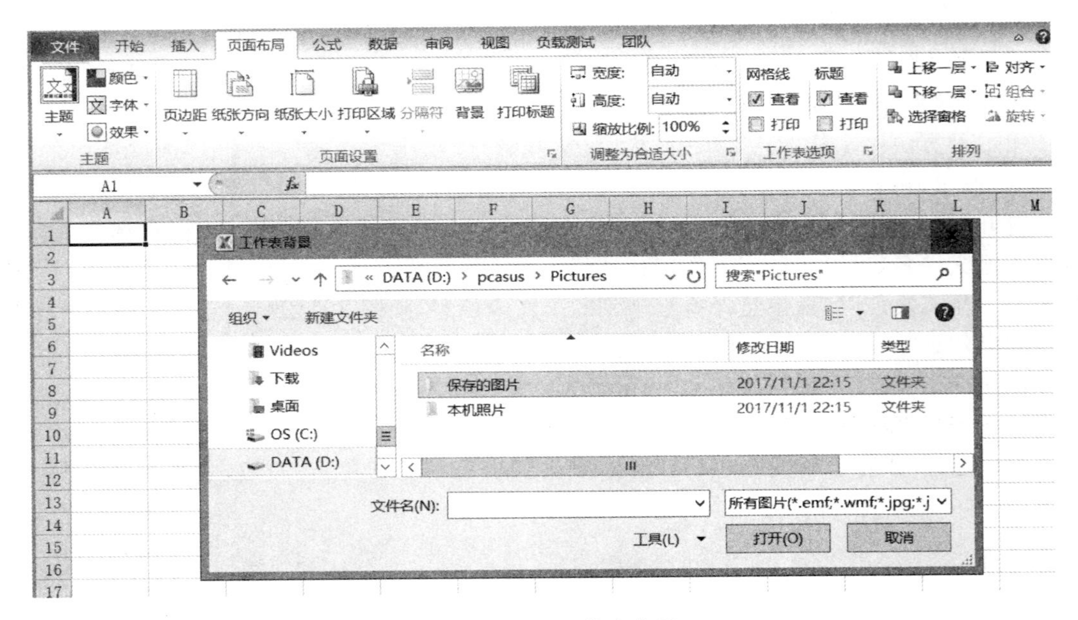

图 3.53　设置工作表背景

第三步：勾选“保护工作表及锁定的单元格内容”复选框，在“允许此工作表的所有用户进行”提供的选项中勾选允许用户操作的选项。输入密码，可防止他人取消工作表保护，单击“确定”按钮，如图 3.54 所示。

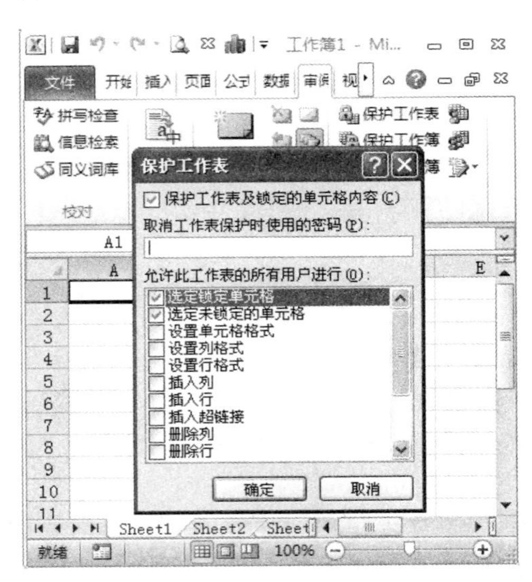

图 3.54　“保护工作表”对话框

如需要撤销保护，在“更改”选项卡下单击“取消工作表保护”选项即可。

(2) 保护公式。

保护公式即是将公式隐藏，其操作方法如下。

第一步：选择需要隐藏公式的单元格，在功能区“开始”选项卡“单元格”选项组中选择

“格式”,在下拉菜单中的“保护”下面选择“设置单元格格式”命令。

第二步:打开“设置单元格格式”对话框,在“保护”选项卡中勾选“隐藏”,单击“确定”按钮,如图 3.55 所示。

第三步:在功能区“审阅”选项卡“更改”选项组中,单击“保护工作表”命令。

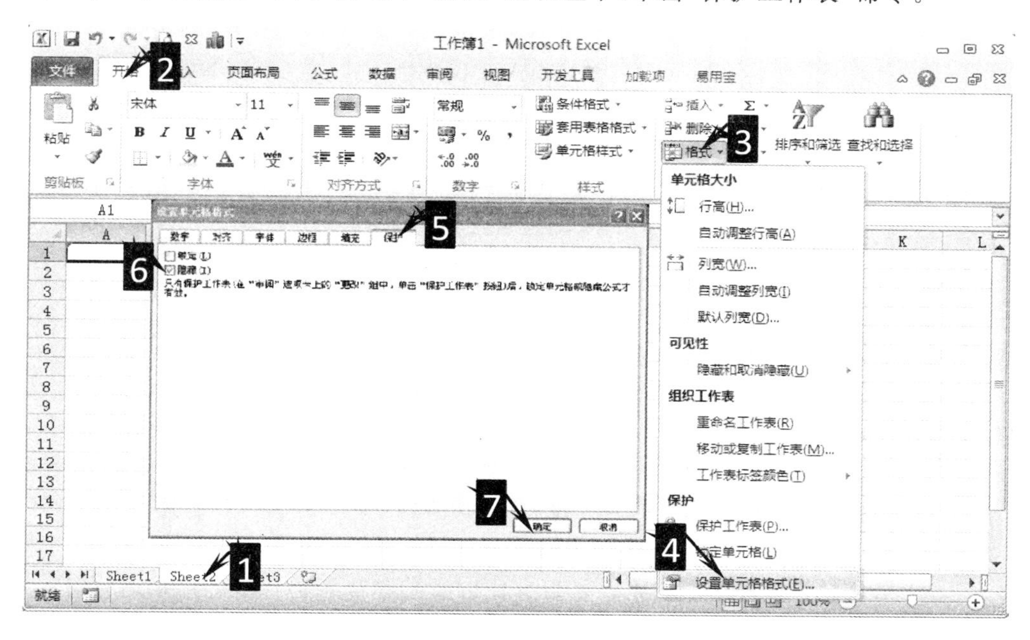

图 3.55 保护工作表中公式

(3) 其他保护。

在功能区“审阅”选项卡中,使用“更改”选项组的“允许用户编辑的区域”命令可设置哪些区域可以编辑,哪些区域不能编辑。

在功能区“文件”窗口中,单击“信息”选项卡右侧的“保护工作簿”选项,可以实现将工作簿标记为最终状态、用密码进行加密、保护当前工作表、保护工作表结构、按人员限制权限、添加数字签名等操作。

3.4 Excel 公式和函数

3.4.1 公式与函数的概述

1. 公式与函数的定义

函数(Function)和公式(Formula)是彼此相关但又完全不同的两个概念。在 Excel 中,公式是以“=”号为引导、进行数据运算处理并返回结果的等式。函数则是按特定算法执行计算的产生一个或一组结果的预定义的特殊公式。因此,从广义的角度来讲,函数也是一种公式。

公式的组成要素包括等号“=”、运算符、常量、单元格引用、函数、名称等,如表 3.4 所示。

表 3.4　公式的组成要素

序　号	公　式	说　明
1	=5*2^2+10	包含常量运算的公式
2	=A1*5+B1	包含单元格引用的公式
3	=单价*数量	包含名称的公式
4	=SUM(A1:B5)	包含函数的公式

Excel 公式的功能是有目的地返回结果。公式可以用在单元格中，直接返回运算结果来为单元格赋值；也可以在条件格式、数据有效性等功能中使用公式，通过其中公式运算结果所产生的逻辑值，来决定用户定义的规则是否生效。

公式通常只能从其他单元格中获取数据来进行运算（除非有目的的迭代运算），否则会造成循环引用错误。

除此之外，公式不能令单元格删除（也不能删除公式），也不能对除自身以外的其他单元直接进行赋值。

2. 运算符的类型及用途

运算符是构成公式的基本元素之一，每个运算符分别代表一种运算。如表 3.5 所示，Excel 包含 4 种类型的运算符：算术运算符、比较运算符、文本运算符和引用运算符，其功能分别如下。

(1) 算术运算符：包含加、减、乘、除、百分比以及乘幂等各种常规的算术运算符。

(2) 比较运算符：用于比较数据的大小。

(3) 文本运算符：用于将文本字符或字符串进行连接和合并。

(4) 引用运算符：用于在工作表中产生单元格的引用。

表 3.5　公式中的运算符

序　号	说　明	实　例
-	负号	=2*-3=-6
%	百分号	=60*5%=3
^	乘幂	=3^2=9
*、/	乘、除	=3*2/6=1
+、-	加、减	=3+2-5=0
=、<>、>、>=、<、<=	等于、不等于、大于、大于等于、小于、小于等于	=(A1=A2)判断 A1 与 A2 相等 =(B1<>"ABC")判断 B1 不等于"ABC" =(C1>-5)判断 C1 大于-5
&	连接文本	"ABC"&"AAC"返回"ABCAAC"
:	区域引用符	=SUM(A1:B4)引用一个矩形区域，以冒号左侧单元格为矩形左上角，冒号右侧的单元格为矩形右下角
空格	交叉引用符	=SUM(A1:B5 A4:D9)引用 A1:B5 与 A4:D9 的交叉区域，公式等效于=SUM(A4:B5)
,	联合引用符	=SUM(A1,A2,A3)联合引用了 A1、A2、A3 三个单元格

3. 公式的运算顺序

与常规的数学计算式运算相似,所有的运算符都有运算的优先级。当公式中同时用到多个运算符时,Excel 将按如表 3.6 所示顺序进行运算。

表 3.6　运算符的优先级

优先级	符　号	说　明
1	:　空格　,	引用运算符:冒号、单个空格和逗号
2	—	算术运算符:负号(取得与原值正负号相反的值)
3	%	算术运算符:百分比
4	^	算术运算符:乘幂
5	* 和/	算术运算符:乘和除
6	+和—	算术运算符:加和减
7	&	文本运算符:连接文本
8	=　<　>　<=　>=　<>	关系运算符:比较两个值,返回 True 或 False

4. 单元格的相关引用

1) A1 引用

A1 引用指的是用英文字母代表列标,用数字代表行号,由这两个行列坐标构成单元格地址的引用。

例如,"B3"就是指 B 列(第 2 列)第 3 行的单元格,而"E6"则是指 E 列(第 4 列)第 6 行的单元格。

在 A～Z 这 26 个字母用完以后,列标采用两位字母的方式继续按顺序编码,从第 27 列开始的列标依次是"AA、AB、AC、…"。

在 Excel 2003 版本中,列数最大为 256 列,因此最大列的列标字母组合是"IV"。而 Excel 2010 版本中,最大列数已达到 16 384 列,最大列的列标是"XFD"。

而对于行号,Excel 2003 版本中的最大行号是 65 536,Excel 2010 版本中的最大行号是 1 048 576。

2) R1C1 引用

Excel 2010 默认情况下,该单元格引用方式并没有开启,而是利用列标+行号来引用一个单元格,即一个单元格的名称为列标+行号,如 A1 就是第一列、第一行所对应的那个单元格的名称或地址。如果用户不习惯这种默认的引用方式,可以更改为 R1C1 引用。那么,首先要到"文件"主菜单下面的"选项"→"公式",选择其右侧的"R1C1 引用样式"即可。那么,第一列第一行对应的单元格的名称就为 R1C2。

5. 公式的录入方式

输入公式必须以等号"="开始,例如"=A1+A2",这样 Excel 才知道输入的是公式,而不是一般的文字数据。现在就来练习建立公式,我们已在其中输入了两个学生的成绩,如图 3.56 所示。

在 E2 单元格中存放"王书恒的各科总分",也就是要将"王书恒"的英文、生物、理化分数加起来,放到 E2 单元格中,因此将 E2 单元格的公式设计为"=B2+C2+D2"。

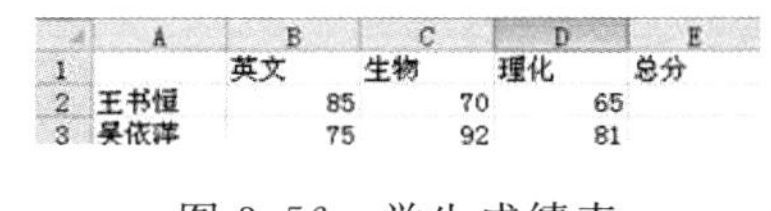

	A	B	C	D	E
1		英文	生物	理化	总分
2	王书恒	85	70	65	
3	吴依萍	75	92	81	

图 3.56　学生成绩表

选定要输入公式的E2单元格，并将指针移到数据编辑列中输入等号“＝”，如图3.57所示。

接着输入“＝”之后的公式，在单元格B2上单击，Excel便会将B2输入到数据编辑列中，如图3.58所示。

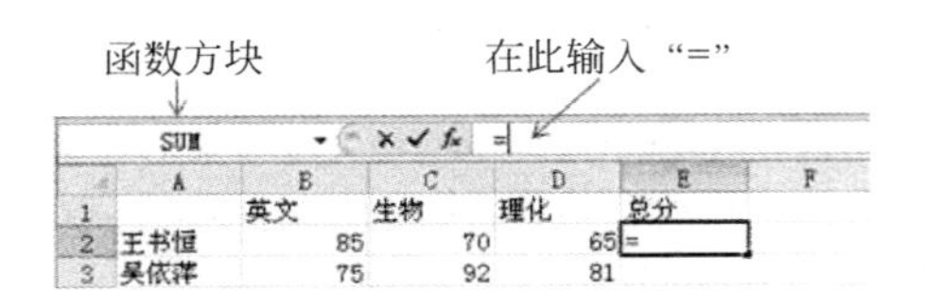

图3.57　输入公式的前导符号“＝”

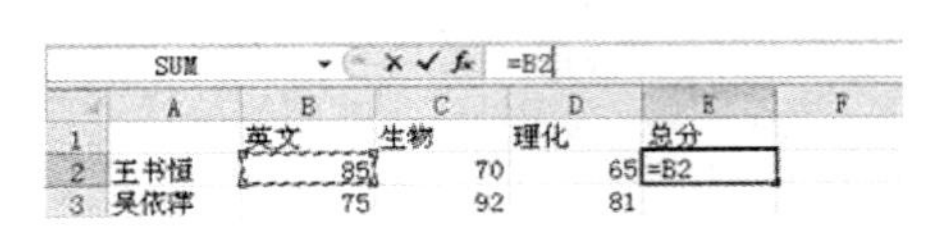

图3.58　输入其他引用

再输入“＋”，然后选取C2单元格，继续输入“＋”，选取D2单元格，如此公式的内容便输入完成了，如图3.59所示。

最后单击数据编辑列上的 ✔ 按钮或按Enter键，公式计算的结果会马上显示在E2单元格中，如图3.60所示。

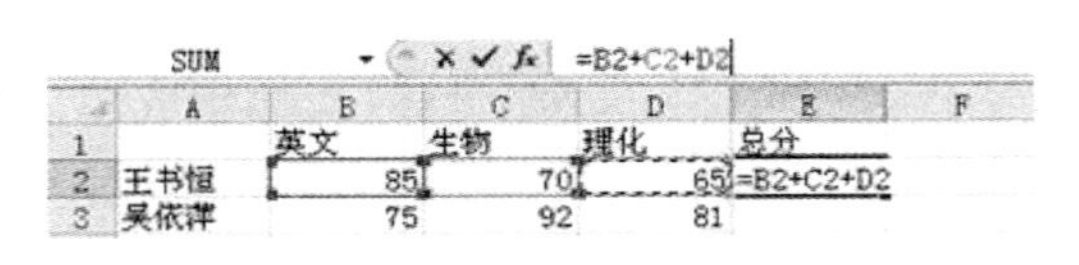

图3.59　输入运算符号

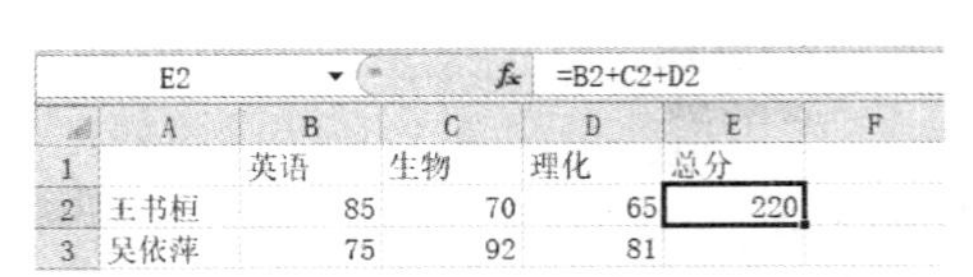

图3.60　确认后计算结果

3.4.2　引用

函数作为Excel中十分强大的功能之一，是每个Excel学习者必须掌握的技能。而说到函数，又不得不搞清楚引用的概念。Excel里引用可以分为6种：基本引用、相对引用、绝对引用、混合引用、工作表之间的引用和工作簿间的引用。

1. 公式中的单元格的引用

1）基本引用运算符

(1) 冒号(区域运算符)：对两个引用之间，同时包括在两个引用在内的左右单元格进行引用，如图3.61所示。C2∶E7表示以C2单元格为左上角，E7单元格为右下角的矩形区域。

(2) 逗号(联合运算符)：将多个引用合并为一个引用，如图3.62所示，将C2,D2,D4,C5这4个引用合并为一个引用求和。

(3) 空格(交叉运算符)：产生对两个引用共有的单元格的引用，如图3.63所示。C2∶D7 D2∶E7表示C2∶D7数据区域与D2∶E7数据区域相交叉的数据区域D2∶D7。注意，如果两个引用间没有相交叉的区域，则会报#NULL错误。

2）相对引用

相对引用是指引用单元格的地址可能会发生变动。其实就是基于包含公式和单元格引用的单元格的相对位置。如果公式所在单元格的位置改变，引用也随之改变。如果多行或多列地复制公式，引用会自动调整。在默认的情况下，新公式使用的是相对引用。

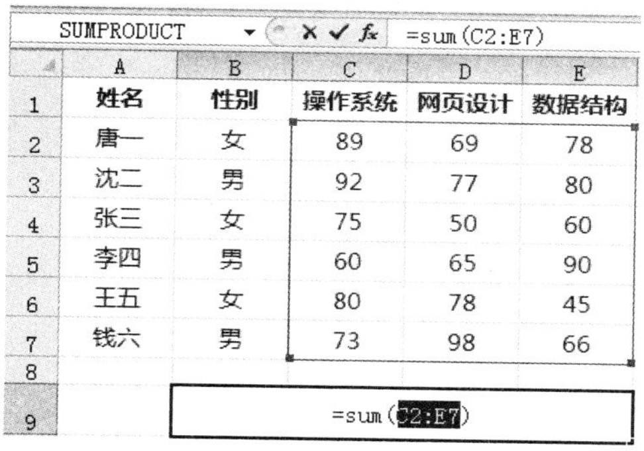

图 3.61　引用中的冒号运算符

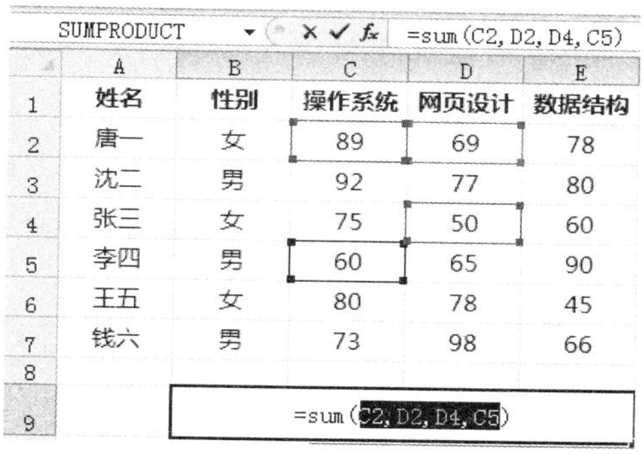

图 3.62　引用中的逗号运算符

例如，B2 单元格公式为“＝A1”，将 B2 单元格的相对引用复制到 B3，则会自动从“＝A1”调整为“＝A2”。

利用自动填充，公式也可以填充，其中引用的单元格为相对引用时，其引用的单元格会以相对公式拖动的起点为参照点相对地改变其间的引用地址。如图 3.64 所示，在 C2 单元格中输入公式“＝A1”，然后将鼠标指针移动到填充柄上按住鼠标左键拖动到 F2、再到 C5。

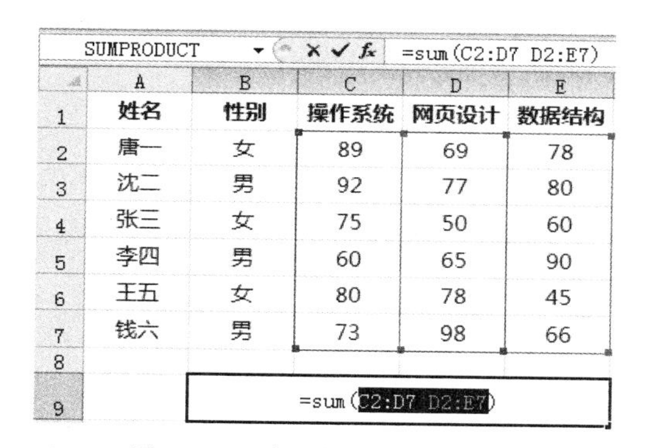

SUMPRODUCT =sum(C2:D7 D2:E7)

	A	B	C	D	E
1	姓名	性别	操作系统	网页设计	数据结构
2	唐一	女	89	69	78
3	沈二	男	92	77	80
4	张三	女	75	50	60
5	李四	男	60	65	90
6	王五	女	80	78	45
7	钱六	男	73	98	66
8					
9		=sum(C2:D7 D2:E7)			

图 3.63　引用中的空格运算符

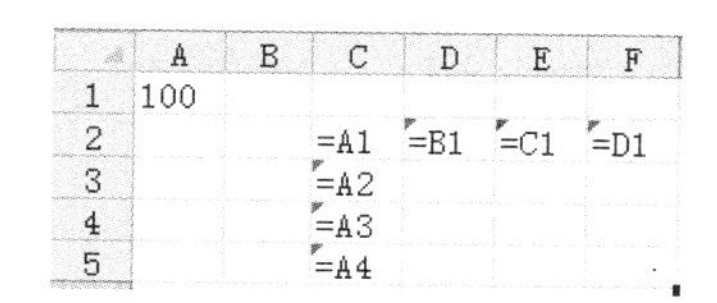

	A	B	C	D	E	F
1	100					
2			=A1	=B1	=C1	=D1
3			=A2			
4			=A3			
5			=A4			

图 3.64　公式填充后相对引用后的公式变化

3）绝对引用

绝对引用是指引用的单元格地址不会发生变动。也就是说，总是在指定位置引用单元格，如果公式所在单元格的位置改变，绝对引用保持不变。如果多行或多列地复制公式，绝对引用将不做调整。

例如，将 B2 单元格的绝对引用复制到 B3，那么两个单元格都是 A，如图 3.65 所示。

4）混合引用

混合引用是指引用的单元格地址既有相对引用，又有绝对引用，所以混合引用又分为列绝对、行相对和行绝对、列相对这两种情况，如图 3.66 所示。

（1）列绝对、行相对：复制公式时，列标不会发生变化，行号会发生变化，单元格地址的列标前添加 $ 符号，如 $A1，$C10，$B1：$B4。

（2）行绝对、列相对：复制公式时，行号不会发生变化，列标会发生变化，单元格地址的行号前添加 $ 符号，如 A$1，C$10，B$1：B$4。

	A	B	C	D	E	F
1	100					
2			=$A$1	=$A$1	=$A$1	=$A$1
3			=$A$1			
4			=$A$1			
5			=$A$1			

图 3.65 公式填充后绝对引用的公式变化

	A	B	C	D	E	F
1	100		列绝对，行相对			
2			=$A1	=$A1	=$A1	=$A1
3			=$A2			
4			=$A3			
5			=$A4			
6			行绝对，列相对			
7			=A$1	=B$1	=C$1	=D$1
8			=A$1			
9			=A$1			
10			=A$1			
11			=A$1			

图 3.66 混合引用的公式变化

(3) F4 键的应用：可以在相对引用，列绝对、行相对，行绝对、列相对，绝对引用之间自动转换。如图 3.67 所示，选择公式“=SUM(A1：B1)”，然后按 F4 键。

SUMPRODUCT	=SUM(A1:B1)		SUMPRODUCT	=SUM($A$1:$B$1)	
A	B	C	A	B	C
100	300	=SUM(A1:B1)	100	300	=SUM($A$1:$B$1)

SUMPRODUCT	=SUM(A$1:B$1)		SUMPRODUCT	=SUM($A1:$B1)	
A	B	C	A	B	C
100	300	=SUM(A$1:B$1)	100	300	=SUM($A1:$B1)

图 3.67 F4 功能键在不同引用间的转换

5）跨表引用

在 Excel 中，如果引用的数据区域不在当前工作表中，用户也可以把其他工作表中的数据区域引用到当前工作表中。其引用方法为：选择准备引用数据到当前表的区域左上角单元格，然后按如下格式输入：

工作表名称！单元格引用

回车确认后，利用公式自动填充可以把非当前工作表中的数据引用到当前工作表中。

例如，把工作表 Sheet1 中 A1：H1 单元格的数据引用到 Sheet2 工作表中。在 Sheet2 工作表中，选择 A1 单元格，输入“=Sheet1！A1”后回车，然后移动鼠标到 H1 单元格填充柄处，按住左键拖动到 A10 单元格后释放鼠标即可，如图 3.68 所示。

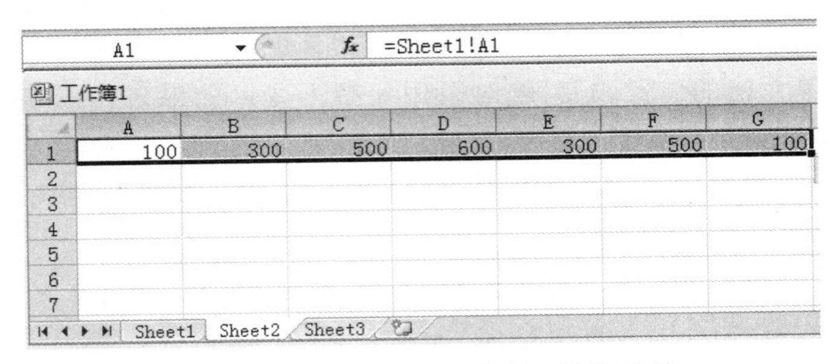

图 3.68 工作表之间的数据区域的引用

【注意】 当工作表的名称是以数字开始，在输入引用公式时，工作表名称要用单引号定界起来，如果用户不输入定界符，则系统会自动更正定界。例如，把上例中 Sheet1 工作表重命名为“1”，则在 Sheet2 工作表的 A1 单元格中输入“='1'！A1”。

6）跨工作簿引用

首先来看两个表。

（1）调用的工作簿。

如图 3.69 所示成绩表.xlsx 是被调用的，被调用的数据范围是 A2：D7，创建完毕后保存到 C:\的根目录下后关闭该工作簿。

	A	B	C	D
1	语文	数学	英语	信息技术
2	100	91	56	100
3	80	96	87	99
4	60	78	98	87
5	60	87	75	67
6	60	65	76	89
7	40	86	99	87

图 3.69　被调用的工作簿“成绩表.xlsx”

（2）引用工作簿。

引用工作簿是去引用在关闭状态下的别的工作簿（E:\工作簿.xlsx），如图 3.70 所示。

B2　=SUM([成绩表.xlsx]Sheet1!A2:

	A	B	C
1	科目	语文	英语
2	总分	400	
3	平均分		

图 3.70　引用工作簿“引用表.xlsx”

现在要做的就是，通过“引用表”这个工作簿，调用已经被关闭的成绩表工作簿，求出后者的每科成绩的总和和平均值。跨工作簿调用方法如下。

如图 3.70 所示，如果要求出成绩表工作簿中的语文总分，将其结果放在引用表工作簿的 B2 中，那么就使用如下的引用，在 B2 单元格中输入下面的公式

```
=SUM('C:\[成绩表.xls]Sheet1'!A2：A7)
```

就可以求总和了。

其中的'C:\[成绩表.xls]Sheet1'!A2：A7，就是跨工作簿调用了，并且“成绩表.xlsx”工作簿还是关闭的。

下面再看如何求平均值：打开工作簿“引用表.xlsx”，把光标定位在要求平均值的单元格上，如 Sheet1 表的 B3 单元格上，然后输入下面的公式：

```
=AVERAGE('C:\[成绩表.xlsx]Sheet1'!A2：A7)
```

就可以求出已经关闭的“成绩表.xlsx”工作簿中 Sheet1 表中 A2：A7 区域的平均值。其结果如图 3.71 所示。

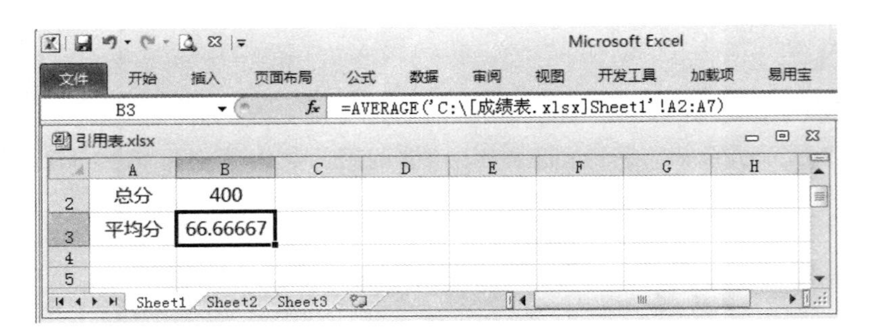

图 3.71 引用关闭工作簿求平均值结果

(3) 跨工作簿引用的要点。

跨工作簿引用的 Excel 文件名用“[]”括起来；表名和单元格之间用“!”隔开；路径可以是绝对路径也可以是相对路径(同一目录下)，且需要使用扩展名；引用还有一个好处就是能自动更新，例如上述的例子，下次打开“引用表.xlsx”，会提示是否自动更新，如果选是，则可以自动同步。

总之，跨工作簿引用的简单表达式是：

```
'盘符:\[工作簿名称.xls]表名1'!数据区域
```

比如：

```
'D:\[成绩表.xls]Sheet1'!A2：A7
```

如果是相对路径，还可以这样写：

```
'[成绩表.xls]Sheet1'!A2：A7
```

2. 公式中的结构化引用

1) 结构化引用

2) 自动扩展

3.4.3 公式与函数应用中常出现的错误

#####：列宽不够，负日期或时间值时，如输入=12/13/2015−12/14/2015(注意必须把单元格设置为日期型)。

#DIV/0!：当一个数除以零或不包含任何值时，如输入：=5/0。

#N/A:当某个值不允许被用于函数或公式但却被其引用时，例如，在任意单元格输入：=VLOOKUP(F9,A1：D10,6,FALSE)。

#VALUE!：公式所包含的单元格有不同的数据类型。

#NULL!：当指定两个不相交的区域的交集时，如输入：=sum(A1：B3 D1：E3)。

#NUM!：公式或函数中包含无效数值时。

#REF!：当单元格引用无效时。如在 Sheet1 的 A1 单元格中输入“=Sheet2!A1”，然后删除 Sheet2，此时在 A1 单元格中就会出现#REF。

#NAME!：无法识别公式中的文本时，如输入=sum(ZZZ5)。

3.4.4 Excel 中常用函数

1. sum 函数

格式：=SUM(number1,[[number2,],…])

功能：将指定参数相加求和。

参数：至少包含一个参数。每个参数都可以是区域、单元格引用、数组、常量、公式或另一个函数的结果。

示例：=SUM(A1：A5)

=SUM(A1,A5,A9)

2. if 函数

格式：=IF(logical_test，[value_if_true]，[value_if_false])

功能：判断是否满足某个条件，如果满足则返回一个值，不满足则返回另一个值。

参数：第一个参数是必需的，后面两个参数可以省略。

示例：=if(A1>60，"及格","不及格")表示若 A1 单元格中存放的是 70(>60)，则其返回值为及格。

3. sumif 函数

格式：=SUMIF(range，criteria，[sum_range])

功能：用于对范围内符合指定条件的值求和。

参数：

range：区域，必需。

criteria：必需。用于确定对那些单元格求和的条件，其形式可以为数字、表达式、单元格引用、文本或函数。例如，条件可以表示为 32、">32"、B5、"32"、"苹果"或 TODAY()。

sum_range：可选。要求和的实际单元格。如果省略 sum_range 参数，Excel 会对在 range 参数中指定的单元格(即应用条件的单元格)求和。

可以在 criteria 参数中使用通配符(包括问号(?)和星号(*))。问号匹配任意单个字符；星号匹配任意一串字符。如果要查找实际的问号或星号，请在该字符前输入波形符(~)。

说明：任何文本条件或任何含有逻辑或数学符号的条件都必须使用双引号(")括起来。如果条件为数字，则无须使用双引号。

示例：如图 3.72 所示。

	A	B	C	D	E	F
1	财产价值	佣金	数据	公式	说明	结果
2	1000000	70000	2500000	=SUMIF(A2:A5,">160000",B2:B5)	财产价值高于 160 000 的佣金之和	700000
3	2000000	140000		=SUMIF(A2:A5,">160000")	高于 160 000 的财产价值之和	10000000
4	3000000	210000		=SUMIF(A2:A5,3000000,B2:B5)	财产价值等于3 000 000的佣金之和	210000
5	4000000	280000		=SUMIF(A2:A5,">" & C2,B2:B5)	财产价值高于单元格 C2 中值的佣金之和	490000

图 3.72 sumif 函数示例

4. sumifs 函数

格式：=SUMIFS(sum_range,criteria_range1,criteria1,[criteria_range2,criteria2],…)

功能：用于计算满足多个条件的全部参数的总量。

参数：

sum_range：必需，要求和的单元格区域。

criteria_range1：必需，使用 criteria1 测试的区域。

criteria_range1 和 criteria1 设置用于搜索某个区域是否符合特定条件的搜索对。一旦在该区域中找到了项，将计算 sum_range 中的相应值的和。

criteria1：必需，定义将计算 criteria_range1 中的哪些单元格的和的条件。例如，可以将条件输入为 32、"＞32"、B4、"苹果"或"32"。

criteria_range2，criteria2，…：可选，附加的区域及其关联条件。最多可以输入 127 个区域/条件对。

示例：如图 3.73 所示。

	A	B	C	D	E
1	已销售数量	农产品	销售人员		
2	5	苹果	卢宁		
3	4	苹果	谢	计算以“香”开头并由“卢宁”售出的产品的总量。该公式在 Criterial 中使用通配符 *（即 "=香*"）在 terial_range1 B2:B9 中查找匹配的产品名，在 Criterial_range2 C2:C9 中查找姓名"卢宁"。然后计算 Sum_range A2:A9 中同时满足这两个条件的单元格的总量。结果为37。	计算卢宁售出的非香蕉产品的总量。它通过在 Criterial 中使用 <>（即 "<>香蕉"）排除香蕉，在 Criterial_range2 C2:C9 中查找姓名 "卢宁"。然后计算 Sum_range A2:A9 中同时满足这两个条件的单元格的总量。结果为 30。
4	15	香梨	卢宁		
5	3	香梨	谢		
6	22	香蕉	卢宁		
7	12	香蕉	谢	=SUMIFS(A2:A9, B2:B9, "=香*", C2:C9, "卢宁")	=SUMIFS(A2:A9, B2:B9, "<>香蕉", C2:C9, "卢宁")
8	10	胡萝卜	卢宁		
9	33	胡萝卜	谢		

图 3.73　sumifs 函数示例

5. abs 函数

格式：=ABS(number)

功能：返回数字的绝对值。一个数字的绝对值是该数字不带其符号的形式。

参数：number：必需，需要计算其绝对值的实数。

示例：=ABS(−2)，其返回值为 2。

6. int 函数

格式：=INT(number)

功能：将数字向下舍入到最接近的整数。

参数：number：必需，需要进行向下舍入取整的实数。

示例：

=INT(8.9)：将 8.9 向下舍入到最接近的整数，结果为 8。

=INT(−8.9)：将−8.9 向下舍入到最接近的整数。向下舍入负数会朝着远离 0 的方向将数字舍入。结果为−9。

=A2−INT(A2)：返回单元格 A2 中正实数的小数部分，结果为 0.5(假设 A2 中输入的是 19.5)。

7. round 函数

格式：=ROUND(number，num_digits)

功能：四舍五入

参数：

number：必需。要四舍五入的数字。

num_digits：必需，要进行四舍五入运算的位数。

说明：

如果 num_digits 大于 0(零)，则将数字四舍五入到指定的小数位数。

如果 num_digits 等于 0，则将数字四舍五入到最接近的整数。

如果 num_digits 小于 0，则将数字四舍五入到小数点左边的相应位数。

若要始终进行向上舍入(远离 0)，请使用 ROUNDUP 函数。

若要始终进行向下舍入(朝向 0)，请使用 ROUNDDOWN 函数。

若要将某个数字四舍五入为指定的倍数(例如，四舍五入为最接近的 0.5 倍)，请使用 MROUND 函数。

示例：

=ROUND(2.15, 1)	将 2.15 四舍五入到一个小数位	2.2
=ROUND(2.149, 1)	将 2.149 四舍五入到一个小数位	2.1
=ROUND(-1.475, 2)	将-1.475 四舍五入到两个小数位	-1.48
=ROUND(21.5, -1)	将 21.5 四舍五入到小数点左侧一位	20
=ROUND(626.3,-3)	将 626.3 四舍五入为最接近的 1000 的倍数	1000
=ROUND(1.98,-1)	将 1.98 四舍五入为最接近的 10 的倍数	0
=ROUND(-50.55,-2)	将-50.55 四舍五入为最接近的 100 的倍数	-100

8. trunc 函数

格式：=TRUNC(number, [num_digits])

功能：将数字的小数部分截去，返回整数。

参数：

number：必需，需要截尾取整的数字。

num_digits：可选，用于指定取整精度的数字。num_digits 的默认值为 0(零)。

说明：TRUNC 和 INT 的相似之处在于两者都返回整数。TRUNC 删除数字的小数部分，INT 根据数字小数部分的值将该数字向下舍入为最接近的整数。INT 和 TRUNC 仅当作用于负数时才有所不同：TRUNC(-4.3)返回-4，而 INT(-4.3)返回-5，因为-5 是更小的数字。

9. vlookup 函数

格式：VLOOKUP (lookup_value, table_array, col_index_num, [range_lookup])

功能：垂直查询匹配返值函数。在第二个参数所表示的范围以第四个参数形式查询与第一个参数匹配的值，若匹配，返回第三个参数所标识的列。

参数：

table_array，必需，VLOOKUP 在其中搜索 lookup_value 和返回值的单元格区域。该单元格区域中的第一列必须包含 lookup_value(例如，图 3.74 中的“姓氏”)。此单元格区域中还需要包含要查找的返回值。

col_index_num：必需，其中包含返回值的单元格的编号(table_array 最左侧单元格为 1 开始编号)。

range_lookup：可选，一个逻辑值，指定希望 VLOOKUP 查找精确匹配值还是近似匹配值。TRUE 表示假定表中的第一列按数字或字母排序，然后搜索最接近的值。这是未指定值时的默认方法；FALSE 表示在第一列中搜索精确值。

说明：被匹配区域(第二个参数)中被匹配的列必须是该区域最左列。

示例：如图 3.74 所示。

10. now 函数

格式：＝NOW()

功能：返回当前日期和时间的序列号。

11. year 函数

格式：＝YEAR(serial_number)

功能：返回对应于某个日期的年份。YEAR 作为 1900～9999 的整数返回。

参数：serial_number：必需，要查找的年份的日期。应使用 DATE 函数输入日期，或者将日期作为其他公式或函数的结果输入。例如，使用函数 DATE(2008,5,23)输入 2008 年 5 月 23 日。如果日期以文本形式输入，则会出现问题。

示例：如图 3.75 所示。

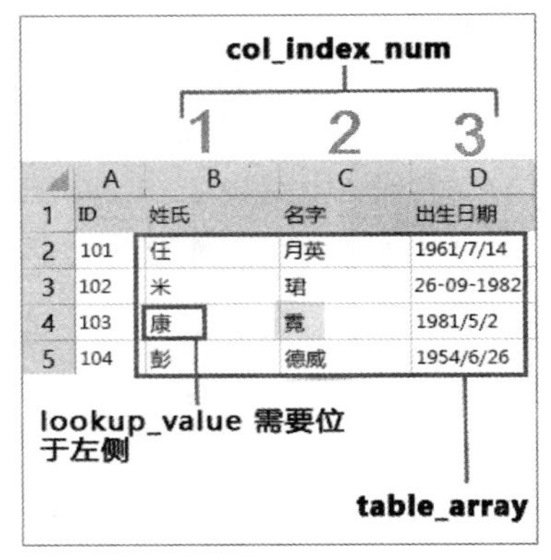

图 3.74 vlookup 函数示例

	A	B	C
1	数据		
2	日期		
3	2008-7-5		
4	40364		
5	公式	描述（结果）	结果
6	=YEAR(A3)	单元格 A3 中日期的年份 (2008)	2008
7	=YEAR(A4)	单元格 A4 中日期的年份 (2010)	2010

图 3.75 year 函数示例

12. today 函数

格式：＝TODAY()

功能：返回当前日期的序列号。

说明：Excel 可将日期存储为可用于计算的连续序列号。默认情况下，1900 年 1 月 1 日的序列号为 1，2008 年 1 月 1 日的序列号为 39 448，这是因为它距 1900 年 1 月 1 日有 39 447 天。

示例：如图 3.76 所示。

	A	B	C
1	=TODAY()	返回当前日期。	2011-12-1
2	=TODAY()+5	返回当前日期加 5 天。 例如，如果当前日期为 1/1/2012，此公式会返回 1/6/2012。	40883
3	=DATEVALUE("2030-1-1")-TODAY()	返回当前日期和 1/1/2030 之间的天数。 请注意，单元格 A4 必须为"常规"或"数值"格式才能正确显示结果。	6606
4	=DAY(TODAY())	返回一月中的当前日期 (1 - 31)。	1
5	=MONTH(TODAY())	返回一年中的当前月份 (1 - 12)。 例如，如果当前月份为五月，此公式会返回 5。	12

图 3.76 today 函数示例

13. average 函数

格式：＝AVERAGE(number1, [number2], …)

功能：返回参数的平均值(算术平均值)。

参数：

number1：必需，要计算平均值的第一个数字、单元格引用或单元格区域。

number2，…：可选，要计算平均值的其他数字、单元格引用或单元格区域，最多可包含255个。

示例：

=AVERAGE(A2：A6)　单元格区域A2到A6中数字的平均值。

=AVERAGE(A2：A6,5)　单元格区域A2到A6中数字与数字5的平均值。

=AVERAGE(A2：C2)　单元格区域A2到C2中数字的平均值。

14. daverage 函数

格式：=DAVERAGE(database,field,criteria)

功能：返回数据库/数据清单中满足指定条件的列中数值的平均值。

参数：

database：构成列表/数据库的单元格区域。

field：指定函数所使用的数据列。

criteria：为一组包含给定条件的单元格区域。

示例：

=DAVERAGE(A1：D15,D1,F3：G4)

=DAVERAGE(A1：D15,"年龄",F3：G4)

上两个公式是同等效果，都是求满足性别为女性并且学历为副教授所有年龄的平均值。A1：D15表示一个区域，D1与“年龄”表示要求平均的列，F3：G4表示条件，如图3.77所示。

	A	B	C	D	E	F	G
1	姓名	性别	学历	年龄	女性副教授的平均年龄：	=DAVERAGE(A1:D15,D1,F3:G4)	
2	王克南	男	助教	36			
3	吴心	女	副教授	50	组合条件：性别为女且学历为副教授	性别	学历
4	李伯仁	女	教授	42		女	副教授
5	魏文顶	男	助教	52			
6	宋成城	女	助教	40	女性副教授的平均年龄：	=DAVERAGE(A1:D15,"年龄",F3:G4)	
7	伍宁	男	讲师	52			
8	冯雨	男	讲师	32			
9	李书召	女	讲师	28			
10	郑含因	男	讲师	29			
11	张在成	男	教授	36			
12	宋斌	女	副教授	35			
13	李广	男	教授	32			
14	宋阳明	女	教授	30			
15	廖记	男	教授	41			

图3.77　daverage函数示例

15. averageif 函数

格式：=AVERAGEIF(range, criteria, [average_range])

功能：返回某个区域内满足给定条件的所有单元格的平均值(算术平均值)。

参数：

range：必需，要计算平均值的一个或多个单元格，其中包含数字或数字的名称、数组或引用。

criteria：必需，形式为数字、表达式、单元格引用或文本的条件，用来定义将计算平均值的单元格。例如，条件可以表示为 32、"32"、">32"、"苹果"或 B4。

average_range：可选，计算平均值的实际单元格组。如果省略，则使用 range。

说明：

忽略区域中包含 TRUE 或 FALSE 的单元格。

如果 average_range 中的单元格为空单元格，AVERAGEIF 将忽略它。

如果 range 为空值或文本值，AVERAGEIF 将返回错误值 #DIV/0!。

如果条件中的单元格为空单元格，AVERAGEIF 就会将其视为 0 值。

如果区域中没有满足条件的单元格，AVERAGEIF 将返回错误值 #DIV/0!。

可以在条件中使用通配符，即问号(?)和星号(*)。问号匹配任意单个字符；星号匹配任意一串字符。如果要查找实际的问号或星号，请在字符前输入波形符(～)。

示例：如图 3.78 所示。

	A	B	C	D	E
1	财产价值	佣金	公式	说明	结果
2	100000	7000	=AVERAGEIF(B2:B5,"<23000")	求所有佣金小于 23000 的平均值。四个佣金中有三个满足该条件，并且其总计为 42000。	14000
3	200000	14000	=AVERAGEIF(A2:A5,"<250000")	求所有财产值小于 250000 的平均值。四个佣金中有两个满足该条件，并且其总计为 300000。	150000
4	300000	21000	=AVERAGEIF(A2:A5,"<95000")	求所有财产值小于 95000 的平均值。由于 0 个财产值满足该条件，AVERAGEIF 函数将返回错误 #DIV/0!，因为该函数尝试以 0 作为除数。	#DIV/0!
5	400000	28000	=AVERAGEIF(A2:A5,">250000",B2:B5)	求所有财产值大于 250000 的佣金的平均值。两个佣金满足该条件，并且其总计为 49000。	24500

图 3.78　averageif 函数示例

16. averageifs 函数

格式：=AVERAGEIFS(average_range, criteria_range1, criteria1, [criteria_range2, criteria2], …)

功能：返回满足多个条件的所有单元格的平均值(算术平均值)。

参数：

average_range：必需，要计算平均值的一个或多个单元格，其中包含数字或包含数字的名称、数组或引用。

criteria_range1、criteria_range2 等：criteria_range1 是必需的，后续 criteria_range 是可选的。在其中计算关联条件的 1～127 个区域。

criteria1、criteria2 等：criteria1 是必需的，后续的 criteria 是可选的。形式为数字、表达式、单元格引用或文本的 1～127 个条件，用来定义将计算平均值的单元格。例如，条件可以表示为 32、"32"、">32"、"苹果"或 B4。

说明：

如果 average_range 为空值或文本值，则 AVERAGEIFS 返回错误值 #DIV/0!。

如果条件区域中的单元格为空，AVERAGEIFS 将其视为 0 值。

区域中包含 TRUE 的单元格计算为 1；区域中包含 FALSE 的单元格计算为 0。

仅当 average_range 中的每个单元格满足为其指定的所有相应条件时，才对这些单元格进行平均值计算。

与 AVERAGEIF 函数中的区域和条件参数不同，AVERAGEIFS 中每个 criteria_range

的大小和形式必须与 sum_range 相同。

如果 average_range 中的单元格无法转换为数字，则 AVERAGEIFS 返回错误值 #DIV/0!。

如果没有满足所有条件的单元格，则 AVERAGEIFS 返回错误值 #DIV/0!。

可以在条件中使用通配符，即问号(?)和星号(*)。问号匹配任意单个字符；星号匹配任意一串字符。如果要查找实际的问号或星号，请在字符前输入波形符(~)。

示例：如图 3.79 所示。

	A	B	C	D	E	F	G	H
1	类型	价格	区/镇	卧室数	是否有车库?	公式	说明	结果
2	舒适的大平房	230000	苏州	3	否	=AVERAGEIFS(B2:B7, C2:C7, "武汉", D2:D7, ">2",E2:E7, "是")	在武汉，一个至少有 3 间卧室和一间车库的住宅的平均价格	397839
3	温暖舒适的平房	197000	武汉	2	是	=AVERAGEIFS(B2:B7, C2:C7, "苏州", D2:D7, "<=3",E2:E7, "否")	在苏州，一个最多有 3 间卧室但没有车库的住宅的平均价格	230000
4	凉爽的尖顶房	345678	武汉	4	是			
5	豪华错层公寓	321900	苏州	2	是			
6	高级都铎式建筑	450000	武汉	5	是			
7	漂亮的殖民时代建筑	395000	武汉	4	否			

图 3.79　averageifs 函数示例

17. count 函数

格式：COUNT(value1, [value2], …)

功能：计算包含数字的单元格以及参数列表中数字的个数。

参数：

value1：必需，要计算其中数字的个数的第一项、单元格引用或区域。

value2, …：可选，要计算其中数字的个数的其他项、单元格引用或区域，最多可包含 255 个。

示例：

=COUNT(C2：C9)统计 C2：C9 区域数字的总记录数。COUNT 自动忽略空格、非数字、错误提示项。

18. dcount 函数

格式：=DCOUNT(database,field,criteria)，同 DCOUNT(数据区域，字段名，条件区域)

功能：返回数据库或数据清单的指定字段中，满足给定条件并且包含数字的单元格数目。

参数：

field：字段名(函数所使用的列)，也可以是数字：1 代表第一列，2 代表第二列。

criteria：条件区域，可以是一个或者多个条件。

示例：如图 3.80 所示。

	A	B	C	D	E	F	G	H	I	J
1	品名	分店	数量	单价	品名	分店	数量	个数		
2	电视	A	100	2500	电视	B	>150	=DCOUNT(A1:D9,C1,E1:E2)	统计品名为电视的个数。	4
3	洗衣机	A	50	4500		条件区域		=DCOUNT(A1:D9,C1,E1:G2)	统计品名为电视，分店为B，数量>150的个数。	1
4	冰箱	A	200	6500				=DCOUNT(A1:D9,C1,E1:F2)	统计品名为电视，分店为B的个数。	2
5	冰箱	B	150	2500						
6	电视	B	300	2500						
7	电视	B	40	2500						
8	电视	C	60	2500						
9	洗衣机	C	80	4500						

图 3.80　dcount 函数示例

=DCOUNT(A1：D9,C1,E1：E2)统计品名为电视的个数。

=DCOUNT(A1：D9,"数量",E1：G2)统计品名为电视，分店为 B，数量>30 的个数。

说明：field 也可以是数字：1 代表第一列，2 代表第二列。

如输入公式=DCOUNT(A1：D9,3,E1：E2)，3 代表参数 field 字段名“数量”所在列。

DCOUNTA 函数是计算满足某一条件且为文本类型的个数，而 DCOUNT 函数是统计数值。

19. counta 函数

格式：=COUNTA(value1，[value2]，…)

功能：计算范围中不为空的单元格的个数。

参数：

value1：必需，表示要计数的值的第一个参数。

value2，…：可选，表示要计数的值的其他参数，最多可包含 255 个参数。

示例：如图 3.81 所示。

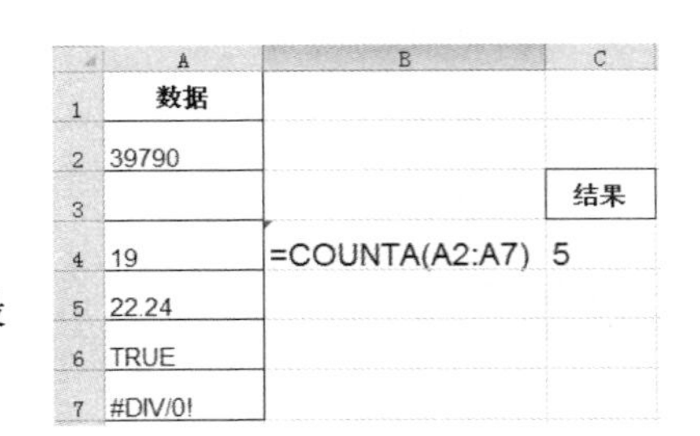

	A	B	C
1	数据		
2	39790		
3			结果
4	19	=COUNTA(A2:A7)	5
5	22.24		
6	TRUE		
7	#DIV/0!		

图 3.81　counta 函数示例

20. countif 函数

格式：=COUNTIF(range，criteria)

功能：用于统计满足某个条件的单元格的数量。例如，统计特定城市在客户列表中出现的次数。

参数：

range：必需，要计算的单元格组。范围可以包含数字、数组、命名的区域或包含数字的引用。忽略空值和文本值。

criteria：必需，用于决定要统计哪些单元格的数量的数字、表达式、单元格引用或文本字符串。

说明：可以使用 32 之类的数字，“>32”之类的比较，B4 之类的单元格，或“苹果”之类的单词。COUNTIF 仅使用一个条件。如果要使用多个条件，请使用 COUNTIFS。

示例：如图 3.82 所示。

	A	B	C	D
1	数据	数据	公式	说明
2	苹果	9	=COUNTIF(A2:A5,"苹果")	统计单元格 A2 到 A5 中包含"苹果"的单元格的数量。结果为"2"。
3	橙子	5	=COUNTIF(A2:A5,A4)	统计单元格 A2 到 A5 中包含"桃子"（使用 A4 中的条件）的单元格的数量。结果为"1"。
4	桃子	750	=COUNTIF(A2:A5,A3)+COUNTIF(A2:A5,A2)	与 (A3 中使用条件) 橙子和苹果 (在 A2 中使用条件) 的单元格 A2 到 A5 中进行计数。结果为 3。此公式使用两个 COUNTIF 表达式来指定多个条件，每个表达式的一个条件。
5	苹果	86	=COUNTIF(B2:B5,">55")	统计单元格 B2 到 B5 中值大于 55 的单元格的数量。结果为"2"。

图 3.82　countif 函数示例

21. countifs 函数

格式：=COUNTIFS(criteria_range1，criteria1，[criteria_range2，criteria2]，…)

功能：将条件应用于跨多个区域的单元格，并计算符合所有条件的次数。

参数：

criteria_range1：必需，在其中计算关联条件的第一个区域。

criteria1：必需，条件的形式为数字、表达式、单元格引用或文本，它定义了要计数的单元格范围。例如，条件可以表示为 32、">32"、B4、"apples"或"32"。

criteria_range2，criteria2，…：可选，附加的区域及其关联条件。最多允许 127 个区域/条件对。

说明：每一个附加的区域都必须与参数 criteria_range1 具有相同的行数和列数。这些区域无须彼此相邻。

示例：如图 3.83 所示。

销售人员	超过 Q1 配额	超过 Q2 配额	超过 Q3 配额	公式	说明	结果
王伟	是	否	否	=COUNTIFS(B2:D2,"=是")	计数王伟超出 Q1、Q2 和 Q3 阶段销售配额的次数（仅 Q1）	1
孙力	是	是	否	=COUNTIFS(B2:B5,"=是",C2:C5,"=是")	计算有多少销售人员同时超出其 Q1 和 Q2 配额（孙力和张颖）	2
张颖	是	是	是	=COUNTIFS(B5:D5,"=是",B3:D3,"=是")	计数李芳和赵军超出 Q1、Q2 和 Q3 阶段销售配额的次数（仅 Q2）	1
李芳	否	是	是			

图 3.83　countifs 函数示例

22. min(/max)函数

格式：=MIN(/MAX)(number1, [number2], …)

功能：返回一组值中的最小值(最大值)。

参数：number1, number2, …：number1 是可选的,后续数字是可选的。要从中查找最小值(最大值)的 1～255 个数字。

说明：参数可以是数字或者是包含数字的名称、数组或引用。逻辑值和直接输入到参数列表中代表数字的文本被计算在内。

如果参数是一个数组或引用,则只使用其中的数字。数组或引用中的空白单元格、逻辑值或文本将被忽略。

如果参数不包含任何数字,则 MIN 返回 0。

如果参数为错误值或为不能转换为数字的文本,将会导致错误。

如果想要在引用中将逻辑值和数字的文本表示形式作为计算的一部分则使用 MINA 函数。

示例：

=MIN(A1：A5,-100)返回值为-100。

=MIN(A1：A5)返回该区域中最小的值。

23. rank 函数

格式：RANK. EQ(number,ref,[order])

功能：返回一列数字的数字排位。

参数：

number：必需,要找到其排位的数字。

ref：必需,数字列表的数组,对数字列表的引用。ref 中的非数字值会被忽略。

order：可选,一个指定数字排位方式的数字。0—降序,1—升序。

说明：=RANK. EQ(A2,A2：A6,1)计算 A2 中的数据在区域 A2：A6 的表中的排位。因为 order 参数(1)是非 0 值,按照从小到大的顺序对列表进行排序。

24. concatenate 函数

格式：=CONCATENATE(text1, [text2], …)

功能：将两个或多个文本字符串联为一个字符串。

参数：

text1：必需,要连接的第一个项目。项目可以是文本值、数字或单元格引用。

text2，…：可选，要连接的其他文本项目。最多可以有 255 个项目，总共最多支持 8192 个字符。

说明：=CONCATENATE("2016""NCRE")其返回值为：2016"NCRE。

25. mid 函数

格式：=MID(text，start_num，num_chars)

功能：用来从指定的字符串中截取出指定数量字符的函数。

参数：

text：是一串我们想从中截取字符的"字符串"。

start_num：是一个数字，是指从"字符串"的左边第几位开始截取。

num_chars：也是数字，是指从 start_num 开始，向右截取的长度。

说明：start_num 参数小于 1 时，函数返回一个错误；start_num 参数值大于 text 参数长度时，返回一空字符串。

示例：=MID("2016NCRE",2,4)其返回值为 016N。

26. left 函数

格式：=LEFT(text,num_chars)

功能：从指定字符串左端提取指定个数字符，指定字符串是汉字时，提取 N 个字符就是提取 N 个汉字。

参数：

text：是包含要提取字符的文本字符串，可以直接输入含有目标文字的单元格名称。

num_chars：指定要由 LEFT 所提取的字符数。

说明：num_chars 必须大于或等于 0。num_chars 大于文本长度，则 LEFT 返回所有文本。如果省略 num_chars，则假定其为 1。

示例：=left("2016NCRE",5)其返回值为 2016N。

27. right 函数

格式：=RIGHT(text,num_chars)

功能：从指定字符串右端提取指定个数字符，指定字符串是汉字时，提取 N 个字符就是提取 N 个汉字。

参数：num_chars 指定希望 RIGHT 提取的字符数。

说明：num_chars 必须大于或等于 0。num_chars 大于文本长度，则 RIGHT 返回所有文本。如果忽略 num_chars，则假定其为 1。

示例：=RIGHT("2016NCRE",5)其返回值为 6NCRE。

28. trim 函数

格式：=TRIM(text)

功能：删除字串前导空格和尾部空格。

参数：text 必需。

说明：=TRIM("   windows   ")其返回值为 windows。

29. len 函数

格式：=LEN(text)

功能：表示返回文本串的字符数。

参数：text 必需。

说明：空格也是字符。

示例：=LEN(A1)返回 A1 单元格字符串的长度。

3.5 图形与图片

使用图形与图片，能够增强 Excel 工作表和图表的视觉效果，制作出更为引人注目的报表，使得原本枯燥乏味的报告更加生动。本节将介绍如何在 Excel 中使用形状、图片、SmartArt 图形、艺术字的技巧，以帮助读者轻松地制作出令人赏心悦目的图形，从而为自己的报表增添几分亮丽的色彩。

3.5.1 形状的使用

Excel 2010 提供了多种形状，用户可以在工作表的绘图层或者直接在图表中添加一个形状。如果在工作表的绘图层添加图形，依次单击"插入"→"插图"→"形状"。如果在已生成的图表中添加图形，则需先选中图表，然后选择"图表工具"选项卡→"布局"组→"插入"组→"形状"下拉按钮。本节将介绍形状使用的基本方法。

1. 形状种类

如图 3.84 所示，显示了 Excel 2010 所有的内置形状。

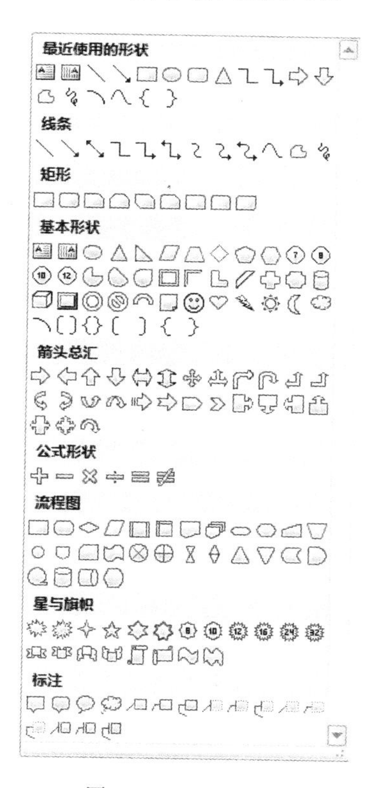

图 3.84 形状种类

形状种类如表 3.7 所示。

表 3.7　图形种类

图形种类	图形数量	描　　述
最近使用的形状	18	包含最近使用过的形状，方便使用者迅速找到
线条	12	包含直线、带箭头线以及任意曲线等
矩形	9	闭合的矩形
基本形状	42	包含文本框、长方形和圆形等标准形状，以及笑脸、云形等非标准形状，另外包含各种括号
箭头总汇	27	各种形状的箭头
公式形状	6	包含加、减、乘、除以及等号、不等号
流程图	28	包含适合于流程图中的形状
星与旗帜	20	星形与旗帜形状
标注	16	包含各种为工作表或图表提供说明文字的标注

2. 插入形状

在工作表中单击任意一个单元格，在“插入”选项卡“插图”组“形状”下拉菜单中选择一个形状，此时鼠标指针呈十字形，然后在工作表上拖动鼠标指针，当松开鼠标左键后，即可创建一个大小合适的形状，如图 3.85 所示。

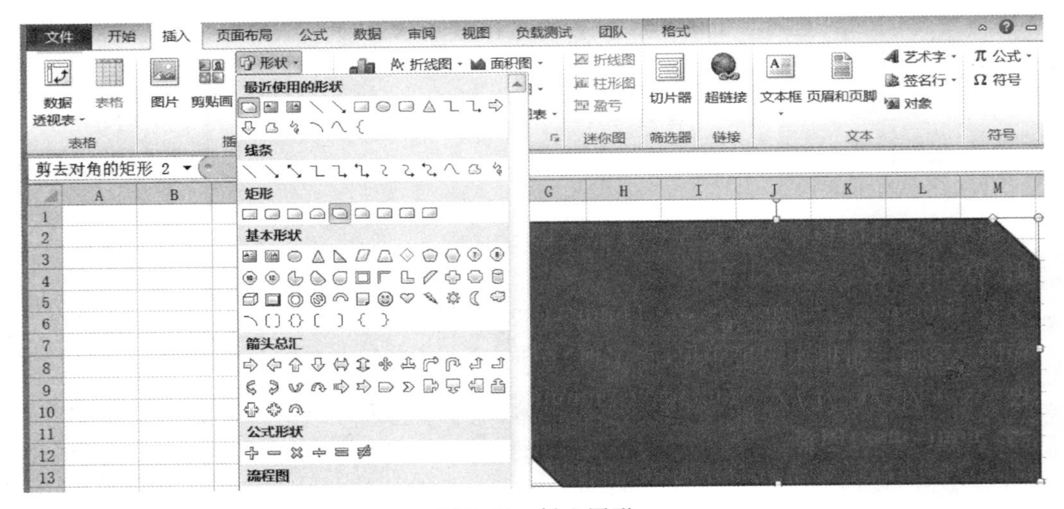

图 3.85　插入图形

3. 设置形状格式

如果需要设置形状格式，必须首先选中形状。如果形状填充了颜色或图案，单击形状的任意位置都可以选中它。而如果将形状填充设置为“无填充”的形状，则需要单击该形状的边框才能选中。当选中一个形状后，可以通过两种方法设置形状格式。

第一种方法是通过 Excel 2010 的“绘图工具”选项卡“格式”组进行设置，大致包括如下命令组，如图 3.86 所示。

(1) 插入形状：插入一个新的形状，或改变一个形状等。

(2) 形状样式：通过样式库改变一个形状的整体样式，或者修改形状的填充、轮廓和效

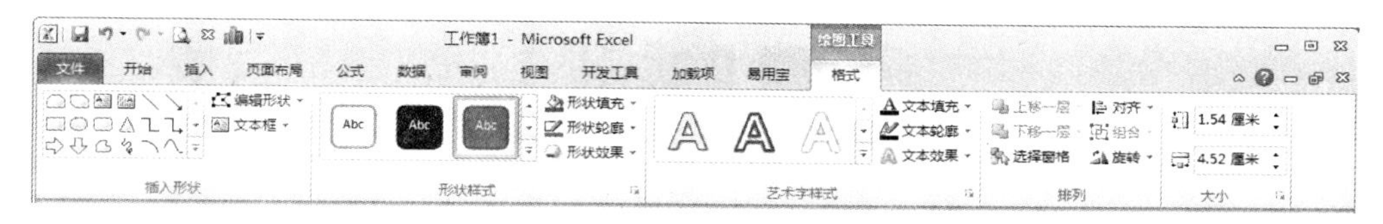

图 3.86 “绘图工具”→“格式”选项卡

果等。

(3) 艺术字样式：通过艺术字库修改一个形状中文字的样式，或者修改形状中文字的填充、轮廓和效果等。

(4) 排列：调整多个形状的堆积顺序，打开形状效果的可见性窗口，设置多个形状之间的对齐方式、组合形状及形状的旋转等。

第二种方法是在形状对象上单击鼠标右键，在弹出的快捷菜单中单击“设置形状格式”命令，打开“设置形状格式”对话框，如图 3.87 所示。该对话框所包含的功能与“绘图工具”选项卡类似。除此之外，还可以通过选中形状，然后按 Ctrl+1 组合键打开“设置形状格式”对话框。

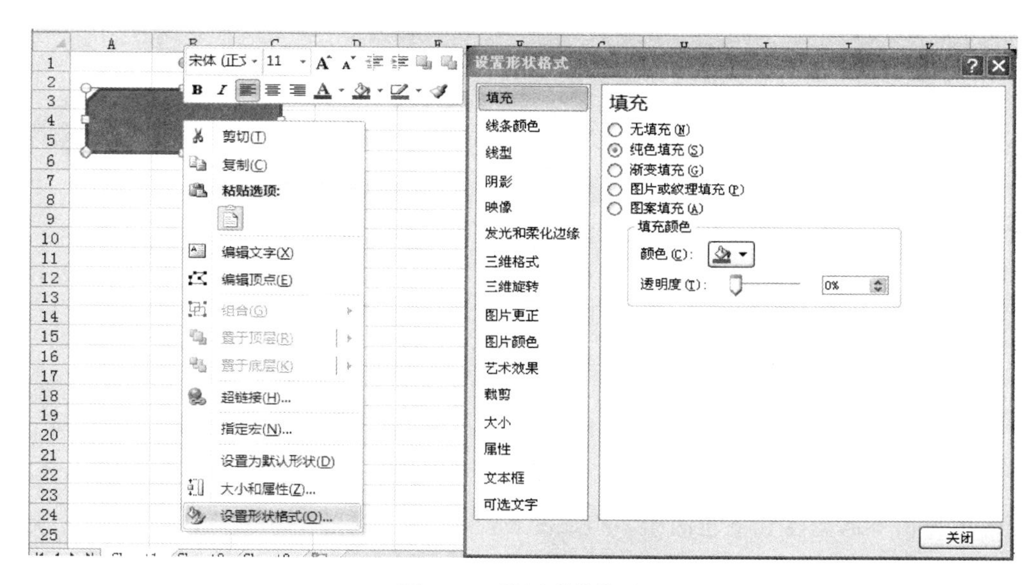

图 3.87 设置形状格式

4. 添加及修改文字

很多形状中都可以添加文字。要在形状中添加文字，只需要选中形状，然后直接输入文字即可。另外，也可以在形状上单击右键，在弹出的快捷菜单中单击“编辑文字”命令，如果某种形状不支持添加文字，则不会显示“编辑文字”命令。

改变形状中文本的格式，需要先选中该形状，然后选择“开始”选项卡、“字体”组中的各项命令，或者在形状上单击鼠标右键，使用悬浮工具栏中的各项命令来完成修改。如果需要改变文本中特定字符的格式，只需要选定这些字符，然后通过各种文本格式命令修改即可。同时，还可以选中该形状，然后通过“绘图工具”选项卡→“格式”组→“艺术字样式”组中的各项命令改变文本外观，如图 3.88 所示。

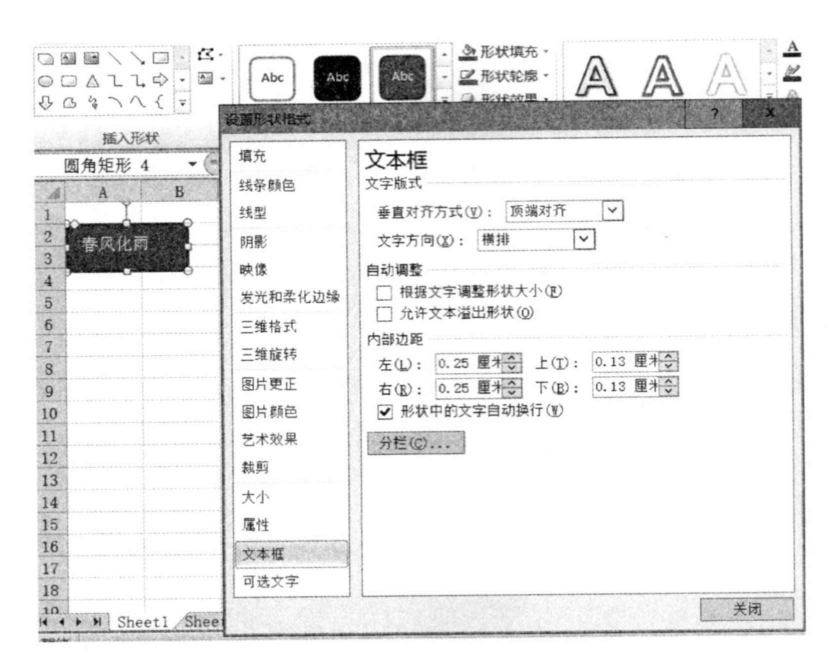

图 3.88　修改文本格式

另外，可以通过在形状上单击鼠标右键，在弹出的快捷菜单中单击“设置形状格式”命令，打开“设置形状格式”对话框，在左侧选择“文本框”选项卡，在右侧调整文本的“文字版式”“内部边距”等，并且可以通过单击“分栏”按钮，将文本设置为多栏格式。

【注意】 关于设置形状的格式，包含的内容较多，如旋转和翻转、叠放次序、形状的组合与取消组合、形状效果的设置等，但普遍比较直观且简单，最好的掌握方法就是去逐个试验，创建各种形状并执行各个不同的功能，然后看看形状会发生什么变化。

3.5.2 图片的使用

图形文件主要分为位图与矢量图。

位图是由不同亮度和颜色的像素组成的，适合表现大量的图像细节，它的特点是能表现逼真的图像效果，但是文件比较大，并且缩放时清晰度会降低并出现锯齿，常见的文件格式有 JPGE、PCX、BMP、PSD、PIC、GIF 和 TIFF 等。

矢量图则使用直线和曲线来描述图形，这些图形的元素是一些点、线、矩形、多边形、圆和扩大、缩小或旋转等都不会失真，缺点是难以表现色彩层次丰富的逼真图像效果，而且显示矢量图也需要花费一些时间，常见的文件格式有 CGM、WMF、EMF 和 EPS 等。

Excel 可以在工作表中插入这两类型的图片。本节将介绍如何在 Excel 2010 中使用图片。

1. 使用剪贴画

剪辑管理器是 Microsoft Office 应用程序的共享程序，包含图形、照片、声音、视频和其他媒体文件，统称为剪辑。剪贴画是指剪辑中的图形部分，使用剪贴画的方法是：在“插入”选项卡的“插入图”组中单击“剪贴画”命令，打开“剪贴画”对话框，然后在“搜索文字”文本框中输入图片的关键字(如“火车”),也可以不输入任何文字。如果不知道准确的文件名,可以使用通配符代替一个或多个字符,使用星号(*)可替代多个字符,使用问号(?)可替代单个字符,最后单击“搜索”按钮,在剪贴画列表框中选择需要的图形,即可将其插入到当前工作表中,如图 3.89 所示。

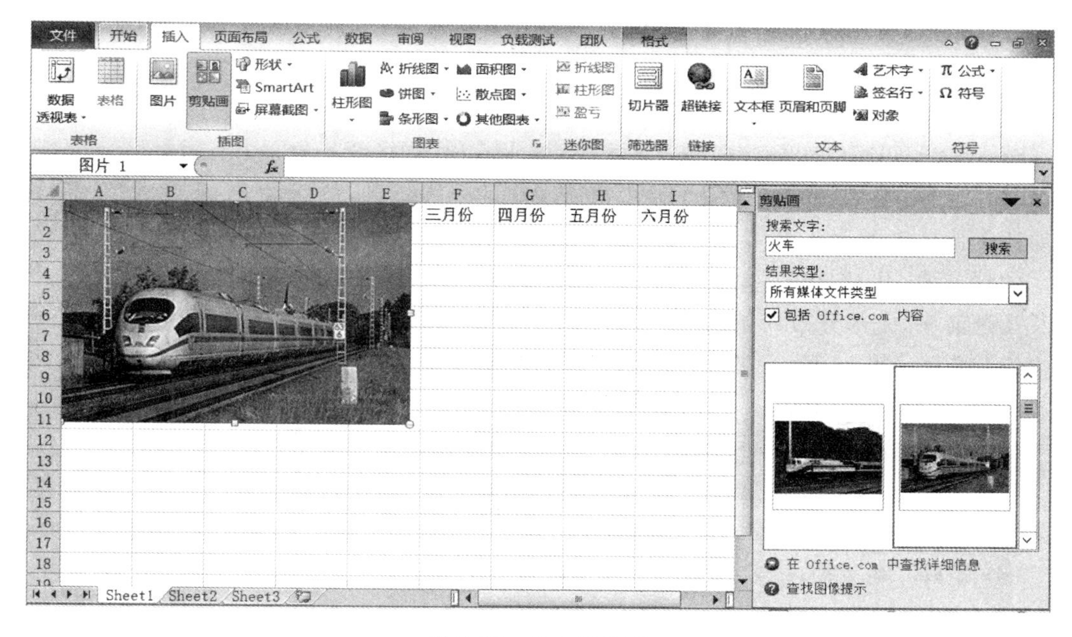

图 3.89　插入剪贴画

2. 插入图片文件

如果希望插入的图片在本地文件夹中,可以单击“插入”选项卡下的“插图”组中的“图片”命令,打开“插入图片”对话框,选中需要插入的图片文件后单击“插入”按钮,即可将图片文件插入 Excel 2010 的当前工作表中,如图 3.90 所示。

图 3.90　插入图片文件

3.5.3 SmartArt 的使用

Excel 2010 中 SmartArt 是一组开关，被排列成用于说明列表、流程、循环或组织结构等的形状组合。在以前的 Excel 版本中，SmartArt 图形被称为“图示”。在 Excel 2010 中，可以轻松地添加、变化新形状，反转形状次序，设置形状效果。同时，通过 SmartArt 文本编辑器，用户可以很方便地编辑 SmartArt 形状中的第 1 级和第 2 级文本，部分图形还可以支持添加图片。

SmartArt 图库将图形布局分成 8 大类，共 185 种图形（部分分类中有重复）。

（1）列表：共 36 种，主要用于显示没有次序的列表信息，包括水平、垂直、蛇形等，部分布局还支持插入图片。

（2）流程：共 44 种，主要用于显示有次序的步骤列表，包括水平、垂直、公式、漏斗、齿轮以及几种箭头，大部分布局包含箭头或用于表示次序关系的连接符号。

（3）循环：共 16 种，主要用于显示一系列的重复步骤，包括循环图、饼图、射线图、维恩图、矩阵和齿轮。

（4）层次结构：共 13 种，主要用于显示组织结构图、决策树和其他层次结构关系。

（5）关系：共 37 种，主要用于显示项目之间的关系，其中很多布局与其他类别重复，包括漏斗、齿轮、箭头、棱锥、层次、目标、列表流程、公式、射线、循环、维恩图等类型。

（6）矩阵：共 4 种，主要用于显示列表的 4 个象限。

（7）棱锥图：共 4 种，主要用于显示比例、包含、互连或层级关系。

（8）图片：共 31 种，主要用于显示带图片的各种图形关系。

SmartArt 图形分类示例如图 3.91 所示。

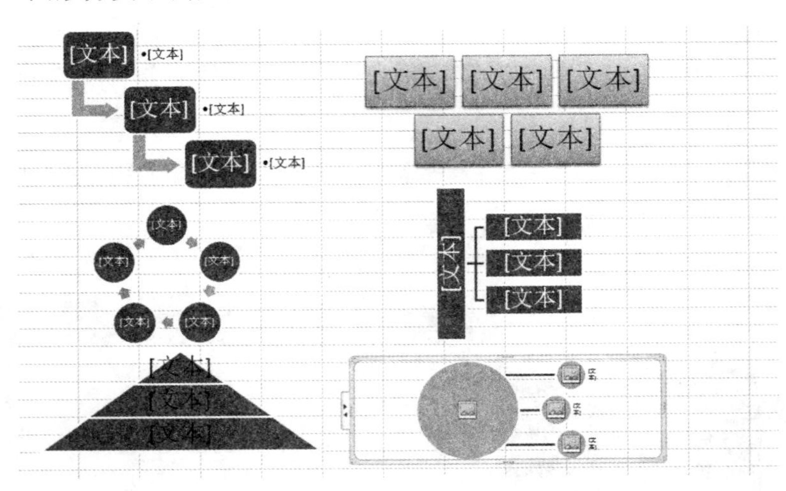

图 3.91　SmartArt 分类

在实际使用中，有些时候用 SmartArt 图形可能比图表更能有效表达观点，传递信息，如用组织结构图反映某公司的组织架构，用向上箭头表示某部门销售业绩的提升。本节将介绍如何插入、修改、设置 SmartArt 图形，以及如何正确选择图示类型。

1. 插入 SmartArt

要在一个工作表中插入 SmartArt，首先在工作表的空白处选择任意一个单元格，然后在“插入”选项卡的“插图”组中单击 SmartArt 按钮，打开“选择 SmartArt 图形”对话框，图形的分类都排列在左边。在对话框的中部显示了图形的缩略图，单击缩略图，可以在右侧的面板中看到更大的视图，并且还提供了一些用法提示。单击“确定”按钮，即可将该图插入到工作表中，如图 3.92 所示。

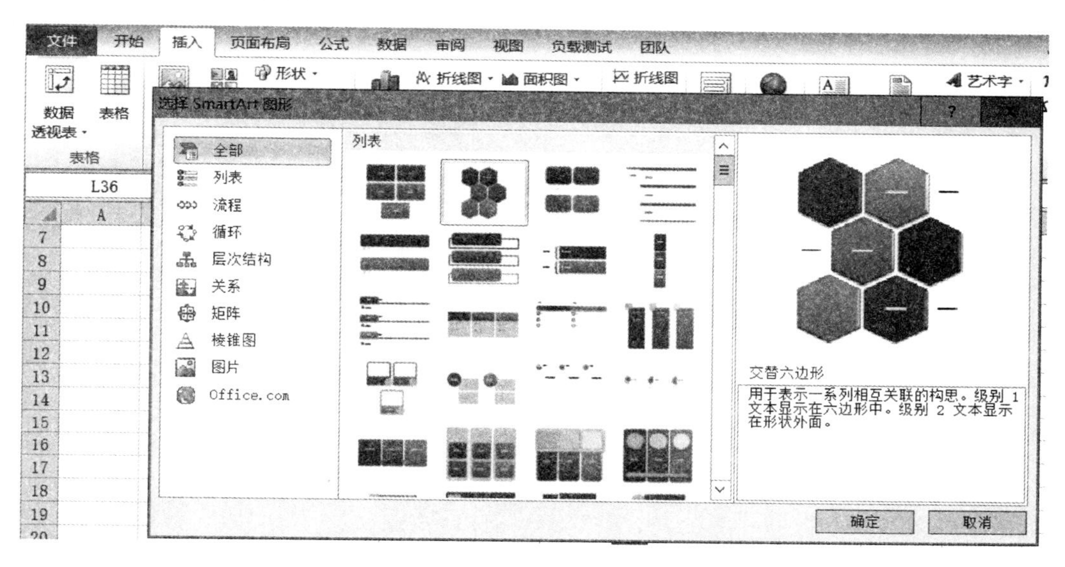

图 3.92 插入 SmartArt

【注意】 插入 SmartArt 图形时，无须考虑图形中的元素个数，可以通过自定义 SmartArt 来显示需要的元素个数。

2. SmartArt 的文本窗格

SmartArt 的文本窗格是一个极其方便的工具，不仅可以输入显示在 SmartArt 图形中的文本，而且可以添加、删除、合并形状以及升级、降级列表项。如图 3.93 所示，插入 SmartArt 图形后默认显示文本窗格，如文本窗格未出现，可选中图形，然后在“SmartArt 工具”选项卡的“设计”组中单击“文本窗格”按钮。

在 SmartArt 文本窗格中可执行如下操作。

(1) 在某行上直接输入文本，SmartArt 图形中相应元素立即显示该文本。

(2) 按向上箭头或向下箭头将在各行之间移动。

(3) 在某行按 Enter 键将在当前行之后插入一个新行，新元素的等级与当前等级相同，如为第一级文本新增一个图形元素。

(4) 在某行按 Tab 键将第 1 级文本降级为第 2 级文本。

(5) 在某行按 Shift+Tab 组合键将第 2 级文本升级为第 1 级文本。

(6) 在空白行按 BackSpace 键，如为第 1 级文本将相应删除该图形元素，如为第 2 级将生成一个空的新图形元素。

(7) 在某行的结尾处按 Delete 键将把下一行与当前行合并。

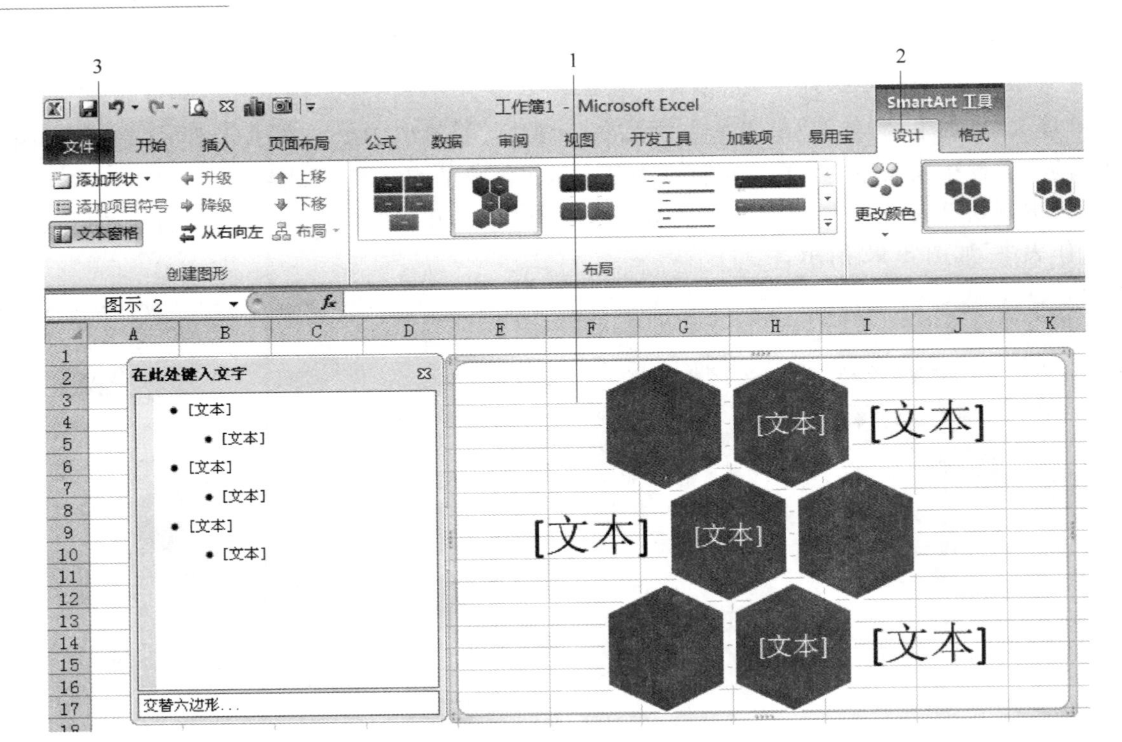

图 3.93　SmartArt 文本窗格

3. 在 SmartArt 中添加图片

在 SmartArt 的“列表”分类中，共有 31 种 SmartArt 图形中可以插入图片，有些图形中强调图片，如“图片题注列表”，而有些图形中重点在于文本，图片起到辅助强调或美化作用。在 SmartArt 图形中插入图片时，单击 SmartArt 图形中的“图片图标”，打开“插入图片”对话框，在文件目录中单击需要插入的图片文件，单击“插入”即可，重复这种操作为每一个图形元素添加相应的图片，此时，图片将自动调整大小以适合于分配的区域，如图 3.94 所示。

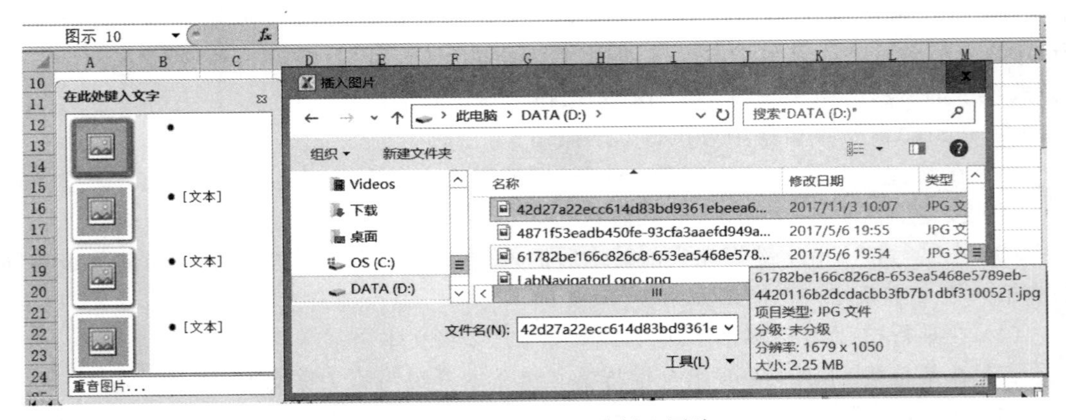

图 3.94　在 SmartArt 中插入图片

如果需要修改插入的图片，首先单击图片，在 SmartArt 选项卡→“格式”组中单击“形状填充”下拉按钮，在弹出的扩展菜单中单击“图片”按钮，打开“插入图片”对话框，在文件目录中单击需要插入的图片文件，单击“插入”按钮替换图片，如图 3.95 所示。

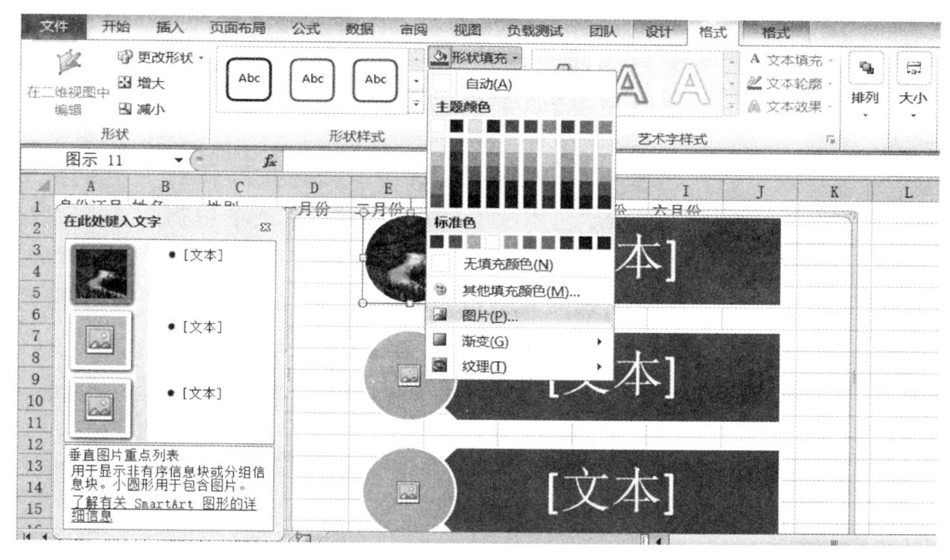

图 3.95 修改 SmartArt 图片

4. 布局 SmartArt

很多情况下，一种需求可以用几种 SmartArt 布局进行表达，下列总结的一些常见的需求，可以为读者在选择 SmartArt 图形布局时缩小范围。

(1) 在图形中强调图片，可选择的布局有：图片题注列表、图片重点列表、水平图片列表、连续图片列表、垂直图片列表、垂直图片重点列表、蛇形图片重点列表。

(2) 如果在图形中需要输入特别多字符的 2 级文本，可选择的布局有：垂直项目符号列表、垂直框列表、表格列表。

(3) 在图形中显示连续的流程，可选择的布局有：基本循环、文本循环、连续循环、块循环、不定向循环、分段循环。

(4) 需要在图形中表达水平方向的流程，可选择的布局有：基本流程、重点流程、交替流程、连续块状流程、连续箭头流程、流程箭头、详细流程、基本 V 型流程、闭合 V 型流程。

(5) 需要在图形中表达垂直方向的流程，可选择的布局有：垂直流程、垂直 V 型流程、交错流程、分段流程。

(6) 需要在图形中表达很多流程项目，可选择的布局有：基本蛇形流程、垂直蛇形流程、环状蛇形流程。

(7) 需要在图形中表达沿两个方向进行的循环流程，可选择的布局有：多向循环。

(8) 需要显示组织结构图，可选择的布局有：组织结构图、层次结构、标记的层次结构、表层次结构、层次结构列表。

(9) 需要表达在两个方案之间进行决策，可选择的布局有：平衡、平衡箭头。

(10) 需要表达两个相反的作用，可选择的布局有：分叉箭头、反向箭头、汇聚箭头、带形箭头。

(11) 需要表达多个选项相组合产生的结果，可选择的布局有：公式、垂直公式、聚合射线、漏斗。

3.5.4 艺术字的使用

Excel 2010 对艺术字功能进行了重新设计，与以前版本相比，最大的不同是将艺术字创建在一个矩形的形状对象上，这样的艺术字将能设置出更多的绚丽效果。

1. 插入艺术字

要在一个工作表中插入艺术字，首先在工作表的空白处选择任意一个单元格，然后在“插入”选项卡→“文本”组中单击“艺术字”下拉菜单，下拉菜单中提供了 30 种内置的艺术字效果，选择其中之一，Excel 2010 将根据选定的艺术字效果生成附在矩形形状上的文本“请在此放置您的文字”，选择这个文本，然后用自己的文本替换该文本，如图 3.96 所示。

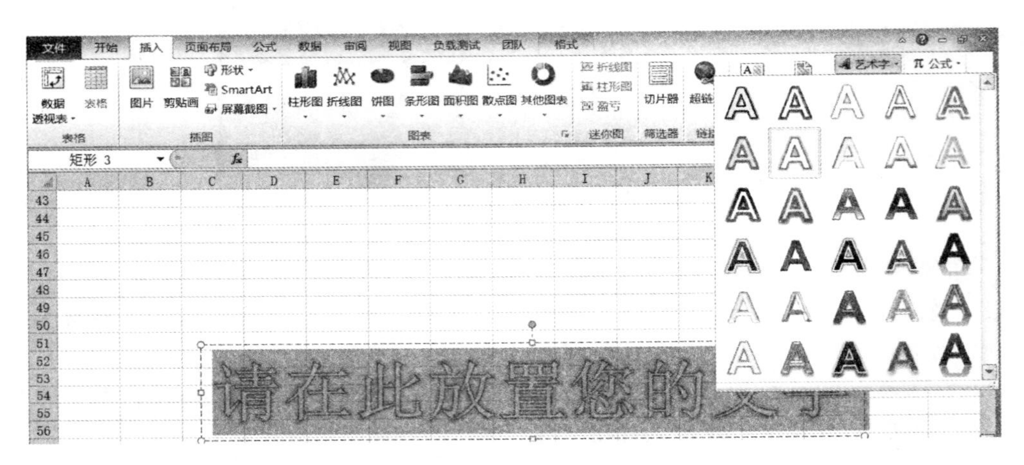

图 3.96 插入艺术字

2. 设置艺术字

Excel 2010 艺术字最大的不同在于不仅可以设置艺术字效果，而且可以设置包含艺术字的矩形形状的效果。选中艺术字后，在“绘图工具”选项卡→“格式”组→“形状样式”组中的设置是对包含艺术字的矩形形状进行操作，而不是艺术字，如图 3.97 所示。

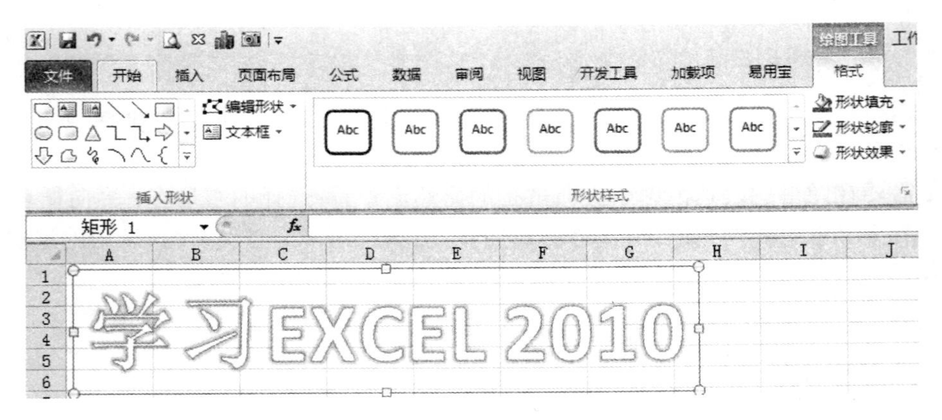

图 3.97 设置艺术字的矩形形状效果

如果需要设置文本效果和格式，可以在选中艺术字后，使用如下几种途径。

(1) 在“绘图工具”选项卡→“格式”组→“艺术字样式”组中设置，可选择“艺术字库”“文本填充”“文本轮廓”“文本效果”。

(2) 在“开始”选项卡→“字体”组中选择格式设置。

(3) 选中文字后，单击鼠标右键，在悬浮的文本工具栏中设置。

(4) 在艺术字上单击鼠标右键，在弹出的快捷菜单中选择“设置文字效果格式”命令，在打开的“设置文本效果格式”中设置更多的格式。

设置艺术字效果的 4 种方法如图 3.98 所示。

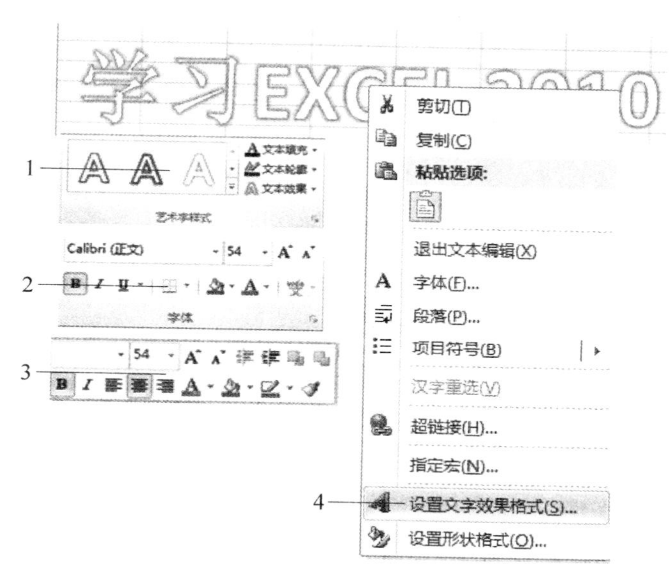

图 3.98　设置艺术字效果的 4 种方法

3.6　Excel 创建图表

图表(Chart)是指利用点、线、面等多种元素，展示统计信息的属性(时间性、数量性等)，对知识挖掘和信息直观生动感受起关键作用的“图形结构”，是一种很好的将数据直观、形象地进行展示的“可视化沟通语言”。图表和工作表中的数据是互相连接的，当工作表中的数据发生变化时，图表会自动随之变化。Excel 2010 提供了柱形图、折线图、饼图、条形图、面积图等多种图表类型，用户可根据需要进行选择。本节主要介绍图表的创建、修改、打印等方法。

3.6.1　创建图表

在 Excel 2010 中，要创建图表，主要是利用主菜单“插入”上下文中的“图表”分组中的命令按钮完成创建图表的操作，如图 3.99 所示。

1. 迷你图的创建

迷你图是 Microsoft Excel 2010 中的一个新功能，这是工作表单元格中的一个微型图

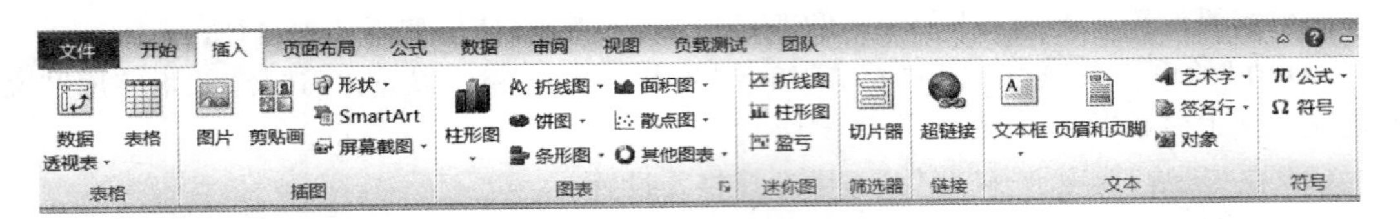

图 3.99 “插入”菜单下的“图表”制作功能命令

表，可提供数据的直观表示。

选择 H4 单元格，单击“插入”选项卡中的“迷你图”功能区中的“柱形图”命令，打开“创建迷你图”对话框，将光标定位到“数据范围”编辑框内，选择工作表中的 B4：G4 单元格区域，单击“确定”按钮，在 H4 单元格中插入一个迷你柱形图，如图 3.100 所示。

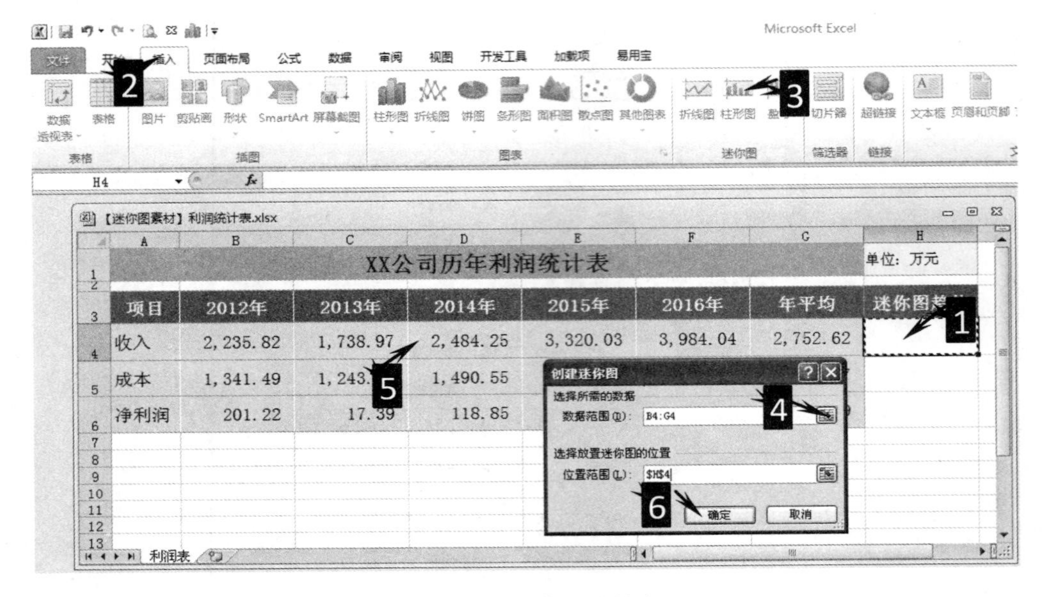

图 3.100 迷你图的创建

迷你图与传统 Excel 图表相比，具有鲜明的特点。

(1) 迷你图是单元格背景中的一个微型图表，传统 Excel 图表是嵌入在工作表中的一个图形对象。

(2) 使用迷你图的单元格可以输入文字和设置背景色。

(3) 迷你图可以像填充公式一样方便地创建一组图表。

(4) 迷你图图形比较简洁，没有纵坐标轴、图表标题、图例、数据标志、风格线等图表元素，主要体现数据的变化趋势或者数据对比。

(5) 仅提供三种常用图表类型：拆线迷你图、列迷你图和盈亏迷你图，并且不能制作两种以上图表类型的组合图。

(6) 迷你图可以根据需要突出显示最大值和最小值。

(7) 迷你图提供了 36 种常用样式，并可以根据需要自定义颜色和线条。

(8) 迷你图占用的空间较小，可以方便地进行页面设置和打印。

2. 嵌入式图表

嵌入式图表是 Excel 中运用最多的图表样式，其特点是作为一个图表对象嵌入在工作表中，图表的数据源为对应工作表中的数据。

选择 A1∶F6 单元格区域中的任意单元格，单击“插入”选项卡中的“柱形图”，在其中选择“簇状柱形图”命令，在工作表中插入一个嵌入式的柱形图，如图 3.101 所示。

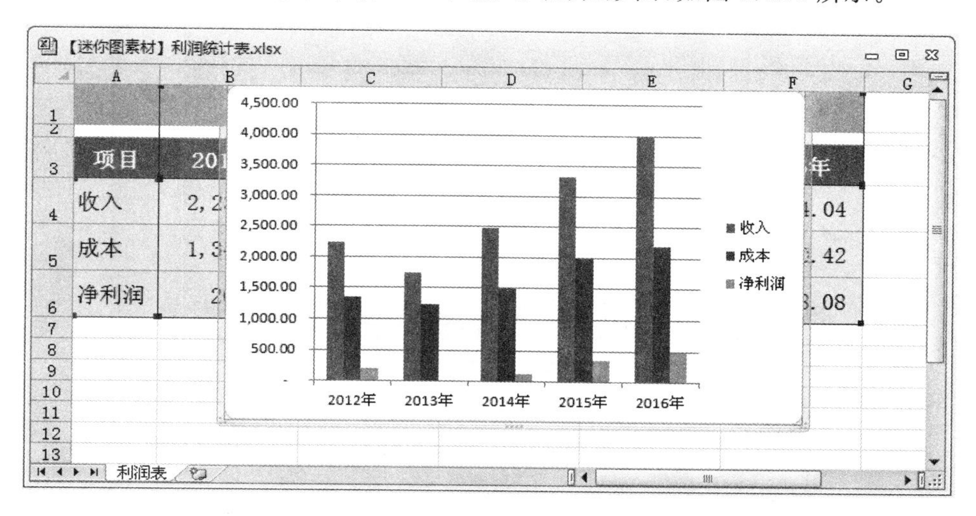

图 3.101 嵌入式图表

3. 图表工作表

图表工作表的特点是一个工作表即一张图表，图表的数据源为工作表中的数据。

创建图表工作表的方法很简单，选中目标数据区域的任意单元格，按 F11 快捷键，Excel 自动插入一个新的图表工作表“Chart1”，并创建一个以所选单元格相邻区域为数据源的柱形图，如图 3.102 所示。

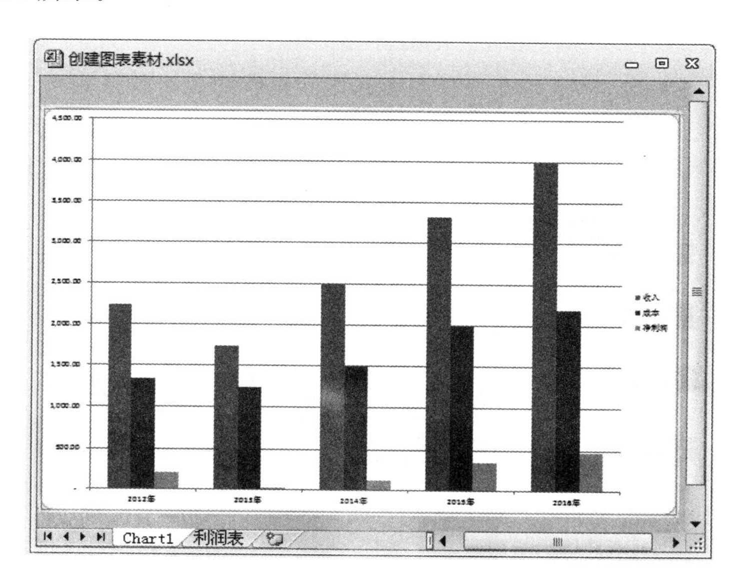

图 3.102 图表工作表

4. Microsoft Graph 图表

Microsoft Graph 图表也是嵌入在工作表中的图表对象，其主要特点是图表的数据源与工作表无关，而与图表对象一起存储。其创建方法如下。

第一步：单击“插入”选项卡中的“对象”命令，打开“对象”对话框，在“新建”→“对象类型”列表中单击选取“Microsoft Graph 图表”，再单击“确定”按钮，关闭对话框，如图 3.103 所示。

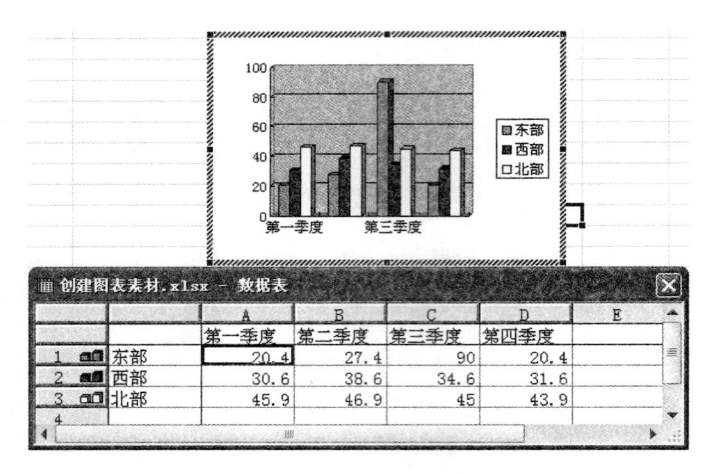

图 3.103 Microsoft Graph 图表

第二步：在上一步中关闭对话框的同时，打开 Microsoft Graph 图表编辑窗口，同时显示一个嵌入式的柱形图和一个数据表对话框。在数据表中输入数据后，再单击工具栏上的“按钮”命令，图表自动更新为以列数据为数据系列的柱形图，如图 3.103 所示。单击任意单元格，关闭数据表对话框，返回 Excel 2010 窗口。

3.6.2 图表的组成

图表的各个组成部分，对于正确选择图表元素和设置图表对象格式来说是非常重要的。Excel 图表由图表区、绘图区、标题、数据系列、图例和风格线等基本组成部分构成，如图 3.104 所示。此外，图表还可能包括数据表和三维背景等在特定图表中显示的元素。

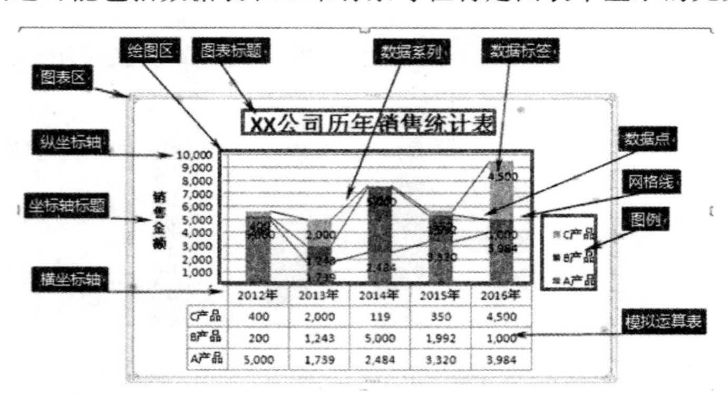

图 3.104 图表的组成

图表区是指图表的全部范围，Excel 默认的图表区是由白色填充区域和 50%灰色细实线边框组成的。选中图表区时，将显示图表对象的边框，以及用于调整图表大小的 8 个控制点。

绘图区是指以图表区内的图形表示的区域，即以两个坐标轴为边的长方形区域。选中绘图区时，将显示绘图区边框，以及用于调整绘图区大小的 8 个控制点。

标题包括图表标题和坐标轴标题。图表标题是显示在绘图区上方的类文本框，坐标轴标题是显示在坐标轴外侧的类文本框。图表标题只有一个，而坐标轴标题最多允许有 4 个。Excel 默认的标题是无边框的黑色文字。

数据系列是由数据点构成的，每个数据点对应于工作表中的某个单元格内的数据，数据系列对应于工作表中的一行或者一列数据。数据系列在绘图区中表现为彩色的点、线、面等图形。

坐标轴按位置不同可分为主坐标轴和次坐标轴两类。Excel 默认显示的是绘图区左边的主要纵坐标轴和下边的主要横坐标轴。坐标轴按引用数据不同可分为数值轴、分类轴、时间轴和序列轴 4 种。

图例由图例项和图例标示组成，在默认设置中，包含图例的无边框矩形区域显示在绘图区右侧。

数据表显示图表中所有数据系列的源数据，对于设置了显示数据表的图表，数据表将固定显示在绘图区的下方。如果图表中已经显示了数据表，则一般不再同时显示图例。

三维背景由基底、背面墙和侧面墙组成，如图 3.105 所示。设置三维视图格式，可以调整三维图表的透视效果。

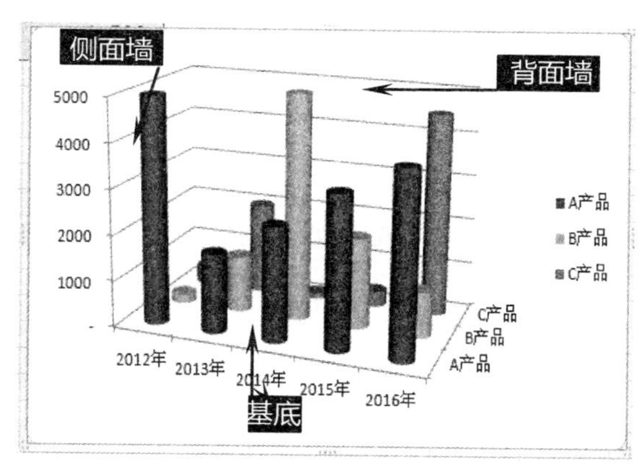

图 3.105　三维背景

3.6.3　图表的设计

1. 更改图表类型

Excel 2010 提供了 11 类 73 种图表类型。常用的图表类型有柱形图、条形图、折线图、XY 散点图、饼图等，而面积图、气泡图、股份图、雷达图、曲面图、圆环图等使用的频率稍低一些。不同的图表类型一般可以相互转换，且同一图表内，可以同时使用多种二维图表类型的组合。

更改图表类型的方法，按照所选择的图表元素不同略有不同。如果选择图表的绘图区或图表区，则更改所选数据系列的图表类型。

以更改一个数据系列的图表类型为例，其方法为：先选择需要修改的图表，如“销售计划”数据系列，再依次单击“图表工具”→“设计”→“更改图表类型”，打开“更改图表类型”对话框，选择“折线图”→“带数据标记的折线图”图表类型，最后单击“确定”按钮，将所选柱形图更改为折线图，如图 3.106 所示。

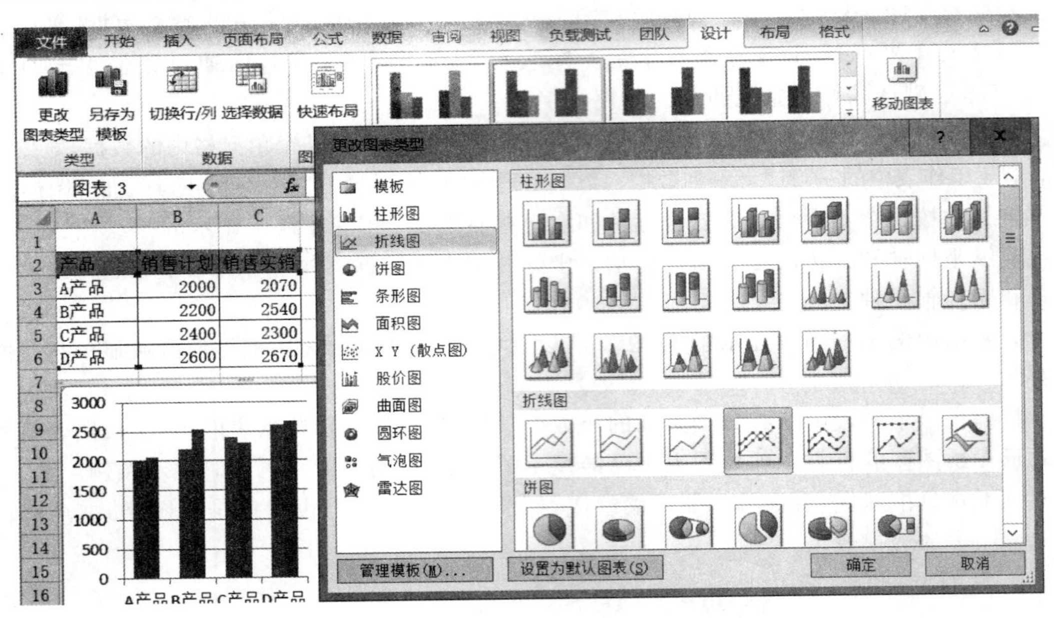

图 3.106 更改图表类型

2. 源数据切换

数据表由行和列构成，按行数据和按列数据都可以绘制成图表，并且可以互相切换。按列数据绘制的图表，每一列数据是一个数据系列（图例项）。按行数据绘制的图表，每一行数据是一个数据系列（图例项）。

选择图表，再依次单击“图表工具”→“设计”→“切换行/列”命令，即可实现将图表的列数据系列切换为行数据系列，如图 3.107 所示。再次单击“切换行/列”命令，可以恢复图表为列数据系列。

3. 编辑数据系列

Excel 图表是根据工作表中的数据表格来绘制的，该数据表格称为图表的数据源，数据源中的一行或一列数据称为数据系列，数据系列中的每一个单元格内的数据称为数据点。数据系列是数据的图形化表现形式，也是正确绘制图表类型的基础，熟练掌握设置数据系列和数据点的技巧，是提高作图技能的重要环节。

1）菜单法编辑

数据系列是数据源中的行或列，位于工作表的数据区域。数据系列是图表中最重要的图表元素，灵活掌握编辑数据系列是提高绘图水平的基础之一。

原图表使用 A、B、C、D 列作为数据系列，若要更改为使用 B、C、D 列数据作为数据系列绘图，即删除 A 列，然后将 E 列加入数据系列，这些对数据系列进行的删除与编辑，则需要更改图表的数据引用。其操作方法如下。

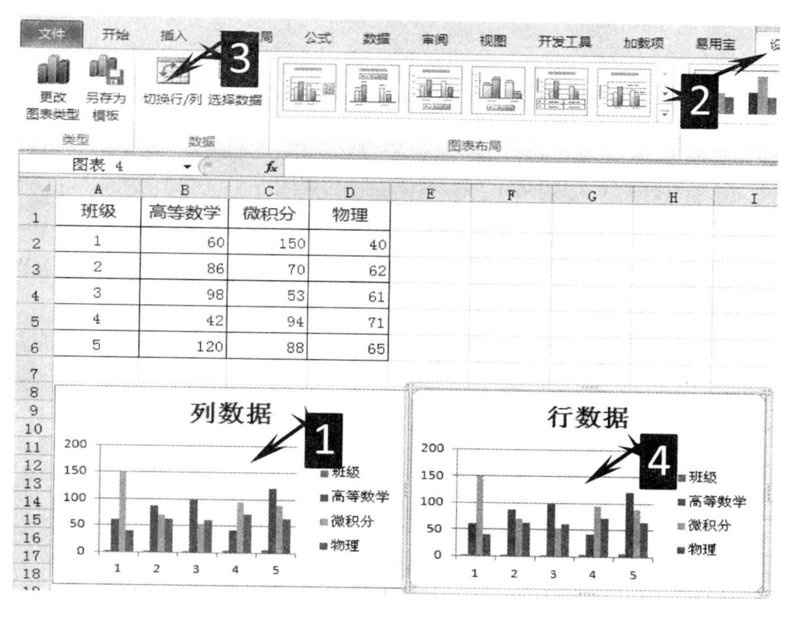

班级	高等数学	微积分	物理
1	60	150	40
2	86	70	62
3	98	53	61
4	42	94	71
5	120	88	65

图 3.107　切换行/列

第一步：选择图表，再依次单击“图表工具”→“设计”→“选择数据”，打开“选择数据源”对话框，选择“图例项(系列)”列表中的“班级”，单击“删除”按钮，即可删除不需要的数据系列 A，如图 3.108 所示。如若添加系列，则单击“添加”后接第二步。

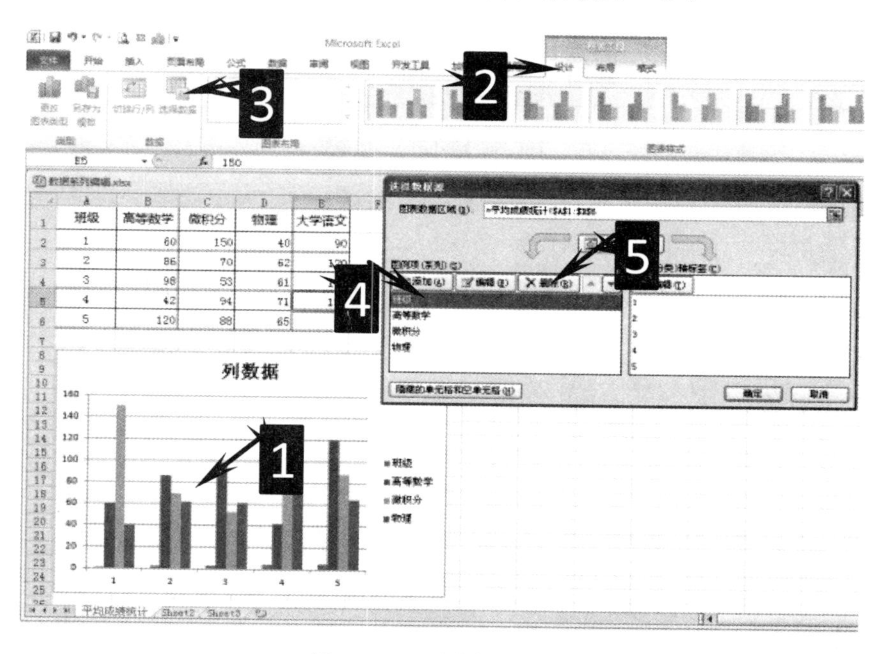

图 3.108　删除数据系列

第二步：打开“编辑数据系列”对话框，设置“系列名称”引用 E1 单元格，设置“系列值”引用 E2：E6 单元格区域，最后单击“确定”按钮，将图表中的一个数据系列“大学语文”增加到图表系列中，如图 3.109 所示。

2) 快速操作方法

(1) 选择数据绘图。

选择单元格区域后绘图，所选的单元格区域即为图表的数据源。适当地选择不相邻的数据区域，可以在一定程度上提高作图的效率。

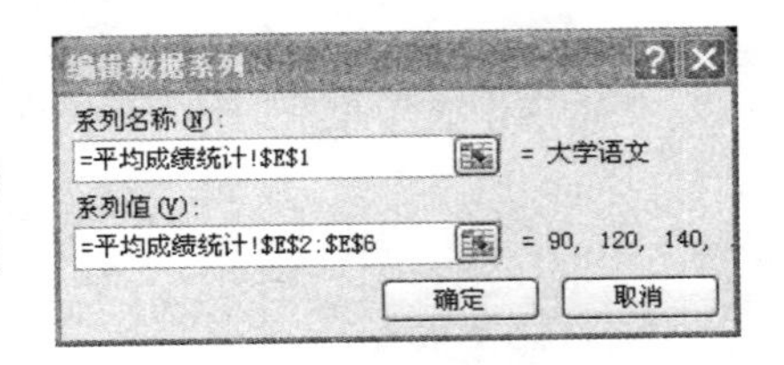

图 3.109　添加数据系列

选择 B1：B6 单元格区域，在按住 Ctrl 键的同时，选择 E1：E6 单元格区域。然后依次单击“插入”→“柱形图”→“簇状柱形图”命令，在工作表中插入一个柱形图，该柱形图由“高等数学”和“物理”两个数据系列构成，如图 3.110 所示。

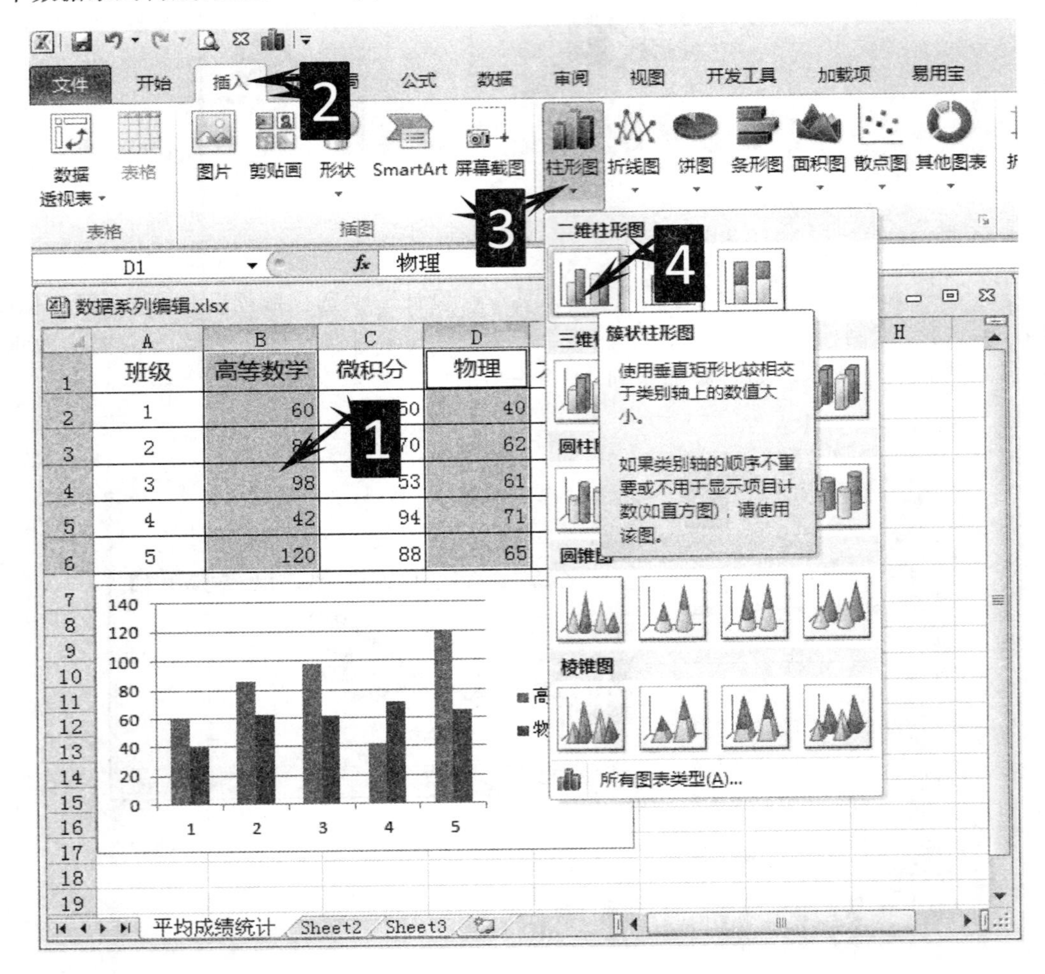

图 3.110　选择数据绘图

(2) 更改数据引用。

快速更改数据引用是使用鼠标拖放引用单元格区域来实现的。

单击选取图表的绘图区，在工作表的引用单元格区域会显示一个蓝色的方框，将光标移动到该蓝色边框上，蓝色边框将会变粗，光标变为十字箭形时，按下鼠标左键，拖动蓝色矩形框到 D2：F6 单元格区域，松开鼠标左键完成更改数据引用，如图 3.111 所示。

(3) 添加数据系列。

使用复制、粘贴命令可以快速添加新的数据系列。

选取 E1：E6 单元格区域，依次单击“开始”→“复制”命令(或按 Ctrl+C 组合键)，再选择图表，最后单击“开始”→“粘贴”命令(或按 Ctrl+V 组合键)，实现向图表快速添加一个名为“大学英语”的数据系列，如图 3.112 所示。

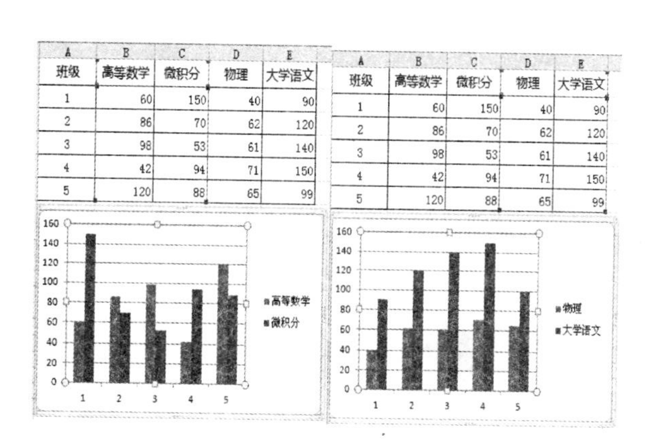

图 3.111　快速更改数据引用

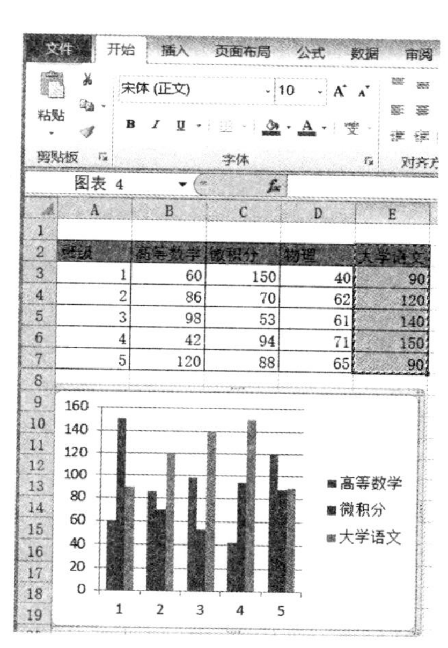

图 3.112　快速添加数据系列图

4. 图表的布局

图表布局是指图表中显示的图表元素及其位置、格式等的组合，Excel 2010 提供了 11 种内置图表布局，如图 3.113 所示，以方便用户选择不同布局的图表样式。同时，也提供了详细的设置选项，以符合个性化的需求。其设计方法如下。

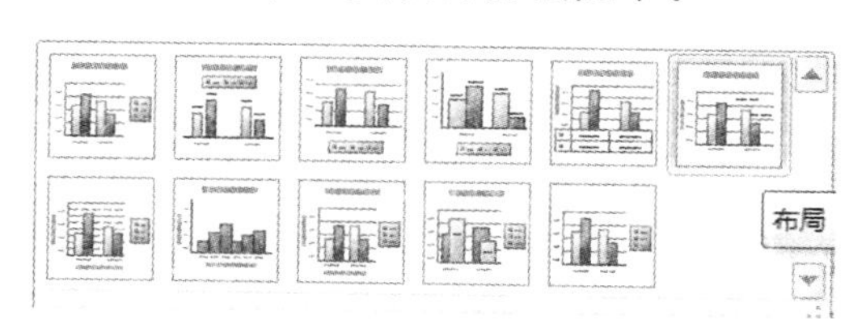

图 3.113　11 种内置布局

第一步：选择图表，依次单击“图表工具”“→设计”→“图表布局”下拉按钮，打开图表布局样式库，选择“布局 10”，将图表布局运用到所选择的图表，如图 3.114 所示。

第二步：选择图表，切换到“图表工具”→“布局”选项卡，依次单击“数据标签”→“数据标签内”命令，要在柱形上部添加数据标签，再单击“网格线”→“主要纵网格线”→“主要网格线”命令，在图表中添加纵网格线，如图 3.115 所示。

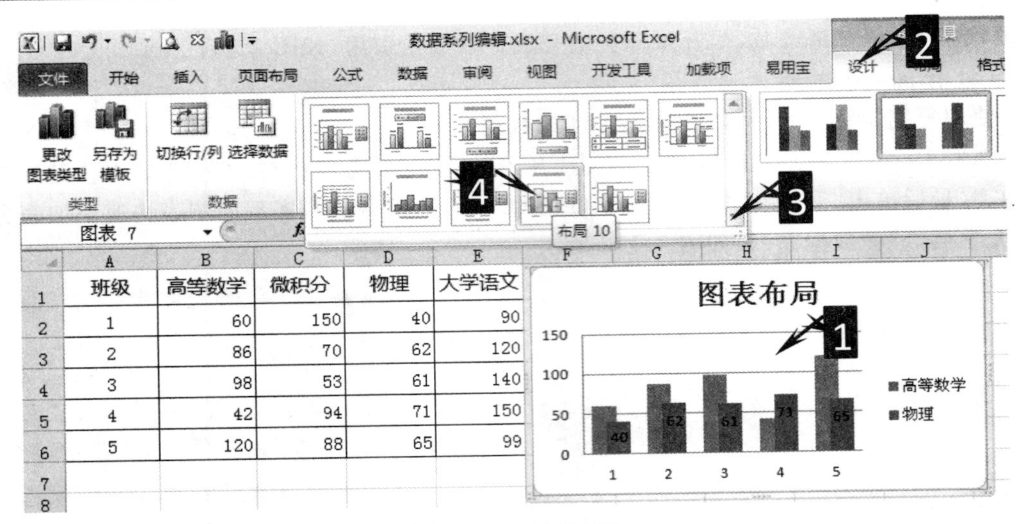

图 3.114　图表布局

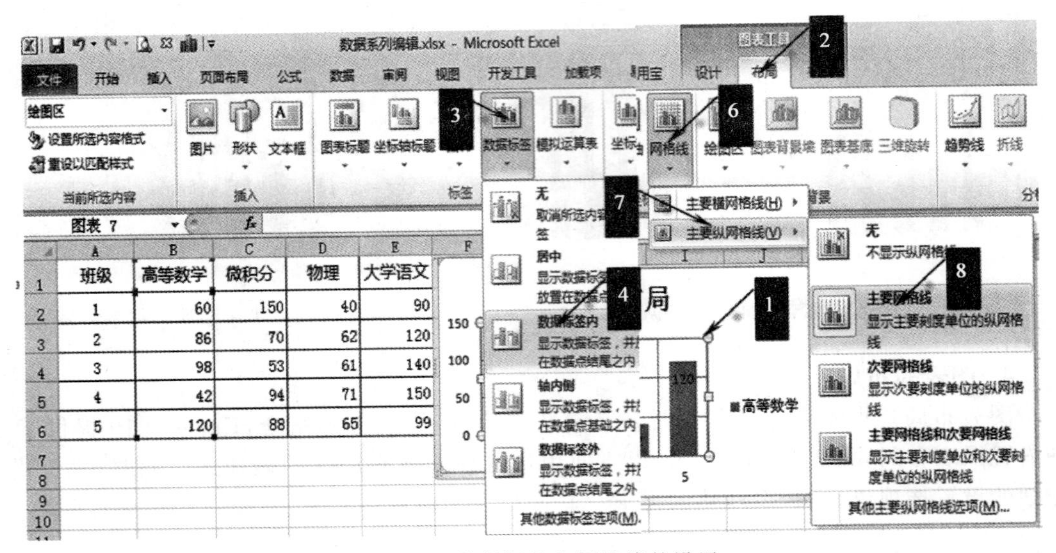

图 3.115　数据标签和网格线的设置

5. 选择图表的样式

图表样式是指图表中绘图区和数据系列形状、填充颜色、横线颜色等格式设置的组合。Excel 2010 提供了 48 种内置图表样式，以方便用户选择不同的图表样式，同时，也提供详细的设置选项，以符合个性化的需求。其操作方法如下。

第一步：选择图表，依次单击“图表工具”→“设计”选项卡中的“图表样式”下拉按钮，打开图表样式库，选择“样式 28”，将图表样式运用到所选择的图表，如图 3.116 所示。

第二步：单击图表的图表区选取图表，切换到“图表工具”→“布局”选项卡，单击“设置所选内容格式”命令，打开“设置所选内容格式”对话框，在“填充”选项卡中勾选“渐变填充”单选按钮，最后单击“关闭”按钮，为图表区填充蓝色渐变的背景颜色，如图 3.117 所示。

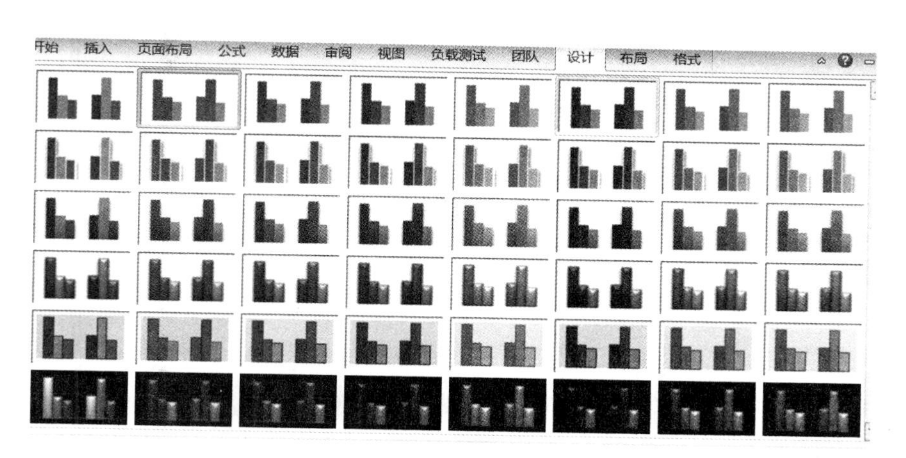

图 3.116　图表样式

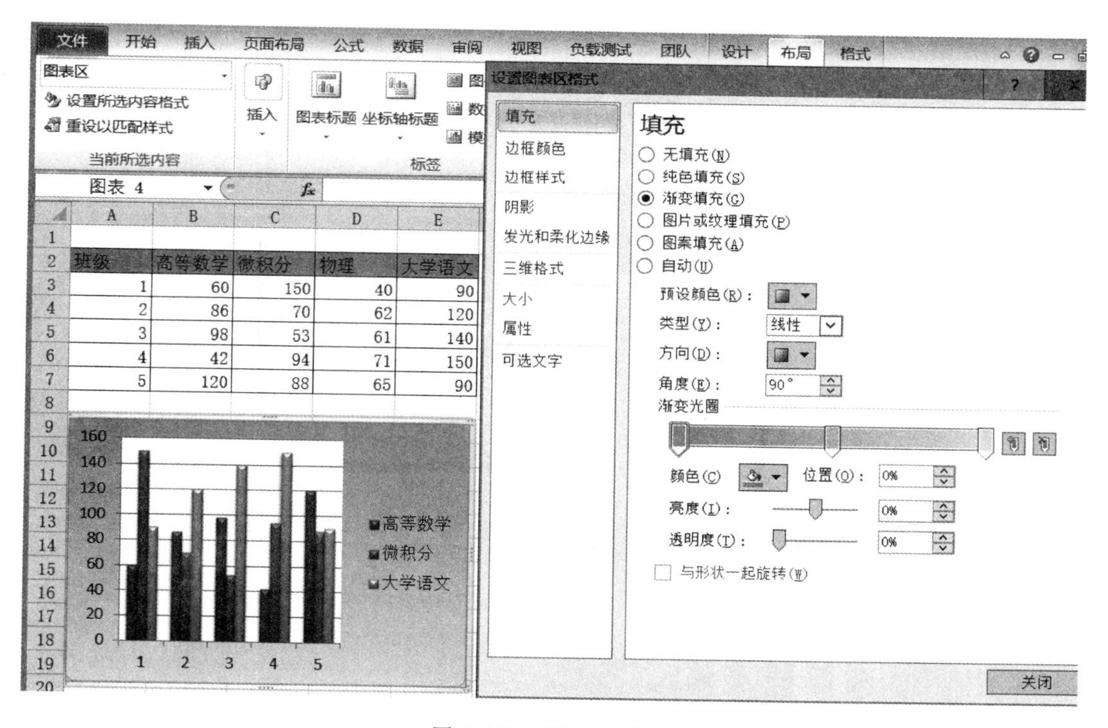

图 3.117　图表区填充

第三步：单击图表中“高等数学”数据系列的柱形，选择该数据列，再一次单击该数据系列的第一个数据点，选择该数据点，再依次单击“格式”→“形状样式”组中的“其他”按钮，打开形状样式库，共 42 种形状样式，选择“强烈效果－紫色，强调颜色 4”，将形状样式运用到所选择的数据点柱形，如图 3.118 所示。

6. 设置图表的位置

嵌入式图表和图表工作表可以互相转换位置，同一工作表内的图表可以直接移动位置，不同工作表内的图表可以用剪切、粘贴的方法移动。

嵌入式图表和图表工作表互相转换位置时，先选择图表，再依次单击“图表工具”→“设

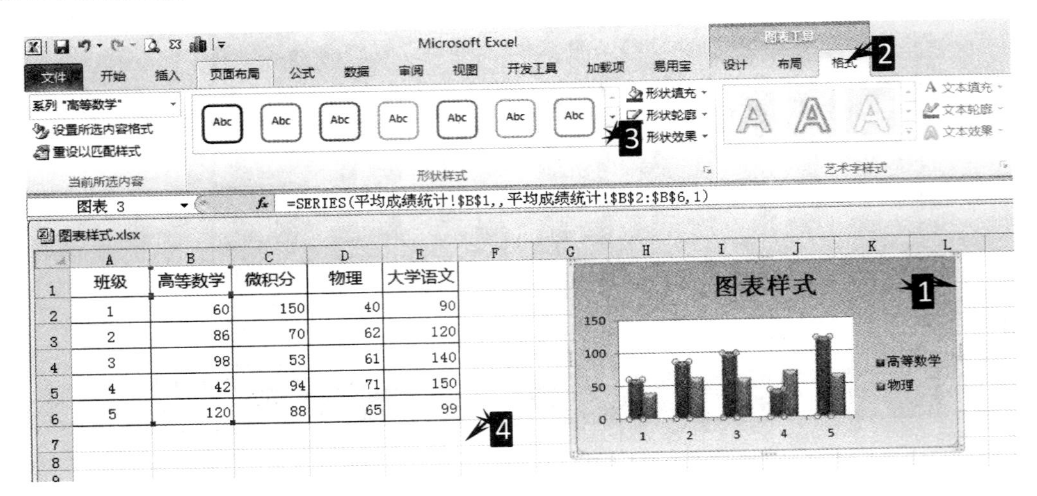

图 3.118　数据点形状样式

计”选项卡中的“移动图表”命令，打开“移动图表”对话框，选择“新工作表：Chart1”单选按钮，单击“确定”按钮就可以将图表移动到图表工作表，如图 3.119 所示。反之，选择“对象位于：Sheet1”单选按钮，可以将图表移动到工作表 Sheet1 中，成为嵌入式图表。

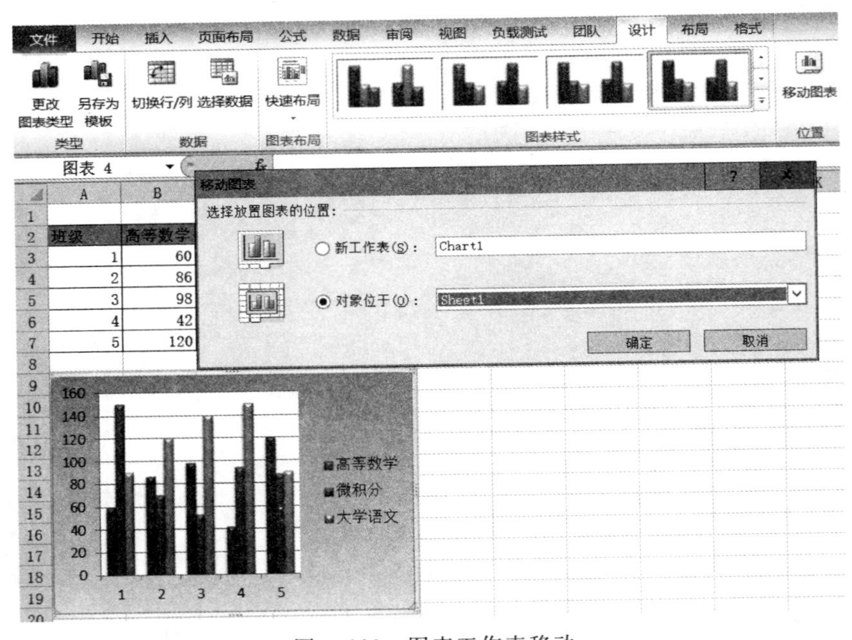

图 3.119　图表工作表移动

同一工作表内的图表可以直接用鼠标指针拖放来移动位置，也可以用剪切、粘贴的方法移动到指定的单元格位置。

不同工作表内的图表可以用剪切、粘贴的方法移动，粘贴时图表的左上角将与所选单元格的左上角对齐。

7. 调整图表大小

嵌入图表的大小与工作表的行高和列宽相关，包括图表的尺寸大小和显示比例。

工作表的显示比例越大，则图表显示也按比例放大。

选择图表时，在图表区外框显示 8 个控制点，将光标定位到控制点上，当其显示为双向箭头样式时，可以拖放调整图表尺寸的大小。

若要精确调整图表的尺寸大小，先选择图表，然后依次单击“图表工具”→“格式”选项卡中“大小”组内的微调按钮，可以设置图表的长度和宽度数值，如图 3.120 所示。

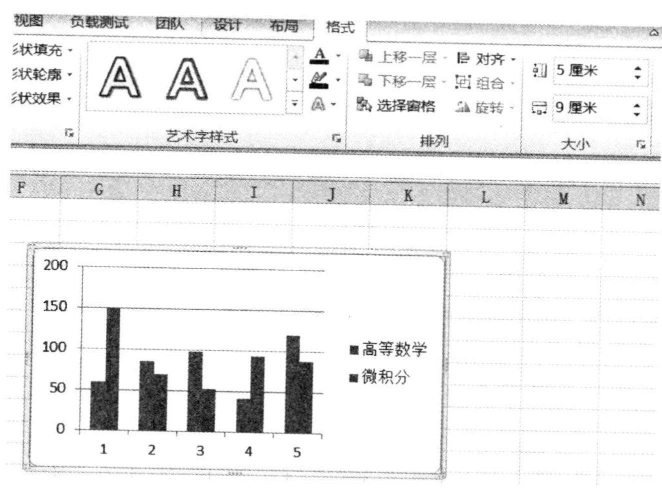

图 3.120　图表大小设置

将行高调大，或者插入一行，则图表的尺寸也随之变大；将行高调小，或者删除一行，则图表的尺寸变小。列宽也是同样变化。若需要固定图表的大小，则单击“格式”选项卡中“大小”组的对话框启动器按钮，打开“设置图表区格式”对话框，在“属性”选项卡中勾选“大小和位置均固定”单选按钮即可，如图 3.121 所示。

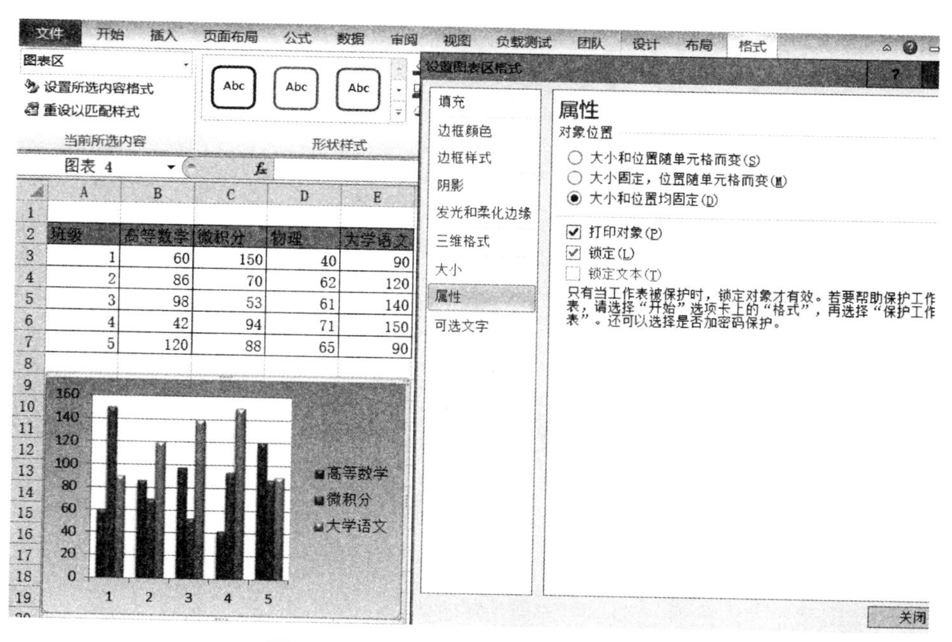

图 3.121　图表大小和位置均固定设置

3.6.4 图表的布局

1. 图表文字

图表中的文字包括标题、图例、数据标签、坐标轴标签、数据表等。图表文字技巧主要涉及设置文字格式、使用数字样式和动态文字等技巧。其中，变化最丰富的是数字样式，它不仅可以显示小数、分数、科学记数，还可以按照数字的大小显示不同的颜色。

1）图表标题

图表标题是图表的主题说明文字，位于图表绘图区的正上方。一个完整的图表必须要有图表标题，有的图表会适当添加副标题，以完善图表的显示内容。

如果图表中没有显示标题，则按照以下的方法添加图表标题。

先选择图表，再依次单击“图表工具”→“布局”→“图表标题”→“布局”→“图表标题”→“图表上方”命令，为图表添加一个字体为“18 磅”，内容为“图表标题”的图表标题，如图 3.122 所示。

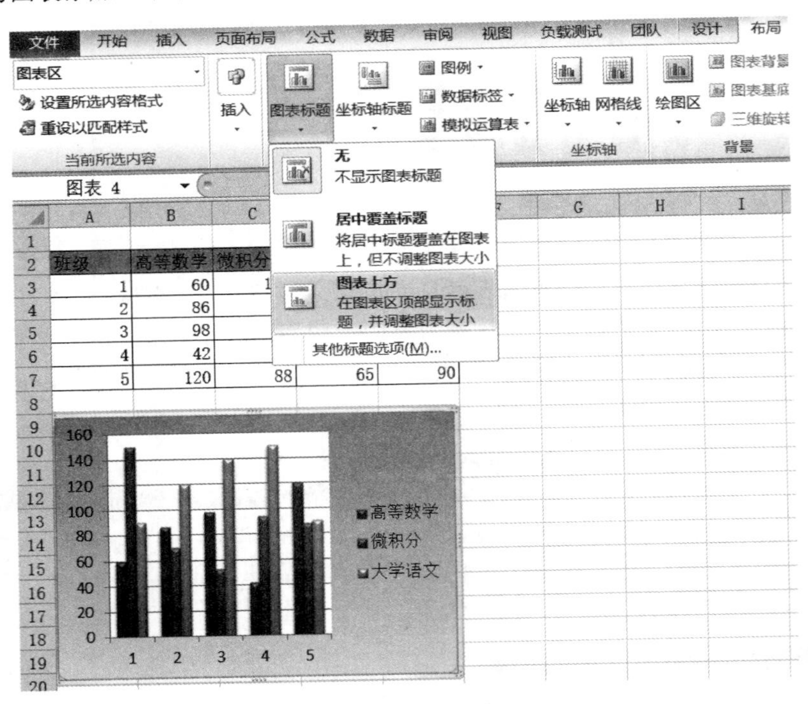

图 3.122 添加图表标题

可以直接在图表标题中输入、删除、编辑文字。在比较正式的场合，图表标题建议使用黑体或微软雅黑。如果图表标题内的文字较多时，图表标题会自动换行。此时，应适当调整字体大小。依次单击“开始”→“减小字号”命令，使图表标题只显示一行。若需要换行，则直接按 Enter 键即可产生新的一行，输入其内容，并可以设置所选文字的字号和颜色等格式，如图 3.123 所示。

图表标题还可以链接到单元格，使图表标题随单元格变化而变化，形成动态的图表标题。

单击选择图表标题，然后在公式编辑栏中输入“＝”，再用鼠标选择 A1 单元格，在公式编辑栏中将会显示“＝Sheet1!A1”，按 Enter 键完成设置，如图 3.124 所示。若改变 A1 单

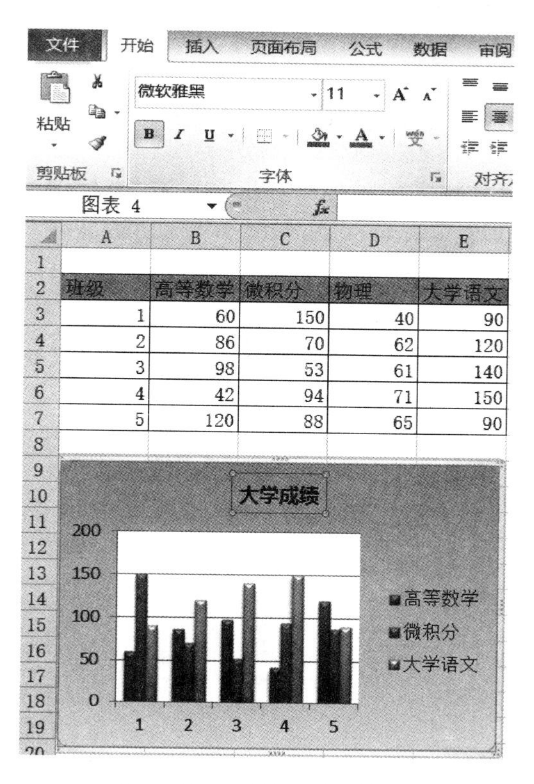

班级	高等数学	微积分	物理	大学语文
1	60	150	40	90
2	86	70	62	120
3	98	53	61	140
4	42	94	71	150
5	120	88	65	90

图 3.123　调整图表标题格式

元格的内容，则图表标题也随之改变。若图表标题与单元格建立链接后，再直接编辑图表标题内的文字，则会断开图表标题与单元格间的链接，变更为普通图表标题。

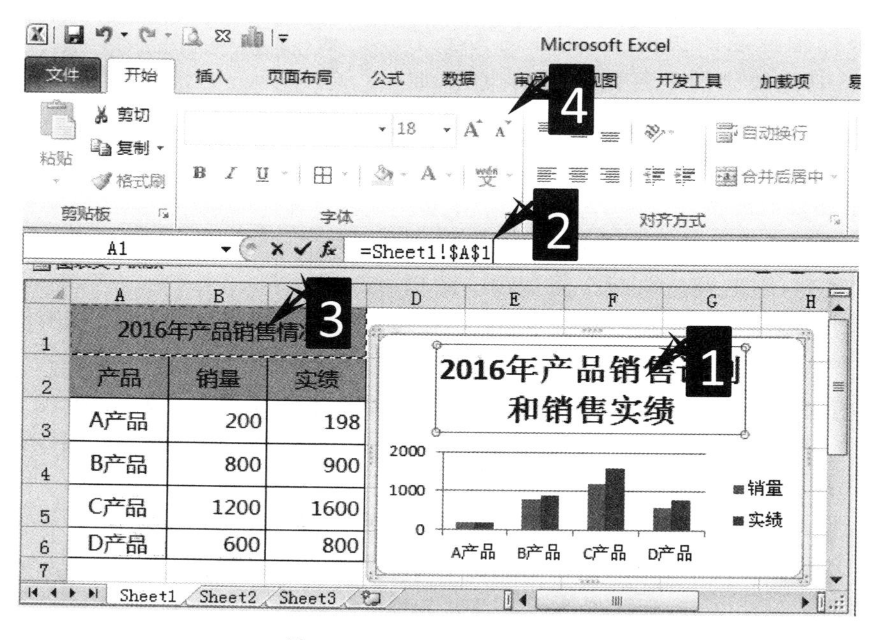

2016年产品销售情况		
产品	销量	实绩
A产品	200	198
B产品	800	900
C产品	1200	1600
D产品	600	800

图 3.124　设置动态图表标题

2）设置坐标轴标题

一个坐标轴对应一个坐标轴标题，一个图表中最多有 4 个坐标轴和坐标轴标题。显示坐标轴标题的方法和图表标题类似，其方法如下。

先选择图表，再依次单击"图表工具"→"布局"→"坐标轴标题"→"主要横坐标轴标题"→"坐标轴下方标题"命令，添加横坐标轴标题。依次单击"坐标轴标题"→"主要纵坐标轴标题"→"竖排标题"命令，添加纵坐标轴标题，如图 3.125 所示。

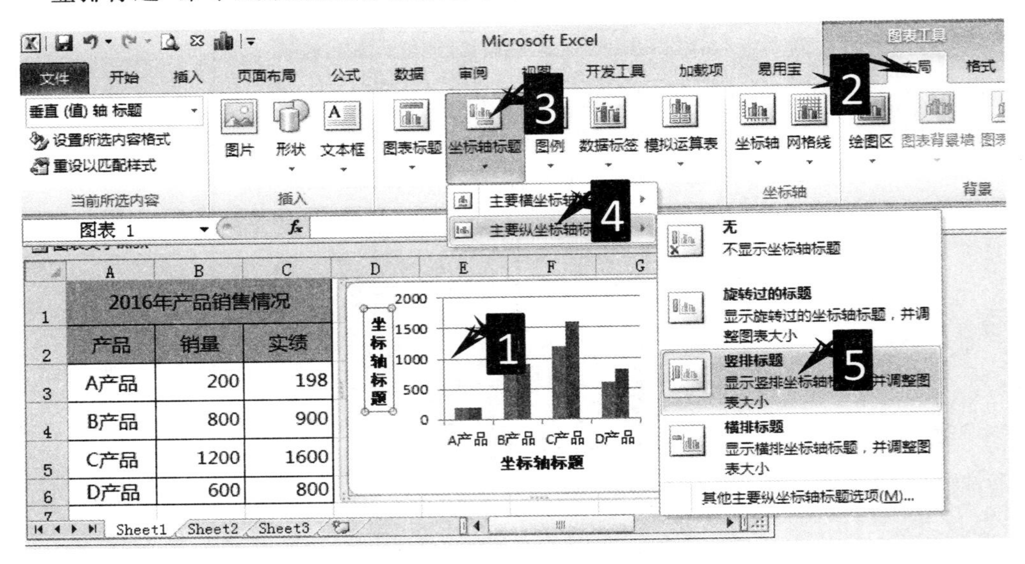

图 3.125　显示坐标轴标题

直接将横坐标轴标题改为"产品"，纵坐标轴标题改为"销售"，最后单击坐标轴标题，将光标定位于坐标轴标题的边框上，光标变为十字箭形时，可将其拖放到图表区内合适的位置，如图 3.126 所示，完成坐标轴标题的设置。图表坐标轴标题也可以用插入文本框的形式来设置。

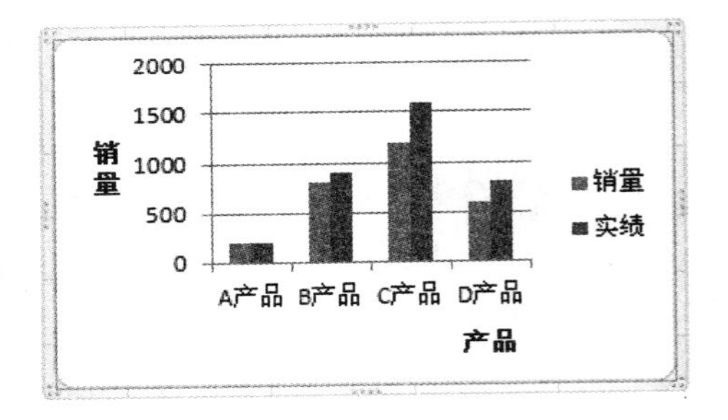

图 3.126　移动坐标轴标题位置

3）显示和修改图例

图例项与数据系列是一一对应的，如果图表有两个数据系列，则图例包含两个图例项。图例项的文字与数据系列的名称是一一对应的，如果没有指定数据系列的名称，则图例项自动显示为"系列 1"这样的格式。

若要显示图例，先选择图表（选区不同，图例会有所不同），再依次单击"图表工具"→"布局"→"图例"→"在顶部显示图例"命令，在图表中显示"系列 1""系列 2"两个图例项，如图 3.127 所示。

选择 A3∶C6 区域后，插入图表后得到的图例与选择 A2∶C6 区域后插入的图表中的图例是不一样的。对比图如图 3.127 所示。

若要修改图例项文字，则需修改数据系列名称。假设要把图 3.127 中图例"系列 1"改为数据区 A2∶C6 中 B2 单元格中的内容，则这样操作：单击柱形图选择"系列 1"，在"公式编辑

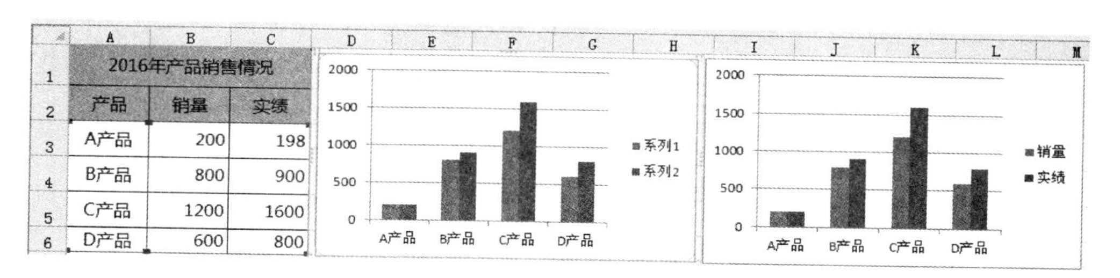

图 3.127　显示图例

栏”中显示数据系列公式“=SERIES(,Sheet1!$A$3：$A$6,Sheet1!$B$3：$B$6,1)”,将光标定位到第一个逗号之前,再选择 B2 单元格,数据系列公式显示为:“=SERIES(Sheet1!$B$2,Sheet1!$A$3：$A$6,Sheet1!$B$3：$B$6,1)”,按回车键将图例项文字“系列 1”修改为“销售”,如图 3.128 所示。

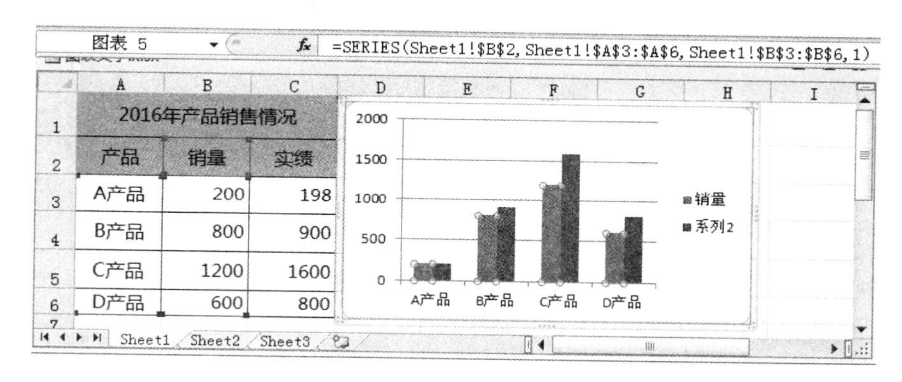

图 3.128　修改图例

4）数据标签

数据区域中的数据,可以以数据标签的形式放置在图表之中。其设置方式如下。

先选择图表的绘图区,再依次单击“图表工具”→“布局”→“标签”→“数据标签”下面的位置命令,如图 3.129 所示,即可完成数据标签的显示。

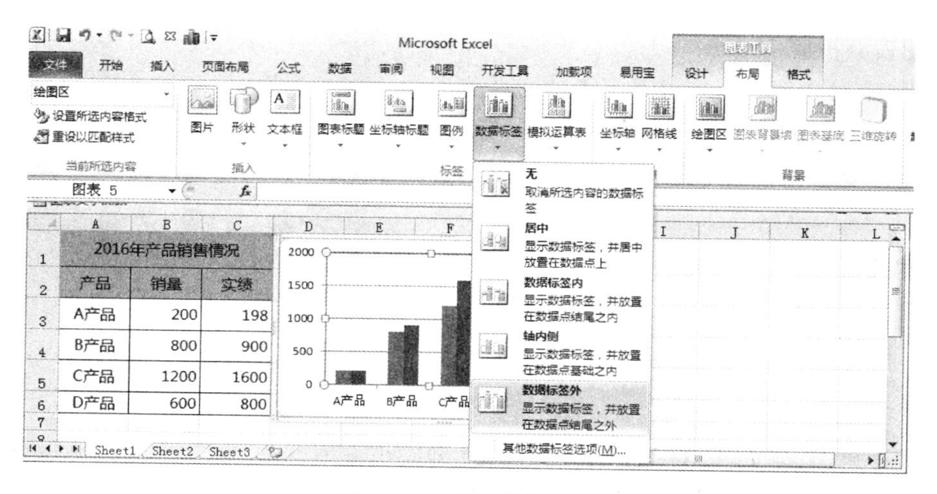

图 3.129　设置数据标签

如果选择时仅选择了一个数据系列，则只对一个系列显示数据标签，如果选择的是整个绘图区，则是对绘图区中所有系列进行标签显示。若不需要显示数据标签，则可选择“无”命令。

5）图表字体格式设置

图表中的文字经过多次修改，可能并不能达到预期的要求，这时，图表需要恢复到原来的样式或字体格式。

若要恢复图表原来的样式，则选择图表后，单击“图表工具”→“布局”选项卡中的“重设以匹配样式”命令，如图 3.130 所示。

图 3.130　恢复图表样式

若要统一图表中的字体格式，则选择图表，依次设置“开始”选项中的“字体”为“微软雅黑”，“字号”为“11”，如图 3.131 所示。所选图表中的标题、坐标轴标题、坐标轴标签等字体统一为微软雅黑 11 号的格式。

2. 坐标轴

坐标轴是图表中作为数据点参考的两条相交直线，包括坐标轴标题、坐标轴线、刻度线、坐标轴标签、网格线等图表元素。Excel 图表一般默认有两个坐标轴：水平 X 轴和垂直Y 轴。三维图表有第三个轴即系列轴，雷达图只有一个数值轴，饼图和环形图没有坐标轴。在 Excel 2010 图表中，坐标轴分为三大类：分类轴、数值轴和系列轴，而分类轴又可以分为文本、日期两种类型。

3. 图表分析线

所谓图表分析线是指穿过数据点的直线或曲线。图表分析线包括系列线、垂直线、高低点连线、涨跌柱线、趋势线、误差线等。图表分析线可以揭示数据点之间或数据点与坐标轴之间的关系，还可以显示数据点的变化趋势并预测数据的未来走向。不同的图表类型可以使用不同的图表分析线，到目前为止，三维图表还不能使用图表分析线。

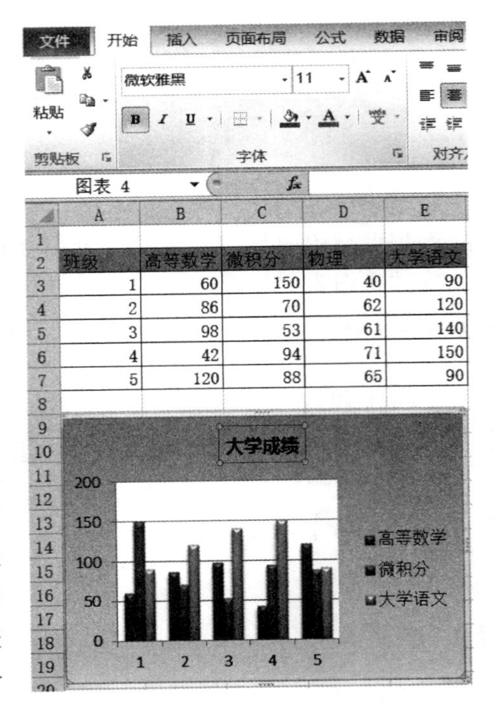

班级	高等数学	微积分	物理	大学语文
1	60	150	40	90
2	86	70	62	120
3	98	53	61	140
4	42	94	71	150
5	120	88	65	90

图 3.131　统一字体格式

1）折线（系列线）的设置

折线（系列线）是同一数据系列中连接各数据点顶点的线，只能绘制在二维的堆积条形图和堆积柱形图中，用于强调数据之间的增减变化。其设置方法如下。

第一步：选择数据区域 A2：E6，单击“插入”主菜单下的图表功能区中的“柱形图”，在下拉列表中单击“二维柱形图”中的“堆积柱形图”，如图 3.132 所示。

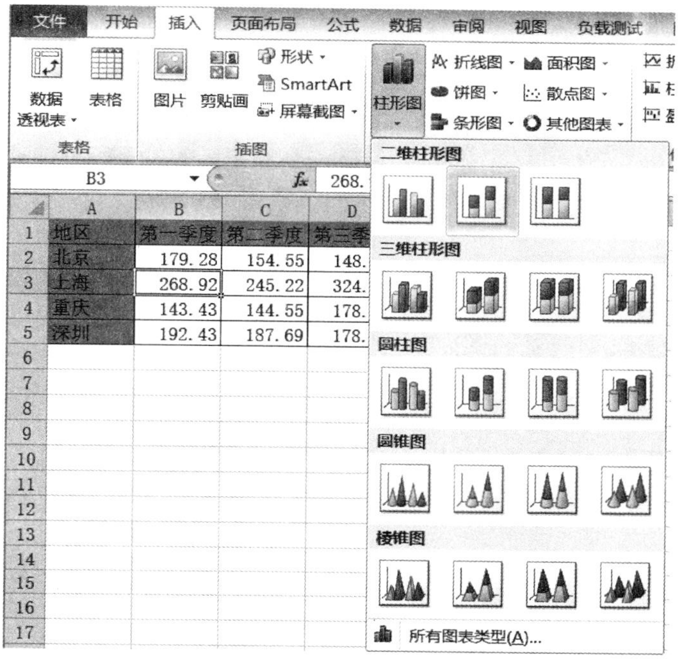

	A	B	C	D
1	地区	第一季度	第二季度	第三季
2	北京	179.28	154.55	148.
3	上海	268.92	245.22	324.
4	重庆	143.43	144.55	178.
5	深圳	192.43	187.69	178.

图 3.132　创建堆积柱形图

第二步：选择堆积柱形图，然后在“图表工具”→“布局”选项卡中，单击“折线”下拉按钮，在扩展菜单中单击“系列线”命令，为堆积柱形图中的 4 个数据系列添加系列线，如图 3.133 所示。

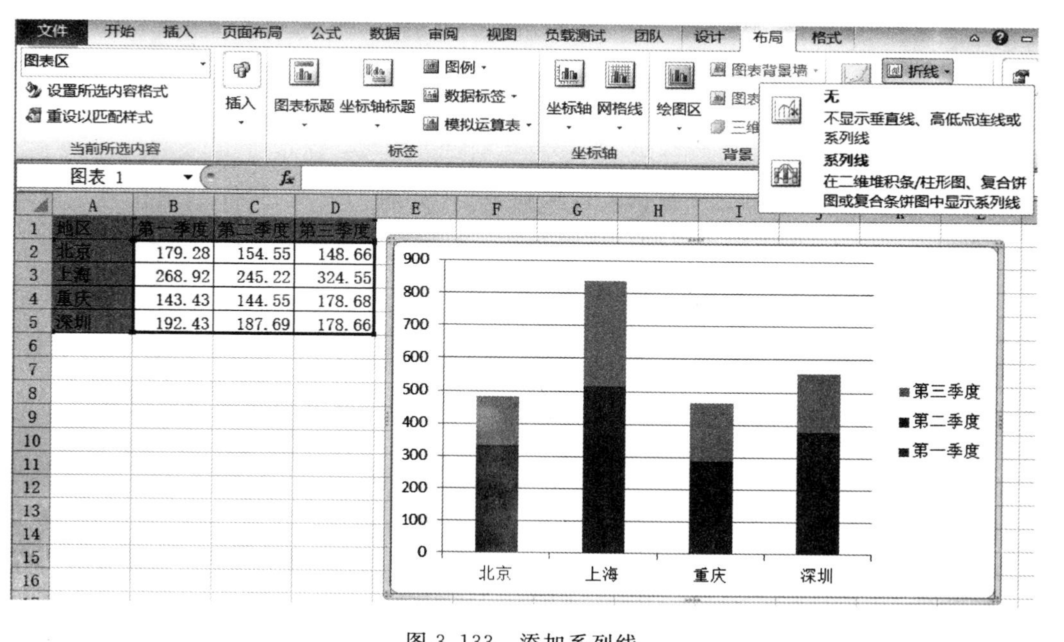

图 3.133　添加系列线

第三步：双击图表中的系列，打开“设置系列格式”对话框，切换到“线型”选项卡，设置“宽度”为“1.5 磅”“短划线类型”为“方点”“箭头设置”→“前端类型”为“燕尾箭头”，如图 3.134 所示。最后单击“关闭”按钮，关闭“设置系列线格式”对话框，完成系列线格式设置。

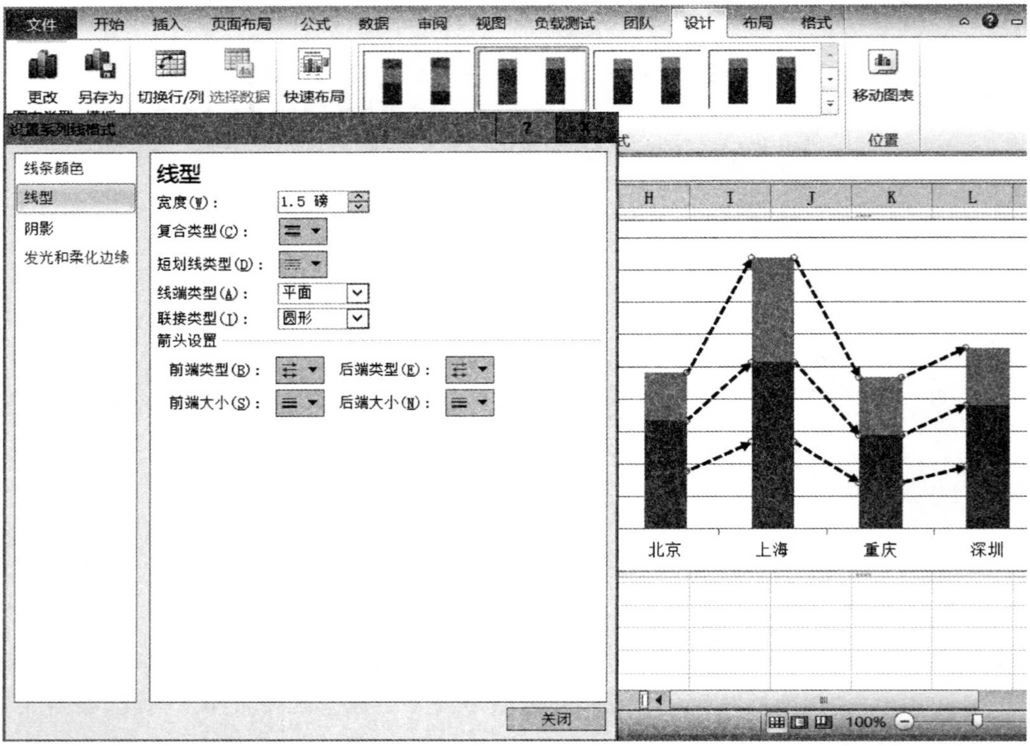

图 3.134　设置折线(系列线)的格式

图表中的两条折线(系列线)不能单独选取，所有的系列线只能设置相同的格式。将其中一个数据系列绘制在次坐标轴上，则最多可以设置两种格式的折线(系列线)。

2) 垂直线的设置

垂直线是从数据系列的每个数据点延伸到分类(X)轴的直线，只能绘制在二维或三维的折线图和面积图中，用于识别数据点对应的分类轴标志。其设置方式如下。

第一步：选择数据区域 A2∶E6，单击“插入”主菜单下的图表功能区中的“折线图”，在下拉列表中单击“二维柱形图”中的“堆积折线图”，如图 3.135 所示。

第二步：选择折线图，然后在“图表工具”→“布局”选项卡中，单击“折线”下拉按钮，在扩展菜单中单击“垂直线”命令，为折线图添加直线，如图 3.136 所示。也可以选择高低点连接。

第三步：双击图表中的垂直线，打开“设置垂直线格式”对话框，切换到“线型”选项卡，设置“宽度”为“3 磅”“箭头设置”→“前端类型”为“圆形箭头”“后端类型”也为“圆形箭头”，如图 3.137 所示。最后单击“关闭”按钮，关闭“设置垂直线格式”对话框，完成垂直直线格式设置。

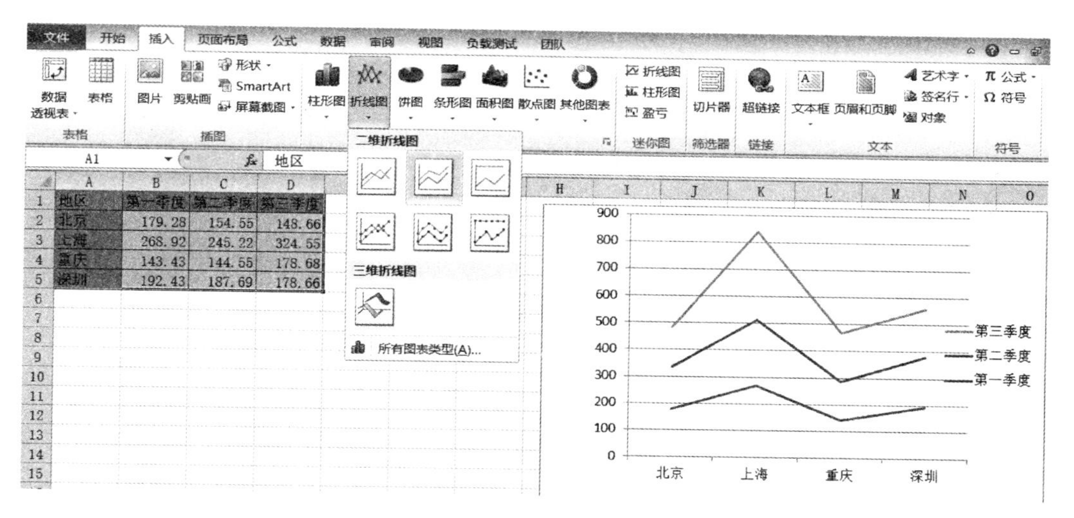

图 3.135　插入堆积折线图

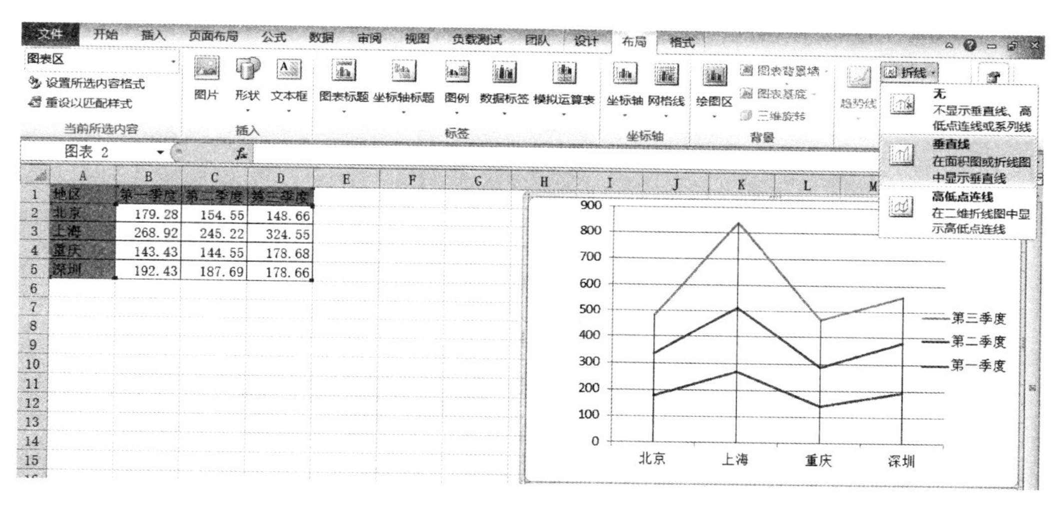

图 3.136　添加垂直线

3）添加趋势线

趋势线以图形的方式显示了数据的变化趋势，同时还可以用来预测分析，即回归分析。使用回归分析，可以在图表中延伸趋势线，预测未来的数据走势。添加趋势线首先要选取数据系列，趋势线是在指定数据系列的基础上绘制的，具体操作步骤如下。

第一步：选中图表，然后在“图表工具”→“布局”选项卡中，单击“趋势线”下拉按钮，在下拉列表中单击“线性趋势线”命令，如图 3.138 所示。

第二步：在打开的“添加趋势线”对话框中，选中要添加趋势线的数据系列“北京”，最后单击“确定”按钮，关闭对话框，为“北京”数据系列添加一条线性趋势线，如图 3.139 所示。

可以向非堆积型的二维面积图、条形图、柱形图、折线图、股份图、XY 散点图和气泡图中的数据系列添加趋势线，但不能向三维图表、堆积图表、雷达图、饼图或圆环图中的数据系列添加趋势线。

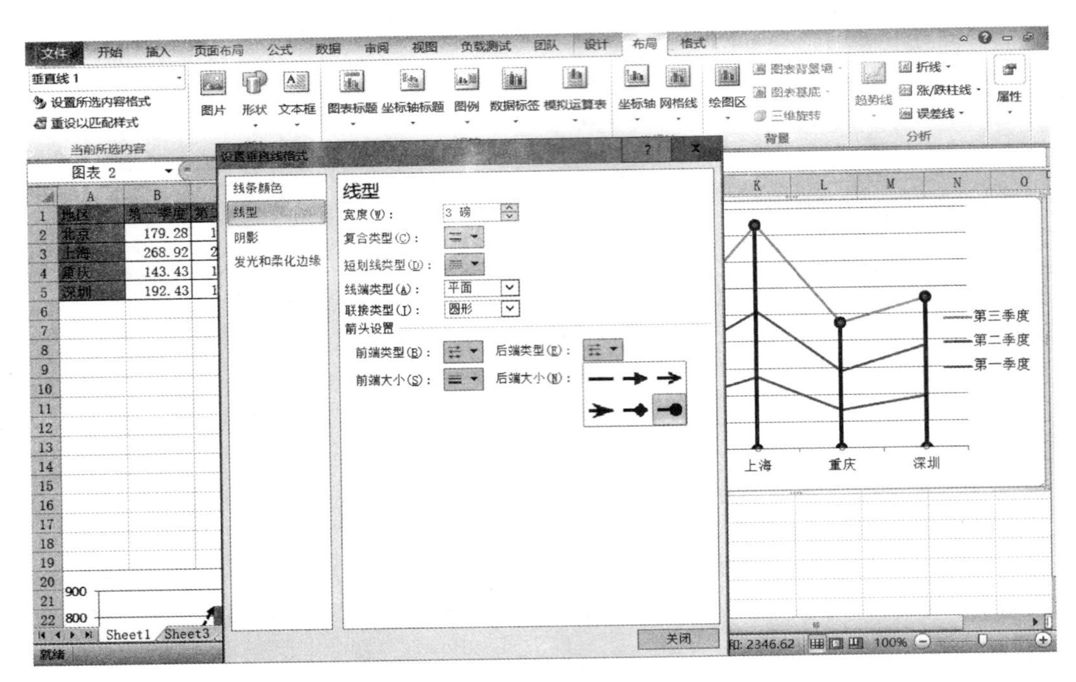

图 3.137　设置垂直的直线格式

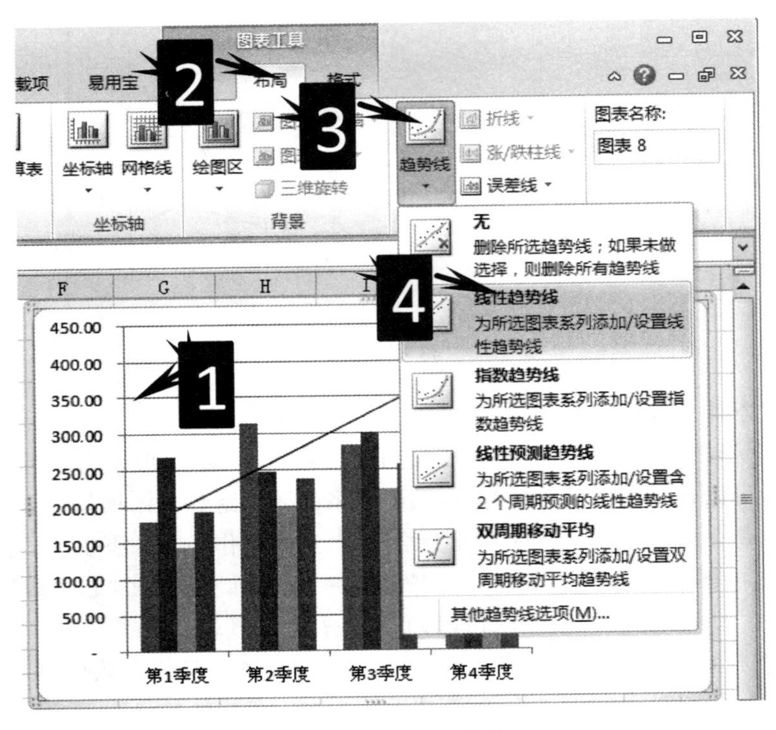

图 3.138　添加趋势线

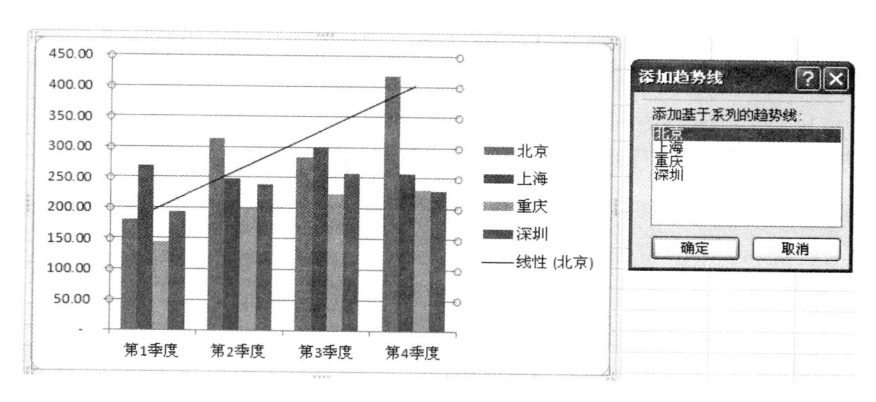

图 3.139 线性趋势线

3.6.5 图表的美化

一幅图表不仅要清晰、准确地传达信息和观点，而且要以专业、美观的方式呈现给大家。本节将介绍图表美化的方法，如图表中各项元素的使用原则、图表颜色的搭配、合理的图表布局、利用图表模板和主题快速美化图表，以及 Excel 2010 新的条件格式功能等。

1. 图表旋转

图表旋转是 Excel 2010 功能区的一个隐藏功能，首次使用前先要进行设置。单击“快速访问工具栏”的下拉按钮选择“其他命令”，打开“自定义快速访问工具栏”对话框，在左侧“从下列位置选择命令”下拉框中选择“不在功能区中的命令”，在左侧列表框中查找“照相机”功能，查找到后将其选中，单击“添加”按钮将“照相机”功能添加到“快速访问工具栏”中，单击“确定”按钮，关闭“自定义快速访问工具栏”对话框，如图 3.140 所示。

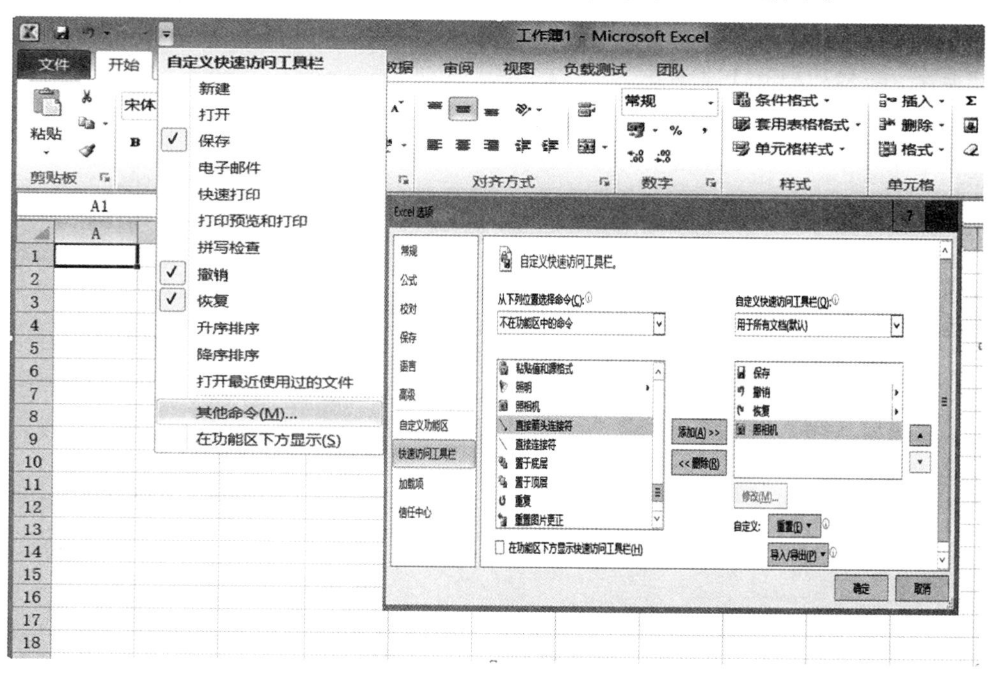

图 3.140 添加照相机功能

第一步：将图表绘制于一定的单元格区域，本例为 A7：G19 单元格区域。选取该区域，单击“快速访问工具栏”中的“照相机”功能，此时鼠标指针变为十字形，在工作表的任意单元格上单击鼠标，将在工作表上自动生成一张图片，图片显示与选取的单元格区域相同的内容，如图 3.141 所示，右侧图片为“照相机”拍摄获取的图表影像。

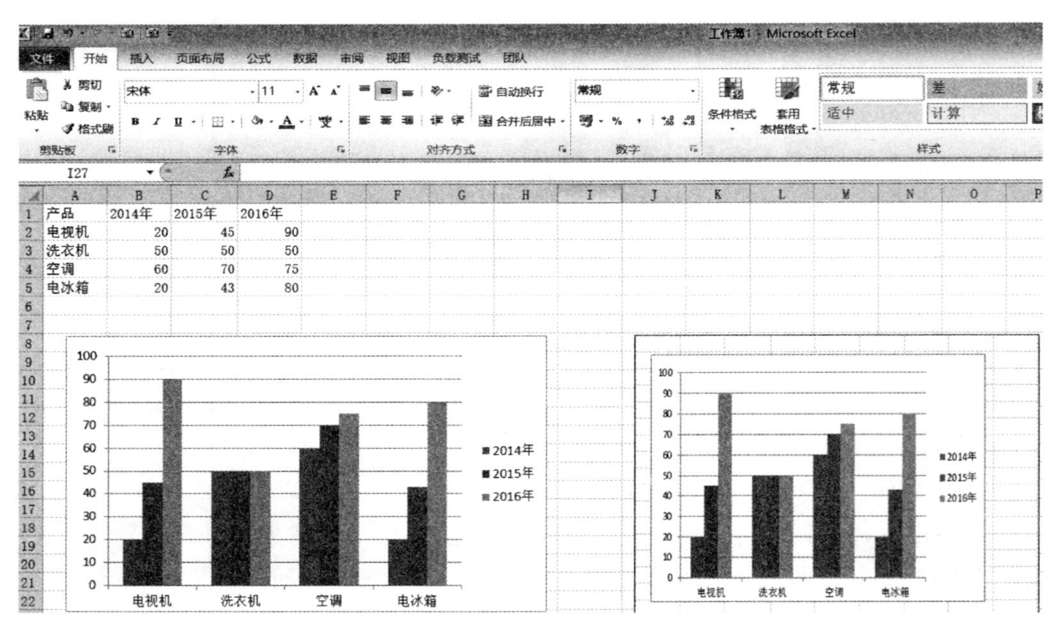

图 3.141　利用照相机功能拍摄图表

第二步：鼠标指针移动到上一步生成图片上方的绿色旋转按钮，当鼠标指针变为旋转箭头时按下鼠标左键，然后拖动鼠标指针将图片向右旋转 30°，该图片内摄入的图表影像也会随之旋转，结果如图 3.142 所示。

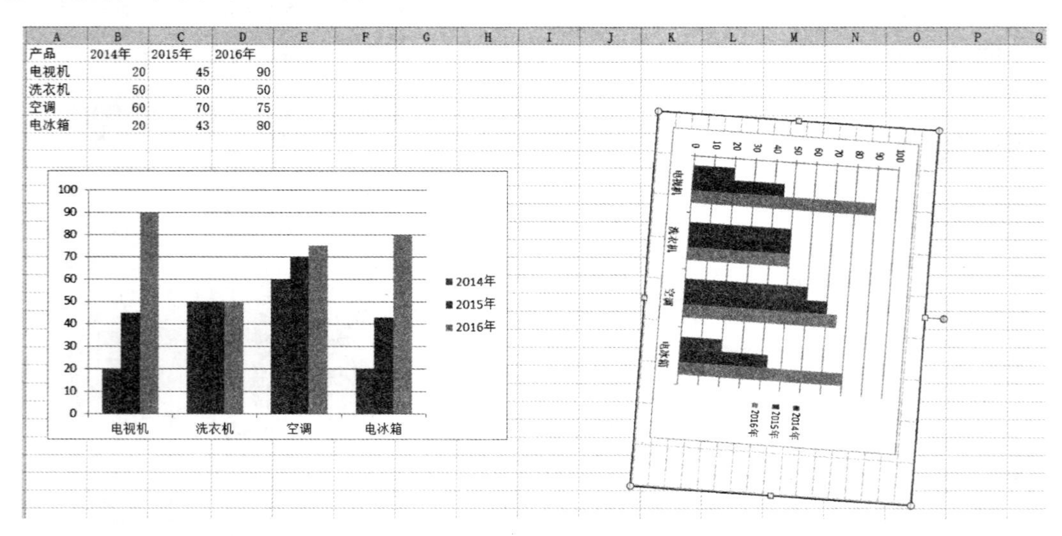

图 3.142　旋转图表

如果单元格区域内的图表发生了变化,利用“照相机”功能拍摄的图表影像会发生相应的变化。

2. 使用静态图片

第一步：选中图表,然后在“开始”选项卡的“剪贴板”组中单击“复制”按钮,如图 3.143 所示。

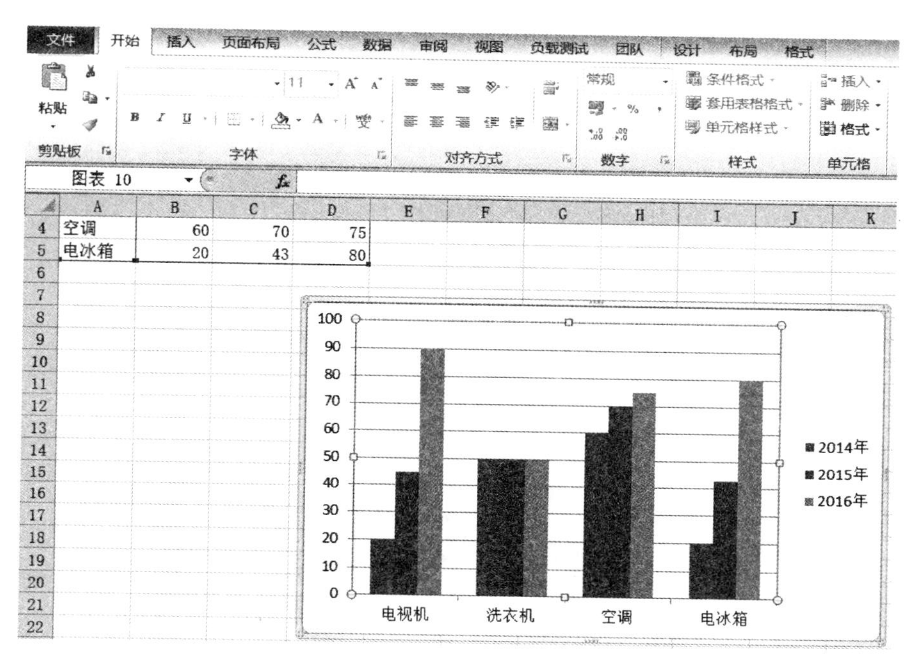

图 3.143　复制图表

第二步：单击工作表中的其他单元格,然后依次选择“开始”选项卡“粘贴”下拉按钮“粘贴选项”中的“图片”命令,如图 3.144 所示。

第三步：选中上一步粘贴的图片,然后在“图片工具”选项卡的“格式”组中单击“旋转”下拉按钮,可对图片进行向右或向左旋转 90°、垂直翻转、水平翻转。另外,可以选择“其他旋转选项”对图片进行任意角度的旋转,本例选择“向左旋转 90°”,如图 3.145 所示。

3. 设置图表背景

为了使图表更形象地表达观点,传递信息,使读者的眼球迅速被图表所吸引,有时需要为图表插入背景图片。用户通常会将图片作为图表区的背景图片,这种方法主要缺点是较难控制图表的长宽比例以及图表在图片中所处的位置。如何将背景图片跟图表相融合,其操作方法如下。

第一步：插入背景图片作为图表的背景,单击“插入”选项卡中的“图片”按钮,打开“插入图片”对话框,选择需要插入的图片,单击“插入”按钮即可将图片插入到工作表备用,如图 3.146 所示。

第二步：选择 A1∶B9 单元格区域,选择“插入”选项卡“条形图”下拉按钮,选择“二维条形图”组中的“簇状条形图”创建条形图,将图表拖动到插入图片合适的位置上,同时修改图表标题、添加副标题、添加脚注、添加数据标签、删除水平(值)轴、删除图例、修改网格线等

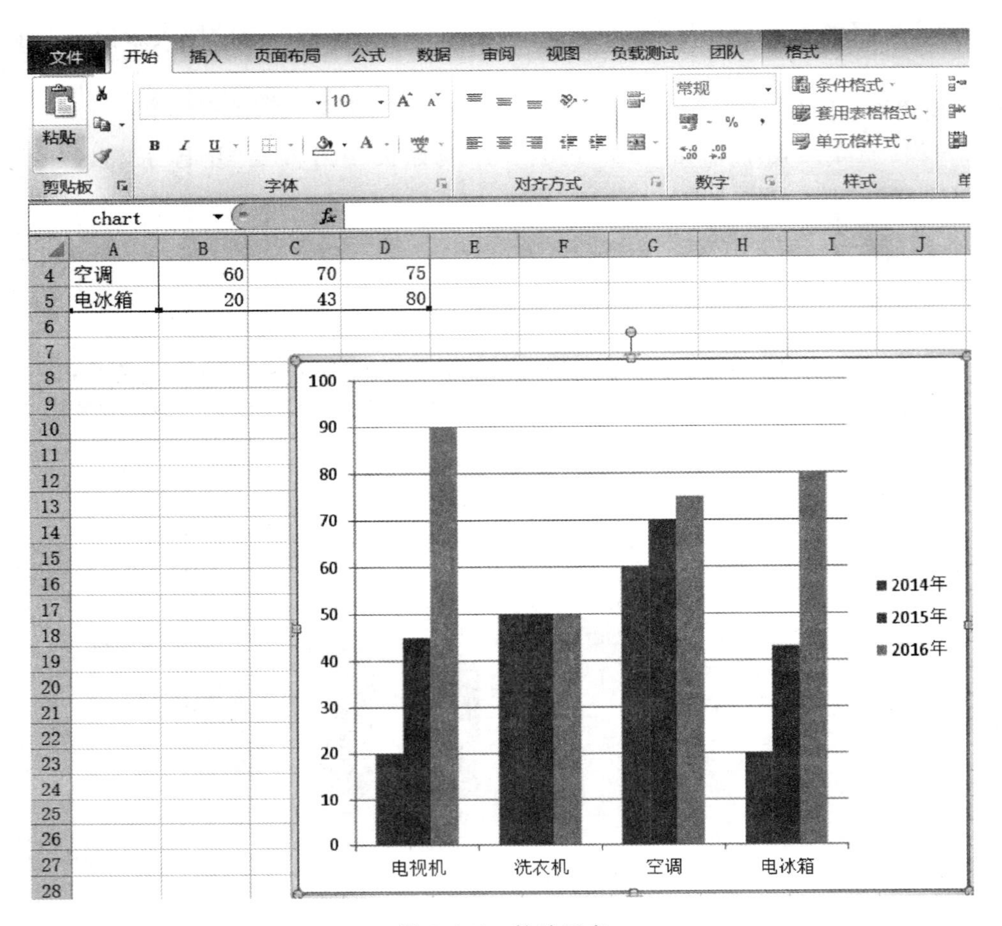

图 3.144　粘贴图表

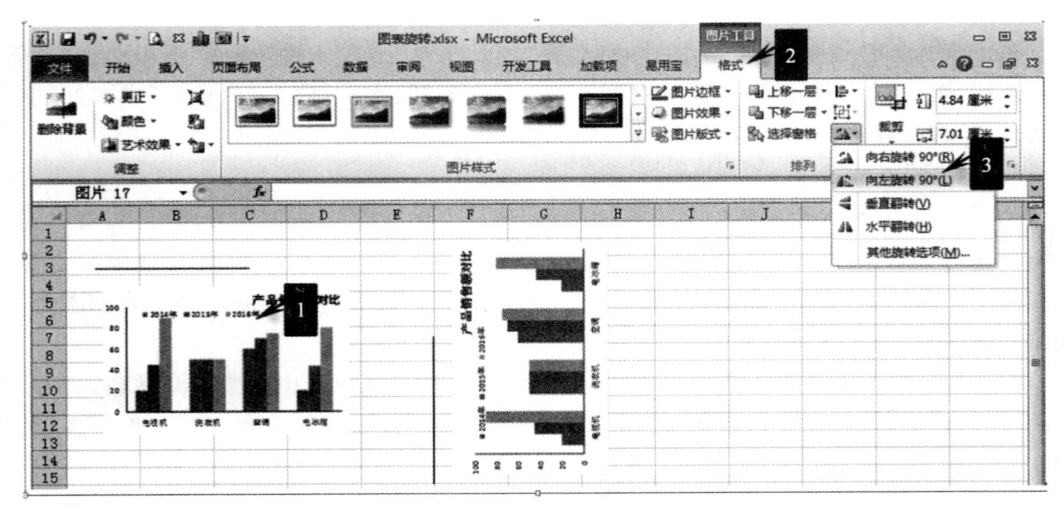

图 3.145　旋转图表

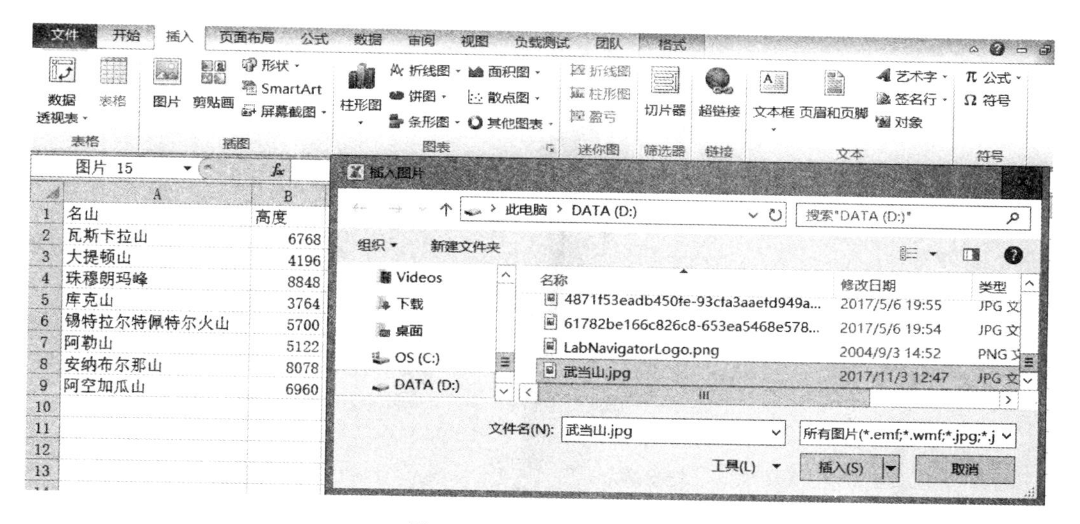

图 3.146　插入背景图片

图表元素，如图 3.147 所示。

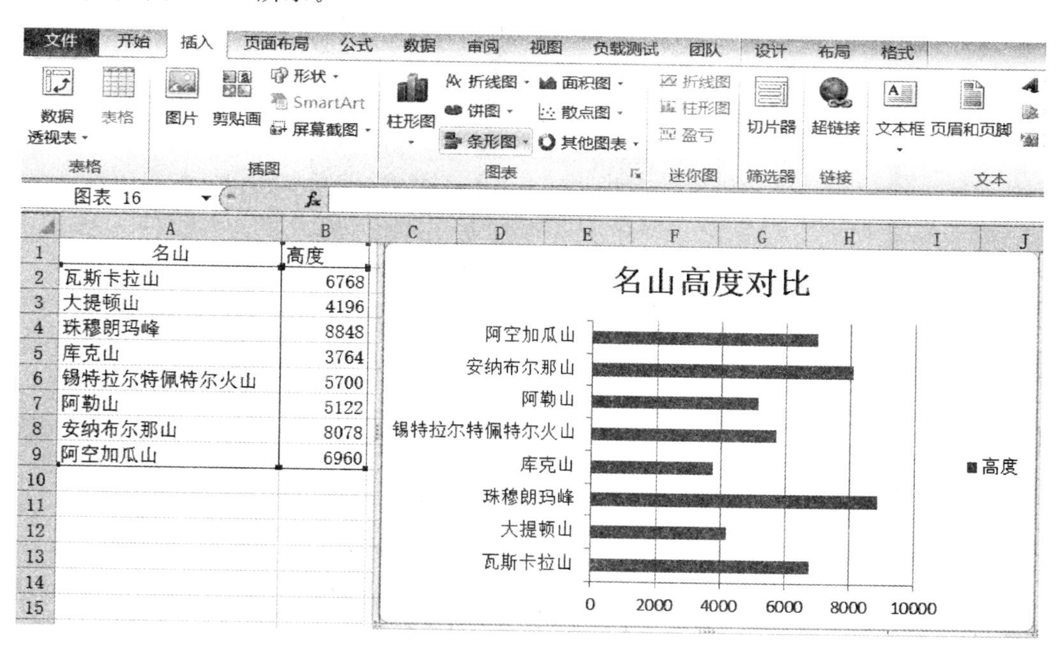

图 3.147　插入图表

第三步：选择“绘图区”，然后依次选择“图表工具”→“格式”→“形状填充”下拉按钮，在颜色面板中选择“无颜色填充”，如图 3.148 所示。

第四步：选择“图表区”，然后依次选择“图表工具”选项卡“格式”→“形状填充”下拉按钮，在颜色面板中选择“无填充颜色”，并将图表中文字颜色设置为“白色”，如图 3.149 所示。

第五步：选择图表，然后按住 Shift 键后选中图片，依次选择“图片工具”选项卡→“格式”→“组合”下拉框，单击“组合”按钮，即可将图片与图表两者结合，如图 3.150 所示。

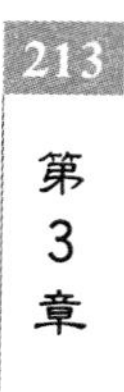

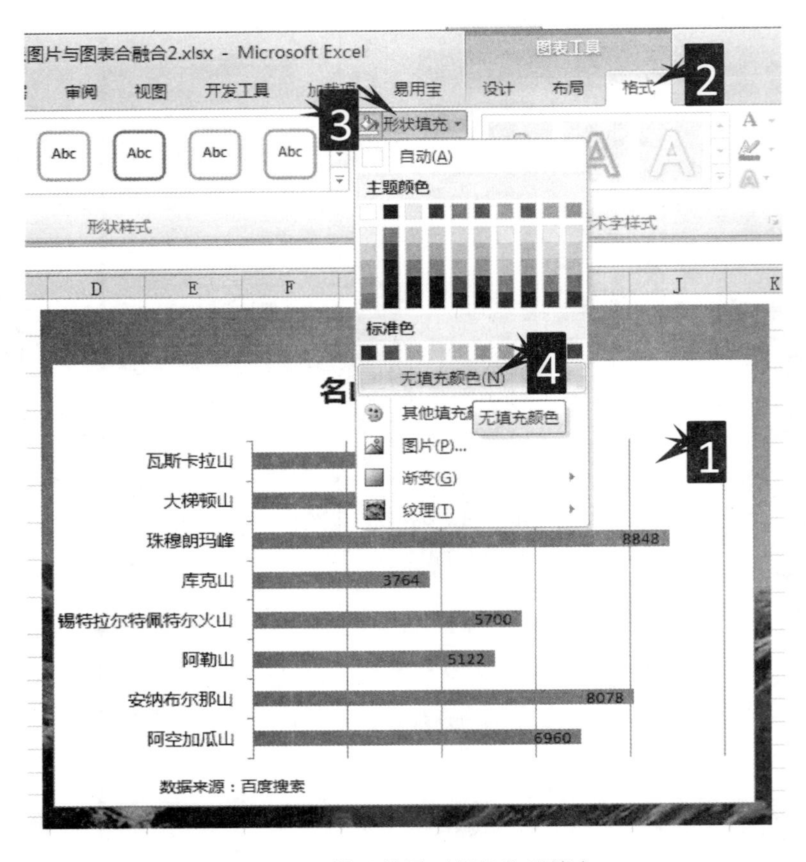

图 3.148　设置绘图区背景为无填充

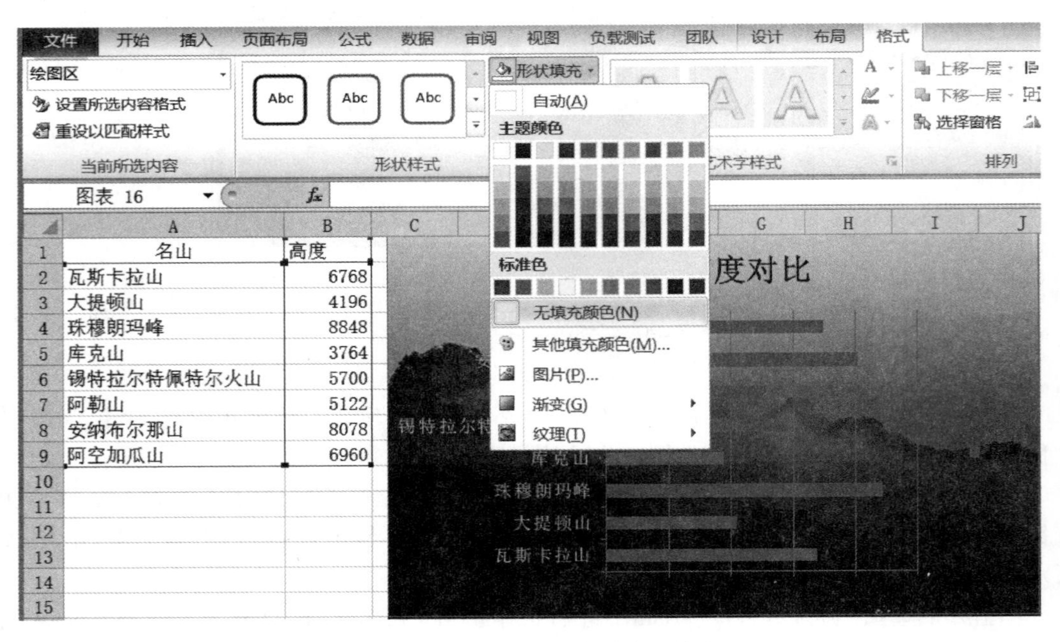

图 3.149　设置图表区背景为无填充

图 3.150　组合图表与前景图片

这样制作图表背景图片的最大优点是，可以轻松控制背景图片的长宽比例以及图表在图片中所处的位置，最终效果如图 3.151 所示。

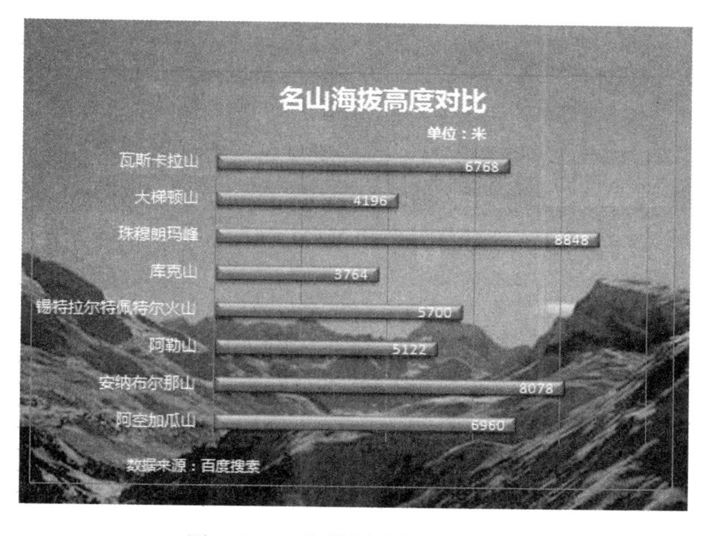

图 3.151　背景图片与图表融合

3.6.6　图表的打印

1. 图表打印

图表设置完成后，可以按需要打印图表。打印之前应先预览打印效果，以避免一张图表打印在两张纸上的错误，减少不必要的纸张浪费。如果打印不能预览，请参考“其他打印”。

1）整页打印图表

选中图表，单击“文件”菜单中的“打印”命令，在 Excel 窗口的右侧显示打印预览画面，如图 3.152 所示，最后单击“打印”按钮完成打印输出。

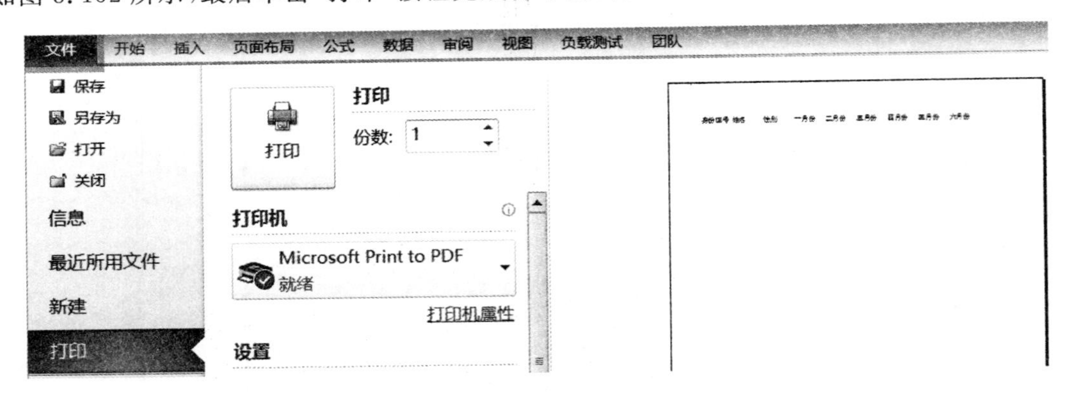

图 3.152　整页打印图表

2）图文混排打印

选中工作表中的任意单元格，单击“视图”功能区中的“页面布局”按钮，显示页面布局画面，调整右侧和下侧边距，使打印内容在同一页内，如图 3.153 所示。最后单击“文件”菜单中的“打印”命令，完成打印输出。

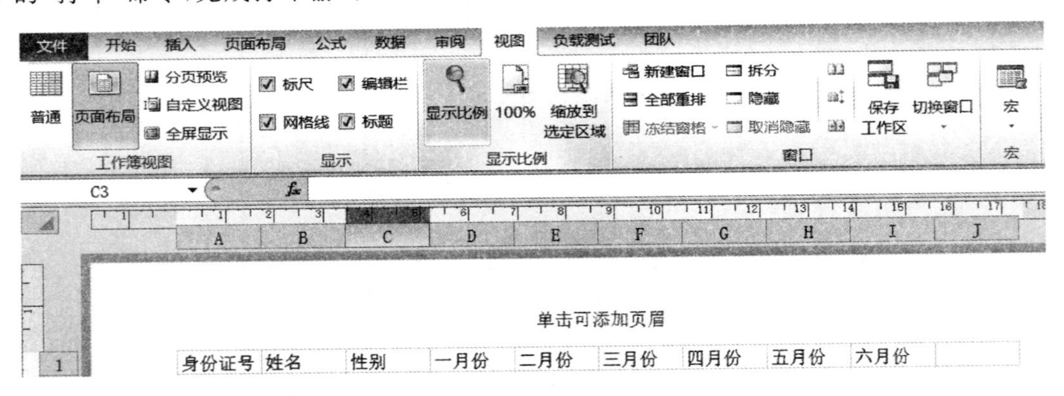

图 3.153　页面布局

3）不打印工作表中的图表

选择图表的图表区，按 Ctrl+1 组合键打开“设置图表区格式”对话框，切换到“属性”选项卡，取消“打印对象”复选框，如图 3.154 所示，单击“关闭”按钮完成设置。最后选择图表中的任意一个单元格，单击“文件”菜单中的“打印”命令，完成打印输出。

图 3.154　打印对象

2. 其他打印

尽管无纸化办公将成为未来发展的一种趋势，但是在通常情况下，Excel 表格中的数据内容需要转换为纸质文件归类存档，打印输出依然是 Excel 表格的最终目标。

1）打印预览

如果计算机没有安装打印机，当依次单击“文件”→“打印”时，在打印机属性的上方会提示“未安装打印机”，打印预览界面提示“打印预览不可用”。

这时只需要在 Windows 系统中依次单击“开始”→“控制面板”→“设备和打印机”，在弹出的窗口中单击“添加打印机”，如图 3.155 所示。

图 3.155　添加打印机

按照提示步骤安装任意一款打印机驱动，然后重新启动 Excel，就可以进行打印预览了。

2）显示和隐藏分页符

分页符是打印时不同页面的标识，在 Excel 工作表显示上一页结束以及下一页开始的位置。Microsoft Excel 可插入一个“自动”分页符（软分页符），或者通过插入“手动”分页符（硬分页符）在指定位置强制分页。在普通视图下，分页符是一条虚线，如图 3.156 所示，又称为自动分页符。

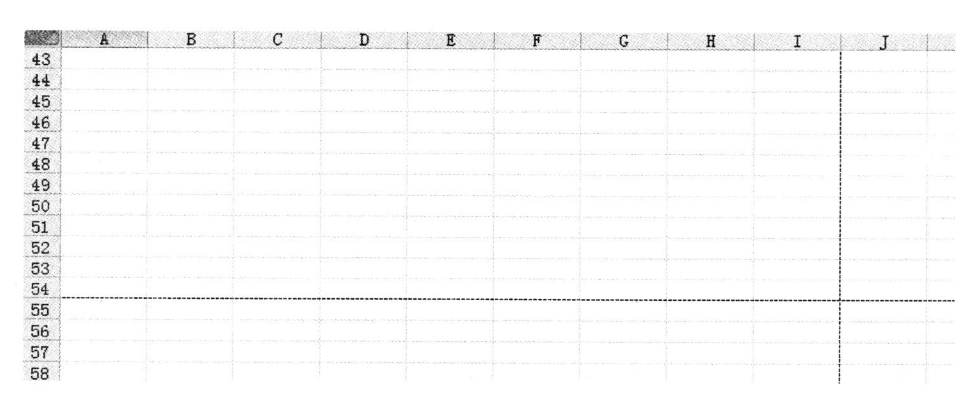

图 3.156　自动分页符

尽管在打印的时候，这条虚线不会被打印出来，但是有时为了视觉上的美观，需要将这条虚线隐藏，其操作方法如下。

依次单击“文件”→“选项”→“高级”→在“此工作表的显示选项”组合框中选择需要设置的工作表，本例保持默认值，再取消勾选“显示分页符”复选框，最后单击“确定”按钮确定操作并退出“Excel 选项”对话框，如图 3.157 所示。此时，将隐藏工作表中分页符的虚线。显示分页符与隐藏分页符操作方法相同，只是是否勾选“显示分页符”前的复选框而已。

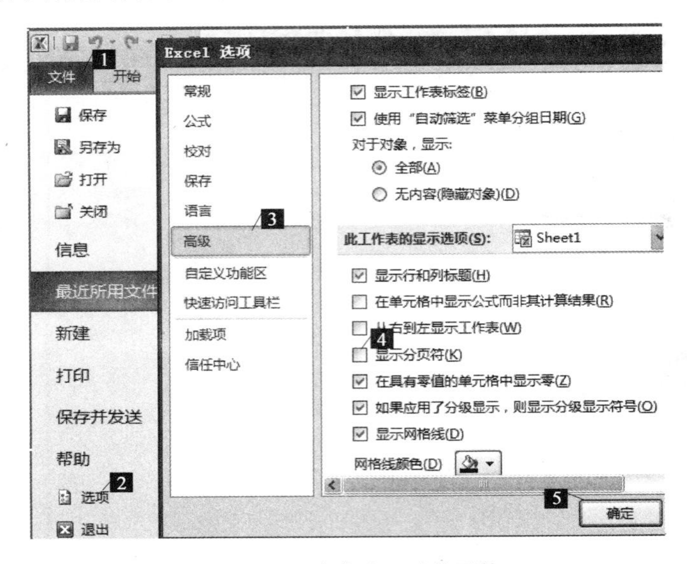

图 3.157　隐藏或显示分页符

3）每一页都打印出标题行

在实际工作中，当数据列表中的数据较多时，便不能在一页纸上将数据完全打印出来，需要打印多页时只有第一张的页面上有标题栏，这样就给阅读报表者带来不便，如图 3.158 所示。那么，在打印报表的时候，在每一页的顶端都显示标题行的方法如下。

第一步：在“页面布局”选项卡中单击“打印标题”命令，在弹出的“页面设置”对话框中选择“工作表”选项卡，在“顶端标题行”编辑框输入“$1$1”，或者将光标置于“顶端标题行”文本框内，直接选取工作表的第一行，此时“顶端标题行”文本框就会自动输入“$1$1”，单击“确定”按钮完成设置，如图 3.159 所示。

第二步：再次执行“打印预览”，则可以看到所有的打印页面均有标题栏，效果如图 3.160 所示。

员工编号	姓名	部门	职务	学历
00324639	李妙嫦	产品开发部	工程师	研究生
00324640	杨仕丽	技术部	工程师	研究生
00324641	陈秀	销售部	业务员	本科
00324642	郑敏珊	销售部	业务员	本科
00324643	李晓璇	客服中心	普通员工	大专
00324644	肖子良	后勤部	工程师	本科
00324645	周凤连	产品开发部	工程师	研究生
00324646	陈巧媚	销售部	业务员	本科
00324647	蔡玉瑜	业务部	业务员	本科
00324648	陈焕	技术部	工程师	研究生
00324649	陈曼莉	技术部	工程师	研究生
00324650	谢育坚	业务部	业务员	本科
00324651	杨小娟	产品开发部	工程师	研究生
00324652	林巧花	技术部	工程师	研究生
00324653	卢彩云	技术部	工程师	本科
00324654	黄婵娟	客服中心	普通员工	大专
00324655	白庆辉	业务部	业务员	本科
00324656	曾慧	客服中心	普通员工	大专
00324657	郑淑贤	销售部	业务员	大专
00324658	康永平	技术部	工程师	本科
00324659	张鹏举	产品开发部	工程师	研究生
00324660	张薇	后勤部	技工	中专

图 3.158　打印预览

4）打印不连续的单元格/区域

Microsoft Excel 默认打印都是连续的区域，如果需要将一些不连续单元格/区域中的内容打印出来，用户可以通过以下的方法来实现。

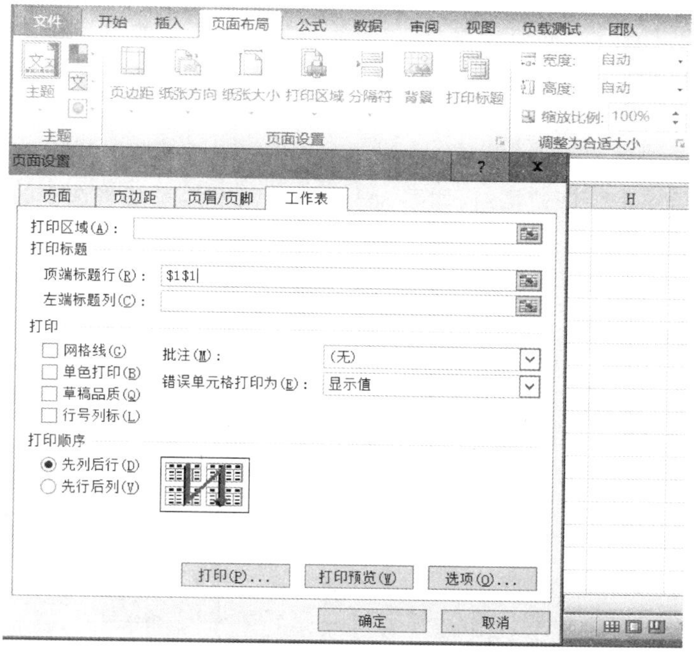

文件　开始　插入　页面布局　公式　数据　审阅　视图　负载测试　团队

主题　页边距　纸张方向　纸张大小　打印区域　分隔符　背景　打印标题　宽度：自动　高度：自动　缩放比例：100%

主题　页面设置　调整为合适大小

页面设置

页面　页边距　页眉/页脚　工作表

打印区域(A)：

打印标题

顶端标题行(R)：$1$1

左端标题列(C)：

打印

网格线(G)　单色打印(B)　草稿品质(Q)　行号列标(L)

批注(M)：(无)

错误单元格打印为(E)：显示值

打印顺序

先列后行(D)　先行后列(V)

打印(P)...　打印预览(W)　选项(O)...

确定　取消

图 3.159　设置顶端标题行

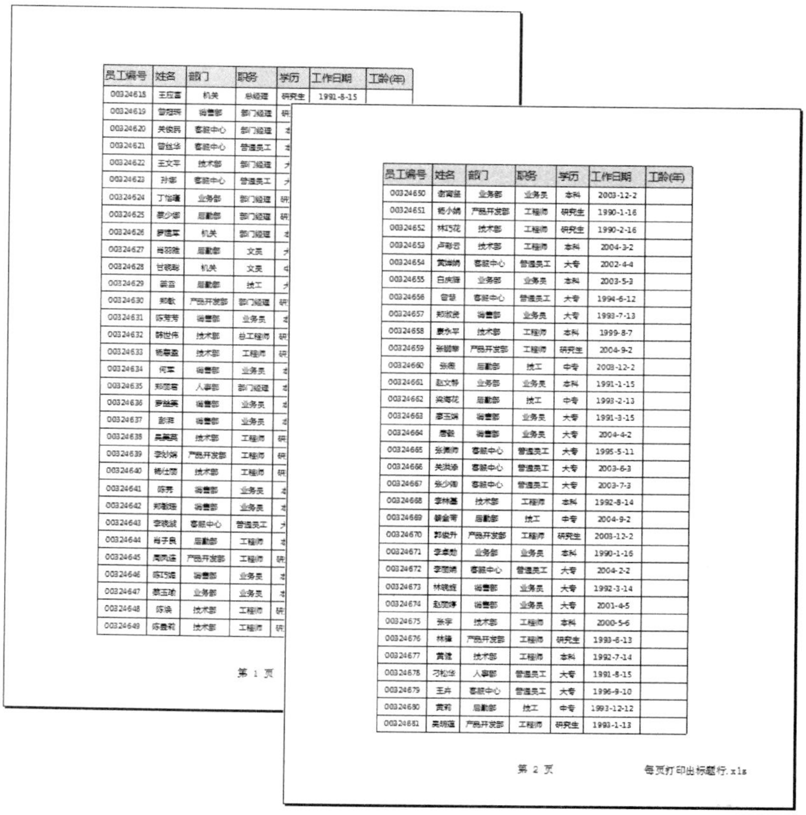

员工编号	姓名	部门	职务	学历	工作日期	工龄(年)
00324618	王应富	机关	总经理	研究生	1991-8-15	
00324619	曾冠琛	销售部	部门经理			
00324620	关俊民	客服中心	部门经理			
00324621	曾丝华	客服中心	普通员工			
00324622	王文平	技术部	部门经理			
00324623	孙娜	客服中心	普通员工			
00324624	丁怡瑾	业务部	部门经理			
00324625	蔡少娜	后勤部	部门经理			
00324626	罗德军	机关	部门经理			
00324627	肖羽雅	后勤部	文员			
00324628	甘晓聪	机关	文员			
00324629	姜雪	后勤部	技工			
00324630	郑敏	产品开发部	部门经理			
00324631	陈芳芳	销售部	业务员			
00324632	韩世伟	技术部	总工程师			
00324633	[illegible]	技术部	工程师			
00324634	何军	销售部	业务员			
00324635	郑丽君	人事部	部门经理			
00324636	罗益美	销售部	业务员			
00324637	彭洋	销售部	业务员			
00324638	吴美英	技术部	工程师			
00324639	李妙嫦	产品开发部	工程师			
00324640	[illegible]	技术部	工程师			
00324641	陈秀	销售部	业务员			
00324642	郑敏瑶	销售部	业务员			
00324643	李晓斌	客服中心	普通员工			
00324644	肖子良	后勤部	工程师			
00324645	周凤连	产品开发部	工程师			
00324646	陈巧娟	销售部	业务员			
00324647	蔡玉瑜	业务部	业务员			
00324648	陈焕	技术部	工程师			
00324649	陈鲁莉	技术部	工程师			

第 1 页

员工编号	姓名	部门	职务	学历	工作日期	工龄(年)
00324650	谢育坚	业务部	业务员	本科	2003-12-2	
00324651	杨小娟	产品开发部	工程师	研究生	1990-1-16	
00324652	林巧花	技术部	工程师	研究生	1990-2-16	
00324653	卢彩云	技术部	工程师	本科	2004-3-2	
00324654	黄琳娟	客服中心	普通员工	大专	2002-4-4	
00324655	白庆辉	业务部	业务员	本科	2003-5-3	
00324656	曾慧	客服中心	普通员工	大专	1994-6-12	
00324657	郑淑贤	销售部	业务员	大专	1993-7-13	
00324658	蔡永平	技术部	工程师	本科	1999-8-7	
00324659	张韶华	产品开发部	工程师	研究生	2004-9-2	
00324660	张薇	后勤部	技工	中专	2003-12-2	
00324661	赵文静	业务部	业务员	本科	1991-1-15	
00324662	吴海花	后勤部	技工	中专	1993-2-13	
00324663	彭玉娟	销售部	业务员	大专	1991-3-15	
00324664	唐毅	销售部	业务员	大专	2004-4-2	
00324665	张佩卿	客服中心	普通员工	大专	1995-5-11	
00324666	关淑添	客服中心	普通员工	大专	2003-6-3	
00324667	张少卿	客服中心	普通员工	大专	2003-7-3	
00324668	李林基	技术部	工程师	本科	1992-8-14	
00324669	蔡金芳	后勤部	技工	中专	2004-9-2	
00324670	郭俊升	产品开发部	工程师	研究生	2003-12-2	
00324671	李幸勤	业务部	业务员	本科	1990-1-16	
00324672	李丽娟	客服中心	普通员工	大专	2004-2-2	
00324673	林晓旋	销售部	业务员	大专	1992-3-14	
00324674	赵丽婷	销售部	业务员	大专	2001-4-5	
00324675	张宇	技术部	工程师	本科	2000-5-6	
00324676	林锋	产品开发部	工程师	研究生	1993-6-13	
00324677	黄健	技术部	工程师	本科	1992-7-14	
00324678	刁松华	人事部	普通员工	大专	1991-8-15	
00324679	王卉	客服中心	普通员工	大专	1996-9-10	
00324680	黄莉	后勤部	技工	中专	1993-12-12	
00324681	吴明蕴	产品开发部	工程师	研究生	1993-1-13	

第 2 页　每页打印出标题行.xls

图 3.160　设置顶端标题行后的打印预览效果

第一步：按住 Ctrl 键，同时用鼠标左键选中多个不连续的单元格/区域，如 A3：G4、A6：G7、A10：G12 单元格/区域，如图 3.161 所示。

第二步：依次单击“文件”→“打印”，进入“打印”页面。

第三步：在“打印”页面中，单击“设置”下拉按钮，在弹出的下拉列表框中选择“打印选定区域”命令，最后单击“打印”按钮，如图 3.162 所示，此时，系统将选中的不连续单元格/区域分别打印在不同的页面上。

员工编号	姓名	部门	职务	学历	工作日期	工龄(年)
00324618	王应富	机关	总经理	研究生	1991-8 按住 Ctrl 键	
00324619	曾冠琛	销售部	部门经理	研究生	1999-9-7	18
00324620	关俊民	客服中心	部门经理	本科	1999-12-6	18
00324621	曾丝华	客服中心	普通员工	本科	1990-1-16	27
00324622	王文平	技术部	部门经理	大专	1996-2-10	21
00324623	孙娜	客服中心	普通员工	大专	1996-3-10	21
00324624	丁怡瑾	业务部	部门经理	研究生	1998-4-8	19
00324625	蔡少娜	后勤部	部门经理	研究生	1998-5-8	19
00324626	罗建军	机关	部门经理	本科	1999-6-7	18
00324627	肖羽雅	后勤部	文员	大专	1997-7-9	20
00324628	甘晓聪	机关	文员	中专	1995-8-11	22
00324629	姜雪	后勤部	技工	大专	2002-9-4	15
00324630	郑敏	产品开发部	部门经理	研究生	1998-12-7	19
00324631	陈芳芳	销售部	业务员	本科	1997-1-9	20

图 3.161　选中多个不连续的单元格

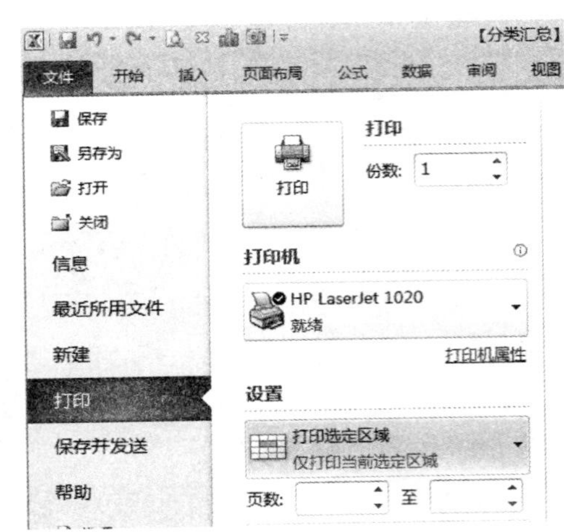

图 3.162　打印不连续的单元格/区域的方法

此外，还可以利用“视图管理器”，打印经常需要打印的不连续区域，其方法如下。

第一步：选中需要打印的数据区域，如 B2：H3、B8：H10、B14：H17 单元格区域。

第二步：在“视图”选项卡中单击“自定义视图”按钮，弹出“视图管理器”对话框。

第三步：单击“视图管理器”对话框中的“添加”按钮，弹出“添加视图”对话框。

第四步：在“添加视图”对话框中的“名称”文本框中输入要保存的名称，如“我的打印”。最后单击“确定”按钮完成操作，如图 3.163 所示。

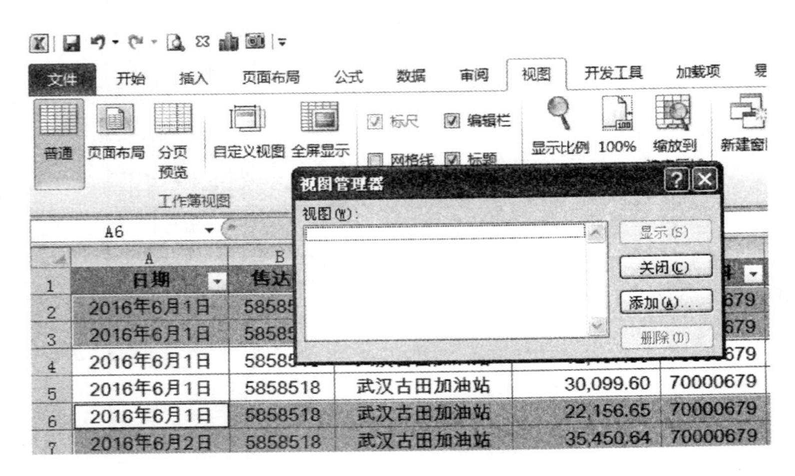

图 3.163　添加视图

操作完毕后，再次打开“视图管理器”对话框，在“视图”列表框中则新增了一个设置好的“我的打印”视图项，如图 3.164 所示。

以后如果再次需要打印该不连续区域，只需打开“视图管理器”对话框，选择“视图”列表框中的“我的打印”，单击“显示”按钮，即可显示出设置好的打印页面，最后执行“打印选定区域”的打印操作即可。

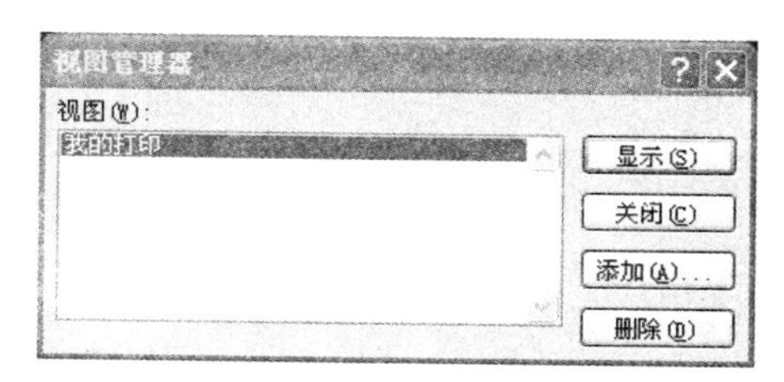

图 3.164　视图管理器

另外，用户还可以通过“名称框”来快速选择常用打印区域，其方法如下。

第一步：选中需要打印的数据区域，如 B2：H3、B8：H10、B14：H17 单元格区域。

第二步：在“名称框”中输入一个自定义的名称，如“Print1”，按 Enter 键确认输入，如图 3.165 所示。

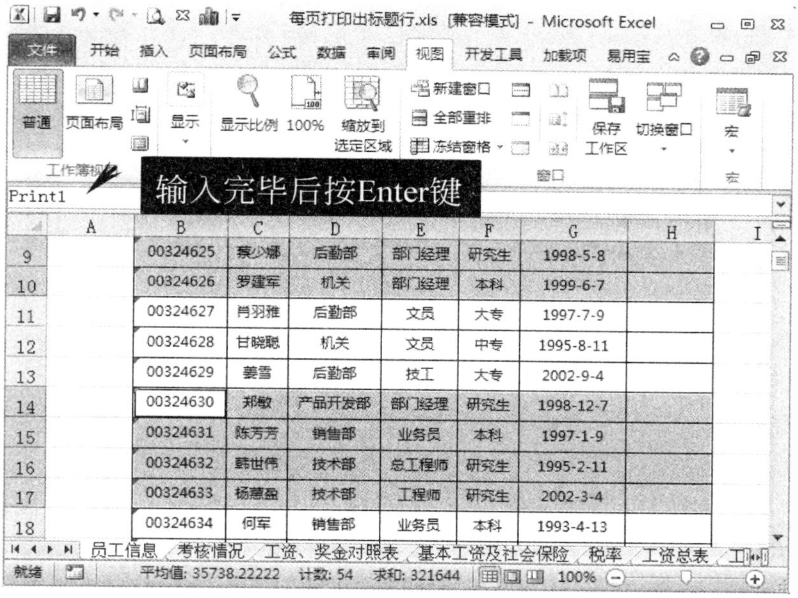

图 3.165　添加自定义名称

此时在“名称框”中就增加了“Print1”的选项，用户单击“名称框”右侧的下拉按钮，选择“Print1”的自定义名称，此时预设的不连续区域即被选中，执行“打印选定区域”命令即可打印不连续的数据区域。

5）打印不连续的行（或者列）

用户可能通过“打印不连续的单元格/区域”来完成不连续行/列的打印，但也可以用如下方法来实现。其操作步骤如下。

第一步：按住 Ctrl 键，依次单击不需要打印的行号或列标。

第二步：松开 Ctrl 键，在选定的任意行号或列标上单击鼠标右键，在弹出的快捷菜单中选择“隐藏”命令，隐藏不打印的行或列数据。

第三步：执行“打印”命令，即可打印出不连续的行或列数据。

6）打印多个工作表

当需要打印工作簿中的多张工作表时，其操作方法如下。

第一步：选择需要打印的工作表。如果需要打印的工作表是连续的工作表，则先选择最左侧的工作表，然后按住 Shift 键，再使用鼠标单击需要选择的工作表中最右侧的工作表，此时就可以选择好需要打印的工作表；如果需要打印的工作表是不连续的，则可以按住 Ctrl 键，然后使用鼠标单击选择需要打印的工作表，直到选择最后一张需要打印的工作表。通过上述两种方法选择工作表后，标题栏最后都会显示“[工作组]”字样。

第二步：依次单击“文件”→“打印”，转到“打印”窗口，单击“打印”按钮打印文件，即可一次打印多张工作表。

3.7 Excel 数据分析与处理

3.7.1 条件格式

所谓条件格式，指的是为符合条件的单元格添加格式。如图 3.166 所示的工作表中，为高度 7000 以上的单元格填充红色底纹。这里“＞7000”就是条件，格式是“红色底纹”。

设置条件格式的具体步骤如下。

第一步：首先选定要设置格式的所有单元格区域。这里选择 B2∶B9 单元格。

第二步：在“开始”选项卡“样式”选项组中单击“条件格式”按钮，在展开列表中选择“突出显示单元格规则”选项。在右侧展开的子列表中，可选择“大于”选项，弹出“大于”对话框，在“为大于以下值的单元格设置格式”文本框中输入条件“7000”，在“设置为”下拉框中选择某一种格式，如图 3.167 所示。或单击“自定义格式”选项，设置新的格式。

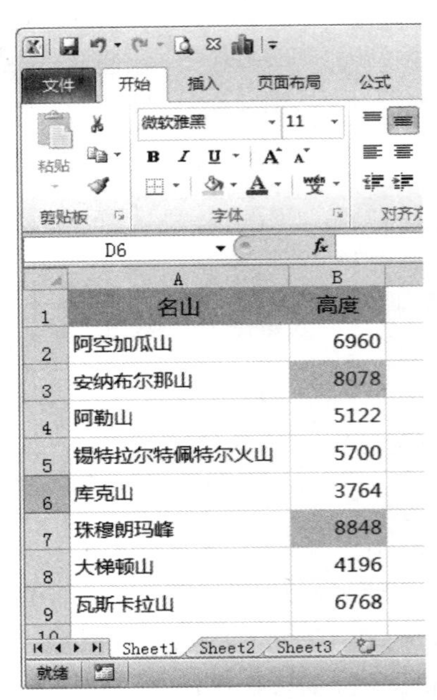

图 3.166　条件格式

第三步：如果在“突出显示单元格规则”选项列表中选择“其他规则”，则会弹出“新建格式规则”对话框。在“选择规则类型”列表中选择一种规则类型，然后在“编辑规则说明”选项组中进一步设置单元格条件为“大于 7000”，然后单击“格式”按钮。

第四步：弹出“设置单元格格式”对话框，可设置数字、字体、边框和边框格式。

第五步：设置单元格式后，单击“确定”按钮返回到“新建格式规则”对话框，如图 3.168 所示。

第六步：单击“确定”按钮返回到工作表中，其设置效果如图 3.169 所示。

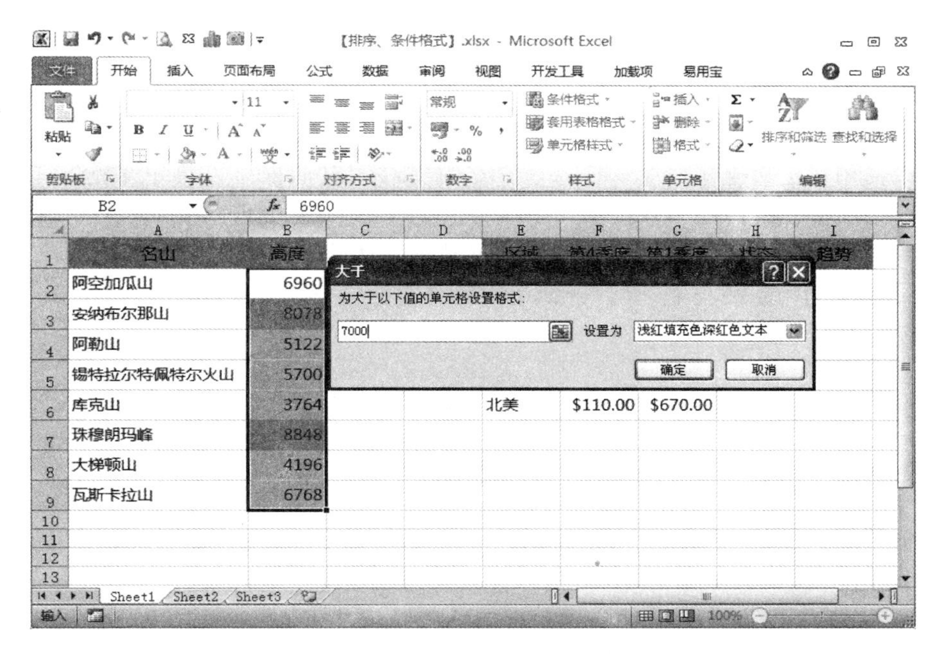

图 3.167　设置条件格式

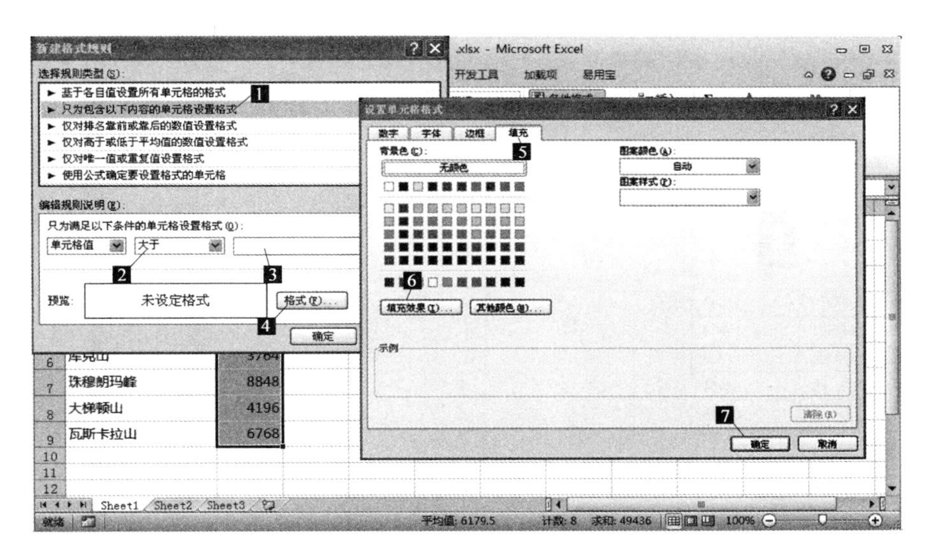

图 3.168　选择规则类型、设置条件

	A	B
1	名山	高度
2	阿空加瓜山	6960
3	安纳布尔那山	8078
4	阿勒山	5122
5	锡特拉尔特佩特尔火山	5700
6	库克山	3764
7	珠穆朗玛峰	
8	大梯顿山	4196
9	瓦斯卡拉山	6768

图 3.169　设置效果

3.7.2 数据排序筛选

Excel 提供了多种方法对数据列表进行排序，用户可以根据需要按行或列、按升序或降序，也可以使用自定义排序命令。Excel 2010 的“排序”对话框可以指定多达 64 个排序条件，还可以按照单元格内的背景颜色和字体颜色进行排序，甚至可以按单元格内显示的图标进行排序。而在 Excel 管理数据列表时，根据某种条件筛选出匹配的数据是一项常见的需求。Excel 提供的“筛选”功能，专门帮助用户解决这类问题。

1. 数据排序

1）单列排序

单列排序比较简单，可以实现对数据的升序和降序排序。其操作方法为：打开需要排序的工作表，单击要排序列的任意一个单元格，然后依次单击“开始”→“排序和筛选”→“升序”/“降序”/“自定义排序”，即可完成对单列数据的排序。如果该数据是数值型数据，则按大小排序，若为字符，则以汉语拼音的先后为序，例如，在图 3.170 的 Sheet3 表中，以“销售额”进行升序排列。

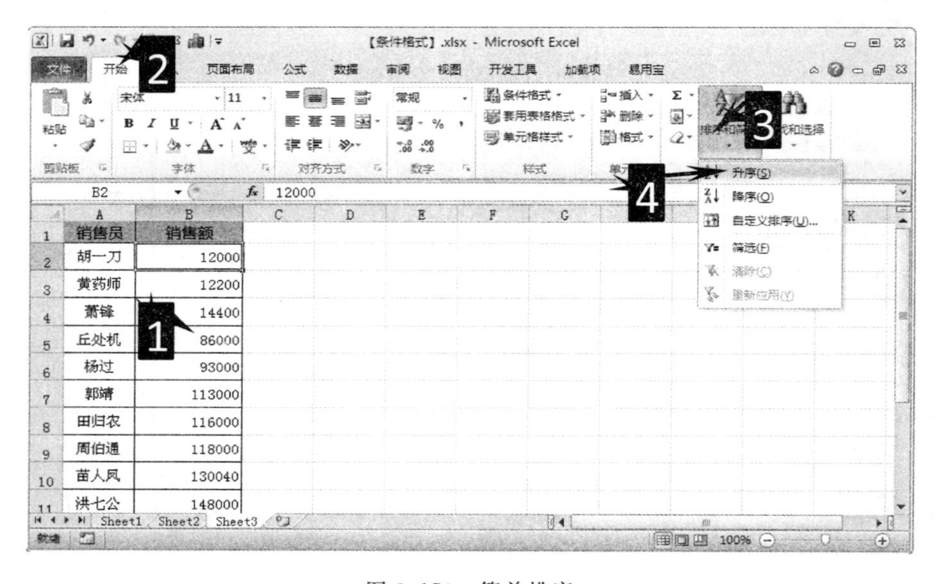

图 3.170　简单排序

2）复杂排序

复杂排序指的是利用“排序”对话框对数据进行排序。在这种排序方法中，可以指定多列进行排序。其详细操作步骤如下。

第一步：单击需要排序数据区域的任意单元格，如图 3.171 所示的“期末成绩表”。

第二步：在“开始”选项卡的“编辑”选项组中单击“排序和筛选”按钮，在展开的列表中单击“自定义排序”选项。

第三步：在弹出的“排序”对话框中，单击“主要关键字”右侧的下拉按钮，在展开的列表中选择需要排序的第一关键字字段名（标题名），这里选择“总分”。然后从“次序”下拉框中选择排序的顺序，这里选择“升序”选项。

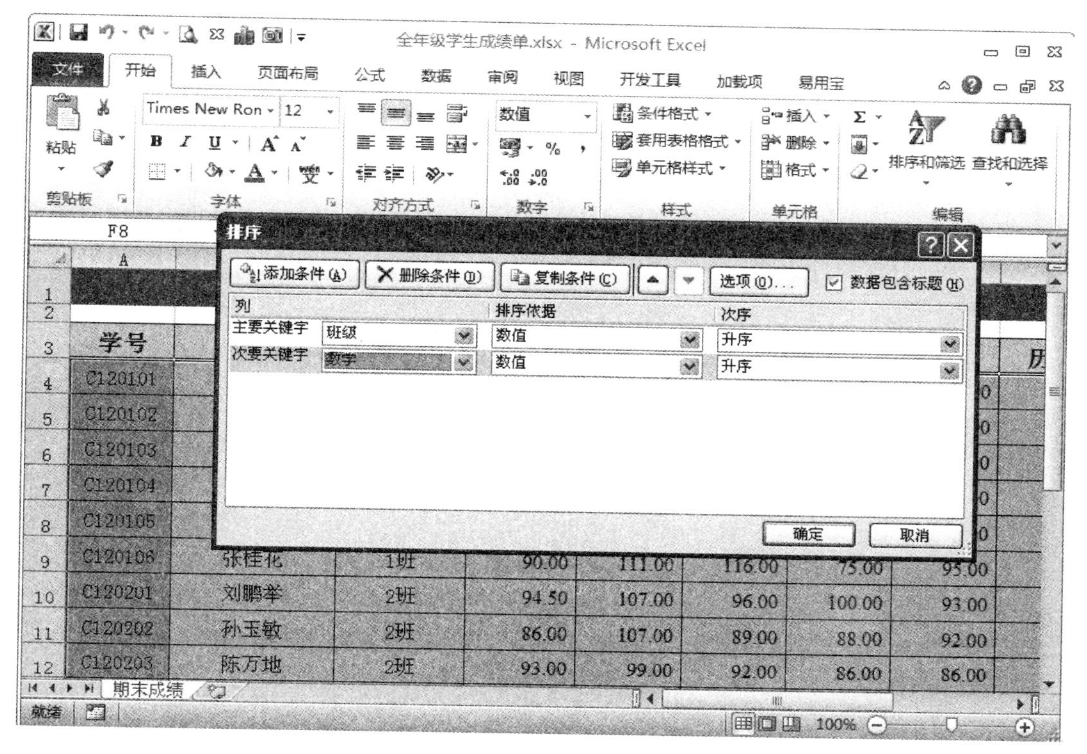

图 3.171　多字段排序

第四步：单击“添加条件”按钮，可以添加次要关键字，同理选择次要关键字的字段名、次序和排序依据，如图 3.171 所示。用户还可以继续添加第三、第四关键字等。

在“排序依据”下拉框中系统会自动判断排序数据的类型，用户还可以进行更改。

勾选“数据包含标题”选项，则工作表的第一行作为标题行，不参与排序；如果取消“数据包含标题”选项，则工作表第一行参与排序，且在主要关键字、次要关键字等下拉框中不会显示关键字的字段名，而是显示列名。

第五步：设置完毕后单击“确定”按钮，完成排序返回到工作表中。

2. 数据筛选

1）自动筛选

在 Excel 中，使用自动筛选可创建三种筛选类型：按列表值、按格式、按条件。如图 3.172 所示的工作表中，需要筛选出“产品名称”为“大米”“数量”为“10 以上”的记录。

第一步：在需要筛选的数据区域中单击任意一个单元格。

第二步：在“开始”选项卡的“编辑”选项组中单击“排序和筛选”按钮，在展开的列表中单击“筛选”选项。（用户还可以在主菜单“数据”菜单的“排序和筛选”选项组中单击“筛选”按钮，同样可以对数据区域进行筛选。）

第三步：此时，在工作表第一行（即标题行）的各个单元格中都出现了下拉按钮。单击 C1 单元格（产品名称）的下拉按钮，展开的列表中可以选择“按颜色筛选”“按文本筛选”等筛选方式（如果该列数据为数字，则会出现“按数字筛选”的选项）。此外，在列表下端自动列出了该列可以选择的选项：“白米”“白奶酪”“饼干”等。可以直接勾选需要的选项，取消其他

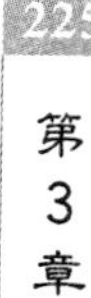

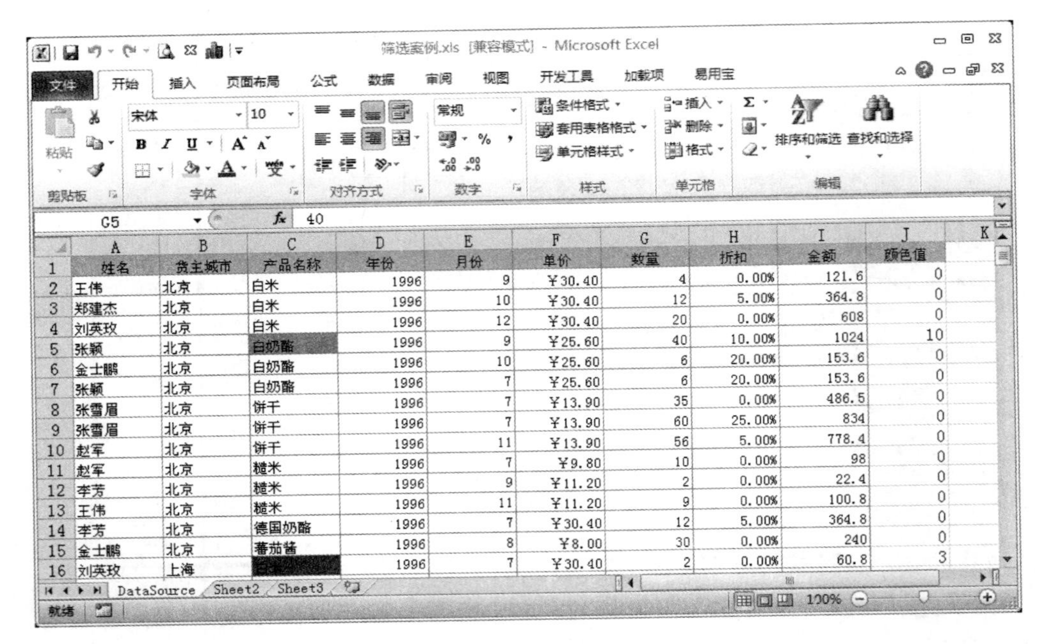

	A	B	C	D	E	F	G	H	I	J
1	姓名	货主城市	产品名称	年份	月份	单价	数量	折扣	金额	颜色值
2	王伟	北京	白米	1996	9	￥30.40	4	0.00%	121.6	0
3	郑建杰	北京	白米	1996	10	￥30.40	12	5.00%	364.8	0
4	刘英玫	北京	白米	1996	12	￥30.40	20	0.00%	608	0
5	张颖	北京	白奶酪	1996	9	￥25.60	40	10.00%	1024	10
6	金士鹏	北京	白奶酪	1996	10	￥25.60	6	20.00%	153.6	0
7	张颖	北京	白奶酪	1996	7	￥25.60	6	20.00%	153.6	0
8	张雪眉	北京	饼干	1996	7	￥13.90	35	0.00%	486.5	0
9	张雪眉	北京	饼干	1996	7	￥13.90	60	25.00%	834	0
10	赵军	北京	饼干	1996	11	￥13.90	56	5.00%	778.4	0
11	赵军	北京	糙米	1996	7	￥9.80	10	0.00%	98	0
12	李芳	北京	糙米	1996	9	￥11.20	2	0.00%	22.4	0
13	王伟	北京	糙米	1996	11	￥11.20	9	0.00%	100.8	0
14	李芳	北京	德国奶酪	1996	7	￥30.40	12	5.00%	364.8	0
15	金士鹏	北京	蕃茄酱	1996	8	￥8.00	30	0.00%	240	0
16	刘英玫	上海	[illegible]	1996	7	￥30.40	2	0.00%	60.8	3

图 3.172　产品销售表

不需要的选项。这里勾选“白米”筛选框，取消其他产品名称前的复选框。

单击“确定”按钮返回到工作表中，此时工作表中数据只显示了“白米”的记录，如图 3.173 所示。

	A	B	C	D	E	F	G	H	I
5	姓名	货主城市	产品名称	年份	月份	单价	数量	折扣	金额
6	王伟	北京	白米	1996	9	￥30.40	4	0.00%	121.6
7	郑建杰	北京	白米	1996	10	￥30.40	12	5.00%	364.8
8	刘英玫	北京	白米	1996	12	￥30.40	20	0.00%	608
9	张颖	北京	白奶酪	1996	9	￥25.60	40	10.00%	1024
10	金士鹏	北京	白奶酪	1996	10	￥25.60	6	20.00%	153.6
11	张颖	北京	白奶酪	1996	7	￥25.60	6	20.00%	153.6
12	张雪眉	北京	饼干	1996	7	￥13.90	35	0.00%	486.5
13	张雪眉	北京	饼干	1996	7	￥13.90	60	25.00%	834
14	赵军	北京	饼干	1996	11	￥13.90	56	5.00%	778.4

图 3.173　选择需要显示的数据条件

第四步：单击 G1 单元格(数量)的下拉列按钮，在展开的列表中可以选择“按颜色筛选”“按数字筛选”等筛选方式。这里单击“按数字筛选”选项，在展开的列表中选择“大于”选项或“自定义筛选”选项，如图 3.174 所示。

第五步：弹出“自定义自动筛选方式”对话框。在“数量”的两个文本框中分别输入或选

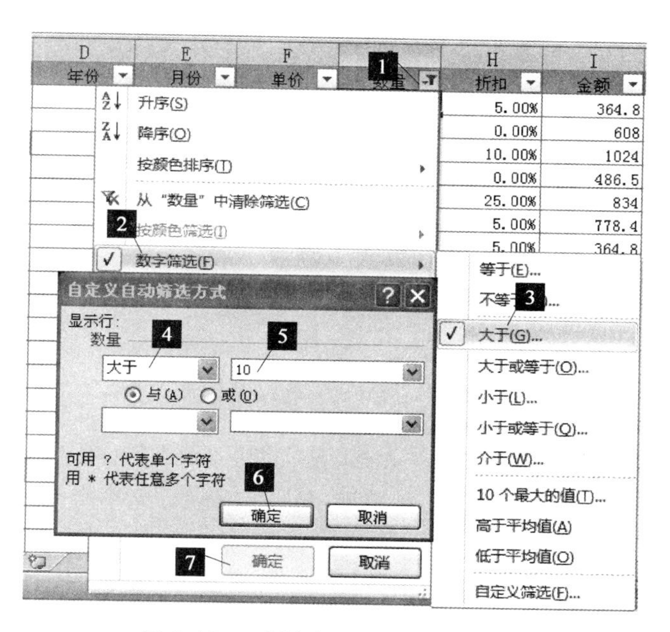

图 3.174　选择需要显示的数据条件

择"大于""10"。如果有第二个筛选条件,可以在第二行两个文本框中继续输入条件数值,并为两个筛选条件选择"与"或"或"的关系。设置完毕后,单击"确定"按钮返回到工作表中。其结果如图 3.175 所示。

筛选案例.xls [兼容模式] - Microsoft Excel

文件　开始　插入　页面布局　公式　数据　审阅　视图　开发工具　加载项　易用宝

C40　f_x　白米

	A	B	C	D	E	F	G	H	I	J
1	姓名	货主城市	产品名称	年份	月份	单价	数量	折扣	金额	颜色值
3	郑建杰	北京	白米	1996	10	¥30.40	12	5.00%	364.8	0
4	刘英玫	北京	白米	1996	12	¥30.40	20	0.00%	608	0
21	李芳	天津	白米	1996	11	¥30.40	20	0.00%	608	0
22	刘英玫	天津	白米	1996	12	¥30.40	18	25.00%	547.2	0
26	刘英玫	重庆	白米	1996	9	¥30.40	20	0.00%	608	0
34	李芳	北京	白米	1997	10	¥38.00	30	0.00%	1140	0
35	赵军	北京	白米	1997	10	¥38.00	18	25.00%	684	0
36	郑建杰	北京	白米	1997	11	¥38.00	30	25.00%	1140	0
38	金士鹏	北京	白米	1997	2	¥30.40	15	0.00%	456	0
39	孙林	北京	白米	1997	6	¥38.00	40	20.00%	1520	0
40	张颖	北京	白米	1997	8	¥38.00	20	0.00%	760	0
41	李芳	北京	白米	1997	2	¥30.40	28	0.00%	851.2	0
42	王伟	北京	白米	1997	3	¥30.40	20	0.00%	608	0
43	郑建杰	北京	白米	1997	3	¥30.40	30	20.00%	912	0
44	张颖	北京	白米	1997	9	¥38.00	12	15.00%	456	0
78	张颖	上海	白米	1997	7	¥38.00	14	0.00%	532	0
79	王伟	上海	白米	1997	9	¥38.00	45	0.00%	1710	0
80	李芳	上海	白米	1997	12	¥38.00	60	0.00%	2280	0
81	孙林	上海	白米	1997	12	¥38.00	20	15.00%	760	0
87	金士鹏	天津	白米	1997	4	¥30.40	14	0.00%	425.6	0
88	李芳	天津	白米	1997	4	¥38.00	70	0.00%	2660	0

DataSource　Sheet2　Sheet3

就绪　在 230 条记录中找到 44 个　100%

图 3.175　筛选结果

若要取消筛选,只需用户在"数据"选项卡的"排序和筛选"选项组中再次单击"筛选"按钮即可。

2）高级筛选

如果所设的筛选条件较多，可以使用高级筛选功能。其操作步骤如下。

第一步：在进行高级筛选前，首先必须设立一个“条件区域”。在工作表的最上方插入三个空行。将数据区域中含有待筛选值的数据列的列标志（列标题）复制到此空行中，在条件标志下方的一行中输入筛选条件。本例中输入了两个筛选条件：“数量＞10”“金额＞500”，如图 3.176 所示。

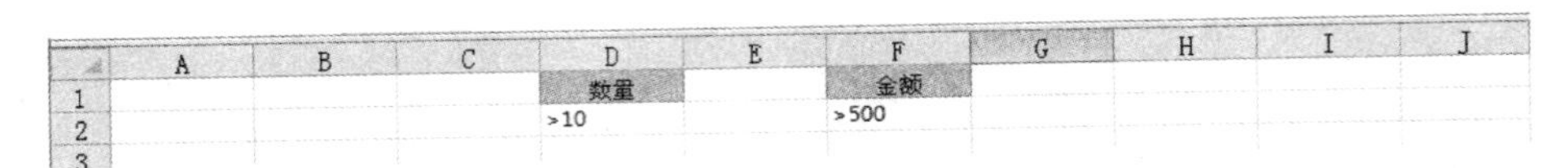

图 3.176　设置条件区域

第二步：单击数据区域任意一个单元格，在功能区“数据”选项卡中“排序和筛选”组中单击“高级”按钮，此时弹出“高级筛选”对话框，在“列表区域”文本框中系统已经自动输入了参与数据筛选的区域“$A$4：$J$234”，如果该数据区域不正确可以重新修改。

在“高级筛选”对话框中，如果选择“将筛选结果复制到其他位置”选项，则需要在“复制到”文本框中输入复制筛选结果的单元格区域。如果勾选“选择不重复的记录”，则重复的记录不会显示。

第三步：在“条件区域”文本框中需要输入第一步中指定的筛选条件的单元格地址。可以单击文本框右侧的“折叠对话框”按钮，返回到工作表中，用鼠标选择$A$1：$J$231 区域，如图 3.177 所示。

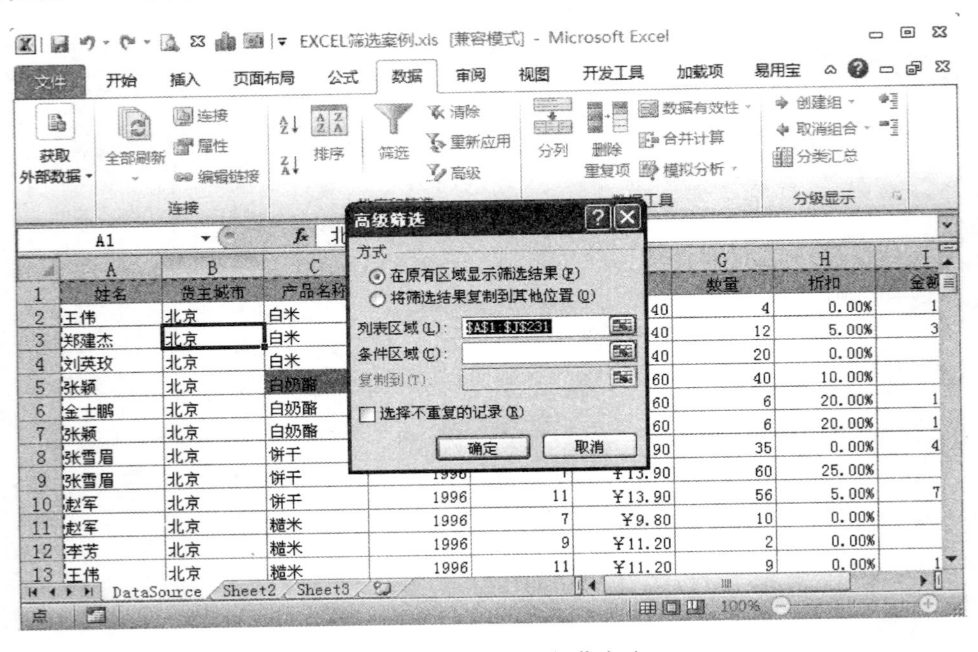

图 3.177　高级筛选操作方法

第四步：按 Enter 键返回到“高级筛选”对话框中，单击“确定”按钮返回工作表中，完成筛选的效果如图 3.178 所示。

4	姓名	货主城市	产品名称	年份	月份	单价	数量	折扣	金额	颜色值
7	刘英玫	北京	白米	1996	12	¥30.40	20	0.00%	608	0
8	张颖	北京	白奶酪	1996	9	¥25.60	40	10.00%	1024	10
12	张雪眉	北京	饼干	1996	7	¥13.90	60	25.00%	834	0
13	赵军	北京	饼干	1996	11	¥13.90	56	5.00%	778.4	0
20	刘英玫	上海	饼干	1996	8	¥13.90	40	15.00%	556	0
24	李芳	天津	白米	1996	11	¥30.40	20	0.00%	608	0
25	刘英玫	天津	白米	1996	12	¥30.40	18	25.00%	547.2	0
28	郑建杰	天津	干贝	1996	10	¥20.80	28	0.00%	582.4	0
29	刘英玫	重庆	白米	1996	9	¥30.40	20	0.00%	608	0
34	王伟	重庆	大众奶酪	1996	10	¥16.80	50	20.00%	840	0
37	李芳	北京	白米	1997	10	¥38.00	30	0.00%	1140	0
38	赵军	北京	白米	1997	10	¥38.00	18	25.00%	684	0
39	郑建杰	北京	白米	1997	11	¥38.00	30	25.00%	1140	0
42	孙林	北京	白米	1997	6	¥38.00	40	20.00%	1520	0
43	张颖	北京	白米	1997	8	¥38.00	20	0.00%	760	0
44	李芳	北京	白米	1997	2	¥30.40	28	0.00%	851.2	0
45	王伟	北京	白米	1997	3	¥30.40	20	0.00%	608	0
46	郑建杰	北京	白米	1997	3	¥30.40	30	20.00%	912	0
49	李芳	北京	白奶酪	1997	5	¥32.00	24	15.00%	768	0
54	王伟	北京	饼干	1997	4	¥17.45	50	0.00%	872.5	0
55	郑建杰	北京	饼干	1997	5	¥17.45	40	15.00%	698	0

图 3.178　高级筛选的结果

可以设置两筛选条件之间是“或”还是“与”的关系(“与”的关系：筛选要同时满足两个条件;“或”的关系：只需要满足其中一个条件)。

两个筛选条件放在一行中,则两者之间是“与”的关系;若两个筛选条件不在一行,则是“或”的关系,如图 3.179 和图 3.180 所示。

D	E	F
数量		金额
>10		>500

图 3.179　“与”关系的条件区域

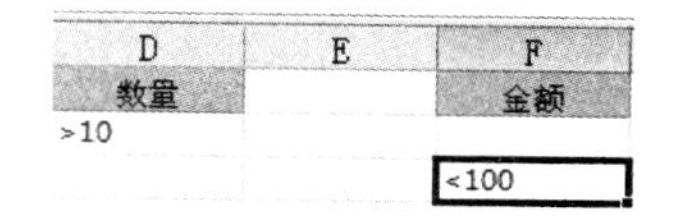

D	E	F
数量		金额
>10		
		<100

图 3.180　“或”关系的条件区域

3.7.3　汇总、分级数据

1. 分类汇总

Excel 2010 可以自动对数据进行分类汇总。在进行数据汇总的过程中,常常需要对工作表中的数据进行人工分级,这样就可以更好地将工作表中的明细数据显示出来。如图 3.181 所示的工作表,将各班语文平均分汇总,其具体操作步骤如下。

第一步：先将表格中的数据进行排序。分类汇总首先是分类,其次是汇总。这里是对“班级”分类,所以首先要按关键字“班级”进行排序(升序、降序都可以)。

第二步：排序完成后,在功能区打开“数据”选项卡,在“分级”显示组中单击“分类汇总”按钮,弹出“分类汇总”对话框。

第三步：在“分类汇总”对话框“分类字段”下拉框中选择“班级”,在“汇总方式”下拉框中选择“平均值”,在“选定汇总项”列表中选择“语文”,如图 3.182 所示。

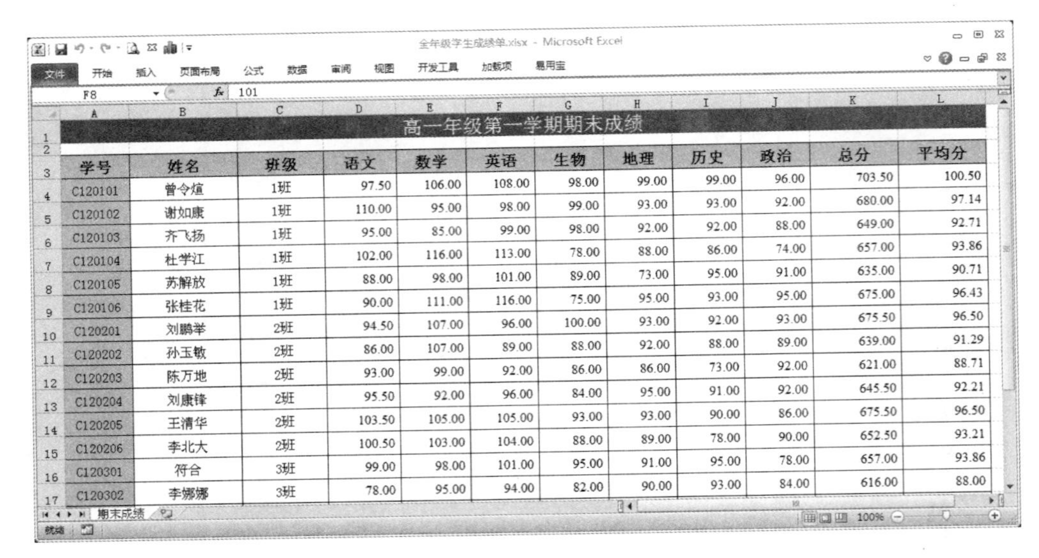

学号	姓名	班级	语文	数学	英语	生物	地理	历史	政治	总分	平均分
C120101	曾令煊	1班	97.50	106.00	108.00	98.00	99.00	99.00	96.00	703.50	100.50
C120102	谢如康	1班	110.00	95.00	98.00	99.00	93.00	93.00	92.00	680.00	97.14
C120103	齐飞扬	1班	95.00	85.00	99.00	98.00	92.00	92.00	88.00	649.00	92.71
C120104	杜学江	1班	102.00	116.00	113.00	78.00	88.00	86.00	74.00	657.00	93.86
C120105	苏解放	1班	88.00	98.00	101.00	89.00	73.00	95.00	91.00	635.00	90.71
C120106	张桂花	1班	90.00	111.00	116.00	75.00	95.00	93.00	95.00	675.00	96.43
C120201	刘鹏举	2班	94.50	107.00	96.00	100.00	93.00	92.00	93.00	675.50	96.50
C120202	孙玉敏	2班	86.00	107.00	89.00	88.00	92.00	88.00	89.00	639.00	91.29
C120203	陈万地	2班	93.00	99.00	92.00	86.00	86.00	73.00	92.00	621.00	88.71
C120204	刘康锋	2班	95.50	92.00	96.00	84.00	95.00	91.00	92.00	645.50	92.21
C120205	王清华	2班	103.50	105.00	105.00	93.00	93.00	90.00	86.00	675.50	96.50
C120206	李北大	2班	100.50	103.00	104.00	88.00	89.00	78.00	90.00	652.50	93.21
C120301	符合	3班	99.00	98.00	101.00	95.00	91.00	95.00	78.00	657.00	93.86
C120302	李娜娜	3班	78.00	95.00	94.00	82.00	90.00	93.00	84.00	616.00	88.00

图 3.181　学生成绩表

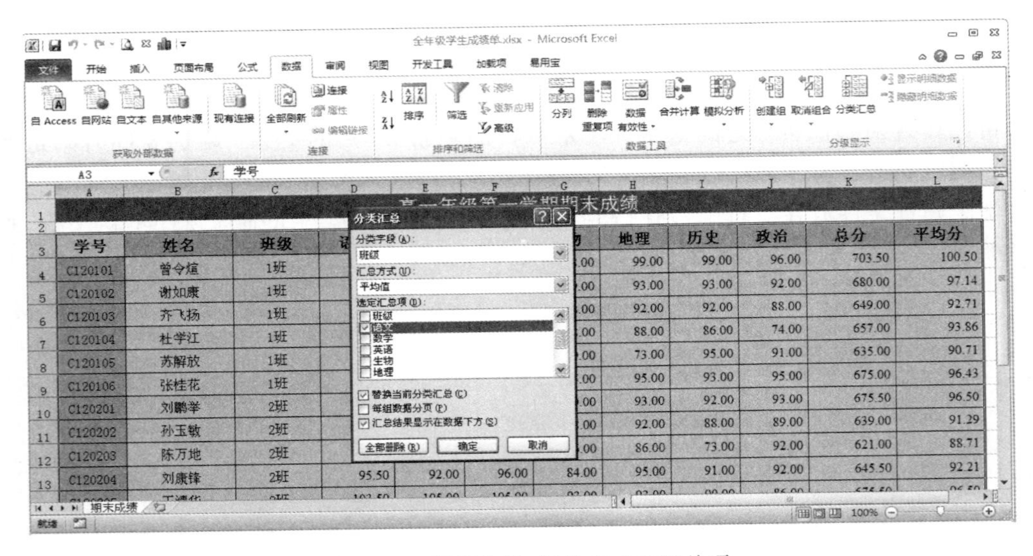

图 3.182　设置分类、汇总方式和汇总项

“分类汇总”对话框中几个主要选项的含义如下。

(1) 分类字段：选择分类的字段名，是汇总的分类依据。

(2) 汇总方式：选择汇总的计算方式。

(3) 选定汇总项：从字段名选择要进行汇总的选项，可以多选。

“分类汇总”对话框中还有其他几个辅助选项。

(1) 替换当前分类汇总：勾选此选项，则新的汇总结果替代原结果；不勾选此项，则新的汇总结果继续叠加到原结果之后。

(2) 每组数据分页：勾选此选项，则汇总结果中，每一个分组数据以单独一页的形式打印。

（3）汇总结果显示在数据下方：勾选此项，则汇总的数据显示在数据下方。

第四步：单击"确定"按钮返回到工作表中，分类汇总的效果如图 3.183 所示。

高一年级第一学期期末成绩											
学号	姓名	班级	语文	数学	英语	生物	地理	历史	政治	总分	平均分
C120101	曾令煊	1班	97.50	106.00	108.00	98.00	99.00	99.00	96.00	703.50	100.50
C120102	谢如康	1班	110.00	95.00	98.00	99.00	93.00	93.00	92.00	680.00	97.14
C120103	齐飞扬	1班	95.00	85.00	99.00	98.00	92.00	92.00	88.00	649.00	92.71
C120104	杜学江	1班	102.00	116.00	113.00	78.00	88.00	86.00	74.00	657.00	93.86
C120105	苏解放	1班	88.00	98.00	101.00	89.00	73.00	95.00	91.00	635.00	90.71
C120106	张桂花	1班	90.00	111.00	116.00	75.00	95.00	93.00	95.00	675.00	96.43
		1班 平均值	97.08								
C120201	刘鹏举	2班	94.50	107.00	96.00	100.00	93.00	92.00	93.00	675.50	96.50
C120202	孙玉敏	2班	86.00	107.00	89.00	88.00	92.00	88.00	89.00	639.00	91.29
C120203	陈万地	2班	93.00	99.00	92.00	86.00	86.00	73.00	92.00	621.00	88.71
C120204	刘康锋	2班	95.50	92.00	96.00	84.00	95.00	91.00	92.00	645.50	92.21
C120205	王清华	2班	103.50	105.00	105.00	93.00	93.00	90.00	86.00	675.50	96.50
C120206	李北大	2班	100.50	103.00	104.00	88.00	89.00	78.00	90.00	652.50	93.21
		2班 平均值	95.50								
C120301	符合	3班	99.00	98.00	101.00	95.00	91.00	95.00	78.00	657.00	93.86
C120302	李娜娜	3班	78.00	95.00	94.00	82.00	90.00	93.00	84.00	616.00	88.00

图 3.183　分类汇总后的效果

2. 分级显示

在对数据分类汇总后，原数据的显示方式发生了较大变化。利用 Excel 的分级显示功能可以单独查看汇总结果或展开查看明细数据。

分类汇总后，工作表的最左侧出现了分级显示空格，其中有 1、2、3、一和＋按钮，这就是分级显示的控制按钮。单击 1、2、3 按钮可以显示一、二或三级汇总。例如，单击 2 按钮，工作表只显示处于第二级别的数据，如图 3.184 所示。

高一年级第一学期期末成绩											
学号	姓名	班级	语文	数学	英语	生物	地理	历史	政治	总分	平均分
		1班 平均值	97.08								
		2班 平均值	95.50								
		3班 平均值	91.67								
		总计平均值	94.75								

图 3.184　分级显示

还可以单击一或＋按钮来隐藏和显示明细数据。如果要取消分级显示，则在功能区"数据"选项卡"分级显示"选项组中，单击"取消组合"按钮右侧下拉按钮，在展开的列表中单击"清除分组显示"按钮。

3.7.4　合并计算

在日常工作中，经常需要将结构相似或内容相同的多张数据表进行合并汇总，使用 Excel 中的"合并计算"功能可以轻松地完成这项任务。

Excel 的“合并计算”功能可以汇总或合并多个数据源区域中的数据，具体有两种方式：一是按类别合并计算；二是按位置合并计算。

1. 按类别合并

在图 3.185 中有两张结构相同的数据表“表 1”和“表 2”，利用合并计算可以轻松地将这两张表进行合并汇总，具体操作步骤如下。

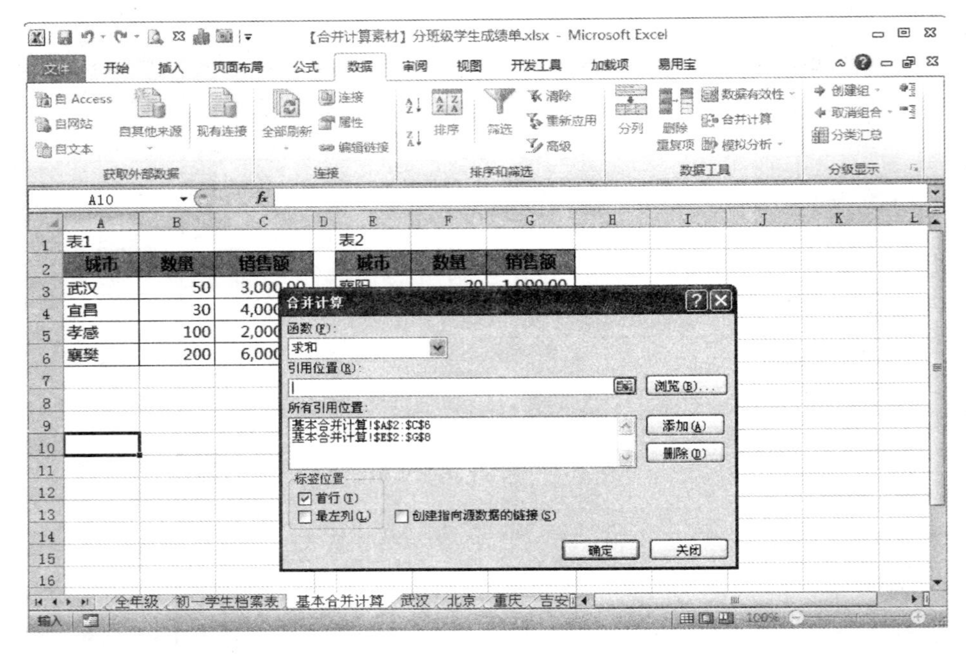

图 3.185　打开“合并计算”对话框

第一步：选中 A11 单元格为合并计算后结果的存放起始位置，在“数据”选项卡中单击“合并计算”命令按钮，打开“合并计算”对话框，计算函数使用默认的“求和”方式，如图 3.186 所示。

图 3.186　生成合并计算“结果表”

第二步：激活“合并计算”对话框中“引用位置”的编辑框，选中“表 1”的 A2：C6 单元格区域，然后单击“添加”按钮，所引用的单元格区域地址会出现在“所有引用位置”列表中。使用同样的方法将“表 2”的 E2：G8 单元格区域添加到“所有引用位置”列表框中。

第三步：依次勾选“首行”和“最左列”复选框，然后单击“确定”按钮，即可生成合并计算“结果”，如图 3.186 所示。

需要注意的是，在使用按类合并的功能时，数据源列表必须包含行或列标题，并且在“合并计算”对话框的“标签位置”分组框中勾选相应的复选项；合并计算过程不能复制数据源表的格式。

2. 按位置合并

合并计算功能，除了可以按类别合并计算外，还可以按数据表的数据位置进行合并计算。如图 3.187 所示的表格，如果在执行合并计算功能时，在“按类别合并”的第三步中取消勾选“标签位置”分组框的“首行”和“最左列”复选项，然后单击“确定”按钮，生成合并后的“结果表”如图 3.187 所示。

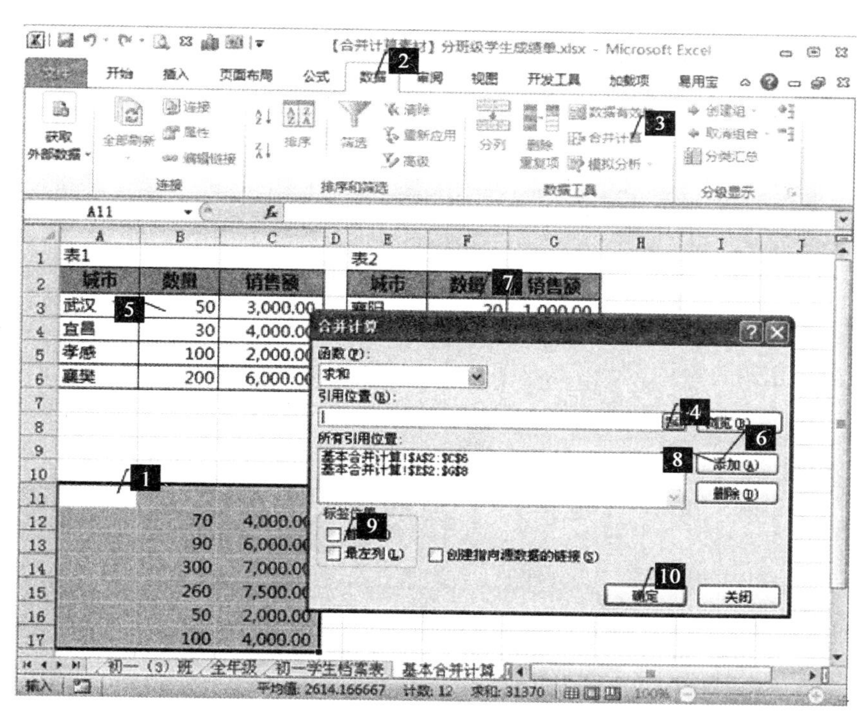

图 3.187　按位置合并

使用按位置合并的方式，Excel 不关心多个数据源表的行列标题内容是否相同，而只是将数据源表格相同位置上的数据进行简单合并计算。这种合并计算多用于数据源表结构完全相同情况下的数据合并。如果数据源表格结构不同，则计算会出错，如本例中的计算结果。

3. 合并计算应用

1）创建分户汇总报表

合并计算最基本的功能是分类汇总，但如果引用区域的列字段包含多个类别时，则可以利用合并计算功能将引用区域中的全部数据类别汇总到同一表格上，形成分户汇总报表。

运用合并计算功能可以方便地制作出 4 个城市的销售分户汇总报表,具体操作方法如下。

第一步:在"汇总"工作表中选中 A3 单元格作为结果表的起始单元格,单击"数据"选项卡中的"合并计算"命令按钮,打开"合并计算"对话框,计算函数使用默认的"求和"方式。

第二步:在"所有引用位置"列表框中分别添加"武汉""北京""重庆""吉安"4 张工作表中的数据区域,如图 3.188 所示。

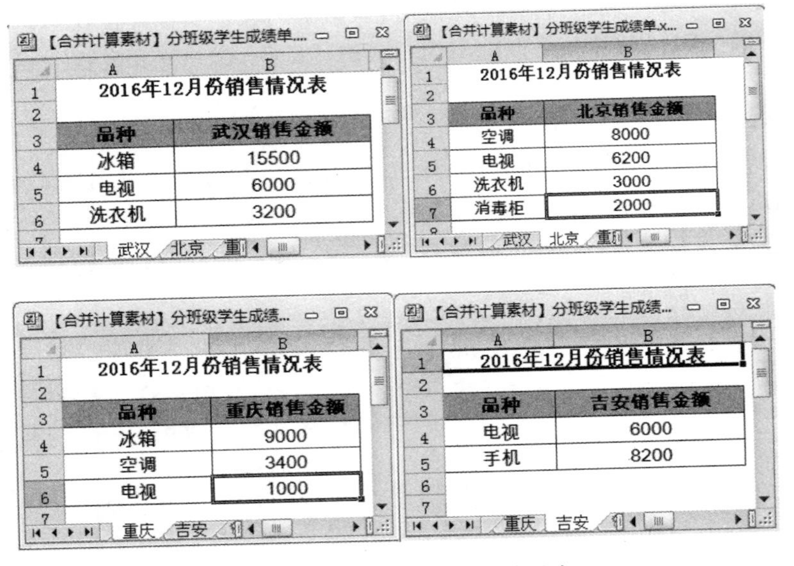

图 3.188　4 个城市的销售情况表

第三步:在"标签位置"分组框中勾选"首行"和"最左列"复选项,然后单击"确定"按钮,即可生成各个城市销售额的分户汇总表,如图 3.189 所示。

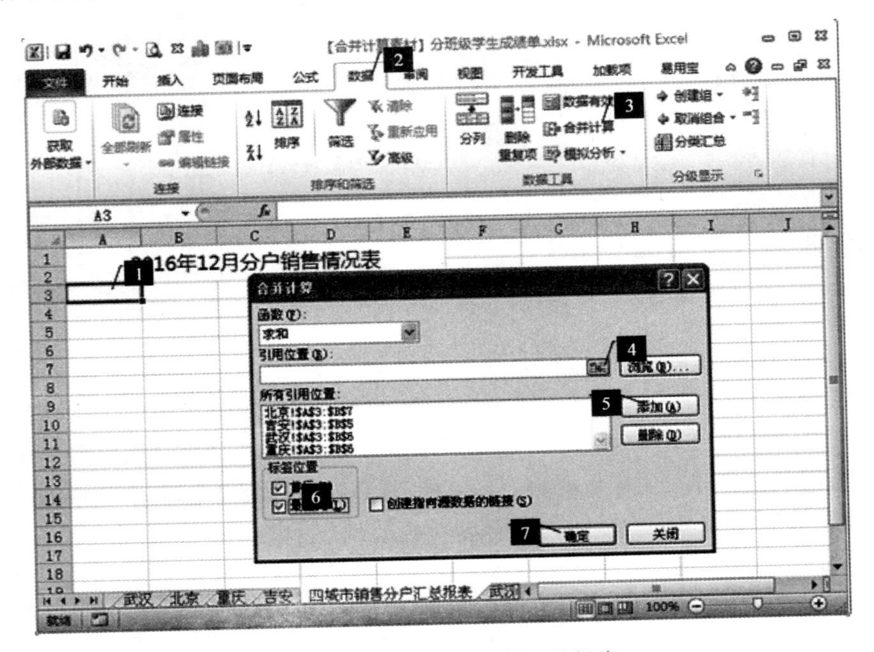

图 3.189　制作销售分户汇总报表

【注意】 要利用合并计算创建分户报表，计算列的标题名称不能相同，如本例中，各计算列标题分别被命名为“武汉销售金额”“北京销售金额”“重庆销售金额”“吉安销售金额”等，如果计算列标题相同，如都为“销售额”，则合并计算时将会汇总成一列，不能实现创建分户报表。

2）包含多个分类字段的合并计算

通常情况下，合并计算只能对最左列的分类字段的数据表进行合并计算，但在实际工作中，数据源表中可能包含多个分类字段。如图 3.190 所示，报表的前两列分别为“品种”和“重量”两个文本型分类字段。对于这样的数据表，不能用通常的合并计算操作来完成，而要借助一些辅助操作。具体操作步骤如下。

【合并计算素材】分班级学生成绩单.xlsx

2016年12月份销售情况表

品种	重量	武汉销售金额
冰箱	50KG	15500
电视	20KG	6000
洗衣机	25KG	3200

武汉（2） 北京（2） 重庆（2） 吉安（2）

图 3.190 包含多个分类项目的数据表

第一步：单击“武汉(2)”工作表标签，按住 Shift 键，然后单击“吉安(2)”工作表标签，同时选中“武汉(2)”至“吉安(2)”4 张工作表。松开 Shift 键，在“武汉(2)”工作表的 A 列前插入一个空列，在 A4 单元格输入公式：=B4&","&C4，复制 A3 单元格，并向下填充公式至 A8 单元格。新增加的列为辅助列，合并了源数据表中前两列的文字信息，如图 3.191 所示。

图 3.191 添加辅助列

第二步：选中“多字段合并计算”工作表的 A3 单元格，在“数据”选项卡中单击“合并计算”命令按钮，打开“合并计算”对话框。在“函数”下拉列表中保持默认的“求和”，在“引用位置”栏中分别选取添加“武汉(2)”工作表的 A3：D6 单元格区域、“北京(2)”工作表的 A3：D7 单元格区域、“重庆(2)”工作表的 A3：D6 单元格区域、“吉安(2)”工作表的 A3：D5 单元格区域，在“标签位置”分组框中勾选“首行”和“最左列”复选框，然后单击“确定”按钮得到初步合并计算结果，如图 3.192 所示。

图 3.192　初步合并计算结果

第三步：选中汇总表中的 A4：A9 单元格区域，利用“分列”功能，按“逗号”对“品种”和“重量”进行分列。

第四步：删除“汇总”工作表中的 A4：A9 单元格区域辅助列，并对表格进行必要的美化，结果如图 3.193 所示。

A	B	C	D	E	F
2016年12月销售情况表					
品种	重量	北京销售金额	吉安销售金额	武汉销售金额	重庆销售金额
空调	100KG	8000			3400
冰箱	50KG			15500	9000
电视	20KG	6200	6000	6000	1000
洗衣机	25KG	3000		3200	
消毒柜	15KG	2000			
手机	1KG		8200		

图 3.193　最后结果报表

3) 多工作表筛选不重复值

从多张工作表数据中筛选出不重复值，是数据分析处理过程中经常会遇到的问题，利用合并计算功能可以简便、快速地解决这类问题。

如图 3.194 所示，工作表“1”“2”“3”“4”的 A 列各有一批编号，现要在“汇总”工作表中将这 4 张工作表中不重复的编号全部找到并列示出来。

合并计算按类别求和功能不能对不包含任何数值数据的区域进行合并操作，但只要选择合并的区域内包含一个数值即可进行合并计算的相关操作，利用这一特性，可在源表中添加辅助数据来实现多表筛选不重复值的目的。具体操作步骤如下。

第一步：在工作表“1”的 B2 单元格内输入任意一个数值，例如“0”。

第二步：选中“汇总”工作表中的 A2 单元格作为结果存放的起始单元格，在“数据”选项卡中单击“合并计算”命令按钮，打开“合并计算”对话框。

第三步：在“合并计算”对话框中，保持“函数”组合框中默认的“求和”，在“所有引用位置”列表框中分别选取添加工作表“1”“2”“3”“4”的 A2∶A21 单元格区域，在“标签位置”分组框中只勾选“最左列”复选框，单击“确定”按钮，操作过程如图 3.195 所示。

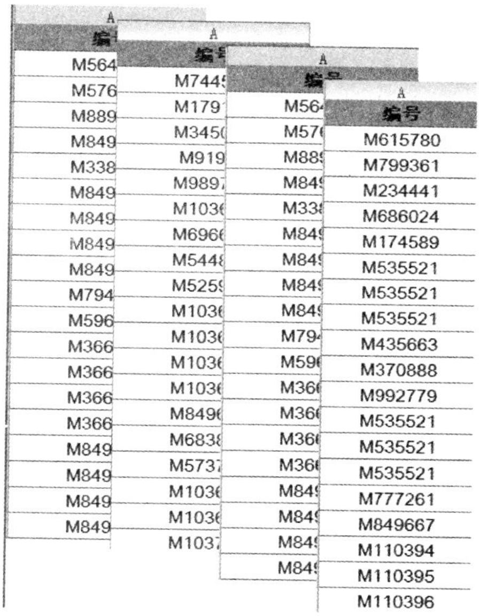

图 3.194　多表页数据表

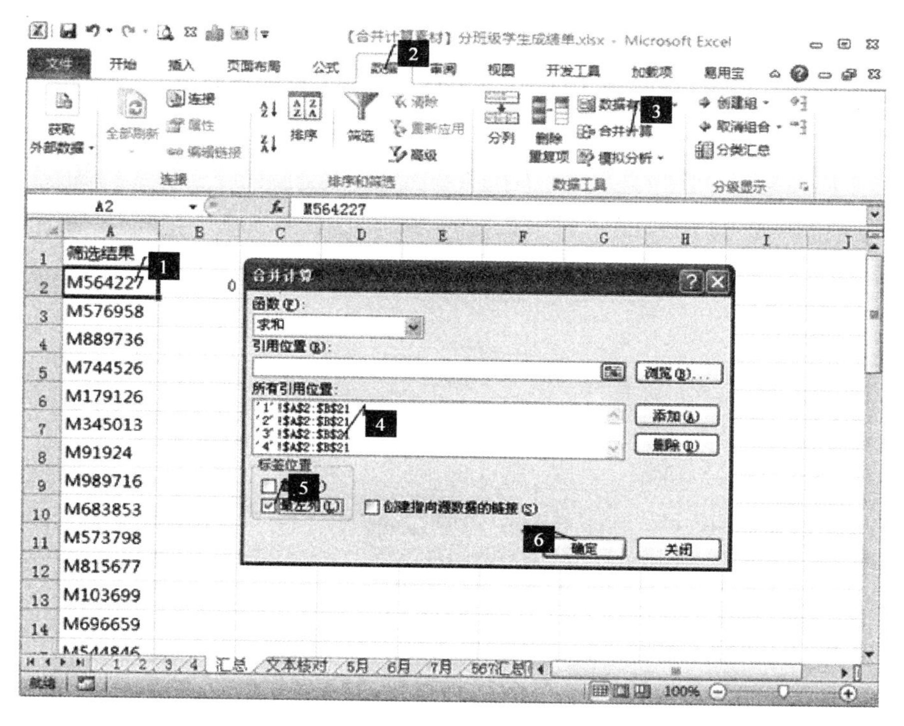

图 3.195　选择合并计算区域

第四步：删除 B2 单元格中添加的辅助数据所产生的汇总数据“0”，完成设置。

参照此方法，对于源数据为数值型的数据源表也同样可以筛选出不重复值。此外，该方法不仅适用于多表筛选不重复数据，对于同一工作表内的多个数据区域以及单个数据区域内的不重复数据筛选也同样适用。

4）核对文本型数据

如果需要核对如图 3.196 所示的两组文本数据，由于数据表中只包含文本字段“职务”的数据，不包含数值数据，所以不能直接使用“合并计算”功能对其进行操作，但也可以通过一些辅助手段来实现最终的目的。其操作步骤如下。

第一步：将 A 列与 C 列数据中的“职务”列的有效数据区域复制到 B2：B6 和 E2：E8 单元格区域，并分别添加列标题“旧表”和“新表”，如图 3.196 所示。

	A	B	C
1	职务		职务
2	连长		连长
3	排长		司令
4	军长		经理
5	旅长		旅长
6	司令		排长
7			军长
8			班长

	A	B	C	D	E
1	职务	旧表		职务	新表
2	连长	连长		连长	连长
3	排长	排长		司令	司令
4	军长	军长		经理	经理
5	旅长	旅长		旅长	旅长
6	司令	司令		排长	排长
7				军长	军长
8				班长	班长

图 3.196　添加辅助列

第二步：选中 A10 单元格作为存放结果表的起始位置，在“数据”选项卡中单击“合并计算”命令按钮，打开“合并计算”对话框。

第三步：在“合并计算”对话框中的“函数”组合框中选择“计数”统计方式。

第四步：在“所有引用位置”列表框中分别添加旧数据表的 A1：B6 区域地址和新数据表的 D1：E8 区域地址，在“标签位置”分组框中同时勾选“首行”和“最左列”复选框，然后单击“确定”按钮，如图 3.197 所示。

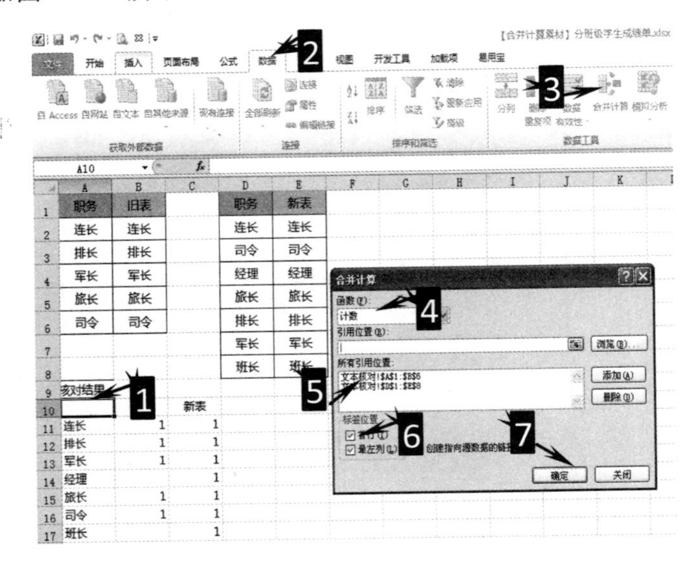

图 3.197　文本型数据核对操作步骤之一

第五步：为进一步显示出新旧数据的不同之处，可在 D11 单元格中输入公式：=N(B11<>C11)，并复制公式向下填充至 D17 单元格，如图 3.198 所示。N 函数是将参数转变成数值。

第六步：借助“自动筛选”功能即可得到新旧数据的差异对比结果，如图 3.199 所示。

9	核对结果：			
10		旧表	新表	
11	连长	1	1	=N(B11<>C11)
12	排长	1	1	N(value)
13	军长	1	1	0
14	经理		1	1
15	旅长	1	1	0
16	司令	1	1	0
17	班长		1	1

图 3.198　公式的复制

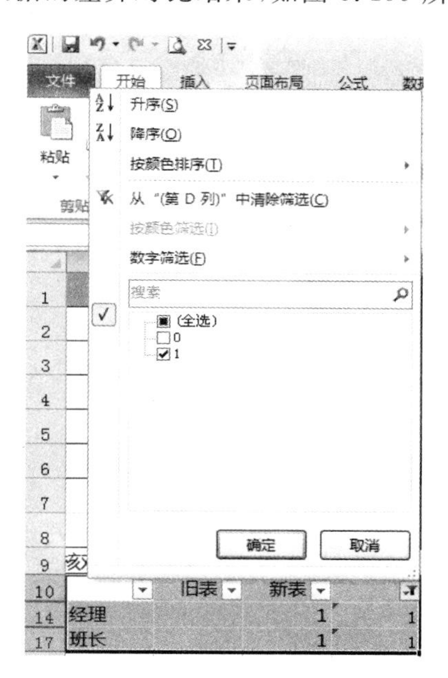

图 3.199　自动筛选核对结果

本例运用了合并计算中统计方式为“计数”的运算，该运算支持对文本数据进行计数运算。请注意它与“数值计数”的区别，“计数”适用于数值和文本数据计数，而“数值计数”仅适用于数值型数据计数。

5）有选择地合并计算

用户还可以对指定的数据列应用“合并计算”功能有选择地进行多表汇总。

图 3.200 展示了武汉古田加油站 2016 年 5 月至 7 月销售明细表，源表中“销售金额”与“销售数量”两列之间包含其他文本型数据列，如果希望汇总 5 月至 7 月每天的 99＃柴油的“销售金额”和“销售数量”，“合并计算”功能仍然可以有选择地进行计算。具体步骤如下。

第一步：在“567 汇总”工作表的 A1∶C1 单元格区域，分别输入所需汇总的列字段名称“日期”“销售金额”和“销售数量”，然后选中 A1∶C1 单元格区域，这是关键的一步。

第二步：在“数据”选项卡中单击“合并计算”按钮，打开“合并计算”对话框。

第三步：在“合并计算”对话框的“所有引用位置”列表框中分别添加 5 月、6 月、7 月工作表数据区域地址：'5 月'!＄A＄1∶＄G＄104、'6 月'!＄A＄1∶＄G＄104、'7 月'!＄A＄1∶＄G＄104，在“标签位置”分组框中同时勾选“首行”和“最左列”复选框，如图 3.201 所示。

第四步：单击“确定”按钮，即可生成合并计算的结果，再修改 A 列单元格为“日期”格式，最后的结果如图 3.202 所示。

6）在合并计算中使用多种计算方式

通常情况下，对数据源表进行合并计算时，结果数据表中只能使用一种计算方式。而通过适当地设置，分多次执行合并计算，可以实现在合并计算中使用多种计算方式的目的。如

日期	售达方	实际客户名称	销售数量	物料	物料号码	销售金额
2016年5月1日	5858518	武汉古田加油站	37,375.55	70000679	99#柴油	324,405.00

日期	售达方	实际客户名称	销售数量	物料	物料号码	销售金额
2016年6月1日	5858518	武汉古田加油站	3,657.10	70000679	99#柴油	31,667.76

日期	售达方	实际客户名称	销售数量	物料	物料号码	销售金额
2016年7月1日	5858518	武汉古田加油站	498.30	70000679	99#柴油	4,314.00
2016年7月1日	5858518	武汉古田加油站	27,323.45	70000679	99#柴油	234,577.00
2016年7月1日	5858518	武汉古田加油站	12,789.70	70000679	99#柴油	110,110.00
2016年7月1日	5858518	武汉古田加油站	9,135.50	70000679	99#柴油	78,760.00
2016年7月1日	5858518	武汉古田加油站	2,491.50	70000679	99#柴油	21,510.00
2016年7月1日	5858518	武汉古田加油站	16,443.90	70000679	99#柴油	141,174.00
2016年7月1日	5858518	武汉古田加油站	1,079.65	70000679	99#柴油	9,295.00
2016年7月1日	5858518	武汉古田加油站	5,149.10	70000679	99#柴油	44,392.00
2016年7月1日	5858518	武汉古田加油站	2,076.25	70000679	99#柴油	17,925.00
2016年7月1日	5858518	武汉古田加油站	1,079.65	70000679	99#柴油	9,334.00
2016年7月2日	5858518	武汉古田加油站	37,372.50	70000679	99#柴油	320,850.00
2016年7月2日	5858518	武汉古田加油站	3,072.85	70000679	99#柴油	26,529.00
2016年7月2日	5858518	武汉古田加油站	4,983.00	70000679	99#柴油	42,960.00
2016年7月2日	5858518	武汉古田加油站	22,174.35	70000679	99#柴油	190,905.00
2016年7月2日	5858518	武汉古田加油站	9,966.00	70000679	99#柴油	85,680.00
2016年7月2日	5858518	武汉古田加油站	9,135.50	70000679	99#柴油	78,540.00
2016年7月2日	5858518	武汉古田加油站	1,494.90	70000679	99#柴油	12,942.00
2016年7月2日	5858518	武汉古田加油站	996.60	70000679	99#柴油	8,616.00
2016年7月2日	5858518	武汉古田加油站	2,740.65	70000679	99#柴油	23,661.00
2016年7月2日	5858518	武汉古田加油站	3,488.10	70000679	99#柴油	30,072.00
2016年7月2日	5858518	武汉古田加油站	6,810.10	70000679	99#柴油	58,630.00
2016年7月3日	5858518	武汉古田加油站	830.50	70000679	99#柴油	7,190.00

文本核对 5月 6月 7月 567汇总 成绩 成绩汇总

图 3.200　武汉古田加油站 2016 年 5 月至 7 月销售明细表

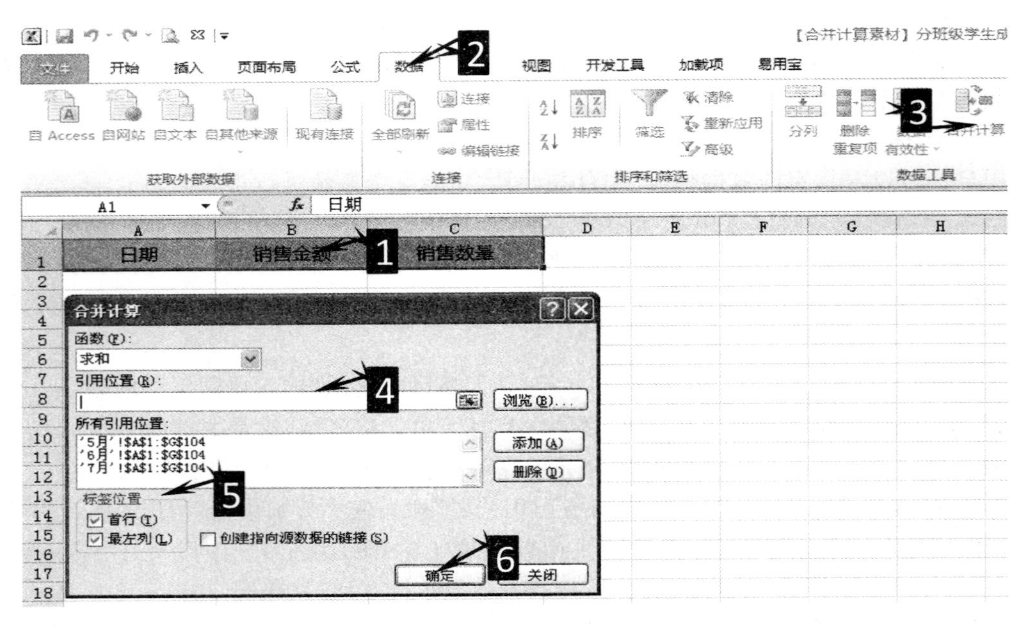

图 3.201　设置“合并计算”选项

图 3.203 所示为高三(5)班的学生各科成绩明细表，要求使用“合并计算”功能将各门课的“平均分”“最高分”和“最低分”在“成绩汇总表”工作表中统计出来，具体操作步骤如下。

第一步：选中“成绩汇总”工作表，然后制作出如图 3.204 所示的模板。

	A	B	C
1	日期	销售金额	销售数量
2	2016年5月1日	1,574,484.00	182,258.30
3	2016年5月2日	1,199,260.00	138,583.50
4	2016年5月3日	1,424,229.00	164,704.39
5	2016年5月4日	1,335,677.00	154,289.63
6	2016年5月5日	986,319.00	113,806.45
7	2016年5月6日	526,338.00	60,640.78
8	2016年5月7日	1,043,770.00	120,525.65
9	2016年5月8日	983,445.00	113,638.47
10	2016年5月9日	989,085.00	114,226.40
11	2016年5月10日	730,612.00	84,493.94
12	2016年5月11日	581,091.00	67,108.01
13	2016年5月12日	391,506.00	45,270.61
14	2016年5月13日	672,720.00	77,690.75
15	2016年5月14日	795,422.00	91,969.05
16	2016年5月15日	573,288.00	66,268.11
17	2016年5月16日	930,212.00	107,843.16
18	2016年5月17日	1,096,860.00	127,244.85
19	2016年5月18日	750,064.00	87,013.64
20	2016年5月19日	476,392.00	55,265.42
21	2016年5月20日	490,148.00	56,861.23

图 3.202　合并计算生成的结果

	A	B	C	D	E	F	G	H	I	J	K	L	M
1	考号	班级	姓名	语文	数学	英语	物理	化学	生物	政治	历史	地理	总分
21	210634	高三(5)	李369	75	97	83	83	96	79	97	65	73	748
22	210456	高三(5)	李373	92	83	84	94	74	93	80	85	94	779
23	210605	高三(5)	李401	73	85	97	97	86	80	77	95	76	766
24	210564	高三(5)	李411	91	97	95	68	87	72	87	88	81	766
25	210582	高三(5)	李413	94	79	88	95	77	76	97	77	97	780
26	210458	高三(5)	李437	92	79	66	92	68	66	94	96	65	718
27	210497	高三(5)	李448	74	69	86	70	90	98	82	70	79	718
28	210425												
29	210630												
30	210334												
31	210566												
32	210534												
33	210418												
34	210477												
35	210392												
36	210510												

	A	B	C	D	E	F	G	H	I	J	K
1	高三(5)班学生成绩统计表										
2	班级	语文	数学	英语	物理	化学	生物	政治	历史	地理	总分
3	平均分	81.76	83.05	81.07	82.48	83.25	82.48	83.27	82.57	79.67	739.59
4	最高分	99.5	99	98	97	98	98	100	98	97	786
5	最低分	65	65	60	66	68	61	65	60	60.5	656

图 3.203　统计高三(5)班学生成绩

	A	B	C	D	E	F	G	H	I	J	K
1	高三(5)班学生成绩统计表										
2	班级	语文	数学	英语	物理	化学	生物	政治	历史	地理	总分
3											
4											
5	最低分										

图 3.204　学生成绩统计模板

第二步：在 A5 单元格中输入“高三(5)”，然后选择 A2：K5 区域，单击“数据”→“合并计算”，在函数中选择“最小值”，在引用位置选择“成绩”工作表中“成绩！$B$1：$M$45”区域后添加，在“标签位置”选择“首行”→“最左列”后确定，最后把“高三(5)”改成“最低分”。求得各科最低分如图 3.205 所示。

第三步：在 A4 单元格中输入“高三(5)”，然后选择 A2：K4 区域，单击“数据”→“合并计算”，在函数中选择“最大值”，在引用位置选择“成绩”工作表中“成绩！$B$1：$M$45”区域后添加，在“标签位置”选择“首行”→“最左列”后确定，最后把“高三(5)”改成“最高分”。求得各科最高分如图 3.206 所示。

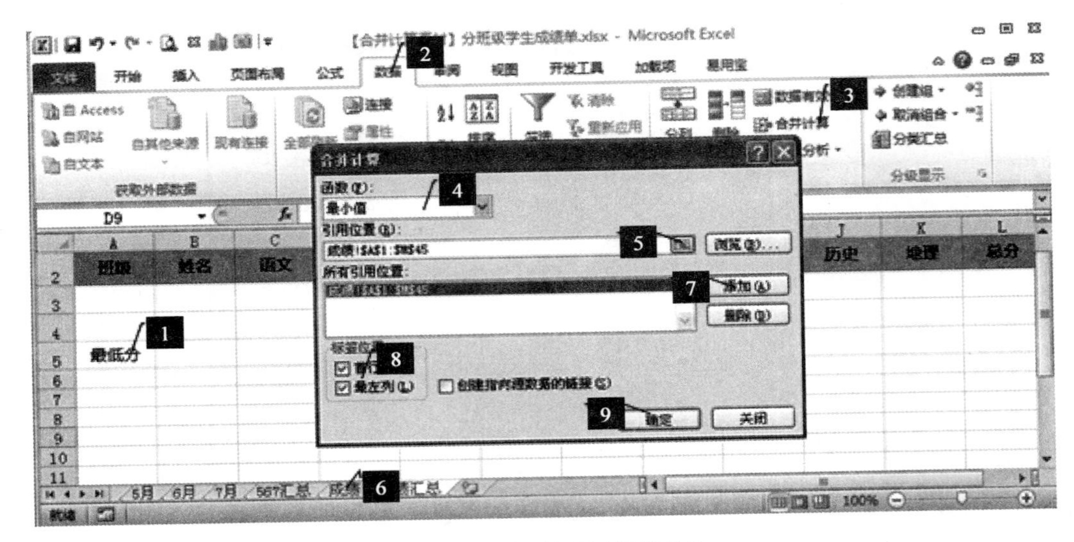

图 3.205　合并计算“最低分”

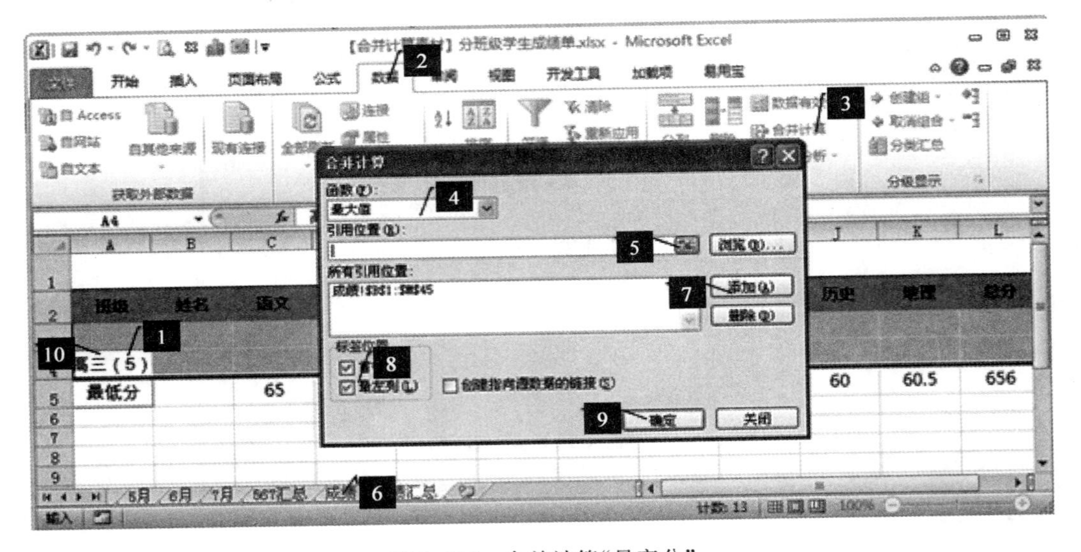

图 3.206　合并计算“最高分”

第四步：在 A3 单元格中输入“高三(5)”，然后选择 A2：K3 区域，单击“数据”→“合并计算”，在函数中选择“平均值”，在引用位置选择“成绩”工作表中“成绩！$B$1：$M$45”区域后添加，在“标签位置”选择“首行”→“最左列”后确定，最后把“高三(5)”改成“平均分”，并把 A3：K3 区间的数据类型设置成数值两位小数。求得各科平均分如图 3.207 所示。

本例的操作要点如下。

(1) 通过逐步缩小合并计算结果区域，使用不同的计算方式，分次进行合并计算。这样可以在一个统计汇总表中反映多个合并计算的结果。

(2) 通过设置自定义单元格格式的方法，将原“班级”字段，分别显示为统计汇总的方式。这样既能满足“合并计算”最左列的条件要求，又能显示实际统计汇总方式。

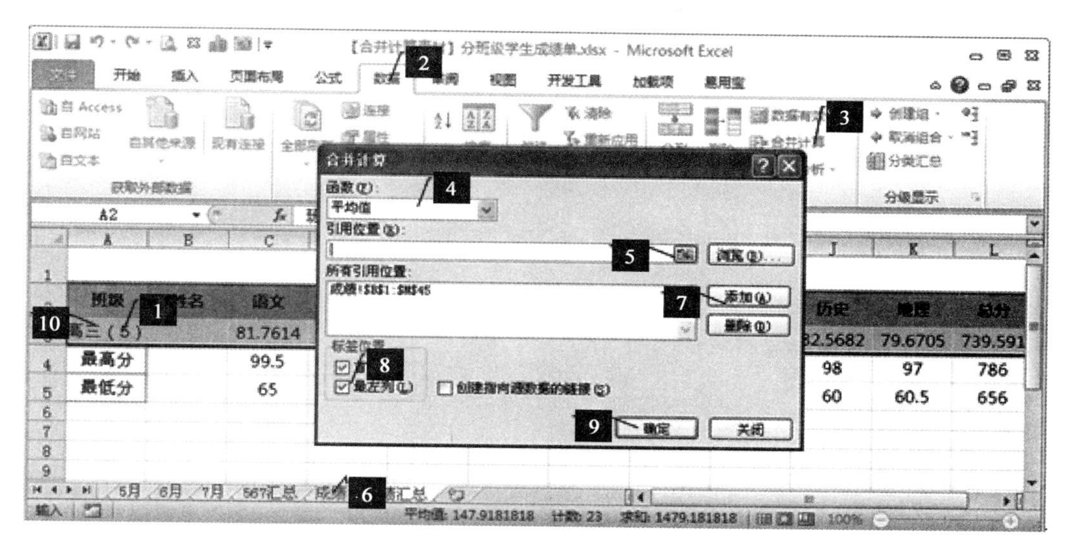

图 3.207　合并计算“平均分”

3.7.5　数据透视表

数据透视表(Pivot Table)是一种交互式的表,可以进行某些计算,如求和与计数等。所进行的计算与数据跟数据透视表中的排列有关。

之所以称为数据透视表,是因为可以动态地改变它们的版面布置,以便按照不同方式分析数据,也可以重新安排行号、列标和页字段。每一次改变版面布置时,数据透视表会立即按照新的布置重新计算数据。另外,如果原始数据发生更改,则可以更新数据透视表。以图 3.208 所示为例,下面介绍数据透视表的操作。

1. 创建透视表

1) 利用“透视表向导”创建透视表

第一步:激活“学生成绩表”,依次按 Alt、D、P 键,调出“数据透视表和数据透视图向导—步骤 1(共 3 步)”对话框,在“请指定待分析数据的数据源类型”中单击“多重合并计算数据区域”单选按钮,在“所需创建的报表类型”中单击“数据透视表”单选按钮,单击“下一步”按钮,如图 3.209 所示。

第二步:在“数据透视表和数据透视图向导—步骤 2a(共 3 步)”对话框中单击“创建单页字段”单选按钮,单击“下一步”按钮,如图 3.210 所示。

第三步:在“数据透视表和数据透视图向导—步骤 2b(共 3 步)”对话框中,选中“学生成绩表”A1∶C439 单

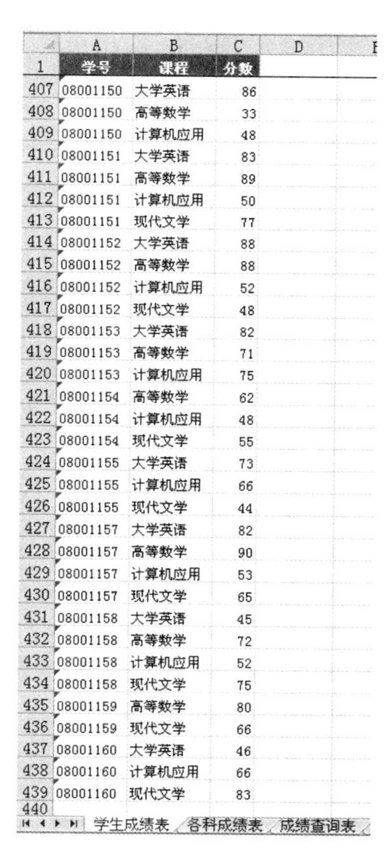

	A	B	C	D
1	学号	课程	分数	
407	08001150	大学英语	86	
408	08001150	高等数学	33	
409	08001150	计算机应用	48	
410	08001151	大学英语	83	
411	08001151	高等数学	89	
412	08001151	计算机应用	50	
413	08001151	现代文学	77	
414	08001152	大学英语	88	
415	08001152	高等数学	88	
416	08001152	计算机应用	52	
417	08001152	现代文学	48	
418	08001153	大学英语	82	
419	08001153	高等数学	71	
420	08001153	计算机应用	75	
421	08001154	高等数学	62	
422	08001154	计算机应用	48	
423	08001154	现代文学	55	
424	08001155	大学英语	73	
425	08001155	计算机应用	66	
426	08001155	现代文学	44	
427	08001157	大学英语	82	
428	08001157	高等数学	90	
429	08001157	计算机应用	53	
430	08001157	现代文学	65	
431	08001158	大学英语	45	
432	08001158	高等数学	72	
433	08001158	计算机应用	52	
434	08001158	现代文学	75	
435	08001159	高等数学	80	
436	08001159	现代文学	66	
437	08001160	大学英语	46	
438	08001160	计算机应用	66	
439	08001160	现代文学	83	
440				

图 3.208　常见的二维表

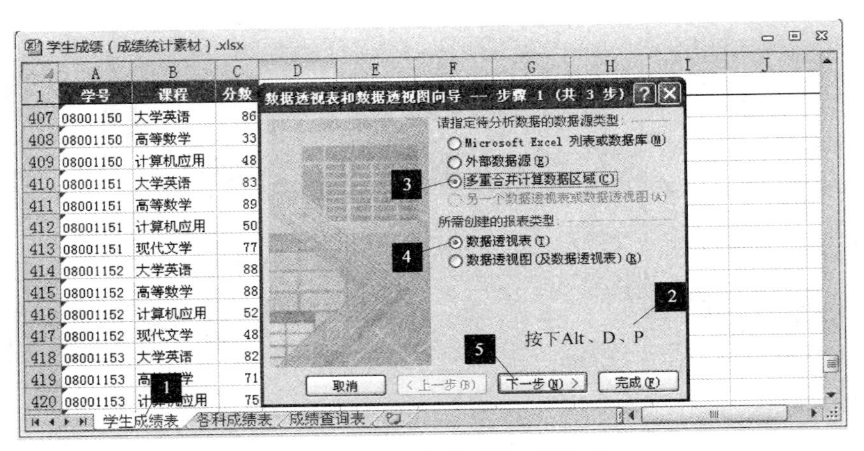

图 3.209 调出数据透视表图向导

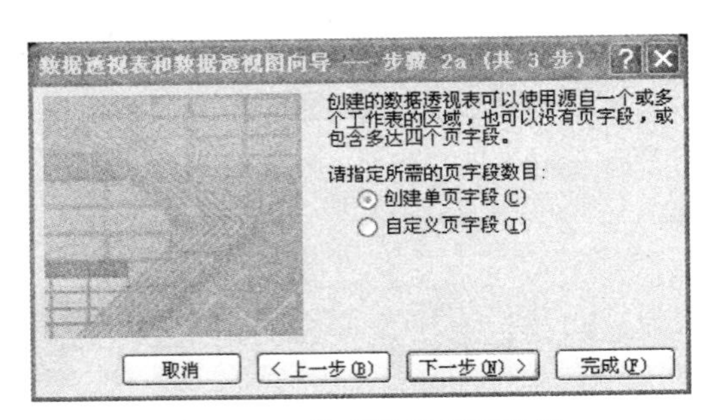

图 3.210 数据透视表图向导

元格区域，单击“添加”按钮，单击“下一步”按钮，如图 3.211 所示。

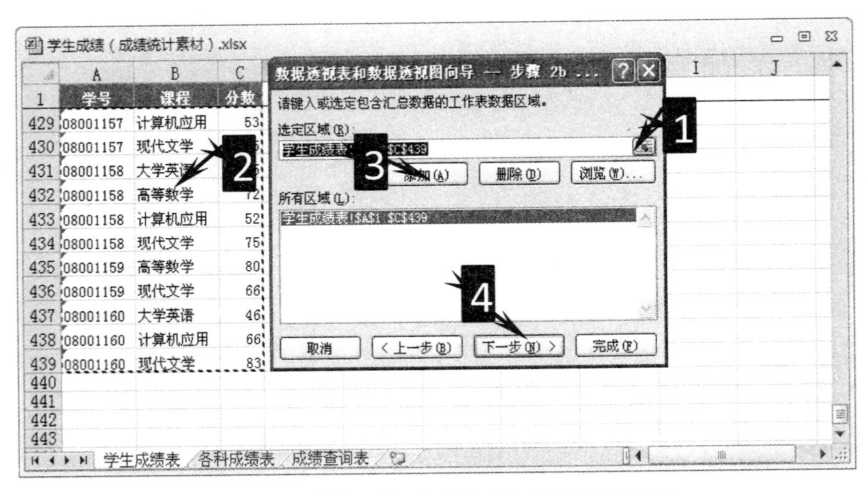

图 3.211 数据透视表向导(选定数据源区域)

第四步：在“数据透视表和数据透视图向导—步骤 3(共 3 步)”对话框中的“数据透视表显示位置”中单击“新工作表”单选按钮，单击“完成”按钮创建一张空白的数据透视表，如图 3.212 所示。

第五步：将“列”字段拖入“列标签”区域内，“行”字段拖入“行标签”区域内，“值”字段拖

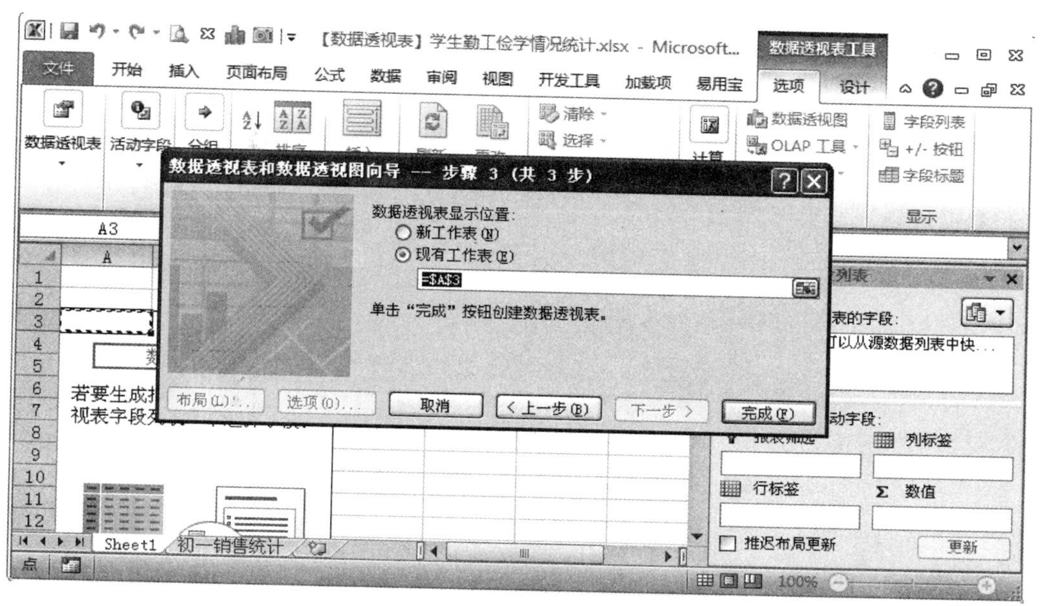

图 3.212　创建一张空白的数据透视表

入“∑数值”区域内，创建完成的数据透视表如图 3.213 所示。

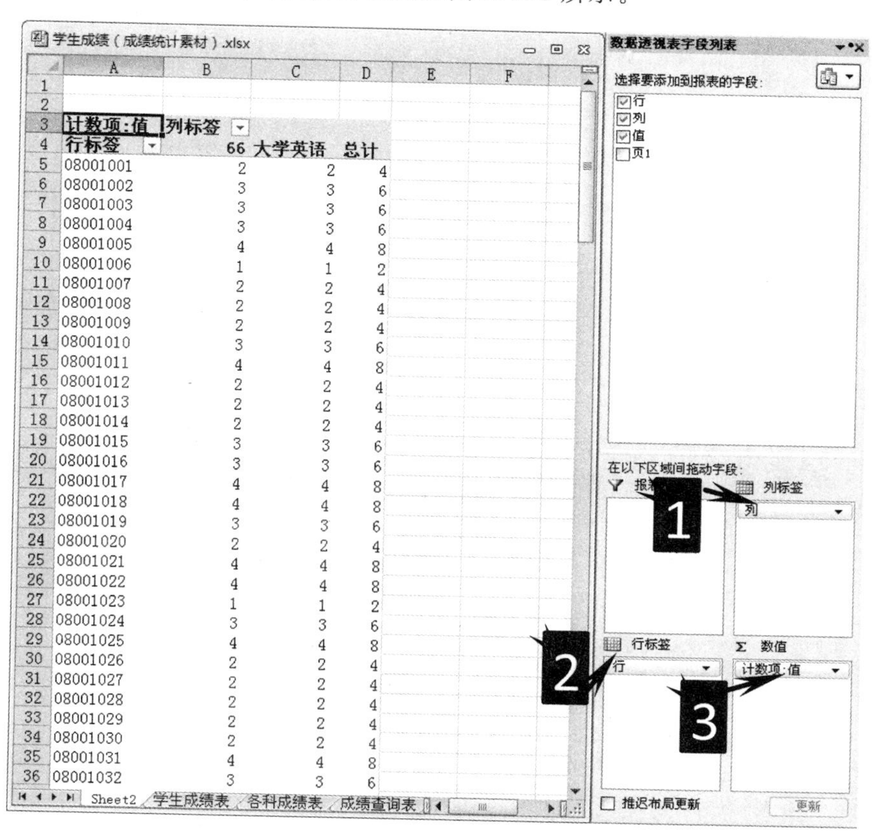

图 3.213　创建完成的数据透视表“计数”

第六步：双击数据透视表的最后一个单元格(D162)，Excel 会自动创建一个"一维数据"的工作表，该工作表分别以"行""列""值"和"页 1"字段为标题纵向排列，如图 3.214 所示。

2）利用"插入"→"数据透视表"菜单命令创建

第一步：单击主菜单"插入"，然后选择"表格"功能区中的"数据透视表"，单击下拉列表中的"数据透视表"，如图 3.215 所示。

	A	B	C	D
1	行	列	值	页1
2	08001001	分数	66	项1
3	08001001	分数	81	项1
4	08001001	分数	79	项1
5	08001001	课程	大学英语	项1
6	08001001	课程	高等数学	项1
7	08001001	课程	计算机应用	项1
8	08001002	分数	44	项1
9	08001002	分数	50	项1
10	08001002	分数	56	项1
11	08001002	课程	大学英语	项1
12	08001002	课程	高等数学	项1
13	08001002	课程	现代文学	项1
14	08001003	分数	99	项1
15	08001003	分数	67	项1
16	08001003	分数	74	项1
17	08001003	课程	大学英语	项1
18	08001003	课程	高等数学	项1
19	08001003	课程	计算机应用	项1
20	08001004	分数	74	项1
21	08001004	分数	68	项1
22	08001004	分数	86	项1
23	08001004	课程	大学英语	项1
24	08001004	课程	高等数学	项1
25	08001004	课程	现代文学	项1
26	08001005	分数	88	项1
27	08001005	分数	69	项1
28	08001005	分数	75	项1
29	08001005	分数	90	项1
30	08001005	课程	大学英语	项1

图 3.214　一维数据表

图 3.215　"数据透视表"命令

第二步：在弹出的"创建数据透视表"对话框中，选择一个区域(如"学生成绩表!$A$1：$C$439")，选择一个放置数据透视表的位置(如"新工作表")，如图 3.216 所示。然后单击"确定"按钮。

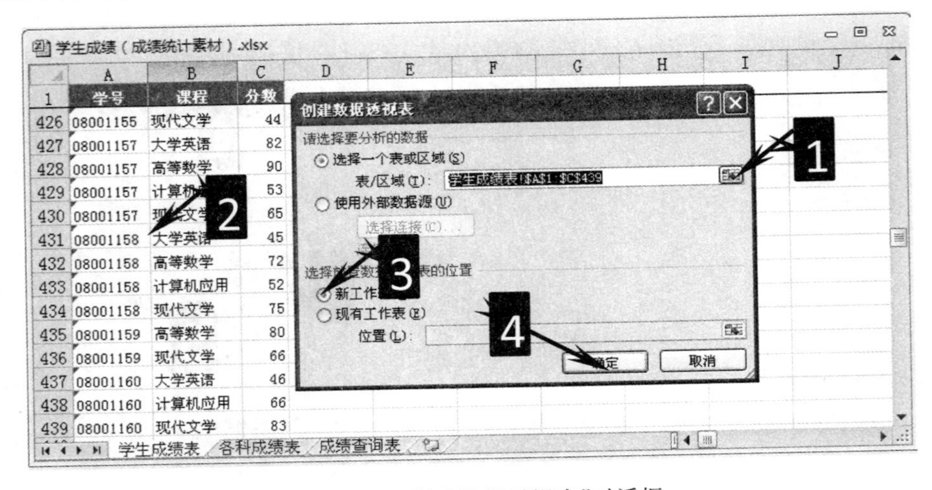

图 3.216　"创建数据透视表"对话框

第三步：到此，我们创建了一个空数据透视表如图 3.217 所示。然后按自己的要求将字段拖入到对应的标签中。比如，此案例中，将“学号”字段拖入到“行标签”区域内，将“课程”字段拖入到“列标签”区域内，将“分数”字段拖入到“∑数值”区域内完成数据透视表的创建，如图 3.218 所示。

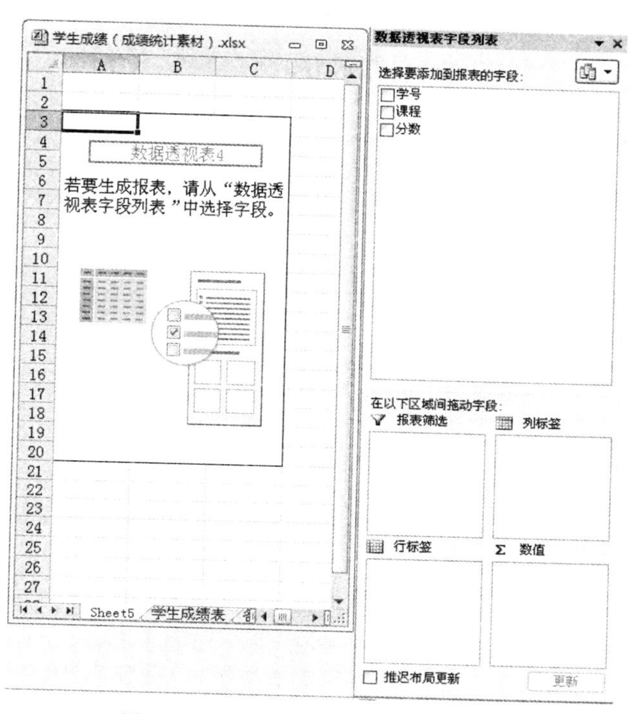

图 3.217　创建完的空白数据透视表

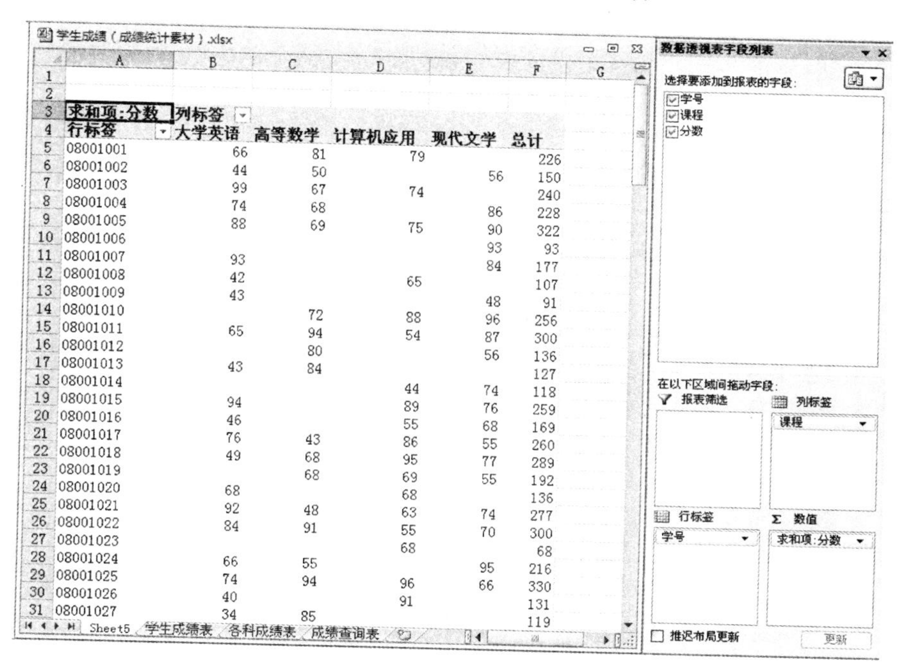

求和项:分数	列标签				
行标签	大学英语	高等数学	计算机应用	现代文学	总计
08001001	66	81	79		226
08001002	44	50		56	150
08001003	99	67	74		240
08001004	74	68		86	228
08001005	88	69	75	90	322
08001006				93	93
08001007	93			84	177
08001008	42		65		107
08001009	43			48	91
08001010		72	88	96	256
08001011	65	94	54	87	300
08001012		80		56	136
08001013	43	84			127
08001014			44	74	118
08001015	94		89	76	259
08001016	46		55	68	169
08001017	76	43	86	55	260
08001018	49	68	95	77	289
08001019		68	69	55	192
08001020	68		68		136
08001021	92	48	63	74	277
08001022	84	91	55	70	300
08001023			68		68
08001024	66	55		95	216
08001025	74	94	96	66	330
08001026	40		91		131
08001027	34	85			119

图 3.218　填充字段后的数据透视表

2. 透视表的操作

1）透视表的刷新

如果数据透视表的数据源发生了变化，用户可以手动刷新或设置定时刷新数据透视表，使数据透视表的结果与数据源保持一致。其手动刷新数据源的方法是：在数据透视表中的任意单元格上单击鼠标右键，在弹出的快捷菜单中单击“刷新”命令，如图 3.219 所示。此外，在“数据”选项卡中单击“全部刷新”按钮，可以一次刷新工作簿内的所有数据透视表，如图 3.220 所示。

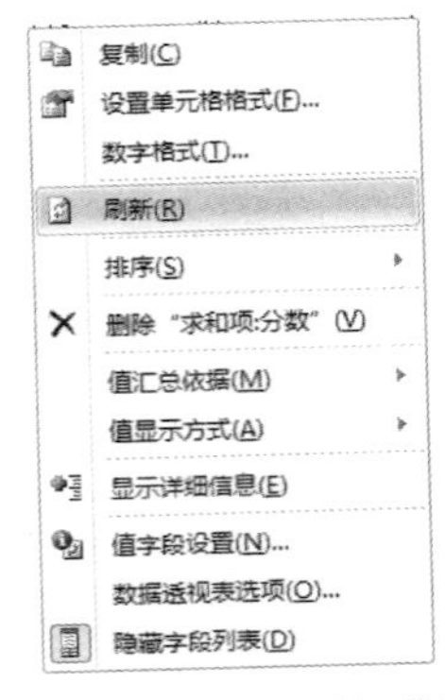

图 3.219 手动刷新数据透视表

图 3.220 全部刷新数据透视表

如果数据源记录的数据变化比较频繁，用户可以用以下方法设置数据透视表自动更新。

第一步：在数据透视表中的任意单元格中单击鼠标，在弹出的快捷菜单中选择“数据透视表”命令。

第二步：在弹出的“数据透视表选项”对话框中打开“数据”选项卡，勾选“打开文件时刷新数据”复选框，单击“确定”按钮完成设置，如图 3.221 所示。

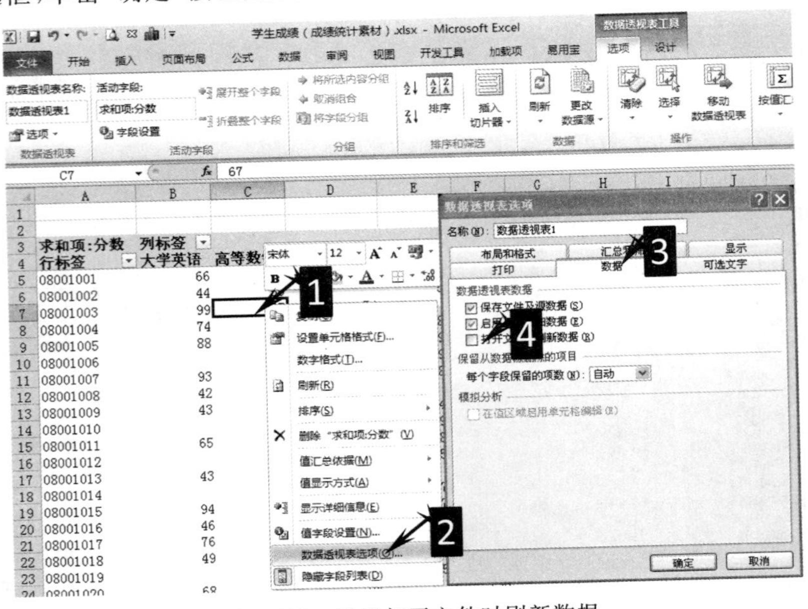

图 3.221 设置打开文件时刷新数据

设置完成后，当用户再次打开这个文件时，文件内的数据透视表将会自动刷新。

如果数据透视表的数据源为外部数据，还可以设定固定的时间间隔来刷新数据透视表，操作方法如下。

第一步：选中数据透视表中任意单元格，在“选项”选项卡中依次单击“更改数据源”的下拉按钮下的“连接属性”命令。

第二步：在弹出的“连接属性”对话框中打开“使用状况”选项卡，分别勾选“允许后台刷新”和“刷新频率”复选框，并调整“刷新频率”右侧的微调按钮的时间间隔，单击“确定”按钮完成设置，如图 3.222 所示。

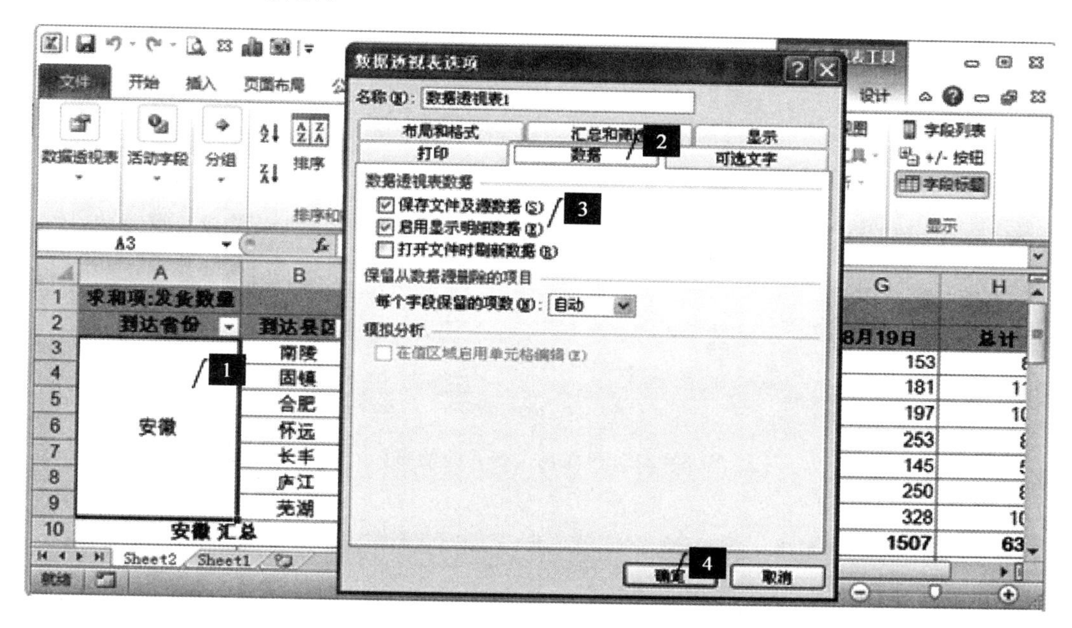

图 3.222　设置刷新数据时间间隔

2）透视表的合并标志

如图 3.223 所示数据透视表的报表布局是以表格形式显示的，该数据透视表的“到达省份”和“到达县区”字段的数据项在对应“到达县区”单元格区域均匀靠上对齐，而“到达省份”字段中的“汇总”则在 A：B 列相应单元格区域中靠左对齐，为了让以上合并单元格中的内容能显示居中的效果，使数据透视表更具有可读性，可以对数据透视表进行如下设置。

第一步：在数据透视表中的任意单元格(如 A11)单击鼠标右键，在弹出的快捷菜单中选择“数据透视表选项”命令。

第二步：在弹出的“数据透视表选项”对话框中打开“布局和格式”选项卡，勾选“合并且居中排列带标签的单元格”复选框，单击“确定”按钮完成设置，如图 3.224 所示。

第三步：完成设置后的数据透视表如图 3.225 所示。

3.7.6　单变量求解

1. 什么是单变量求解

单变量求解是解决假定一个公式要取的某一结果值，其中变量的引用单元格应取值为

求和项:发货数量		发货日期					
到达省份	到达县区	8月15日	8月16日	8月17日	8月18日	8月19日	总计
⊟安徽	长丰	206	75	60	86	145	572
	固镇	220	317	264	208	181	1190
	合肥	217	86	348	207	197	1055
	怀远	83	211	201	86	253	834
	庐江	102	138	303	53	250	846
	南陵	208	84	265	106	153	816
	芜湖	341	150	56	159	328	1034
安徽 汇总		1377	1061	1497	905	1507	6347
⊟广西	宾阳	201	87	74	341	192	895
	马山	283	55	97	249	130	814
	平乐	148	344	88	210	87	877
	全州	334	268	235	265	251	1353
	融安	95	57	72	106	121	451
	三江	240	254	281	186	76	1037
	上林	314	105	214	188	117	938
广西 汇总		1615	1170	1061	1545	974	6365
⊟河南	登封	171	99	231	159	260	920
	巩义	191	52	225	169	323	960
	开封	74	146	337	244	272	1073
	洛宁	109	349	114	154	216	942
	孟津	101	271	237	50	250	909
	杞县	309	158	120	157	93	837
	通许	152	300	320	84	276	1132
	伊川	191	209	341	98	243	1082
河南 汇总		1298	1584	1925	1115	1933	7855
⊟湖北	大冶	106	142	314	146	100	808
	汉阳区	110	180	232	89	142	753
	黄石港	90	211	308	248	261	1118
	江汉区	306	149	67	210	335	1067
	青山区	87	101	230	221	197	836
	武昌区	97	108	58	73	329	665
	孝昌	97	120	314	183	161	875
	阳新	54	157	323	165	312	1011
	云梦	74	323	152	164	335	1048
湖北 汇总		1021	1491	1998	1499	2172	8181
总计		5311	5306	6481	5064	6586	28748

图 3.223　透视表未合并前的布局

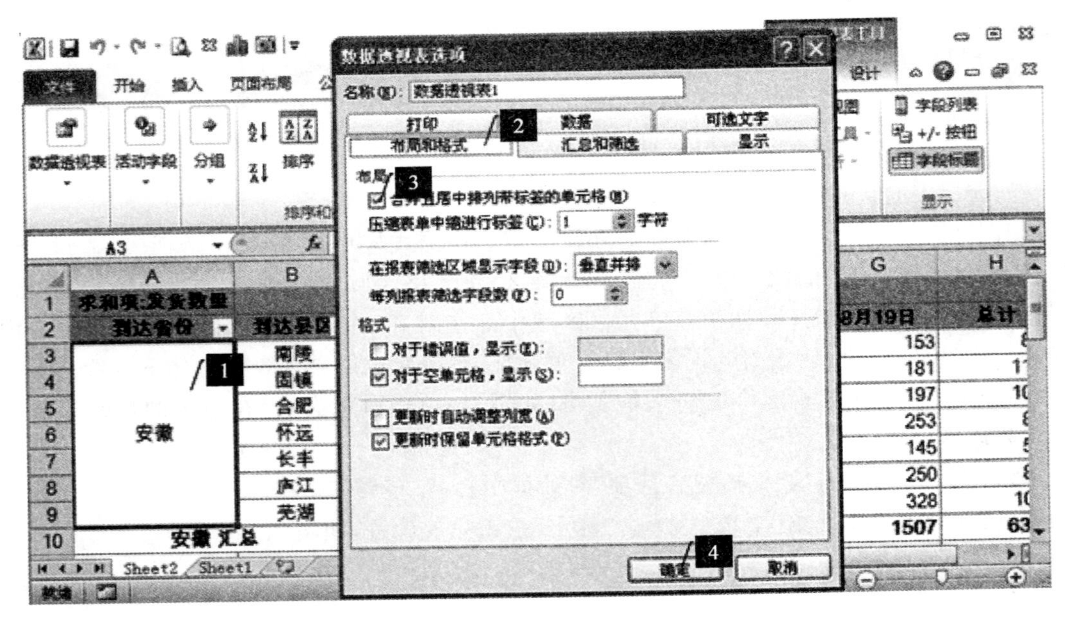

图 3.224　设置“合并标志”

多少的问题。在 Office Excel 中根据所提供的目标值，将引用单元格的值不断调整，直至达到所要求的公式的目标值时，变量的值才确定。

	A	B	C	D	E	F	G	H
4	到达省份	到达县区	8月15日	8月16日	8月17日	8月18日	8月19日	总计
5	⊟ 安徽	长丰	206	75	60	86	145	572
6		固镇	220	317	264	208	181	1190
7		合肥	217	86	348	207	197	1055
8		怀远	83	211	201	86	253	834
9		庐江	102	138	303	53	250	846
10		南陵	208	84	265	106	153	816
11		芜湖	341	150	56	159	328	1034
12	安徽 汇总		1377	1061	1497	905	1507	6347
13	⊟ 广西	宾阳	201	87	74	341	192	895
14		马山	283	55	97	249	130	814
15		平乐	148	344	88	210	87	877
16		全州	334	268	235	265	251	1353
17		融安	95	57	72	106	121	451
18		三江	240	254	281	186	76	1037
19		上林	314	105	214	188	117	938
20	广西 汇总		1615	1170	1061	1545	974	6365
21	⊟ 河南	登封	171	99	231	159	260	920
22		巩义	191	52	225	169	323	960
23		开封	74	146	337	244	272	1073
24		洛宁	109	349	114	154	216	942
25		孟津	101	271	237	50	250	909
26		杞县	309	158	120	157	93	837
27		通许	152	300	320	84	276	1132
28		伊川	191	209	341	98	243	1082

图 3.225　完成“合并标志”设置的数据透视表

2. 简单的单变量求解

例如，一个职工的年终奖金是全年销售额的 20%，前三个季度的销售额已经知道了，该职工想知道第四季度的销售额为多少时，才能保证年终奖金为 5000 元。可以建立如图 3.226 所示的表格。

其中，单元格 E2 中的公式为“=(B2+B3+B4+B5)*20%”。

	A	B	C	D	E
1		销售额			
2	第一季度	5560		年终奖：	
3	第二季度	6800			
4	第三季度	4100			
5	第四季度				

图 3.226　单变量求解示例

用单变量求解的具体操作步骤如下。

第一步：选定包含想产生特定数值的公式的目标单元格。例如，单击单元格 E2。

第二步：Excel 2000/2003 选择“工具”菜单中的“单变量求解”命令；Excel 2007/2010 依次单击“数据”→“假设分析”→“单变量求解”，就会出现“单变量求解”对话框。此时，“目标单元格”框中含有刚才选定的单元格。

第三步：在“目标值”框中输入想要的解。例如，输入“5000”。

第四步：在“可变单元格”框中输入“$B$5”或“B5”，如图 3.227 所示。

第五步：单击“确定”按钮，出现如图 3.228 所示的“单变量求解状态”对话框。在这个例子中，计算结果 5140 显示在单元格 B5 内。要保留这个值，单击“单变量求解状态”对话框中的“确定”按钮。

默认的情况下，“单变量求解”命令在它执行 100 次求解与指定目标值的差在 0.001 之内时停止计算。如果不需要这么高的精度，可以选择“文件”菜单中的“选项”命令，单击“重新计算”修改“最多次数”和“最大误差”框中的值，如图 3.229 所示。

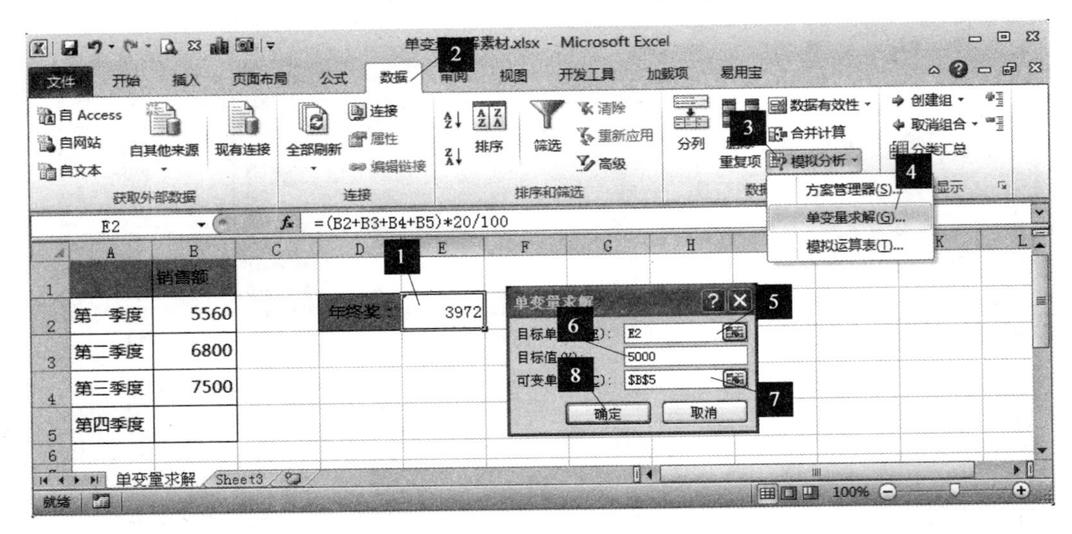

图 3.227　设置可变单元格

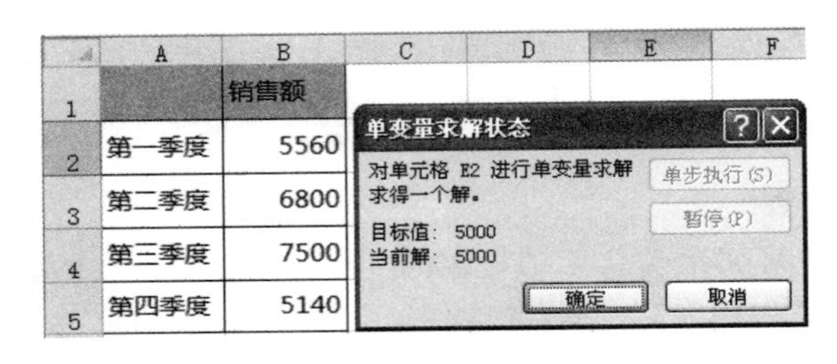

图 3.228　单变量求解结果

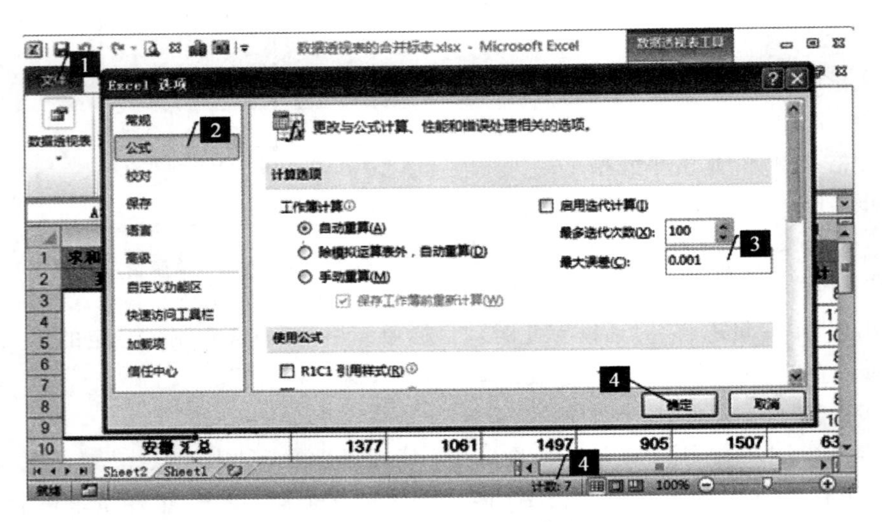

图 3.229　计算次数与误差参数设置

3. 根据目标倒推条件指标

使用单变量求解工具进行逆向敏感分析，首先需要建立正确的数学模型，这个数学模型通常与正向敏感分析时所使用的模型相同。假设有一个简化的投资案例，初始投资 10 万元，年收益率为 10%，投资周期为 15 年，要求测算到期的资金总额及相关的收益情况。根据各个计算元素之间关系建立的表格如图 3.230 所示。

	A	B
1	初始投资	100000
2	年收益率	10.000%
3	投资时间(年)	15
4		
5	到期总额	417724.82
6	总收益	317724.82
7	总收益率	318%

图 3.230　投资分析

图 3.230 中所有已知的初始条件分别位于 B1：B3 单元格区域中，而 B5：B7 单元格内是根据目前所提供的条件计算出的结果，其中，B5 单元格的公式为“B1 * (1+B2)^B3”。此公式是一个简单的复利计算公式，年收益按年累加得到最终到期的总金额。如果使用财务函数也可以使用下面的公式：

B5=FV(B2,B3,-B1)

B6 单元格内的公式为：

B6=B5-B1　求得扣除投资本金以外的净利润。

B7=B6/B1　求得总的投资收益率。

建立完成这样的数学模型之后，对于正向预测分析的应用来说，只要在 B1：B3 单元格区域中更改参数条件，即可求得相应条件下的投资总收益情况。

假设用户现在需要了解要在 15 年内将总收益率提升到 400%，至少需要保证每年多少的“年收益率”才能达到这个目标。这样的问题就是一个典型的逆向敏感分析需求，通过结果来求取条件。对于这样的分析需求，并不需要编写新的公式或创建新的数学模型，之前所建立的数学模型完全适用于使用单变量求解工具的逆向分析工程，其操作方法如下。

第一步：选中 B7 单元格，在“数据”选项卡中依次单击“模拟分析”下拉按钮→“单变量求解”命令，打开“单变量求解”对话框，如图 3.231 所示。

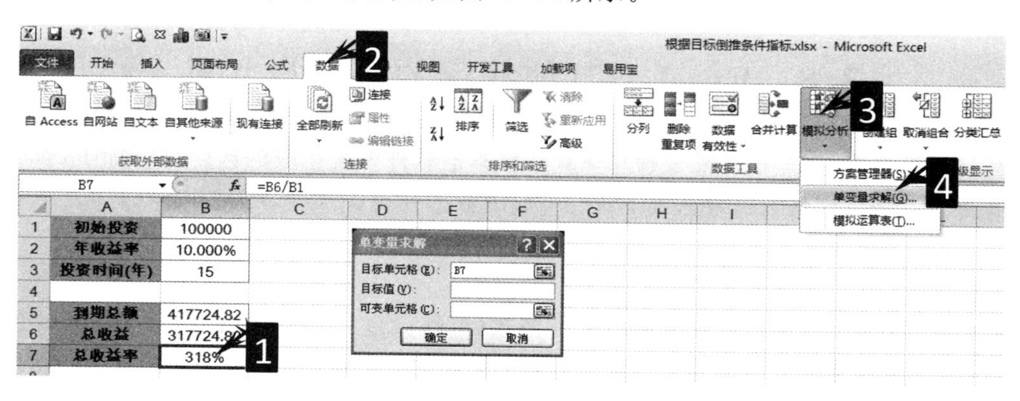

图 3.231　“单变量求解”对话框

第二步：在“目标单元格”编辑框中保持需要输入计算模型结果存放的单元格位置 B7 不变。

第三步：在“目标值”文本框中需要输入模型计算结果的具体值。本例中的目标为“总收益率”达到 400%，因此在此处需要输入“400%”。

第四步：在“可变单元格”编辑框中需要输入条件变量的单元格位置，即所要求取的条件因素所在位置。本例中需要求取“年收益率”，因此可在此处输入“B2”。用户也可以先将光标定位到编辑框中，然后在工作表中选取 B2 单元格，单元格地址会自动出现在文本框中。完成以上操作后的“单变量求解”对话框如图 3.232 所示。

第五步：单击“确定”按钮，Excel 立即开始运算过程，并在找到第一个解后中断运算过程，显示“单变量求解状态”对话框，如图 3.233 所示。

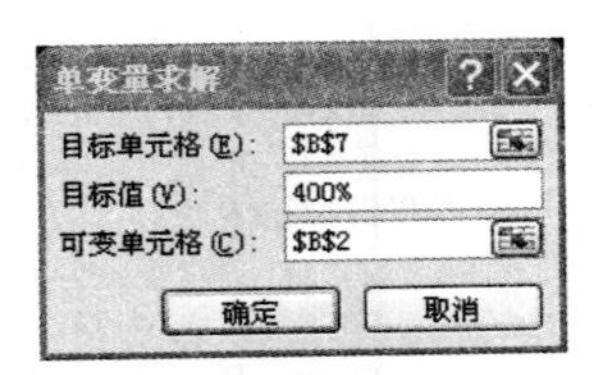

图 3.232 设置单变量求解的参数

	A	B
1	初始投资	100000
2	年收益率	11.326%
3	投资时间(年)	15
4		
5	到期总额	499982.58
6	总收益	399982.58
7	总收益率	400%

单变量求解状态

对单元格 B7 进行单变量求解
求得一个解。

目标值：4
当前解：400%

单步执行(S) 暂停(P) 确定 取消

图 3.233 求得第一个解

“单变量求解状态”对话框中显示当前单变量求解工具已经找到了一个满足条件的解，使得目标单元格达到目标值。其中，“目标值”指的是所设定的结果目标取值，而“目标解”则指当前 Excel 通过迭代计算所得到的目标单元格的结果，即 B7 单元格中的结果。在“单变量求解状态”对话框显示找到结果的同时，工作表中的条件单元格 B2 以及结果单元格区域 B5：B7 中也会同时显示当前取值下的结果。此时的“年收益率”显示“11.326%”，即表示在满足每年收益率在 11.326%以上的情况下，可以在 15 年后达到 400%的“总收益率”目标。

第六步：单击“单变量求解状态”对话框中的“确定”按钮可以保留当前的单元格取值，如图 3.234 所示。单击“取消”按钮或关闭此对话框则可恢复到运用单变量工具进行计算前的工作表状态。

	A	B
1	初始投资	100000
2	年收益率	11.326%
3	投资时间(年)	15
4		
5	到期总额	499982.58
6	总收益	399982.58
7	总收益率	400%

图 3.234 保留求解结果

3.8 Excel 与其他程序的协同与共享

在日常工作中，用户往往需要使用 Excel 对其他软件系统生成的数据进行加工，首先要进行的工作就是将这些数据导入到 Excel 中形成数据列表。

3.8.1 导入文本数据

在多数情况下，外部数据是以文本文件格式(.txt 文件)保存的。在导入文本格式的数据之前，用户可以使用记事本等文本编辑器打开数据源文件查看一下，以便对数据的结构有所了解，如图 3.235 所示。

姓名	身份证件及护照号码	所得税项目	境内支付项目	境外支付项目	合计	免税项目合计	允许扣除费用
艾思迪	320111111111101	7010111	"4,000.00"	0	"4,000.00"	0	0
李勤	320111111111102	7010111	"3,000.00"	0	"3,000.00"	0	0
白可燕	320111111111103	7010111	"3,000.00"	0	"3,000.00"	0	0
张祥志	320111111111104	7010111	"3,000.00"	0	"3,000.00"	0	0
朱丽叶	320111111111105	7010111	"2,000.00"	0	"2,000.00"	0	0
岳恩	320111111111106	7010111	"3,000.00"	0	"3,000.00"	0	0
郝尔冬	320111111111107	7010111	"3,000.00"	0	"3,000.00"	0	0
师丽莉	320111111111108	7010111	"2,000.00"	0	"2,000.00"	0	0
郝河	320111111111109	7010111	"2,000.00"	0	"2,000.00"	0	0
艾利	330111111111110	7010111	"3,000.00"	0	"3,000.00"	0	0
赵睿	320111111111111	7010111	"3,000.00"	0	"3,000.00"	0	0
孙丽星	320111111111112	7010111	"2,000.00"	0	"2,000.00"	0	0
岳凯	320111111111113	7010111	"1,000.00"	0	"1,000.00"	0	0
师胜昆	210211111111114	7010111	"2,000.00"	0	"2,000.00"	0	0
王海霞	320111111111115	7010111	"2,000.00"	0	"2,000.00"	0	0

图 3.235 文本数据源

对于图 3.235 中所示的例子，可以使用 Excel 获取外部数据的功能导入文本文件中的数据，同时使用分列功能对原始数据进行处理，操作方法如下。

第一步：在“数据”选项卡中单击“自文本”按钮，在弹出的“导入文本文件”对话框中选择需要导入的目标文本文件（如“文本数据源.txt”），然后单击“导入”按钮，或者直接双击文本文件，弹出“文本导入向导”。双击文本文件；弹出“文本导入向导一第 1 步，共 3 步”对话框，单击“分隔符号”单选钮，如果不需要导入第一行标题行，则可在“导入起始行”微调框选择“2”，表示从第 2 行开始导入数据，此处默认值 1。

第二步：单击“下一步”按钮弹出“文本导入向导-第 2 步，共 3 步”对话框。

第三步：用户可以根据数据源中每列数据之间的分隔符号的实际情况来选择“分隔符号”，本例保持默认“Tab 键”作为分隔符号，下方的“数据预览”列表中会出现数据分列线，并显示数据分隔后的效果。

第四步：单击“下一步”按钮，在弹出的“文本导入向导一第 3 步，共 3 步”对话框中，用户可以设定“列数据格式”的不同类型，选择第 2 列，即“身份证及护照号码”字段，再单击“文本”单选按钮，将第 2 列设置为“文本”格式，其他字段保持系统默认的“常规”选项不变，单击“完成”按钮，如图 3.236 所示。

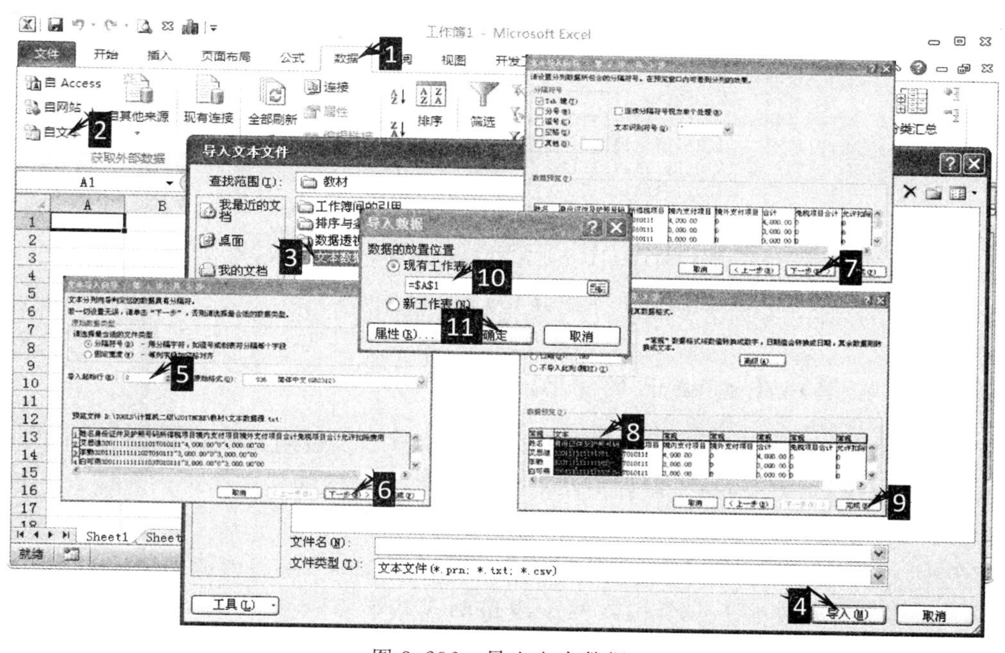

图 3.236 导入文本数据

【注意】 在文本数据源中，如果某个字段的字段数值超过 15 位数字，需要在“文本导入向导-第 3 步，共 3 步”对话框中做特殊设置，如本例中，“身份证及护照号码”字段是一组超过 15 位的数字，因此需要将此字段设置为“文本”（默认为“常规”），否则导入 Excel 工作表中时将得不到准确的数据，如图 3.237 所示，而且这种显示是不可逆的。

第五步：单击“导入数据”对话框中的“现有工作表”单选钮，并在下方的编辑框输入数据导入的起始单元格位置，如“=$A$1”，或将光标定位到编辑框中，再单击 A1 单元格；最后单击“确定”按钮，导入结果如图 3.238 所示。

	A	B	C	D	E	F	G	H
1	姓名	身份证件及护照号码	所得税项目	境内支付项目	境外支付项目	合计	免税项目合计	允许扣除费用
2	艾思迪	3.20111E+14	7010111	4,000.00	0	4,000.00	0	0
3	李勤	3.20111E+14	7010111	3,000.00	0	3,000.00	0	0
4	白可燕	3.20111E+14	7010111	3,000.00	0	3,000.00	0	0
5	张祥志	3.20111E+14	7010111	3,000.00	0	3,000.00	0	0
6	朱丽叶	3.20111E+14	7010111	2,000.00	0	2,000.00	0	0
7	岳恩	3.20111E+14	7010111	3,000.00	0	3,000.00	0	0
8	郝尔冬	3.20111E+14	7010111	3,000.00	0	3,000.00	0	0
9	师丽莉	3.20111E+14	7010111	2,000.00	0	2,000.00	0	0
10	郝河	3.20111E+14	7010111	2,000.00	0	2,000.00	0	0
11	艾利	3.30111E+14	7010111	3,000.00	0	3,000.00	0	0
12	赵睿	3.20111E+14	7010111	3,000.00	0	3,000.00	0	0
13	孙丽星	3.20111E+14	7010111	2,000.00	0	2,000.00	0	0
14	岳凯	3.20111E+14	7010111	1,000.00	0	1,000.00	0	0
15	师胜昆	2.10211E+14	7010111	2,000.00	0	2,000.00	0	0
16	王海霞	3.20111E+14	7010111	2,000.00	0	2,000.00	0	0
17	王焕军	3.20111E+14	7010111	1,000.00	0	1,000.00	0	0

图 3.237　证件字段以科学记数法显示

	A	B	C	D	E	F	G	H
1	艾思迪	320111111111101	7010111	4,000.00	0	4,000.00	0	0
2	李勤	320111111111102	7010111	3,000.00	0	3,000.00	0	0
3	白可燕	320111111111103	7010111	3,000.00	0	3,000.00	0	0
4	张祥志	320111111111104	7010111	3,000.00	0	3,000.00	0	0
5	朱丽叶	320111111111105	7010111	2,000.00	0	2,000.00	0	0
6	岳恩	320111111111106	7010111	3,000.00	0	3,000.00	0	0
7	郝尔冬	320111111111107	7010111	3,000.00	0	3,000.00	0	0
8	师丽莉	320111111111108	7010111	2,000.00	0	2,000.00	0	0
9	郝河	320111111111109	7010111	2,000.00	0	2,000.00	0	0
10	艾利	330111111111110	7010111	3,000.00	0	3,000.00	0	0
11	赵睿	320111111111111	7010111	3,000.00	0	3,000.00	0	0
12	孙丽星	320111111111112	7010111	2,000.00	0	2,000.00	0	0
13	岳凯	320111111111113	7010111	1,000.00	0	1,000.00	0	0
14	师胜昆	210211111111114	7010111	2,000.00	0	2,000.00	0	0
15	王海霞	320111111111115	7010111	2,000.00	0	2,000.00	0	0
16	王焕军	320111111111116	7010111	1,000.00	0	1,000.00	0	0

图 3.238　导入文本数据结果

3.8.2　导入 Word 文档中的表格

Word 文档中的表格不能直接导入到 Excel 工作表中，不过用户可以采用“复制”“粘贴”的方法将 Word 文档中的表格复制到 Excel 工作表中。但是，如果文档中的表格较多时，复制起来就会很不方便，而且通过复制、粘贴的方法，会将 Word 中原来设置的格式一并复制到工作表中。以下介绍通过网页文件快速导入 Word 文档中表格的方法。

如图 3.239 所示展示了一个包含两个表格的 Word 文档，如果将这两个表格导入到 Excel 工作表中，操作方法如下。

第一步：打开 Word 文档，单击“文件”选项卡中的“另存为”按钮，弹出“另存为”对话框，在“保存类型”组合框中选择“单个文件网页”“文件名”使用默认值，最后单击“保存”按钮，将该文档另存为网页文件，如图 3.240 所示。

保存为网页格式后的结果如图 3.241 所示。

第二步：切换到 Excel 工作窗口，在“数据”选项卡中单击“自网站”按钮，弹出“新建 Web 查询”对话框。

第三步：在“新建 Web 查询”对话框的“地址”组合框中输入刚才保存文件的完整路径，

如“D:\TOOLS\计算机二级\2017NCRE\教材\Word 文档表格.mht”，最后单击“转到”按钮打开网页文件，此时在对话框下方就会显示网页文件的预览效果。

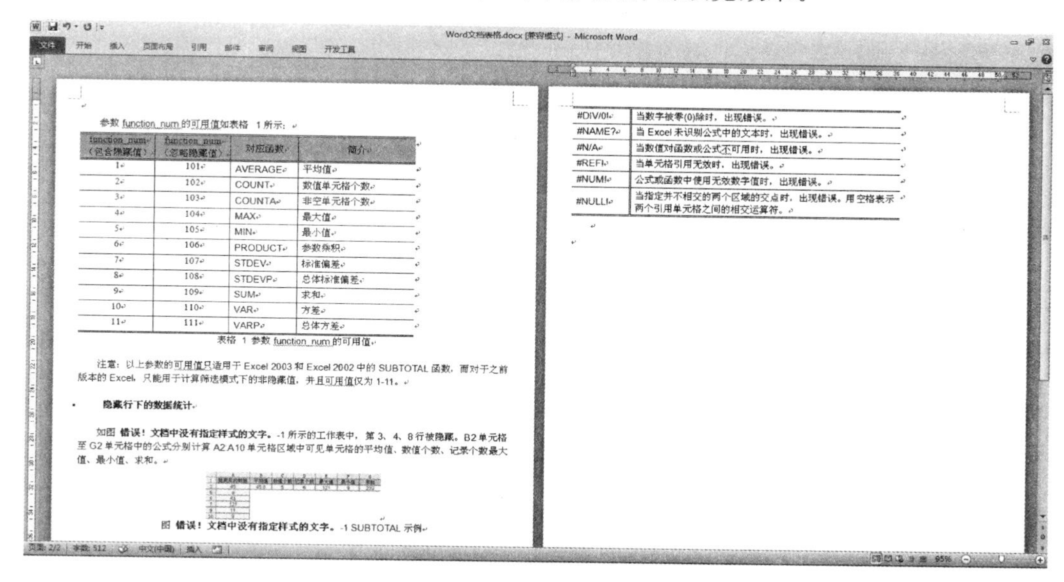

图 3.239　含有两个表格的 Word 文档

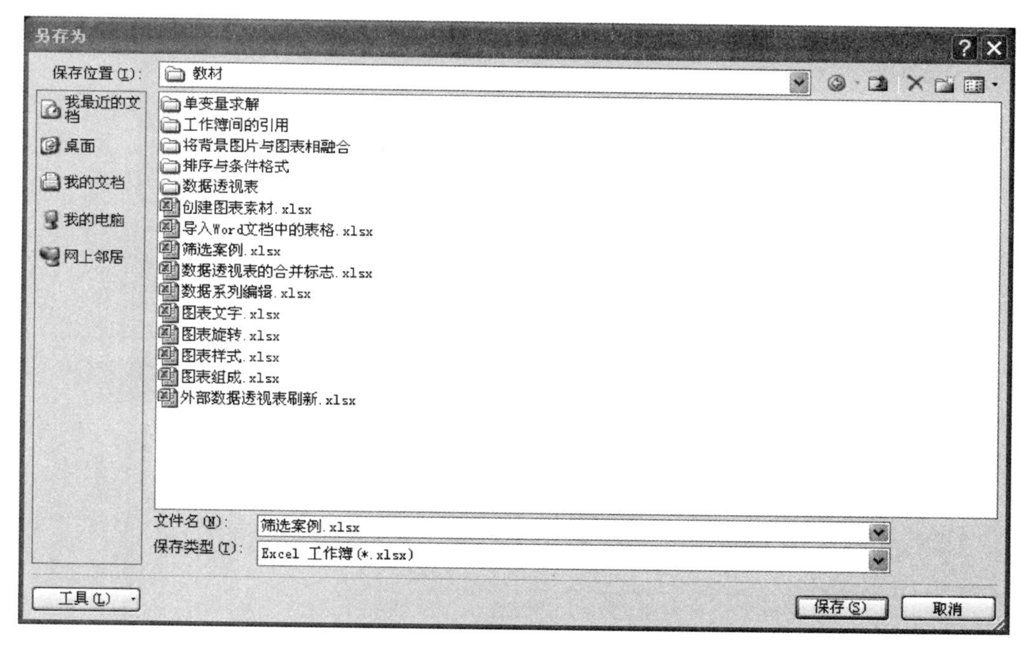

图 3.240　将 Word 文档另存为网页格式

第四步：在“新建 Web 查询”对话框中分别勾选两个表格左上角的目标箭头复选框，勾选后复选框图标由向右黑箭头变成对号，然后单击“导入”按钮，弹出“导入数据”对话框。

第五步：单击“现有工作表”单选钮，并在下方的编辑框中输入数据导入的起始单元格，

参数function_num的可用值如表格 1所示：

function_num（包含隐藏值）	function_num（忽略隐藏值）	对应函数	简介
1	101	AVERAGE	平均值
2	102	COUNT	数值单元格个数
3	103	COUNTA	非空单元格个数
4	104	MAX	最大值
5	105	MIN	最小值
6	106	PRODUCT	参数乘积
7	107	STDEV	标准偏差
8	108	STDEVP	总体标准偏差
9	109	SUM	求和
10	110	VAR	方差

图 3.241　将 Word 文档另存为网页格式后的结果

如“＝＄A＄1”。

第六步：单击“确定”按钮即可导入数据，完成 Word 文档中的表格导入到 Excel 工作表中的操作，如图 3.242 所示。

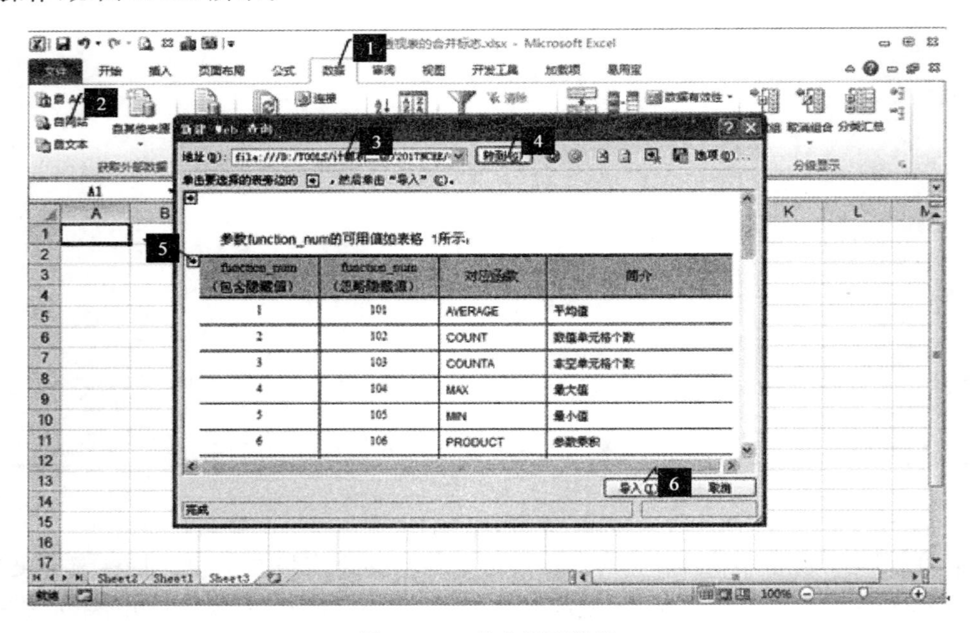

图 3.242　导入网页数据

导入结果如图 3.243 所示。

	A	B	C	D	E	F	G
1							
2	参数function_num的可用值如表格 1所示:						
3	function_num	function_num	对应函数	简介			
4	(包含隐藏值)	(忽略隐藏值)					
5	1	101	AVERAGE	平均值			
6	2	102	COUNT	数值单元格个数			
7	3	103	COUNTA	非空单元格个数			
8	4	104	MAX	最大值			
9	5	105	MIN	最小值			
10	6	106	PRODUCT	参数乘积			
11	7	107	STDEV	标准偏差			
12	8	108	STDEVP	总体标准偏差			
13	9	109	SUM	求和			
14	10	110	VAR	方差			
15	11	111	VARP	总体方差			
16							
17	错误值类型	含义					
18	#####	当列不够宽，或者使用了负的日期或负的时间时，出现错误。					
19	#VALUE!	当使用的参数或操作数类型错误时，出现错误。					
20	#DIV/0!	当数字被零(0)除时，出现错误。					
21	#NAME?	当Excel未识别公式中的文本时，出现错误。					
22	#N/A	当数值对函数或公式不可用时，出现错误。					
23	#REF!	当单元格引用无效时，出现错误。					
24	#NUM!	公式或函数中使用无效数字值时，出现错误。					
25	#NULL!	当指定并不相交的两个区域的交点时，出现错误。用空格表示两个引用单元格之间的相交运算符。					

图 3.243　导入数据结果

第4章 中文 PowerPoint 2010

本章介绍 PowerPoint 的基本特点,基本组成和创建演示文稿的操作步骤,并描述 PowerPoint 的各项功能,及演示文稿的打印与输出。

本章主要任务:

(1) 理解 PowerPoint 的基本功能及界面组成;

(2) 掌握创建演示文稿的基本操作;

(3) 掌握 PowerPoint 的文本、段落、图形处理功能;

(4) 掌握 PowerPoint 的动画、多媒体支持及辅助功能;

(5) 掌握幻灯片的美化与放映,演示文稿的打印与输出。

4.1 Microsoft Office PowerPoint 2010 简介

Microsoft Office PowerPoint 是微软公司的演示文稿软件。用户可以在投影仪或者计算机上进行演示,也可以将演示文稿打印出来,制作成胶片,以便应用到更广泛的领域中。利用 Microsoft Office PowerPoint 不仅可以创建演示文稿,还可以在互联网上召开面对面会议、远程会议或在网上给观众展示演示文稿。Microsoft Office PowerPoint 制作出来的东西叫演示文稿,其格式后缀名为 ppt、pptx;或者也可以保存为 pdf、图片格式等。2010 及以上版本中可保存为视频格式。演示文稿中的每一页就叫幻灯片,每张幻灯片都是演示文稿中既相互独立又相互联系的内容。

PowerPoint 2010 是 Office 2010 中重要的组成部分之一,主要用于演示文稿的制作和展示。因其强大的功能和直接的展示效果,使其在社会生活中应用十分广泛。

PowerPoint 2010 作为新时代的办公软件,功能十分强大。它继承了之前 2007 版的各种优势并增加了许多新的功能,在实用性上有很大的提高,简洁的操作界面、便捷的操作模式以及强大的操作功能,使这款软件颇受大众喜爱。使用 PowerPoint 2010 不仅可以制作出图文并茂、声形兼备、表现力和感染力极强的演示文稿,还能通过投影仪等工具将其发布。

Microsoft Office PowerPoint 使用户可以快速创建极具感染力的动态演示文稿,同时集成更为安全的工作流和方法以轻松共享这些信息。

4.1.1 PowerPoint 的使用优势

下面是 Office PowerPoint 帮助用户提高工作效率和加强协作的 10 种主要方式。

(1) 使用 Microsoft Office Fluent 用户界面更快地获得更好的结果。

重新设计的 Office Fluent 用户界面外观使创建、演示和共享演示文稿成为一种更简单、更直观的体验。丰富的特性和功能都集中在一个经过改进的、整齐有序的工作区中，这不仅可以最大程度地防止干扰，还有助于用户更加快速、轻松地获得所需的结果。

(2) 创建功能强大的动态 SmartArt 图示。

可以在 Office PowerPoint 中轻松创建极具感染力的动态工作流、关系或层次结构图。甚至可以将项目符号列表转换为 SmartArt 图示，或修改和更新现有图示。借助新的上下文图示菜单，用户可以方便地使用丰富的格式设置选项。

(3) 通过 Office PowerPoint 幻灯片库轻松重用内容。

通过 PowerPoint 幻灯片库，可以在 Microsoft Office SharePoint Server 2007 所支持的网站上将演示文稿存储为单个幻灯片，以后便可从 Office PowerPoint 2007 中轻松重用该内容。这样不仅可以缩短创建演示文稿所用的时间，而且插入的所有幻灯片都可与服务器版本保持同步，从而确保内容始终是最新的。

(4) 与使用不同平台和设备的用户进行交流。

通过将文件转换为 XPS 和 PDF 文件以便与任何平台上的用户共享，有助于确保利用 PowerPoint 演示文稿进行广泛交流。

(5) 使用自定义版式更快地创建演示文稿。

在 Office PowerPoint 中，可以定义并保存自己的自定义幻灯片版式，这样便无须浪费宝贵的时间将版式剪切并粘贴到新幻灯片中，也无须从具有所需版式的幻灯片中删除内容。借助 PowerPoint 幻灯片库，可以轻松地与其他人共享这些自定义幻灯片，以使演示文稿具有一致而专业的外观。

(6) 使用 Office PowerPoint 和 Office SharePoint Server 加速审阅过程。

通过 Office SharePoint Server 中内置的工作流功能，可以在 Office PowerPoint 中启动、管理和跟踪审阅和审批过程，使用户可以加速整个组织的演示文稿审阅周期，而无须用户学习新工具。

(7) 使用文档主题统一设置演示文稿格式。

文档主题使用户只需单击一下即可更改整个演示文稿的外观。更改演示文稿的主题不仅可以更改背景色，而且可以更改演示文稿中图示、表格、图表、形状和文本的颜色、样式及字体。通过应用主题，可以确保整个演示文稿具有专业而一致的外观。

(8) 使用新的 SmartArt 图形工具和效果显著修改形状、文本和图形。

可以通过比以前更多的方式来处理和使用文本、表格、图表和其他演示文稿元素。

(9) 进一步提高 PowerPoint 演示文稿的安全性。

可以为 PowerPoint 演示文稿添加数字签名，以帮助确保分发出去的演示文稿的内容不会被更改，或者将演示文稿标记为“最终”以防止不经意的更改。使用内容控件，可以创建和部署结构化的 PowerPoint 模板，以指导用户输入正确信息，同时帮助保护和保留演示文稿中不应被更改的信息。

(10) 同时减小文档大小和提高文件恢复能力。

新的 Microsoft Office PowerPoint XML 压缩格式可使文件大小显著减小，同时还能够提高受损文件的数据恢复能力。这种新格式可以大大减少对存储和带宽的要求，并可降低 IT 成本负担。

4.1.2 PowerPoint 快捷键介绍

以下仅给广大 PowerPoint 用户提供常用的但却不太注意的实用快捷键，以便提高幻灯片的编辑制作效率。

Ctrl+T：在小写或大写之间更改字符格式。

Shift+F3：更改字母大小写。

Ctrl+B：应用粗体格式。

Ctrl+U：应用下画线。

Ctrl+I：应用斜体格式。

Ctrl+等号：应用下标格式(自动调整间距)。

Shift+Ctrl+加号：应用上标格式(自动调整间距)。

Ctrl+空格：删除手动字符格式，如下标和上标。

Shift+Ctrl+C：复制文本格式。

Shift+Ctrl+V：粘贴文本格式。

Ctrl+E：居中对齐段落。

Ctrl+J：使段落两端对齐。

Ctrl+L：使段落左对齐。

Ctrl+R：使段落右对齐。

在全屏方式下进行演示时，用户既可以操作右键菜单和放映按钮，还可以使用以下专门控制幻灯片放映的快捷键，非常方便。

+Enter：超级链接到幻灯片上。

B 或句号：黑屏或从黑屏返回幻灯片放映。

W 或逗号：白屏或从白屏返回幻灯片放映。

s 或加号：停止或重新启动自动幻灯片放映。

Esc 或 Ctrl+Break/连字符(-)：退出幻灯片放映。

E：擦除屏幕上的注释。

H：到下一张隐藏幻灯片。

T：排练时设置新的时间。

O：排练时使用原设置时间。

M：排练时使用鼠标单击切换到下一张幻灯片。

同时按下两个鼠标按键几秒钟：返回第一张幻灯片。

Ctrl+P：重新显示隐藏的指针或将指针改变成绘图笔。

Ctrl+A：重新显示隐藏的指针和将指针改变成箭头。

Ctrl+H：立即隐藏指针和按钮。

Ctrl+U：在 15s 内隐藏指针和按钮。

Shift+F10(相当于单击鼠标右键)：显示右键快捷菜单。

Tab：转到幻灯片上的第一个或下一个超级链接。

Shift+Tab：转到幻灯片上的最后一个或上一个超级链接。

以下快捷键用于在网络(包括局域网、互联网等)上查看 Web 演示文稿。

Tab：在 Web 演示文稿的超级链接、“地址”栏和“链接”栏之间进行切换。

Shift+Tab：在 Web 演示文稿的超级链接、“地址”栏和“链接”栏之间反方向进行切换。

Enter：执行选定超级链接的“鼠标单击”操作。

空格键：转到下一张幻灯片。

BackSpace：转到上一张幻灯片。

如果用户要将演示文稿作为电子邮件正文发送时，可以通过以下的快捷键提高工作效率，此时要求邮件头处于激活状态。

Alt+S：将当前演示文稿作为电子邮件发送。

Shift+Ctrl+B：打开“通讯簿”。

Alt+K：在“通讯簿”中选择“收件人”“抄送”和“密件抄送”栏中的姓名。

Tab：选择电子邮件头的下一个框，如果电子邮件头的最后一个框处于激活状态，则选择邮件正文。

Shift+Tab：选择邮件头中的前一个字段或按钮。

通过使用以上快捷键，相信广大的 PowerPoint 用户会更快捷、更方便地使用这一演示软件。

4.1.3 PowerPoint 2010 的应用特点及新增功能

使用 PowerPoint 制作出个性化的演示文稿，首先需要了解其应用特点。PowerPoint 2010 办公软件与之前的版本相比除了拥有全新的界面外，还添加了许多新增功能，使软件应用更加方便快捷。

1. PowerPoint 的应用特点

PowerPoint 和其他 Office 应用软件一样，使用方便，界面友好，简单来说，PowerPoint 具有如下应用特点。

(1) 简单易用；

(2) 帮助系统；

(3) 与他人协作；

(4) 多媒体演示；

(5) 发布应用；

(6) 支持多种格式的图形文件；

(7) 输出方式的多样化。

2. PowerPoint 2010 的新增功能

PowerPoint 2010 在继承了旧版本的优秀特点的同时，明显地调整了工作环境及工具按钮，从而更加直观和便捷。此外，PowerPoint 2010 还新增了功能特性。

1) 视图文件

PowerPoint 2010 提供了新增和改进的工具，可使演示完稿更具感染力。PowerPoint 中可嵌入和编辑视频；实用新增的和改进的图片编辑工具可以微调演示文稿中的各个图片使观看效果更佳。

2) 协同工作

可在放映幻灯片的同时广播给其他地方的人员，协同完成演示文稿和项目。使用新增的共同创作功能，可以与不同位置的人员同时编辑同一个演示文稿，甚至可以在工作时直接使用 PowerPoint 进行通信。

3）共享内容

Microsoft PowerPoint Web App 是 Microsoft PowerPoint 的联机伴侣，可将 PowerPoint 体验扩展到浏览器。可以查看演示文稿的高保真版本、编辑灯光效果或查看演示文稿的幻灯片放映。几乎可以从任何装有 Web 浏览器的计算机上使用熟悉的 PowerPoint 界面和一些相同的格式和编辑工具。

4）视觉冲击

应用精美的照片效果而不使用其他照片编辑软件程序可节省时间和金钱。通过新增和改进的图片编辑功能以及艺术过滤器，可以使图像产生引人注目并且赏心悦目的视觉效果。

5）新增的切换和改进的动画

PowerPoint 2010 提供了全新的动态幻灯片切换和动画效果，看起来与在电视上看到的画面相似，可以轻松访问、预览、应用、自定义和替换动画。还可以使用新增动画刷轻松地将动画从一个对象复制到另一个对象。

6）更高效地组织和打印幻灯片

使用幻灯片节可以轻松组织和导航幻灯片。将一个演示文稿分为多个逻辑幻灯片组，重命名幻灯片节可以帮助管理内容（如为特定作者分配幻灯片），或者只轻松打印一个幻灯片节。

7）更快完成任务

PowerPoint 2010 简化了访问功能的方式。新增的 Microsoft Office Backstage 视图取代了传统的“文件”菜单，只需几次单击即可保存、共享、打印和发布演示文稿。并且，通过改进的功能区，可以自定义选项卡或创建自己的选项卡以适合自己独特的工作方式，从而可以更快地访问常用命令。

8）多个监视器处理

在 PowerPoint 2010 中，每个打开的演示文稿都具有完全独立的窗口。因此可以单独、并排甚至在不同监视器中查看和编辑多个演示文稿。

4.1.4 启动 PowerPoint 2010

当用户安装完 Office 2010（典型安装）之后，PowerPoint 2010 也将成功安装到系统中，这时启动 PowerPoint 2010 就可以使用它来创建演示文稿。常用的启动方法有：常规启动、通过创建新文档启动和通过现有演示文稿启动。

1. 常规启动

常规启动是在 Windows 10 操作系统中最常用的启动方式，即通过“开始”菜单启动。单击“开始”按钮，在“所有程序”中选择 Microsoft Office PowerPoint 2010 命令，即可启动 PowerPoint 2010，如图 4.1 所示。

2. 通过创建新文档启动

成功安装 Microsoft Office 2010 之后，在桌面或用户所需的某文件夹中的空白区域右击，将弹出一个快捷菜单，此时选择“新建”→“Microsoft Office PowerPoint 演示文稿”命令，即可在桌面或者当前文件夹中创建一个名为“新建 Microsoft Office PowerPoint 演示文稿”的文件。

此时可以重命名该文件，然后双击文件图标，即可打开新建的 PowerPoint 2010 文件，如图 4.2 所示。

图 4.1 常规启动

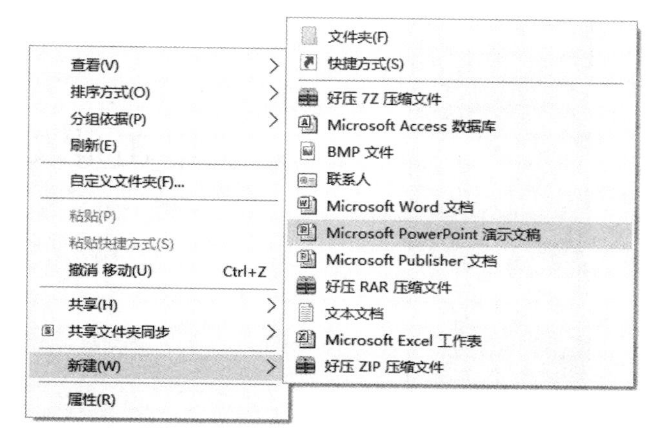

图 4.2 通过创建新文档启动

3. 通过现有演示文稿启动

用户在创建并保存 PowerPoint 演示文稿后，可以通过已有的演示文稿启动 PowerPoint。通过已有演示文稿启动有两种方式：直接双击演示文稿图标和在“文档”中启动。

4.2 使用 PowerPoint 创建演示文稿

演示文稿是用于介绍和说明某个问题和事件的一组多媒体材料，也就是 PowerPoint 生成的文件形式。演示文稿中可以包含幻灯片、演讲备注和大纲等内容，而 PowerPoint 则是创建和演示播放这些内容的工具。本节主要介绍创建、放映与保存演示文稿的方法和编辑幻灯片的基本操作。

4.2.1 创建演示文稿

在 PowerPoint 中，存在演示文稿和幻灯片两个概念，使用 PowerPoint 制作出来的整个文件叫演示文稿。而演示文稿中的每一页叫作幻灯片，每张幻灯片都是演示文稿中既相互独立又相互联系的内容。

1. 快速建立空演示文稿

空演示文稿由带有布局格式的空白幻灯片组成，用户可以在空白的幻灯片上设计出具有鲜明个性的背景色彩、配色方案、文本格式和图片等。

（1）启动 PowerPoint 自动创建空演示文稿，如图 4.3 所示。

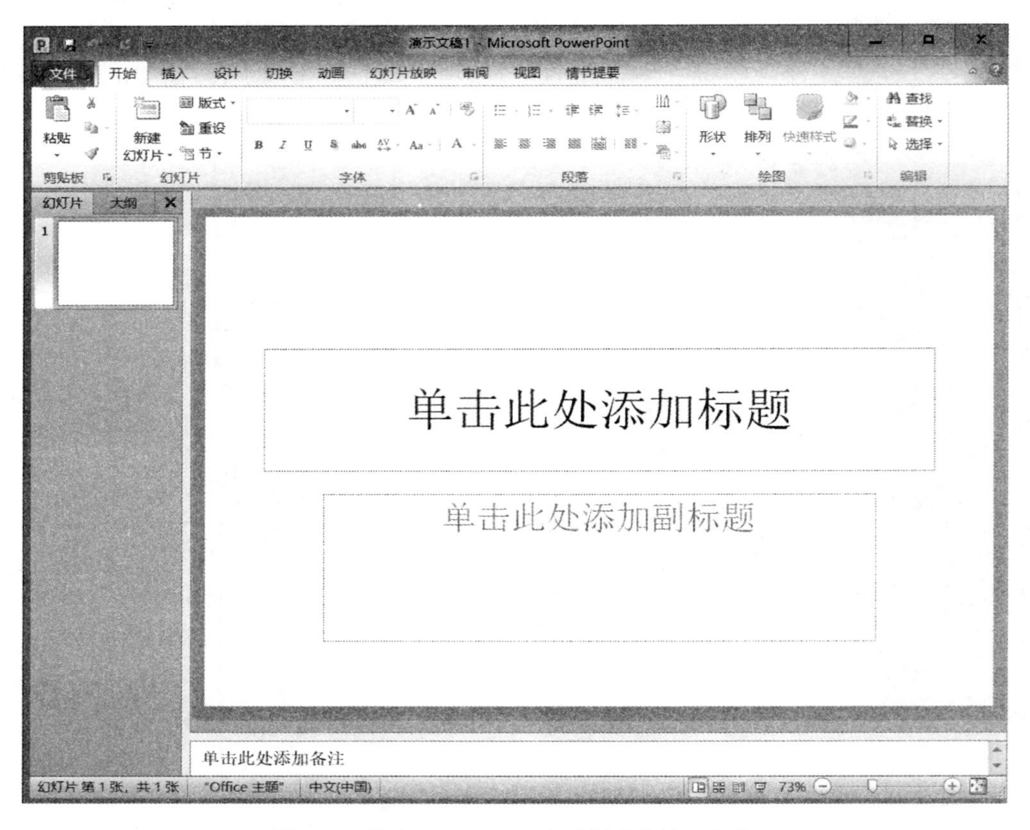

图 4.3　启动 PowerPoint 自动创建空演示文稿

（2）使用“新建”命令创建空演示文稿，如图 4.4 所示。

图 4.4　使用 Office 命令创建空演示文稿

2. 建立演示文稿的其他方法

设计模板是预先定义好的演示文稿的样式、风格，包括幻灯片的背景、装饰图案、文字布局及颜色大小等。PowerPoint 2010 为用户提供了许多美观的设计模板，用户在设计演示文稿时可以先选择演示文稿的整体风格，然后再进行进一步的编辑修改。

(1) 根据现有模板创建演示文稿。

(2) 根据自定义模板创建演示文稿。

(3) 根据现有内容新建演示文稿。

(4) 使用 Office Online 模板创建演示文稿。

4.2.2 编辑幻灯片

在 PowerPoint 中，可以对幻灯片进行编辑操作，主要包括添加新幻灯片、选择幻灯片、复制幻灯片、调整幻灯片顺序和删除幻灯片等。在对幻灯片的操作过程中，最为方便的视图模式是幻灯片浏览视图。对于小范围或少量的幻灯片操作，也可以在普通视图模式下进行。

1. 添加新幻灯片

在启动 PowerPoint 2010 后，PowerPoint 会自动建立一张新的幻灯片，随着制作过程的推进，需要在演示文稿中添加更多的幻灯片。要添加新幻灯片，可以按照下面的方法进行操作。

打开“开始”选项卡，在功能区的“幻灯片”组中单击“新建幻灯片”按钮，即可添加一张默认版式的幻灯片。当需要应用其他版式时，单击“新建幻灯片”按钮右下方的下拉箭头，在该菜单中选择需要的版式即可将其应用到当前幻灯片中，如图 4.5 所示。

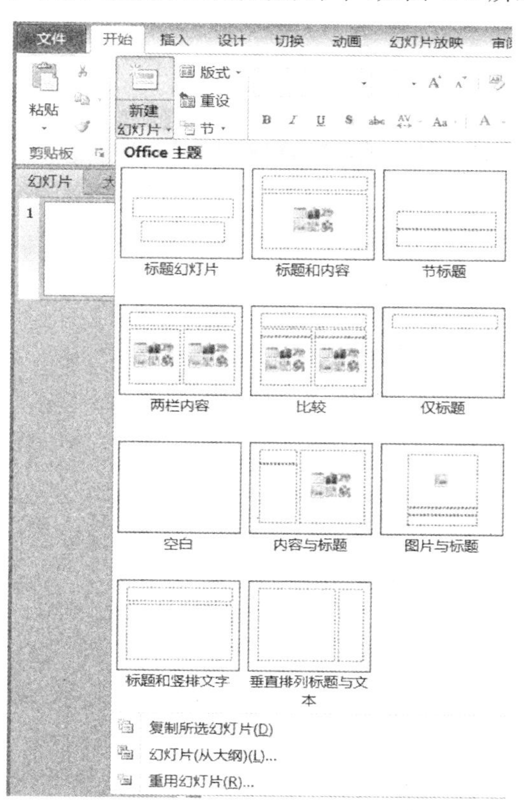

图 4.5 添加新幻灯片

2. 选择新幻灯片

在 PowerPoint 中，用户可以选中一张或多张幻灯片，然后对选中的幻灯片进行操作。以下是在普通视图中选择幻灯片的方法。

(1) 选择单张幻灯片：无论是在普通视图还是在幻灯片浏览模式下，只需单击需要的幻灯片，即可选中该张幻灯片。

(2) 选择编号相连的多张幻灯片：首先单击起始编号的幻灯片，然后按住 Shift 键，单击结束编号的幻灯片，此时将有多张幻灯片被同时选中。

(3) 选择编号不相连的多张幻灯片：在按住 Ctrl 键的同时，依次单击需要选择的每张幻灯片，此时被单击的多张幻灯片被同时选中。在按住 Ctrl 键的同时再次单击已被选中的幻灯片，则该幻灯片被取消选择。

3. 复制幻灯片

PowerPoint 支持以幻灯片为对象的复制操作。在制作演示文稿时，有时会需要两张内容基本相同的幻灯片。此时，可以利用幻灯片的复制功能，复制出一张相同的幻灯片，然后再对其进行适当的修改。复制幻灯片的基本方法如下。

(1) 选中需要复制的幻灯片，在“开始”选项卡的“剪贴板”组中单击“复制”按钮。

(2) 在需要插入幻灯片的位置单击，然后在“开始”选项卡的“剪贴板”组中单击“粘贴”按钮。

4. 调整幻灯片顺序

在制作演示文稿时，如果需要重新排列幻灯片的顺序，就需要移动幻灯片。移动幻灯片可以用到“剪切”按钮和“粘贴”按钮，其操作步骤与使用“复制”和“粘贴”按钮相似。

较为简单的方法是：首先选中需要移动顺序的幻灯片，然后按住鼠标左键并拖动选中的幻灯片，此时目标位置上将出现一条横线，释放鼠标后，即可将此幻灯片移动到相应的位置。

5. 删除幻灯片

在演示文稿中删除多余幻灯片是清除大量冗余信息的有效方法。

其操作方法是：选择需要删除的单张或多张幻灯片，按 Delete 键即可。

4.2.3 放映与保存演示文稿

在演示文稿的制作过程中可以随时进行幻灯片的放映，以观看幻灯片的显示及动画效果。保存幻灯片可以将用户的制作成果永久地保存下来，供以后使用或再次编辑。

1. 放映演示文稿

制作幻灯片的目的是向观众播放最终的作品，在不同的场合、不同的观众条件下，必须根据实际情况来选择具体的播放方式。

在 PowerPoint 2010 中，提供了三种不同的幻灯片播放模式。

(1) 从头开始放映：直接按 F5 键或单击功能区上的“从头开始”按钮即可。

(2) 从当前幻灯片放映：直接按 Shift+F5 组合键或单击功能区上的“从当前幻灯片开始”按钮即可。

(3) 自定义幻灯片放映：单击功能区上的“自定义幻灯片放映”按钮，可以选择放映哪几张幻灯片，而不用按顺序依次放映每张幻灯片。

2. 保存演示文稿

文件的保存是一种常规操作，在演示文稿的创建过程中及时保存工作成果，可以避免数据的意外丢失。在 PowerPoint 中保存演示文稿的方法和步骤与其他 Windows 应用程序相似。

（1）常规保存：直接在快速访问工具栏左上角单击“保存”图标按钮，也可单击 Office 按钮，在弹出的菜单中单击“保存”命令，或者按 Ctrl+S 组合键进行保存。

（2）加密保存：单击 Office 按钮，在弹出的菜单中选择“另存为”命令，在弹出的对话框中，单击右下角的“工具”按钮，选择“常规选项”命令，可在打开的对话框中对其加密选项进行相应设置。

4.3 文本处理功能

直观明了的演示文稿少不了文字的说明，文字是演示文稿中至关重要的组成部分。本节将讲述在幻灯片中添加文本、修饰演示文稿中的文字、设置文字的对齐方式和添加特殊符号的方法。

4.3.1 占位符的基本编辑

占位符是包含文字和图形等对象的容器，其本身是构成幻灯片内容的基本对象，具有自己的属性。用户可以对其中的文字进行操作，也可以对占位符本身进行大小调整、移动、复制、粘贴及删除等操作。

1. 选择、移动及调整占位符

占位符常见的操作状态有两种：文本编辑与整体选中。在文本编辑状态中，用户可以编辑占位符中的文本；在整体选中状态中，用户可以对占位符进行移动、调整大小等操作。占位符的编辑与选中状态的主要区别是边框的形状（实线与虚线的区别），如图 4.6 所示。

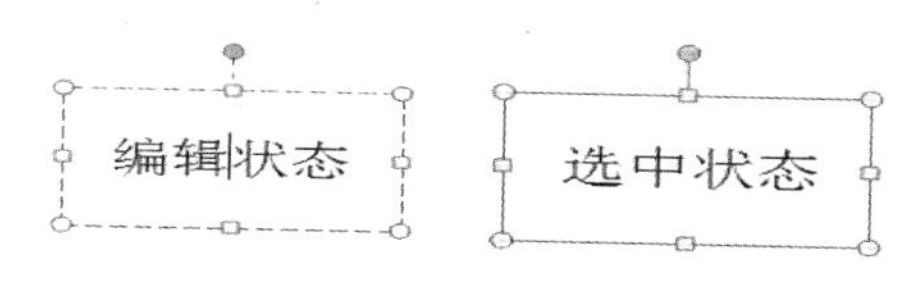

图 4.6 占位符的编辑与选中状态

2. 复制、剪切、粘贴和删除占位符

用户可以对占位符进行复制、剪切、粘贴及删除等基本编辑操作。对占位符的编辑操作与对其他对象的操作相同，选中占位符之后，在“开始”选项卡的“剪贴板”组中单击“复制”“粘贴”及“剪切”等相应按钮即可。

（1）在复制或剪切占位符时，会同时复制或剪切占位符中的所有内容和格式，以及占位符的大小和其他属性。

（2）当把复制的占位符粘贴到当前幻灯片时，被粘贴的占位符将位于原占位符的附近；当把复制的占位符粘贴到其他幻灯片时，则被粘贴的占位符的位置将与原占位符在幻灯片中的位置完全相同。

(3) 占位符的剪切操作常用来在不同的幻灯片间移动内容。

(4) 选中占位符后按 Delete 键，可以把占位符及其内部的所有内容删除。

4.3.2 设置占位符属性

在 PowerPoint 2010 中，占位符、文本框及自选图形等对象具有相似的属性，如颜色、线型等，设置它们的属性的操作是相似的。在幻灯片中选中占位符时，功能区将出现"格式"选项卡，如图 4.7 所示。通过该选项卡中的各个按钮和命令即可设置占位符的属性。

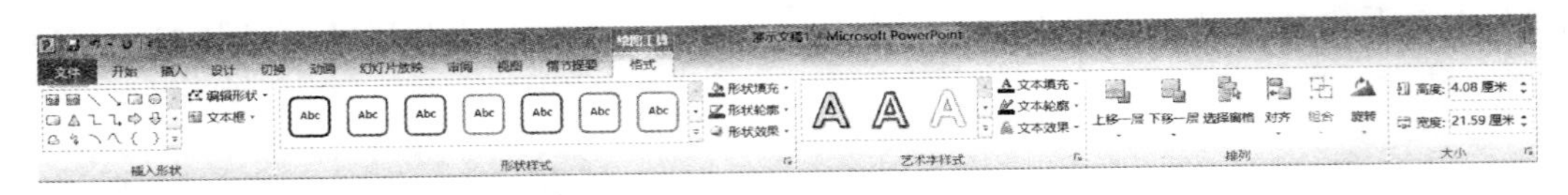

图 4.7 "格式"选项卡功能区

1. 旋转占位符

在设置演示文稿时，占位符可以以任意角度旋转。选中占位符，在"格式"选项卡的"排列"组中单击"旋转"按钮，在弹出的菜单中选择相应命令即可实现指定角度的旋转，如图 4.8 所示。

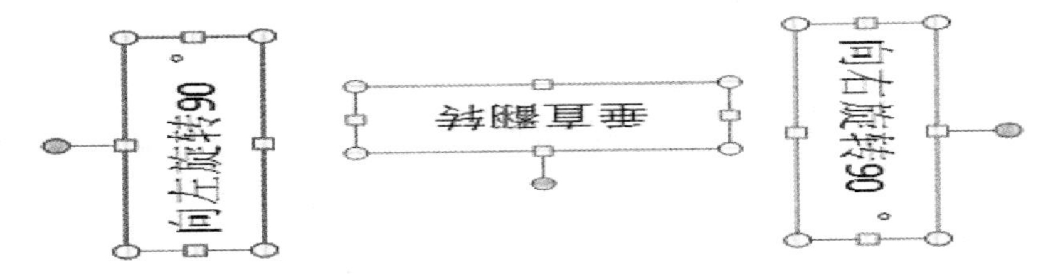

图 4.8 旋转占位符

2. 对齐占位符

如果一张幻灯片中包含两个或两个以上的占位符，用户可以通过选择相应命令来左对齐、右对齐、左右居中或横向分布占位符。

在幻灯片中选中多个占位符，在"格式"选项卡的"排列"组中单击"对齐"按钮，此时在弹出的菜单中选择相应命令，即可设置占位符的对齐方式。

3. 设置占位符形状

占位符的形状设置包括"形状填充""形状轮廓"和"形状效果"设置。通过设置占位符的形状，可以自定义内部纹理、渐变样式、边框颜色、边框粗细、阴影效果、反射效果等。

4.3.3 在幻灯片中添加文本

文本对演示文稿中主题、问题的说明及阐述作用是其他对象不可替代的。在幻灯片中添加文本的方法有很多种，常用的方法有使用占位符、使用文本框和从外部导入文本。

1. 在占位符中添加文本

大多数幻灯片的版式中都提供了文本占位符，这种占位符中预设了文字的属性和样式，供用户添加标题、项目文字等。

2. 使用文本框添加文本

文本框是一种可移动、可调整大小的文字容器，它与文本占位符非常相似。使用文本框可以在幻灯片中放置多个文字块，使文字按照不同的方向排列。也可以突破幻灯片版式的制约，实现在幻灯片中任意位置添加文字信息的目的。

1）使用文本框插入文字

PowerPoint 2010 提供了两种形式的文本框：横排文本框和垂直文本框，它们分别用来放置水平方向和垂直方向的文字。操作方法如下。

打开“插入”选项卡，在“文本”选项区域中单击“文本框”按钮下方的下拉箭头，在弹出的菜单中选择“横排文本框”或“竖排文本框”命令，移动光标到幻灯片编辑窗口，当光标的形状变为“↓”形状时，按住鼠标左键，鼠标指针变成“＋”形状，拖动鼠标到合适大小的矩形框后释放鼠标，此时可在文本框内输入文字。

2）设置文本框

文本框中新输入的文字没有任何格式，需要用户根据演示文稿的实际需要单击功能区的“格式”选项卡标签进行设置。文本框上方有一个绿色的旋转控制点，拖动该控制点可以方便地将文本旋转至任意角度。

3. 从外部导入文本

用户除了使用复制的方法从其他文档中将文本粘贴到幻灯片中，还可以在“插入”选项卡中选择“对象”命令，直接将文本文档导入到幻灯片中。

4.3.4 文本的基本操作

PowerPoint 2010 中文本的基本操作主要包括选择、复制、粘贴、剪切、撤销与重复、查找与替换等，其操作方法与 Word 2010 类似，在此不再赘述。掌握文本的基本操作是进行文字属性设置的基础。

4.3.5 设置文本的基本属性

为了使演示文稿更加美观、清晰，通常需要对文本属性进行设置。文本的基本属性设置包括字体、字形、字号及字体颜色等设置。在 PowerPoint 中，当幻灯片应用了版式后，幻灯片中的文字也具有了预先定义的属性。但在很多情况下，用户仍然需要按照自己的要求对它们重新进行设置。

1. 设置字体、字号和字体颜色

和编辑文本一样，在设置文本属性之前，首先要选择相应的文本。为幻灯片中的文字设置合适的字体、字号和颜色，可以使幻灯片的内容清晰明了。用户可在“开始”选项卡的“字体”选项区域中单击相应的命令按钮进行操作。

2. 设置特殊文本格式

在 PowerPoint 中，用户除了可以设置最基本的文字格式外，还可以在“开始”选项卡的“字体”组中单击相应按钮来设置文字的其他特殊效果，如为文字添加删除线等。单击“字体”组中的对话框启动器图标，在打开的如图 4.9 所示的“字体”对话框中也可以设置特殊的文本格式。

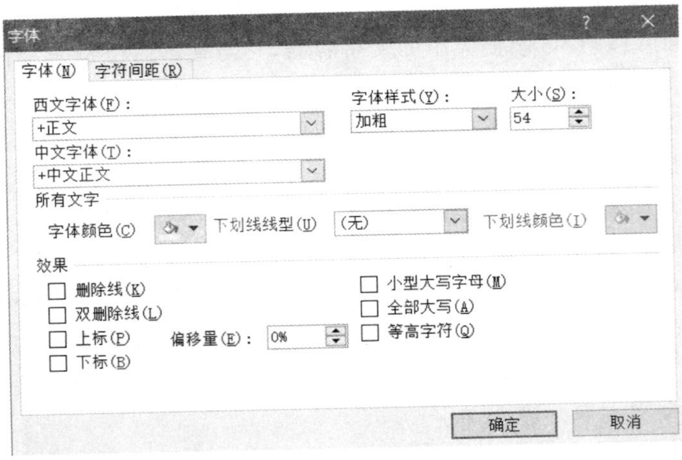

图 4.9　设置特殊文本格式

4.3.6　插入符号和公式

在编辑演示文稿的过程中，除了输入文本或英文字符，在很多情况下还要插入一些符号和公式，例如⇧、β、∈、$f(x)=f\cos\beta$、$\sqrt[12]{3456}$ 等，这时仅通过键盘是无法输入这些符号的。PowerPoint 2010 提供了插入符号和公式的功能，用户可以在演示文稿中插入各种符号和公式。

1. 插入符号

要在文档中插入符号，可以先将光标放置在要插入符号的位置，然后打开功能区的“插入”选项卡，在“文本”组中单击“符号”按钮，打开如图 4.10 所示的“符号”对话框，在其中选择要插入的符号，单击“插入”按钮即可。

图 4.10　插入符号

2. 插入公式

要在幻灯片中插入各种公式，可以使用公式编辑器输入统计函数、数学函数、微积分方程式等复杂公式。打开“插入”选项卡，在“文本”组中单击“对象”按钮，在打开的对话框中选择“Microsoft 公式 3.0”并单击“确定”按钮，即可打开公式编辑器，如图 4.11 所示。

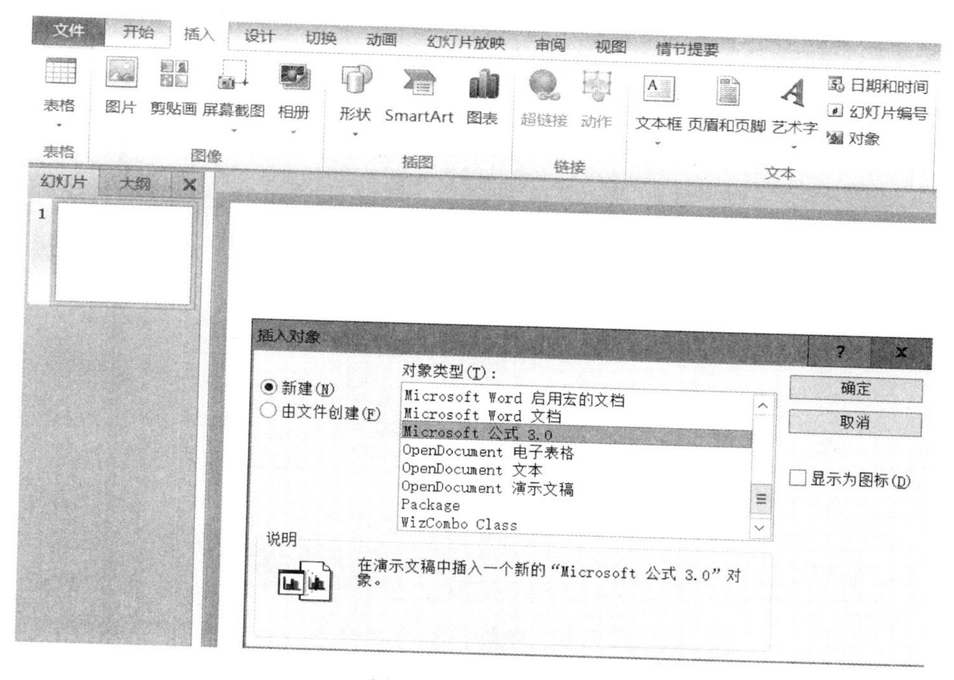

图 4.11　插入公式

4.4　段落处理功能

为了使幻灯片中的文本层次分明，条理清晰，可以为幻灯片中的段落设置格式和级别，如使用不同的项目符号和编号来标识段落层次等。本节主要介绍使用项目符号和编号设置段落级别、段落的对齐方式、缩进方式等方法。

4.4.1　编排段落格式

段落格式包括段落对齐、段落缩进及段落间距设置等。掌握了在幻灯片中编排段落格式后，就可以为整个演示文稿设置风格相适应的段落格式。

1. 设置段落对齐方式

段落对齐是指段落边缘的对齐方式，包括左对齐、右对齐、居中对齐、两端对齐和分散对齐。

左对齐：左对齐时，段落左边对齐，右边参差不齐。

右对齐：右对齐时，段落右边对齐，左边参差不齐。

居中对齐：居中对齐时，段落居中排列。

两端对齐：两端对齐时，段落左右两端都对齐分布，但是段落最后不满一行的文字右边是不对齐的。

分散对齐：分散对齐时，段落左右两边均对齐，而且当每个段落的最后一行不满一行时，将自动拉开字符间距使该行均匀分布。

设置段落格式时，首先选定要对齐的段落，然后在"开始"选项卡的"段落"选项区中单击相应的对齐按钮。

2. 设置段落的缩进方式

在 PowerPoint 2010 中，可以设置段落与占位符或文本框左边框的距离，也可以设置首行缩进和悬挂缩进。使用“段落”对话框可以准确地设置缩进尺寸，在功能区单击“段落”组中的对话框启动器，将打开“段落”对话框，如图 4.12 所示。

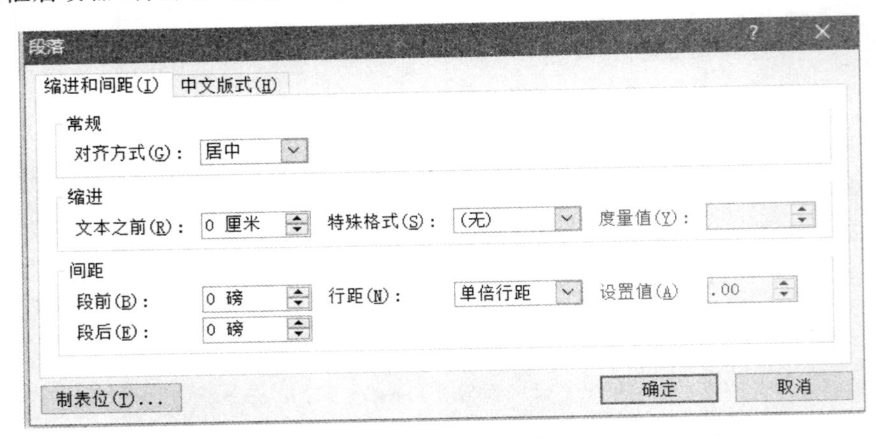

图 4.12　设置段落的缩进方式

3. 设置行间距和段间距

在 PowerPoint 中，用户可以设置行距及段落换行的方式。设置行距可以改变 PowerPoint 默认的行距，使演示文稿中的内容条理更为清晰；设置换行格式，可以使文本以用户规定的格式分行。

1）设置段落行距

在“开始”选项卡的“段落”选项区中单击“行距”按钮选择“行距选项”命令，在弹出的对话框中选择相应的命令即可改变默认行距，如图 4.13 所示。

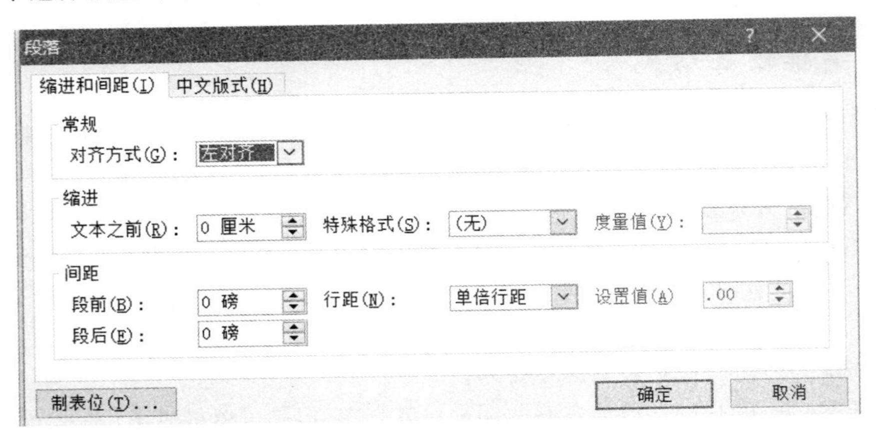

图 4.13　设置段落行距

2）设置换行格式

打开如图 4.14 所示对话框，切换到“中文版式”选项卡，在“常规”选项区域中可以设置段落的换行方式。

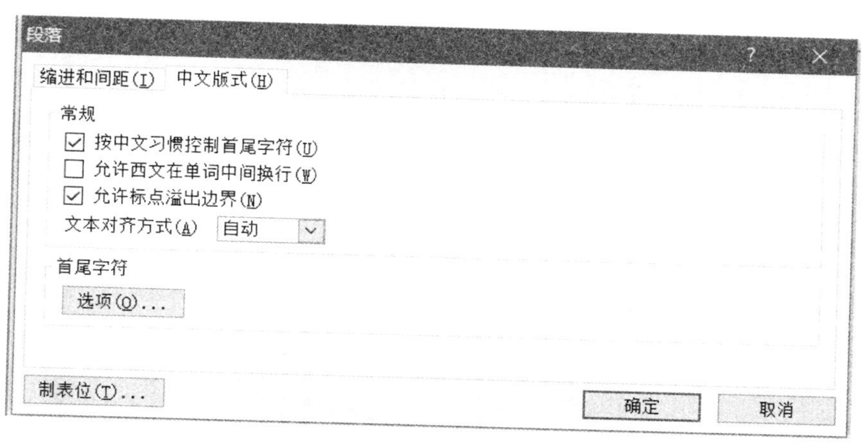

图 4.14 设置换行格式

4.4.2 使用项目符号

在演示文稿中，为了使某些内容更为醒目，经常要用到项目符号。项目符号用于强调一些特别重要的观点或条目，从而使主题更加美观、突出。

1. 常用项目符号

将光标定位在需要添加项目符号的段落中，在"开始"选项卡的"段落"组中单击"项目符号"按钮右侧的下拉箭头，选择"项目符号"，在打开的如图 4.15 所示的"项目符号和编号"对话框中选择需要使用的项目符号，单击"确定"按钮即可。

2. 图片项目符号

除常规项目符号外，PowerPoint 还可以将图片设置为项目符号，这样可使项目符号的形式更加丰富。打开如图 4.15 所示对话框，单击"图片"按钮可进行相关设置，如图 4.16 所示。

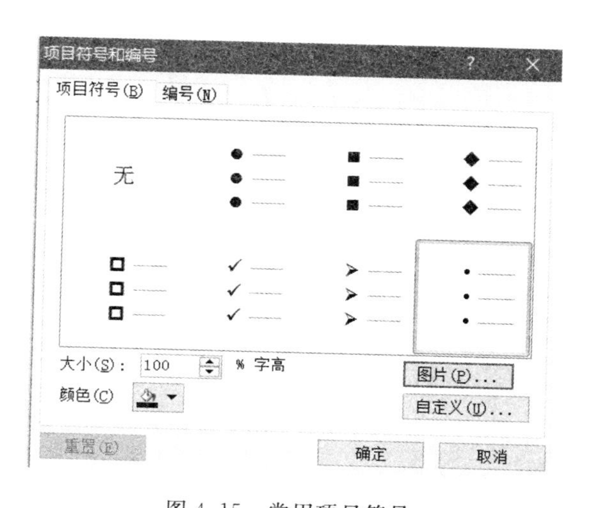

图 4.15 常用项目符号

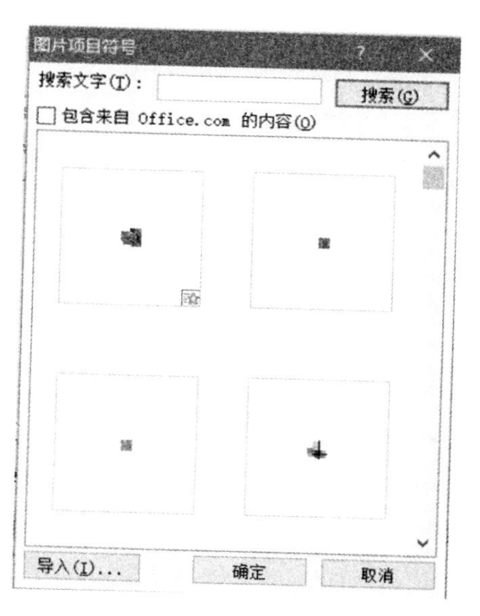

图 4.16 图片项目符号

3. 自定义项目符号

在 PowerPoint 中，除了系统提供的项目符号和图片项目符号外，还可以将系统符号库中的各种字符设置为项目符号。在“项目符号和编号”对话框中单击“自定义”按钮，将打开“符号”对话框，如图 4.17 所示。

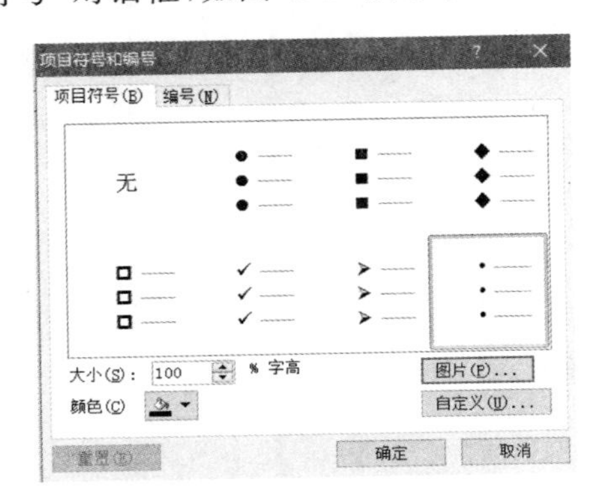

图 4.17　自定义项目符号

4.4.3　使用项目编号

在 PowerPoint 中，可以为不同级别的段落设置项目编号，使主题层次更加分明、有条理。在默认状态下，项目编号是由阿拉伯数字构成的。此外，PowerPoint 还允许用户使用自定义项目编号样式。

要为段落设置项目编号，可将光标定位在段落中，然后打开“项目符号和编号”对话框的“编号”选项卡，如图 4.18 所示，可以根据需要选择编号样式。

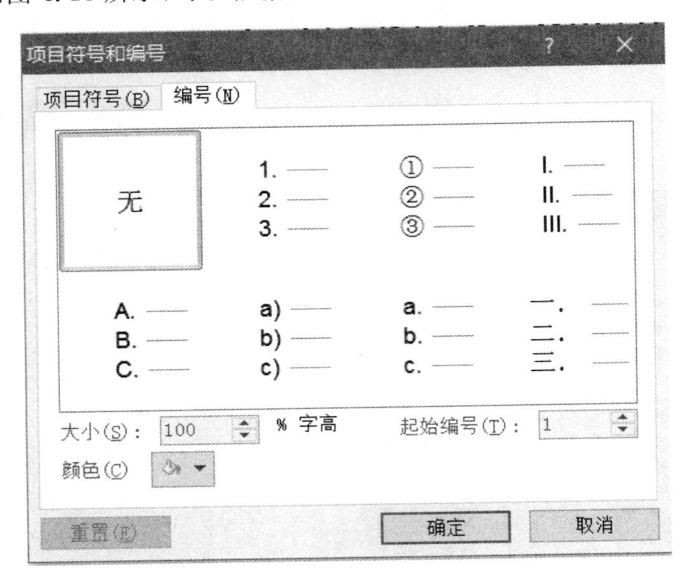

图 4.18　使用项目编号

4.5 图形处理功能

PowerPoint 2010 提供了大量实用的剪贴画，使用它们可以丰富幻灯片的版面效果。此外，用户还可以从本地磁盘插入图片到幻灯片中。使用 PowerPoint 2010 的绘图工具可以绘制各种简单的基本图形，这些基本图形可以组合成复杂多样的图案效果。使用艺术字和相册功能能够在适当主题下为演示文稿增色。本节分别介绍剪贴画、图片、图形、艺术字等图形对象的处理功能。

4.5.1 在幻灯片中插入图片

在演示文稿中插入图片，可以更生动形象地阐述其主题和要表达的思想。在插入图片时，要充分考虑幻灯片的主题，使图片和主题和谐一致。

1. 插入剪贴画

PowerPoint 2010 附带的剪贴画库内容非常丰富，所有的图片都经过专业设计，它们能够表达不同的主题，适合于制作各种不同风格的演示文稿。

要插入剪贴画，可以在“插入”选项卡的“插图”组中单击“剪贴画”按钮，打开“剪贴画”任务窗格，如图 4.19 所示。

图 4.19 “剪贴画”任务窗格

2. 插入来自文件的图片

用户除了可以插入 PowerPoint 2010 附带的剪贴画之外，还可以插入磁盘中的图片。这些图片可以是 BMP 位图，也可以是由其他应用程序创建的图片，还可以是从因特网下载的或通过扫描仪及数码相机输入的图片等。

在“插入”选项卡的“图像”选项区域中单击“图片”按钮，在打开的“插入图片”对话框中选择所需图片，单击“插入”按钮，如图 4.20 所示。

4.5.2 编辑图片

在演示文稿中插入图片后，用户可以调整其位置、大小，也可以根据需要进行裁剪、调整对比度和亮度、添加边框、设置透明色等操作。

1. 调整图片位置

要调整图片位置，可以在幻灯片中选中该图片，然后按键盘上的方向键向上、下、左、右方向移动图片。也可以按住鼠标左键拖动图片，等拖动到合适的位置后释放鼠标左键即可。

2. 调整图片大小

单击插入到幻灯片中的图片，图片周围将出现 8 个控制点，此时按住鼠标左键拖动控制点，即可调整图片的大小。

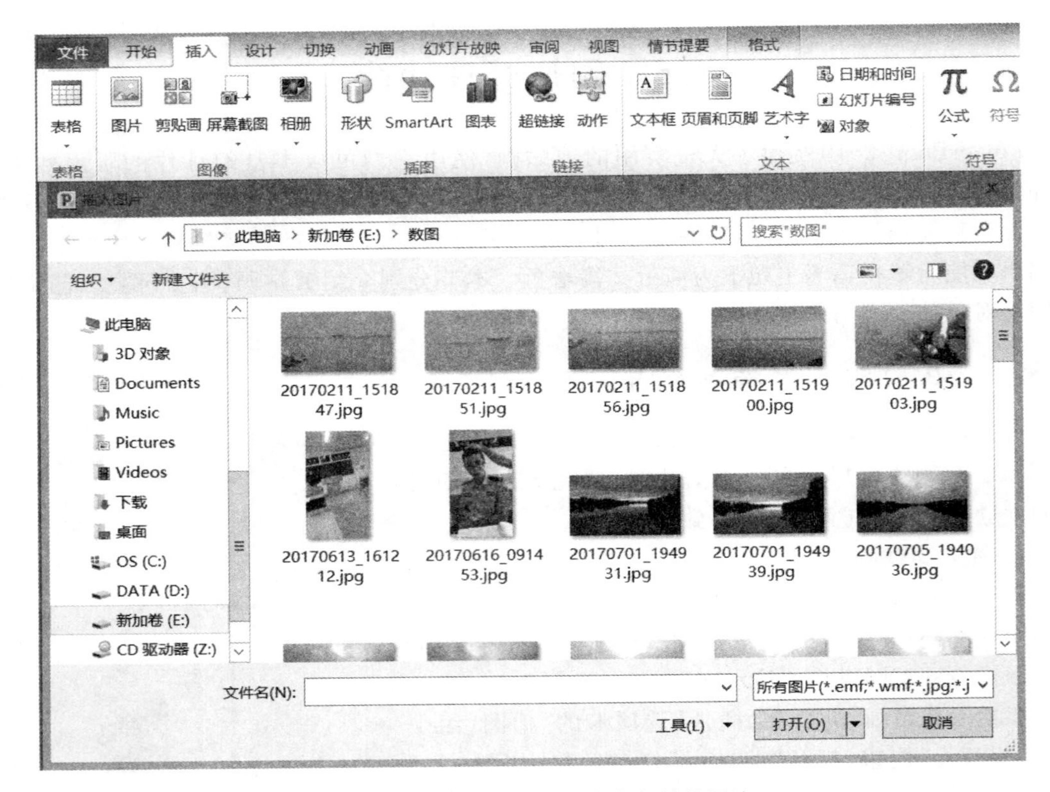

图 4.20　在幻灯片中插入来自文件的图片

(1) 当拖动图片 4 个角上的控制点时，PowerPoint 会自动保持图片的长宽比例不变。

(2) 拖动 4 条边框中间的控制点时，可以改变图片原来的长宽比例。

(3) 按住 Ctrl 键调整图片大小时，将保持图片中心位置不变。

3. 旋转图片

在幻灯片中选中图片时，周围除了出现 8 个控制点外，还有一个绿色的旋转控制点。拖动该控制点，可自由旋转图片。另外，在"格式"选项卡的"排列"组中单击"旋转"按钮，可以通过该按钮下的命令控制图片旋转的方向和角度。

4. 裁剪图片

对图片的位置、大小和角度进行调整，只能改变整个图片在幻灯片中所处的位置和所占的比例。而当插入的图片中有多余的部分时，可以使用"裁剪"操作，将图片中多余的部分删除。操作如下。

在"格式"选项卡的"大小"选项区域中单击"裁剪"按钮，此时被选中的图片将出现 8 个由较粗黑色短线组成的剪裁标志，如图 4.21(a)所示。将鼠标移动到剪裁标志上，按下鼠标左键拖动到需要的位置，即可完成剪裁，如图 4.21(b)所示。

5. 重新着色

在 PowerPoint 中可以对插入的 Windows 图元文件(.wmf)等矢量图形进行重新着色。选中图片后，在"格式"选项卡的"调整"组中单击"颜色"按钮，在打开的菜单中，用户可以从"重新着色"中选择需要的模式为图片重新着色，如图 4.22 所示。

(a)

(b)

图 4.21　裁剪图片

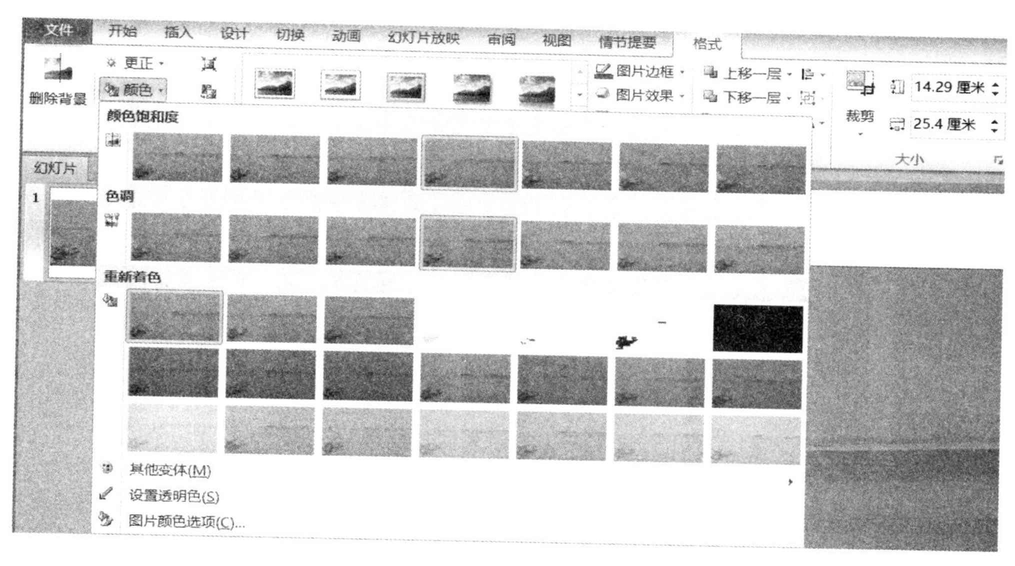

图 4.22　为矢量图形重新着色

6. 调整图片的对比度和亮度

图片的亮度是指图片整体的明暗程度，对比度是指图片中最亮部分和最暗部分的差别。用户可以通过调整图片的亮度和对比度，使效果不好的图片看上去更为舒适，也可以将正常的图片调高亮度或降低对比度达到某种特殊的效果。

在调整图片对比度和亮度时，首先应选中图片，然后在“调整”组中单击“亮度”按钮和“对比度”按钮进行设置。

7. 改变图片外观

PowerPoint 2010 提供改变图片外观的功能，该功能可以赋予普通图片形状各异的样式，从而达到美化幻灯片的效果。

要改变图片的外观样式，应首先选中该图片，然后在“格式”选项卡的“图片样式”组中选择图片的外观样式，如图 4.23 所示。

8. 压缩图片文件

在 PowerPoint 中，可以通过“压缩图片”功能对演示文稿中的图片进行压缩，以节省硬盘空间和减少下载时间。在压缩图片时，用户可以根据用途降低图片的分辨率，如用于屏幕放映的图像，可以将分辨率减少到 96dpi(点每英寸)；用于打印的图像，可以将分辨率减少

图 4.23　改变图片外观

到 200dpi。操作如下。

在"格式"选项卡的"调整"组中单击"压缩图片"按钮，在打开的对话框中单击"选项"按钮，用户可以在"压缩选项"和"目标输出"选项区域中设置压缩选项，如图 4.24 所示。

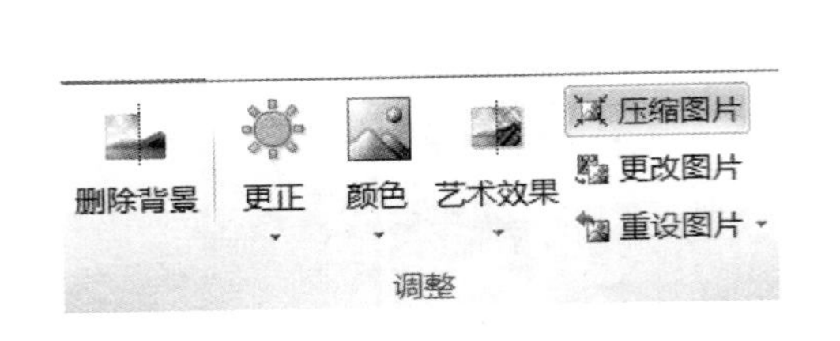

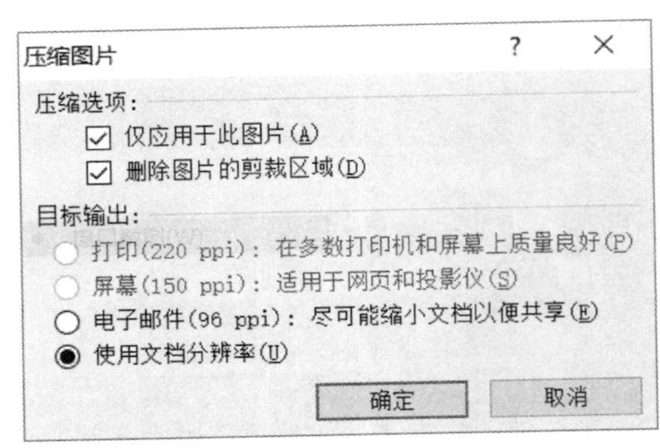

图 4.24　压缩图片文件

9. 设置透明色

PowerPoint 允许用户将图片中的某部分设置为透明色，例如，让某种颜色区域透出被它覆盖的其他内容，或者让图片的某些部分与背景分离开。PowerPoint 可在除 GIF 动态图片以外的大多数图片中设置透明区域。操作如下。

选中图片后，在"格式"选项卡的"调整"组中单击"重新着色"按钮，在打开菜单中，用户可以从中选择"设置透明色"命令，单击图片中需要设置透明色的区域或颜色，即可将鼠标单击处的颜色设置为透明色，同时有该颜色的区域均变为透明色，如图 4.25 所示。

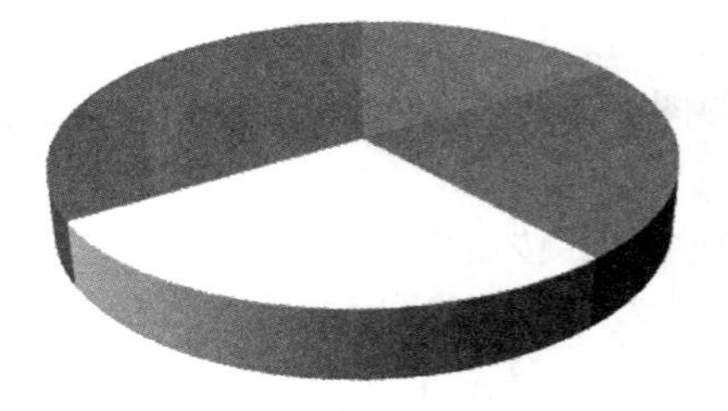

图 4.25　设置透明色

10. 图片的其他设置

用户可以对插入的图片设置形状和效果，在幻灯片中选中图片，打开"格式"选项卡，在"图片样式"组中单击"图片形状"按钮和"图片效果"按钮，然后在弹出的菜单中进行设置即可。

4.5.3　在幻灯片中绘制图形

PowerPoint 2010 提供了功能强大的绘图工具，利用绘图工具可以绘制各种线条、连接符、几何图形、星形以及箭头等复杂的图形。在功能区切换到"插入"选项卡，在"插图"组单击“形状”按钮，在弹出的菜单中选择需要的形状绘制图形即可，如图 4.26 所示。

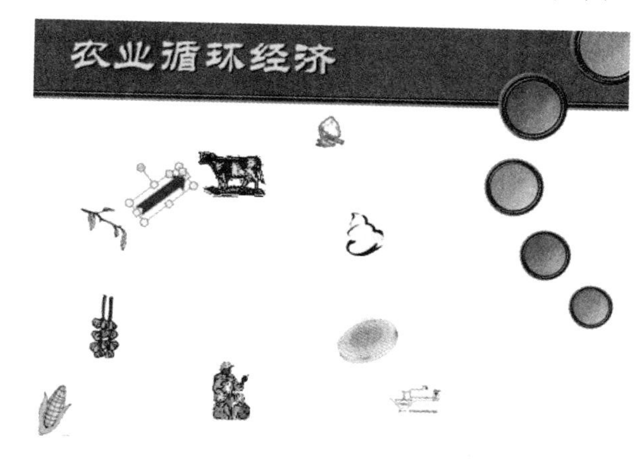

图 4.26　在幻灯片中插入剪贴画和图片

4.5.4　编辑图形

在 PowerPoint 中，可以对绘制的图形进行个性化的编辑。和其他操作一样，在进行设置前，应首先选中该图形。对图形最基本的编辑包括旋转图形、对齐图形、层叠图形和组合图形等。

1. 旋转图形

旋转图形与旋转文本框、文本占位符一样，只要拖动其上方的绿色旋转控制点任意旋转图形即可。也可以在“格式”选项卡的“排列”组中单击“旋转”按钮，在弹出的菜单中选择“向左旋转 90°”“向右旋转 90°”“垂直翻转”和“水平翻转”等命令，如图 4.27 所示。

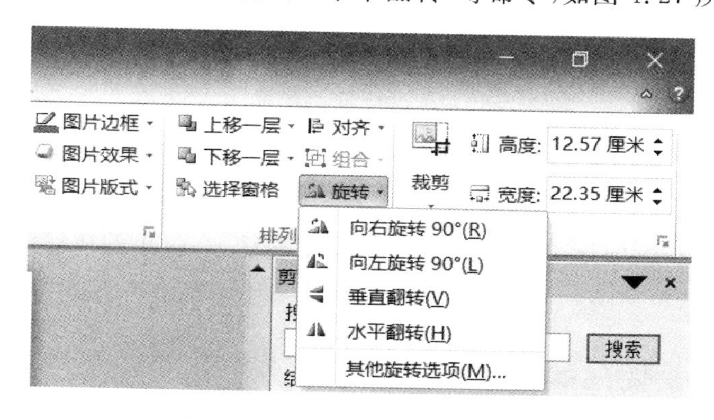

图 4.27　旋转图形

2. 对齐图形

当在幻灯片中绘制多个图形后，可以在功能区的“排列”组中单击“对齐”按钮（如图 4.28 所示），在弹出的菜单中选择相应的命令来对齐图形，其具体对齐方式与文本对齐相似。

3. 层叠图形

对于绘制的图形，PowerPoint 将按照绘制的顺序将它们放置于不同的对象层中，如果

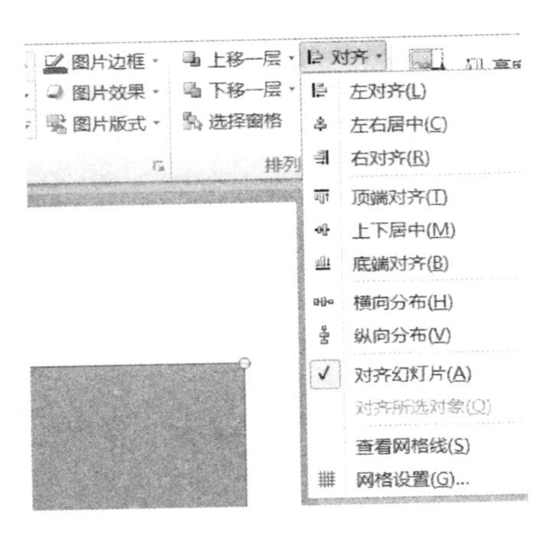

图 4.28　对齐图形菜单

对象之间有重叠，则后绘制的图形将覆盖在先绘制的图形之上，即上层对象遮盖下层对象。当需要显示下层对象时，可以通过调整它们的叠放次序来实现。

要调整图形的层叠顺序，可以在功能区的“排列”组中单击“置于顶层”按钮和“置于底层”命令右侧的箭头，在弹出的菜单中选择相应命令即可，如图 4.29 所示。

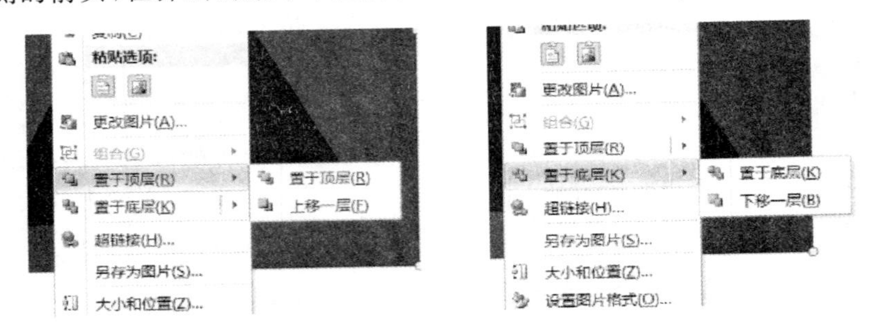

图 4.29　层叠图形

4. 组合图形

在绘制多个图形后，如果希望这些图形保持相对位置不变，可以使用“组合”按钮下的命令将其进行组合，也可以同时选中多个图形，单击鼠标右键，在弹出的快捷菜单中选择“组合”→“组合”命令，如图 4.30 所示。当图形被组合后，可以像一个图形一样被选中、复制或移动。

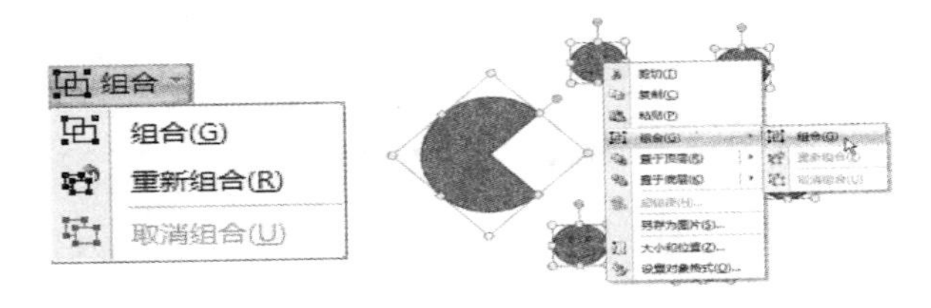

图 4.30　图形组合

4.5.5　设置图形格式

PowerPoint 具有功能齐全的图形设置功能，可以利用线型、箭头样式、填充颜色、阴影效果和三维效果等进行修饰。利用系统提供的图形设置工具，可以使配有图形的幻灯片更容易理解。

1. 设置线型

选中绘制的图形，在“格式”选项卡的“形状样式”组中单击“形状轮廓”按钮，在弹出的菜单中选择“粗细”和“虚线”命令，然后在其子命令中选择需要的线型样式即可，如图 4.31 所示。

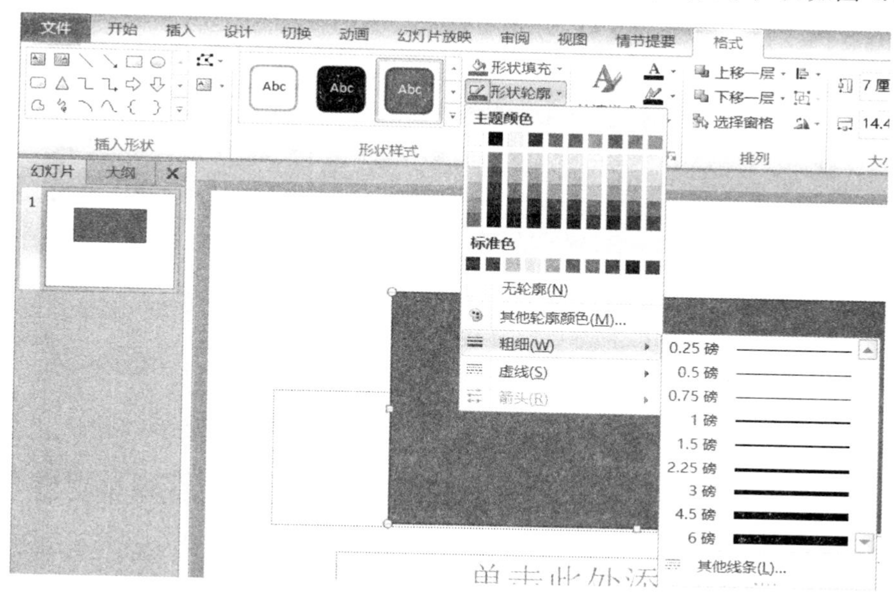

图 4.31　设置线型样式

2. 设置线条颜色

在幻灯片中绘制的线条都有默认的颜色，用户可以根据演示文稿的整体风格改变线条颜色。单击“形状轮廓”按钮，在弹出的菜单中选择颜色即可，如图 4.32 所示。

3. 设置填充颜色

为图形添加填充颜色是指在一个封闭的对象中加入填充效果，这种效果可以是单色、过渡色、纹理甚至是图片。用户可以通过单击“形状填充”按钮，在弹出的菜单中选择满意的颜色，也可以通过单击“其他填充颜色”命令设置其他颜色。另外，可以根据需要选择“渐变”或“纹理”命令为一个对象填充一种过渡色或纹理样式。

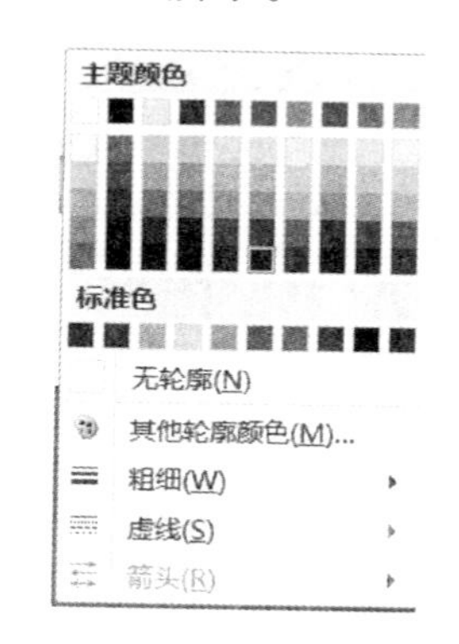

图 4.32　设置线型样式线条颜色

4. 设置阴影及三维效果

在 PowerPoint 中可以为绘制的图形添加阴影或三维效果。设置图形对象阴影效果的方式是首先选中对象，单击“形状效果”按钮，在打开的面板中选择“阴影”命令，然后在如图 4.33 所示的菜单中选择需要的阴影样式即可。

设置图形对象三维效果的方法是首先选中对象，然后单击“形状效果”按钮，在弹出的菜单中选择“三维旋转”命令，然后在如图 4.34 所示的三维旋转样式列表中选择需要的样式即可。

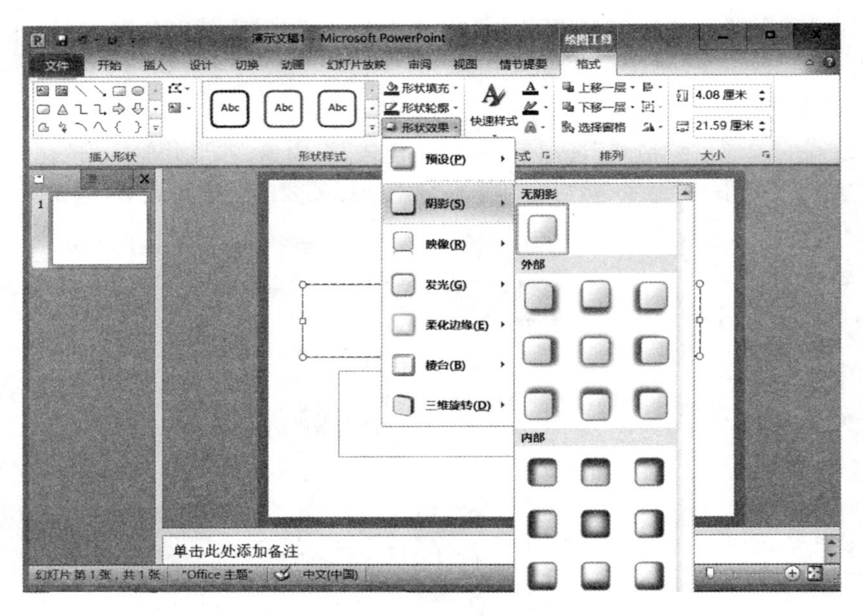

图 4.33　阴影效果样式列表

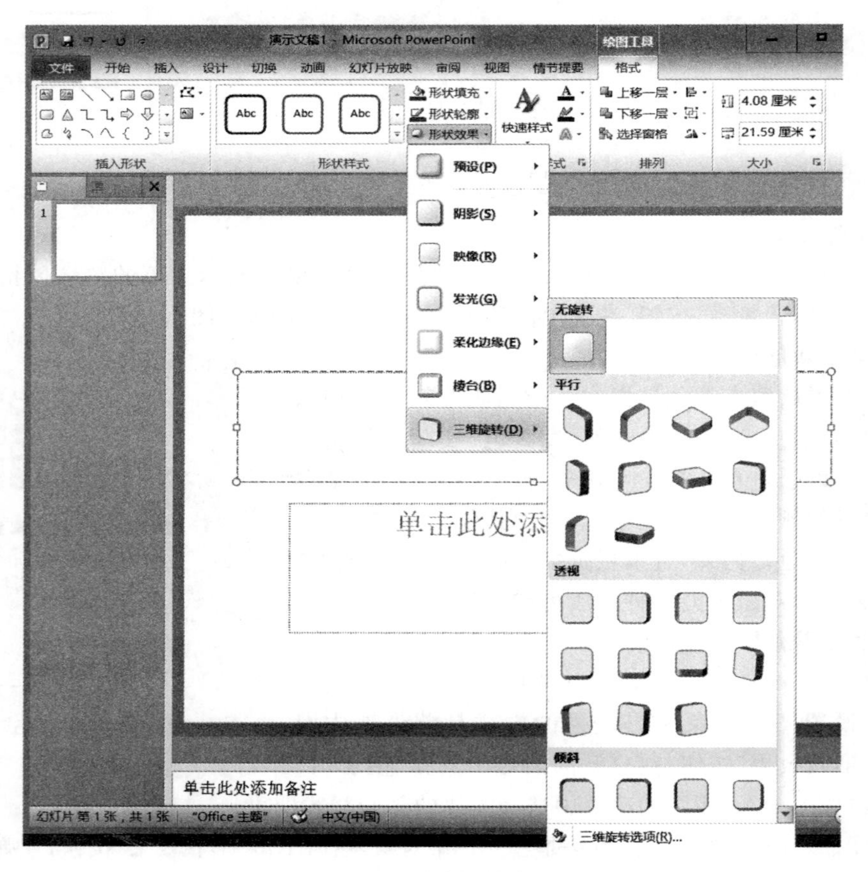

图 4.34　三维旋转样式列表

5. 在图形中输入文字

大多数自选图形允许用户在其内部添加文字。常用的方法有两种：选中图形，直接在其中输入文字；在图形上右击，选择“编辑文字”命令，然后在光标处输入文字。单击输入的文字，可以再次进入文字编辑状态进行修改，如图 4.35 所示。

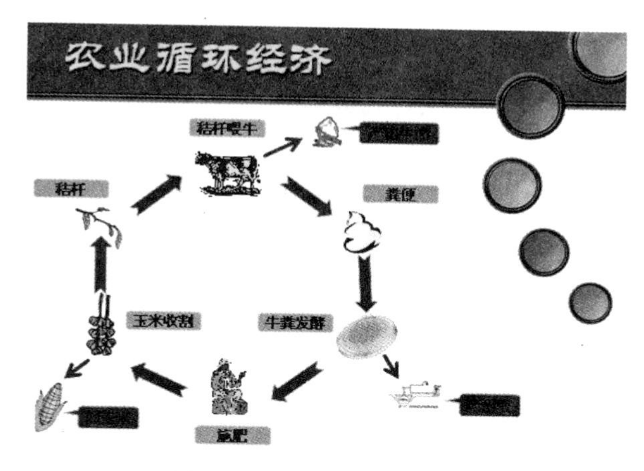

图 4.35　在图形中添加文字

4.5.6　插入与编辑艺术字

艺术字是一种特殊的图形文字，常被用来表现幻灯片的标题文字。用户既可以像对普通文字一样设置其字号、加粗、倾斜等效果，也可以像图形对象那样设置它的边框、填充等属性，还可以对其进行大小调整、旋转或添加阴影、三维效果等。

1. 插入艺术字

在“插入”功能区的“文本”组中单击“艺术字”按钮，打开艺术字样式列表。单击需要的样式，即可在幻灯片中插入艺术字，如图 4.36 所示。

2. 编辑艺术字

用户在插入艺术字后，如果对艺术字的效果不满意，可以对其进行编辑修改。选中艺术字，在“格式”选项卡的“艺术字样式”组中单击对话框启动器，在打开的“设置文本效果格式”对话框中进行编辑，如图 4.37 所示。

图 4.36　插入艺术字

4.5.7　插入相册

随着数码相机的普及，使用计算机制作电子相册的用户越来越多，当没有制作电子相册的专门软件时，使用 PowerPoint 也能轻松制作出漂亮的电子相册。在商务应用中，电子相册同样适用于介绍公司的产品目录，或者分享图像数据及研究成果。

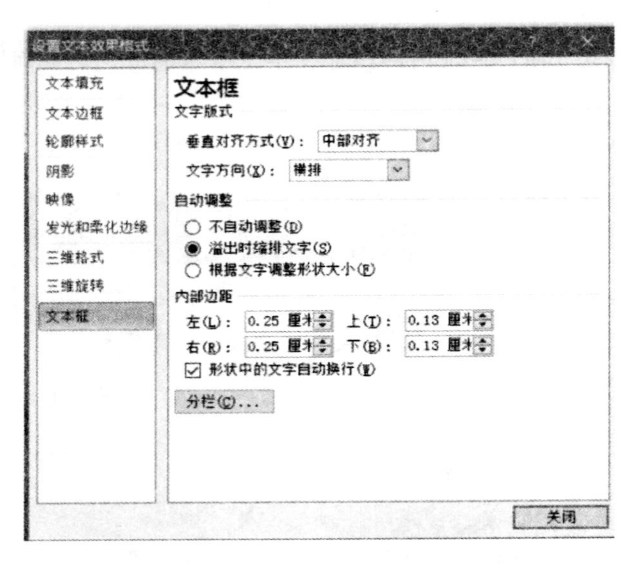

图 4.37　设置文本效果格式

1. 新建相册

在幻灯片中新建相册时，只要在“插入”选项卡的“插图”组中单击“相册”按钮，在弹出的菜单中选择“新建相册”命令，然后从本地磁盘的文件夹中选择相关的图片文件插入即可。在插入相册的过程中可以更改图片的先后顺序、调整图片的色彩明暗对比与旋转角度，以及设置图片的版式和相框形状等，如图 4.38 所示。

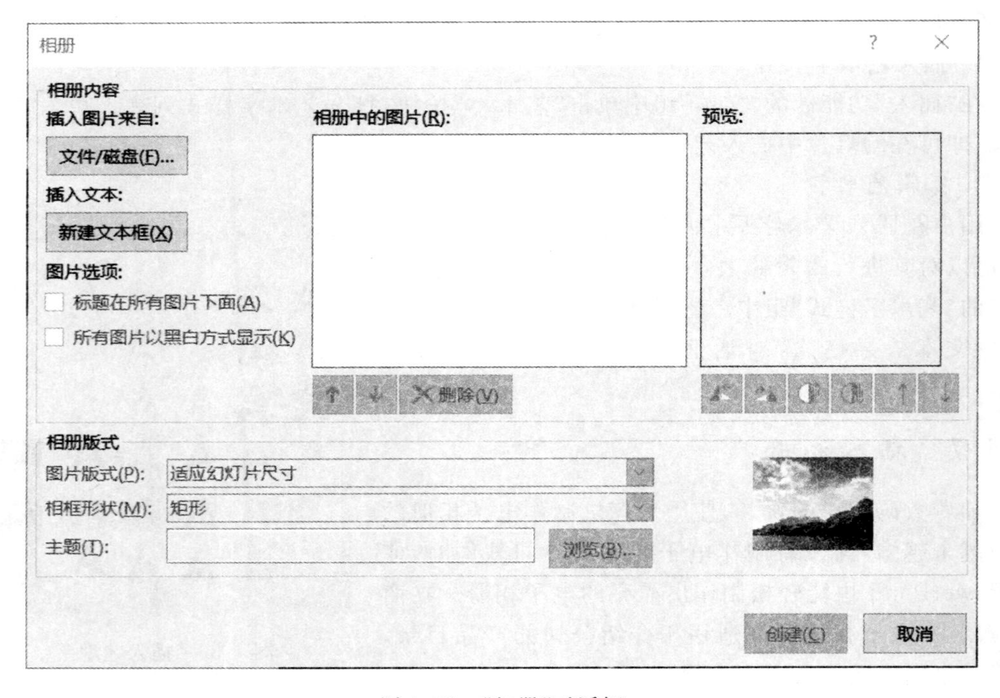

图 4.38　“相册”对话框

2. 设置相册格式

对于建立的相册，如果不满意它所呈现的效果，可以单击“相册”按钮，在弹出的菜单中选择“编辑相册”命令，打开“编辑相册”对话框重新修改相册的顺序、图片版式、相框形状、演示文稿设计模板等相关属性。设置完成后，PowerPoint 会自动帮助用户重新整理相册，如图 4.39 所示。

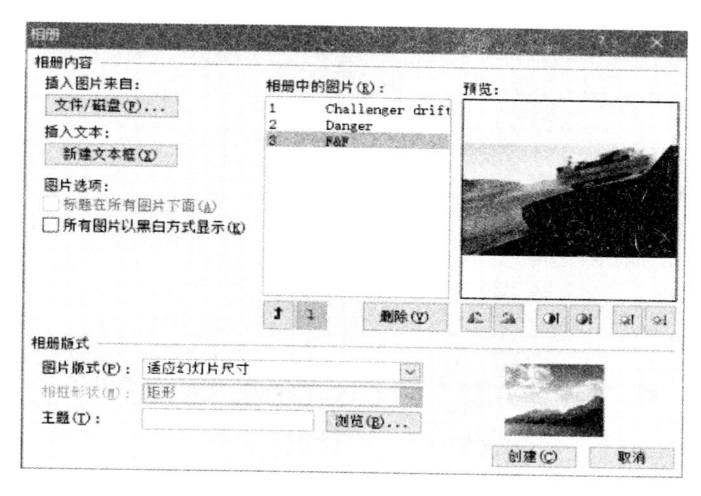

图 4.39　设置相册格式

4.6　美化幻灯片

PowerPoint 提供了大量的模板预设格式，应用这些格式，可以轻松地制作出具有专业效果的幻灯片演示文稿，以及备注和讲义演示文稿。这些预设格式包括设计模板、主题颜色、幻灯片版式等内容。本节首先介绍 PowerPoint 三种母版的视图模式以及更改和编辑幻灯片母版的方法，然后介绍设置主题颜色和背景样式的基本步骤以及使用页眉页脚、网格线、标尺等版面元素的方法。

4.6.1　查看幻灯片母版

PowerPoint 2010 包含三个母版，它们是幻灯片母版、讲义母版和备注母版。当需要设置幻灯片风格时，可以在幻灯片母版视图中进行设置；当需要将演示文稿以讲义形式打印输出时，可以在讲义母版中进行设置；当需要在演示文稿中插入备注内容时，则可以在备注母版中进行设置。

1. 幻灯片母版

幻灯片母版是存储模板信息的设计模板的一个元素。幻灯片母版中的信息包括字形、占位符大小和位置、背景设计和配色方案。用户通过更改这些信息，就可以更改整个演示文稿中幻灯片的外观。

在功能区切换到“视图”选项卡，在“演示文稿视图”组中单击“幻灯片母版”按钮，打开幻灯片母版视图，如图 4.40 所示。

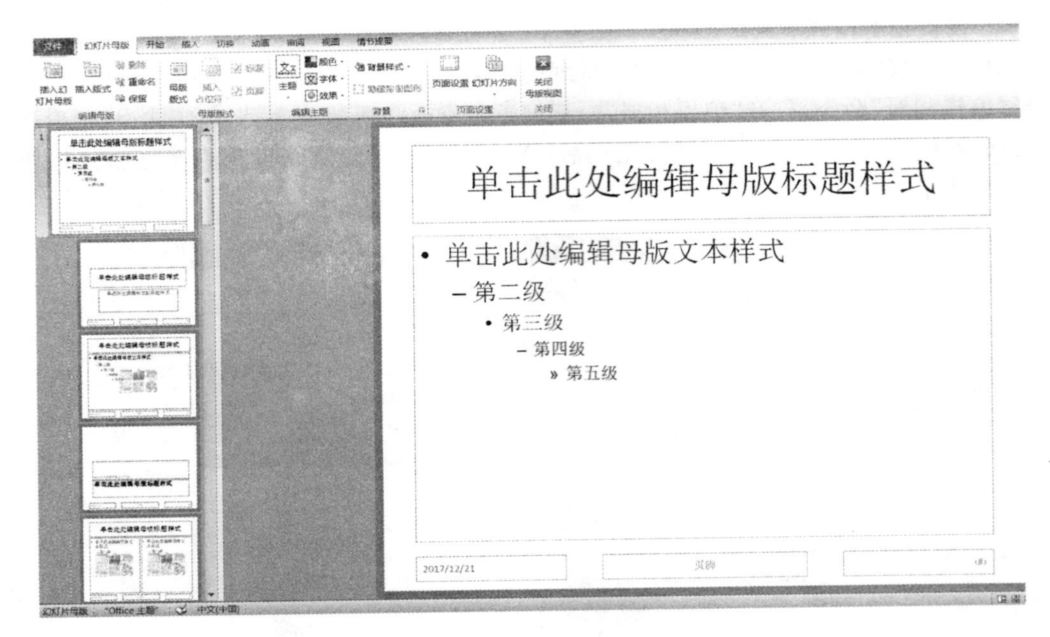

图 4.40　幻灯片母版视图

当用户将幻灯片切换到幻灯片母版视图时，功能区将自动打开如图 4.41 所示的“幻灯片母版”选项卡。

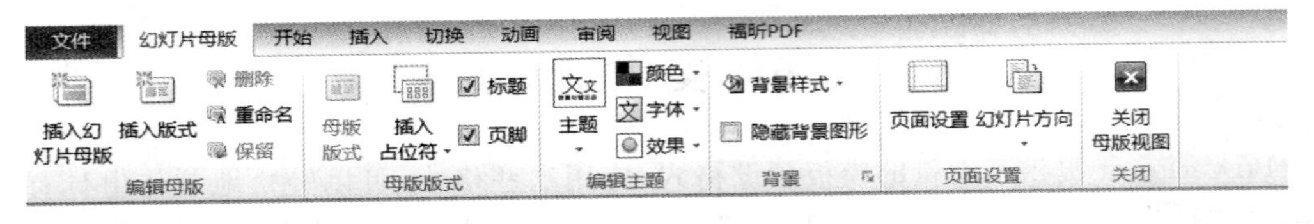

图 4.41　“幻灯片母版”选项卡

“编辑母版”选项区域中 5 个按钮的意义如下。

“插入幻灯片母版”按钮：单击该按钮，可以在幻灯片母版视图中插入一个新的幻灯片母版。一般情况下，幻灯片母版中包含幻灯片内容母版和幻灯片标题母版。

“插入版式”按钮：单击该按钮，可以在幻灯片母版视图中添加自定义版式。

“删除”按钮：单击该按钮，可删除当前母版。

“重命名”按钮：单击该按钮，打开“重命名版式”对话框，允许用户更改当前模板的名称。

“保留”按钮：单击该按钮，可以使当前选中的幻灯片在未被使用的情况下也能留在演示文稿中。

2. 讲义母版

讲义母版是为制作讲义而准备的，通常需要打印输出，因此讲义母版的设置大多和打印页面有关。它允许设置一页讲义中包含几张幻灯片，设置页眉、页脚、页码等基本信息，如图 4.42 所示。

在讲义母版中插入新的对象或者更改版式时，新的页面效果不会反映在其他母版视

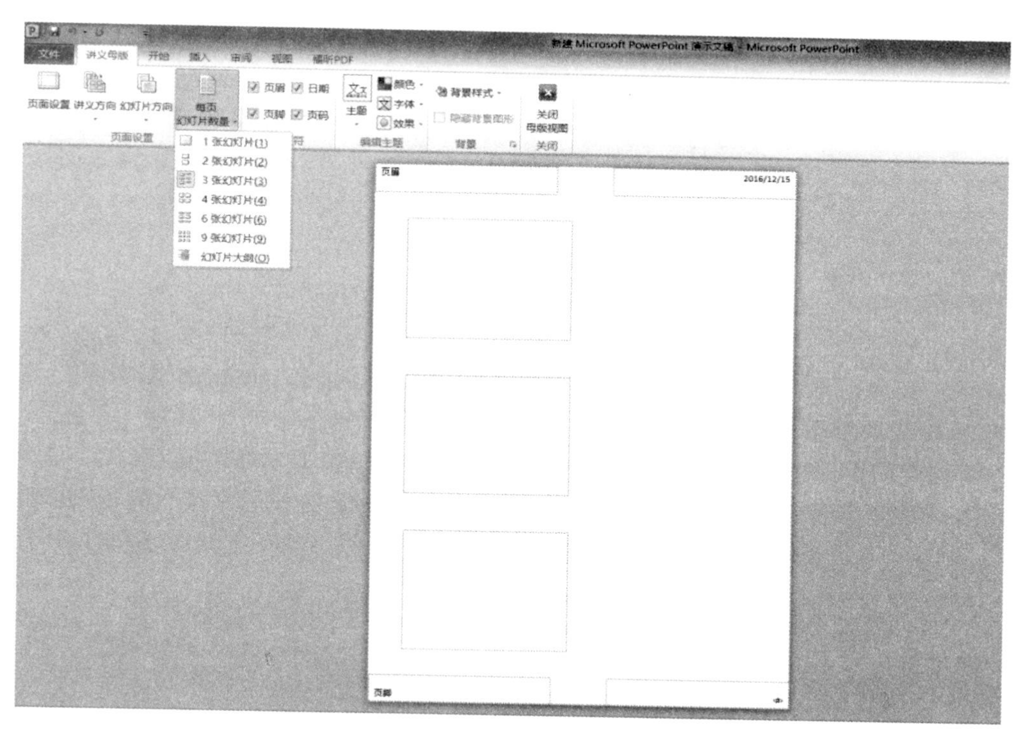

图 4.42　在每页讲义中显示三张幻灯片及预览效果

图中。

3. 备注母版

备注母版主要用来设置幻灯片的备注格式，一般也是用来打印输出的，所以备注母版的设置大多也和打印页面有关。切换到“视图”选项卡，在“演示文稿视图”组中单击“备注母版”按钮，打开备注母版视图，如图 4.43 所示。

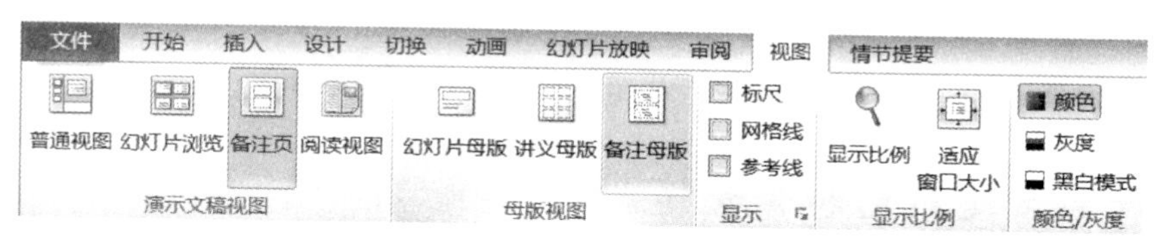

图 4.43　备注母版视图

4.6.2　设置幻灯片母版

幻灯片母版决定着幻灯片的外观，用于设置幻灯片的标题、正文文字等样式，包括字体、字号、字体颜色、阴影等效果；也可以设置幻灯片的背景、页眉页脚等。也就是说，幻灯片母版可以为所有幻灯片设置默认的版式。

1. 更改母版版式

在 PowerPoint 2010 中创建的演示文稿都带有默认的版式，这些版式一方面决定了占位符、文本框、图片、图表等内容在幻灯片中的位置，另一方面决定了幻灯片中文本的样式。在幻灯片母版视图中，用户就可以按照需要设置母版版式，如图 4.44 所示。

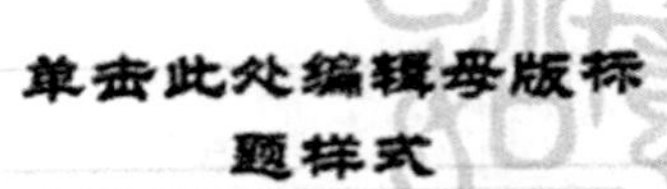

图 4.44　更改母版版式

2. 编辑背景图片

一个精美的设计模板少不了背景图片的修饰,用户可以根据实际需要在幻灯片母版视图中添加、删除或移动背景图片。例如,希望让某个艺术图形(公司名称或徽标等)出现在每张幻灯片中,只需将该图形置于幻灯片母版上,此时该对象将出现在每张幻灯片的相同位置上,而不必在每张幻灯片中重复添加,如图 4.45 所示。

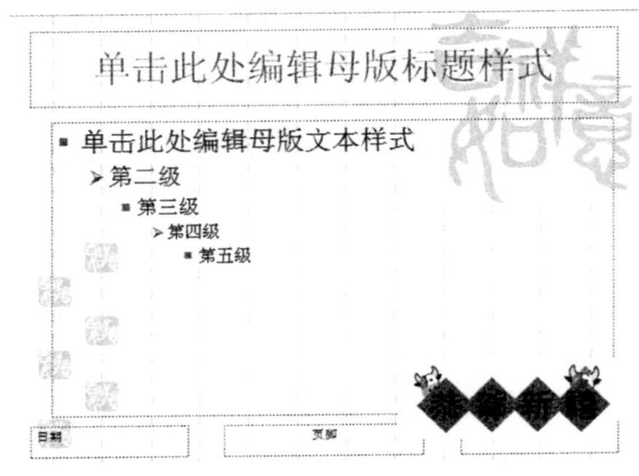

图 4.45　在幻灯片母版视图中添加背景图片

4.6.3　设置主题颜色和背景样式

PowerPoint 2010 为每种设计模板提供了几十种内置的主题颜色,用户可以根据需要选择不同的颜色来设计演示文稿。这些颜色是预先设置好的协调色,自动应用于幻灯片的背景、文本线条、阴影、标题文本、填充、强调和超链接。PowerPoint 2010 的背景样式功能可以控制母版中的背景图片是否显示,以及控制幻灯片背景颜色的显示样式。

1. 改变幻灯片的主题颜色

应用设计模板后,在功能区显示"设计"选项卡,单击"主题"组中的"颜色"按钮,将打开主题颜色菜单,如图 4.46 所示。

2. 改变幻灯片的背景样式

在设计演示文稿时,用户除了在应用模板或改变主题颜色时更改幻灯片的背景外,还可以根据需要任意更改幻灯片的背景颜色和背景设计,如删除幻灯片中的设计元素、添加底纹、图案、纹理或图片等。

1）忽略背景图形

如果要忽略其中的背景图形，可以在“设计”选项卡的“背景”选项区域中单击“隐藏背景图形”复选框。

2）更改背景样式

若要应用 PowerPoint 2010 自带的背景样式，可单击“背景”选项区域中的“背景样式”按钮，在弹出的菜单中选择需要的背景样式即可。若不满足于 PowerPoint 提供的背景样式，可在背景样式列表中选择“设置背景格式”命令，在打开的对话框中可以设置背景的填充样式、渐变以及纹理格式等，如图 4.47 所示。

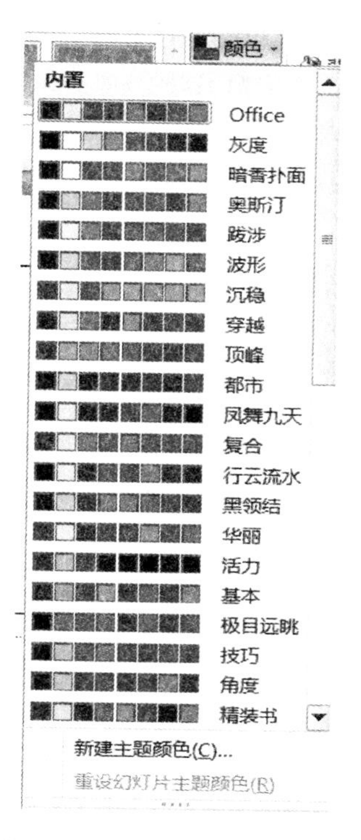

图 4.46　打开的主题颜色菜单

4.6.4　使用其他版面元素

在 PowerPoint 2010 中可以借助幻灯片的版面元素更好地设计演示文稿，如使用页眉和页脚在幻灯片中显示必要的信息；使用网格线和标尺定位对象等。

1. 设置页眉和页脚

在制作幻灯片时，用户可以利用 PowerPoint 提供的页眉页脚功能，为每张幻灯片添加相对固定的信息，如在幻灯片的页脚处添加页码、时间、公司名称等内容。

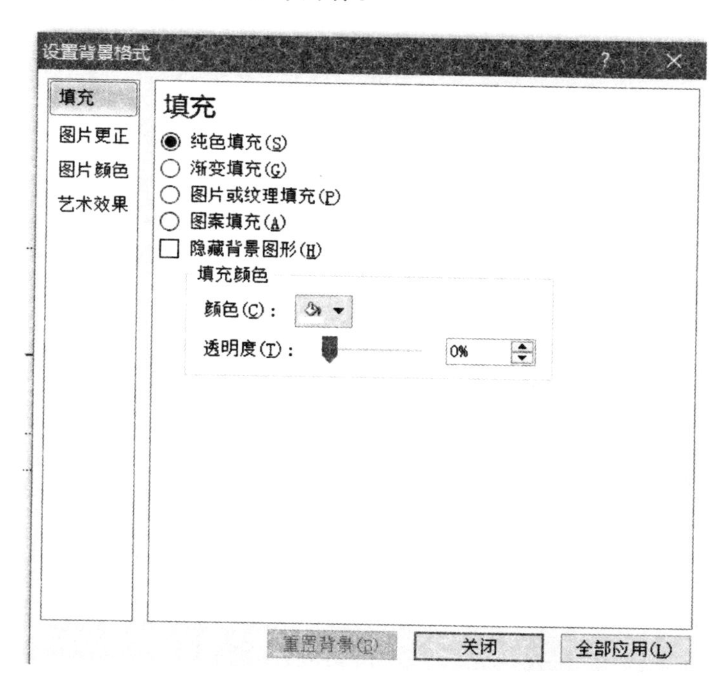

图 4.47　更改背景样式设置

2. 使用网格线和参考线

当在幻灯片中添加多个对象后,可以通过显示的网格线来移动和调整多个对象之间的相对大小和位置。在功能区显示"视图"选项卡,选中"显示/隐藏"组中的"网格线"复选框,此时幻灯片效果如图 4.48 所示。

图 4.48　设置网格线和参考线

3. 使用标尺

当用户在"视图"选项卡的"显示/隐藏"组中选中"标尺"复选框后,幻灯片中将出现如图 4.49 所示的标尺。从图中红色方框可以看出,幻灯片中的标尺分为水平标尺和垂直标尺两种。标尺可以让用户方便、准确地在幻灯片中放置文本或图片对象,利用标尺还可以移动和对齐这些对象,以及调整文本中的缩进和制表符。

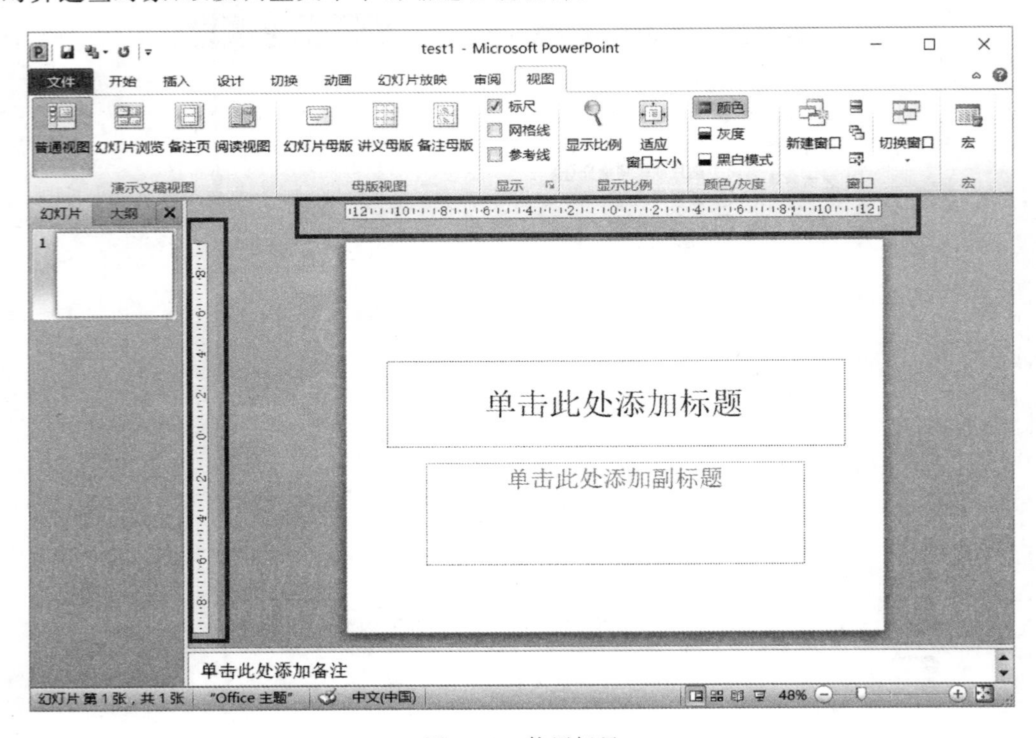

图 4.49　使用标尺

4.7 多媒体支持功能

在 PowerPoint 中可以方便地插入影片和声音等多媒体对象，使用户的演示文稿从画面到声音，多方位地向观众传递信息。在使用多媒体素材时，必须注意所使用的对象均切合主题，否则反而会使演示文稿冗长、累赘。本节将介绍在幻灯片中插入影片及声音的方法，以及对插入的这些多媒体对象设置控制参数的方法。

4.7.1 在幻灯片中插入影片

PowerPoint 中的影片包括视频和动画，用户可以在幻灯片中插入的视频格式有十几种，而可以插入的动画则主要是 GIF 动画。PowerPoint 支持的影片格式会随着媒体播放器的不同而有所不同。在 PowerPoint 中插入视频及动画的方式主要有从剪辑管理器插入和从文件插入两种。

1. 插入剪辑管理器中的影片

在功能区显示“插入”选项卡，在“媒体”组中单击“视频”按钮下方的下拉箭头，在弹出的菜单中选择“剪贴画视频”命令，此时 PowerPoint 将自动打开“剪贴画”窗格，该窗格显示了剪辑中所有的影片，如图 4.50 所示。

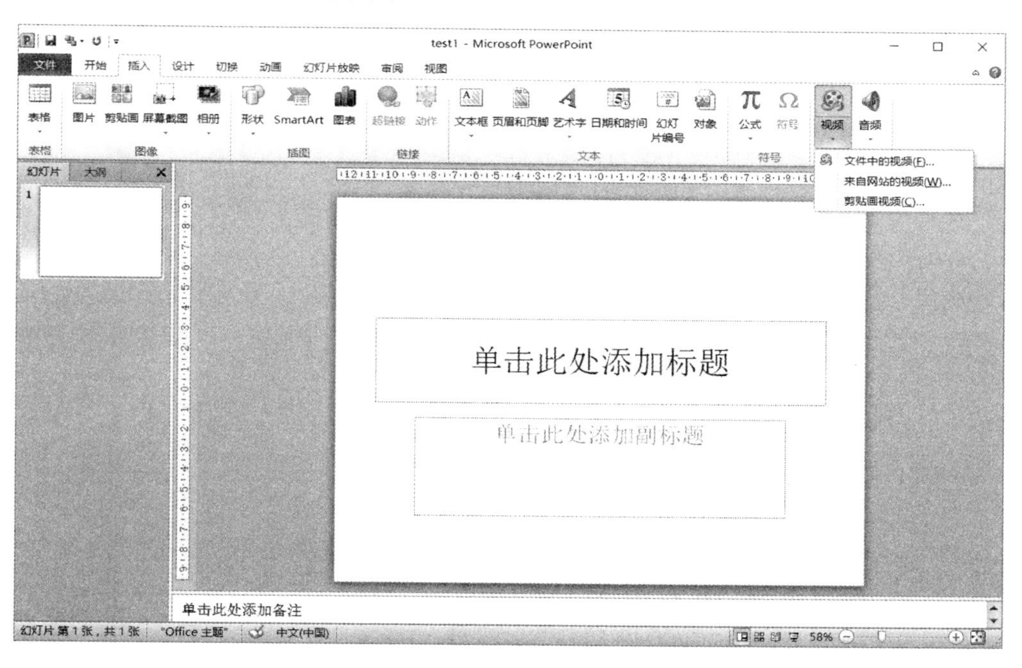

图 4.50 插入剪辑管理器中的影片

2. 插入文件中的影片

很多情况下，PowerPoint 剪辑库中提供的影片并不能满足用户的需要，这时可以选择插入来自文件中的影片。单击“视频”按钮下方的箭头，在弹出的菜单中选择“文件中的视频”命令，打开“插入视频文件”对话框，如图 4.51 所示。

图 4.51　插入文件中的影片

3. 设置影片属性

对于插入到幻灯片中的视频，不仅可以调整它们的位置、大小、亮度、对比度、旋转等操作，还可以进行剪裁、设置透明色、重新着色及设置边框线条等，这些操作都与图片的操作相同。

对于插入到幻灯片中的 GIF 动画，用户不能对其进行剪裁，当放映到含有 GIF 动画的幻灯片时，该动画会自动循环播放。

在幻灯片中选中插入的影片，功能区将出现“影片工具”选项卡，如图 4.52 所示。

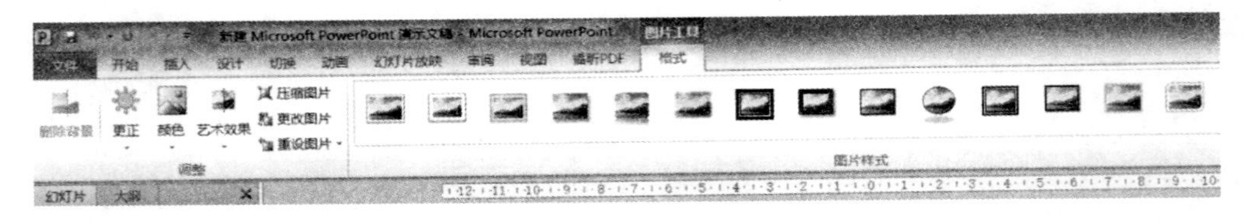

图 4.52　“影片工具”选项卡

4.7.2　在幻灯片中插入声音

在制作幻灯片时，用户可以根据需要插入声音，以增加向观众传递信息的通道，增强演示文稿的感染力。插入声音文件时，需要考虑到在演讲时的实际需要，不能因为插入的声音影响演讲及观众的收听。

1. 插入剪辑管理器中的声音

在“插入”选项卡中单击“音频”按钮下方的下拉箭头，在打开的命令列表中选择“剪辑管理器中的声音”命令，此时 PowerPoint 将自动打开“剪贴画”窗格，该窗格显示了剪辑中所有的声音，如图 4.53 所示。插入声音后，PowerPoint 会自动在当前幻灯片中显示声音图标。

图 4.53 插入剪辑管理器中的声音

2. 插入文件中的声音

从文件中插入声音时，需要在命令列表中选择“文件中的声音”命令，打开“插入声音”对话框，从该对话框中选择需要插入的声音文件即可，如图 4.54 所示。

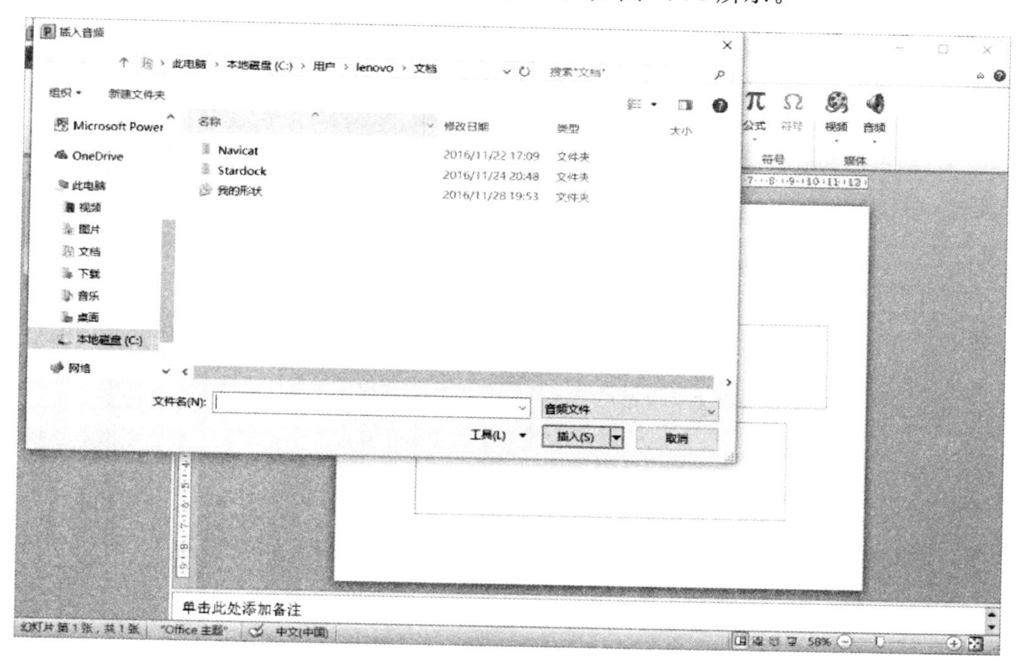

图 4.54 插入文件中的声音

3. 设置声音属性

每当用户插入一个声音后，系统都会自动创建一个声音图标，用以显示当前幻灯片中插入的声音。用户可以单击选中的声音图标，也可以使用鼠标拖动来移动位置，或是拖动其周围的控制点来改变大小。

在幻灯片中选中声音图标，功能区将出现“声音工具”选项卡，如图 4.55 所示。用户可通过该选项卡设置声音的属性。

图 4.55 “声音工具”选项卡

4.8 PowerPoint 的辅助功能

PowerPoint 除了提供绘制图形、插入图像等最基本的功能外，还提供了多种辅助功能，如绘制表格、插入 SmartArt 图形、插入图表等。使用这些辅助功能可以使一些主题表达更为专业化。本节介绍在幻灯片中绘制表格的两种方法，如何使用 SmartArt 图形表现各种数据、人物关系，以及在幻灯片中插入与编辑 Excel 图表等内容。

4.8.1 在 PowerPoint 中绘制表格

使用 PowerPoint 制作一些专业型演示文稿时，通常需要使用表格。例如，销售统计表、个人简历表、财务报表等。表格采用行列化的形式，它与幻灯片页面文字相比，更能体现内容的对应性及内在的联系。表格适合用来表达比较性、逻辑性的主题内容。

1. 自动插入表格

PowerPoint 支持多种插入表格的方式，例如，可以在幻灯片中直接插入，也可以从 Word 和 Excel 应用程序中调入。自动插入表格功能能够方便地辅助用户完成表格的输入，提高在幻灯片中添加表格的效率。

当需要在幻灯片中直接添加表格时，可以为该幻灯片选择含有内容的版式或者在“插入”选项卡的表格组中单击“表格”按钮 表格 。

2. 手动绘制表格

当插入的表格并不是完全规则时，也可以直接在幻灯片中绘制表格。绘制表格的方法很简单，打开“插入”选项卡，在“表格”组中单击“表格”按钮的下箭头，在弹出的菜单中选择“绘制表格”命令即可。选择该命令后，鼠标指针将变为笔形形状，此时可以在幻灯片中进行绘制。

3. 设置表格样式和版式

插入到幻灯片中的表格不仅可以像文本框和占位符一样被选中、移动、调整大小及删除，还可以为其添加底纹、设置边框样式、应用阴影效果等。除此之外，用户还可以对单元格进行编辑，如拆分、合并、添加行、添加列、设置行高和列宽等。

4.8.2 插入 Excel 图表

与文字数据相比，形象直观的图表更容易让人理解，它以简单易懂的方式反映了各种数据关系。PowerPoint 附带了一种 Microsoft Graph 的图表生成工具，它能提供各种不同的图表来满足用户的需要，使得制作图表的过程简便而且自动化。

1. 在幻灯片中插入图表

插入图表的方法与插入图片、影片、声音等对象的方法类似，打开“插入”选项卡，在功能区的“插图”组中单击“图表”按钮，打开“插入图表”对话框，如图 4.56 所示。该对话框提供了 11 种图表类型，每种类型可以分别用来表示不同的数据关系。

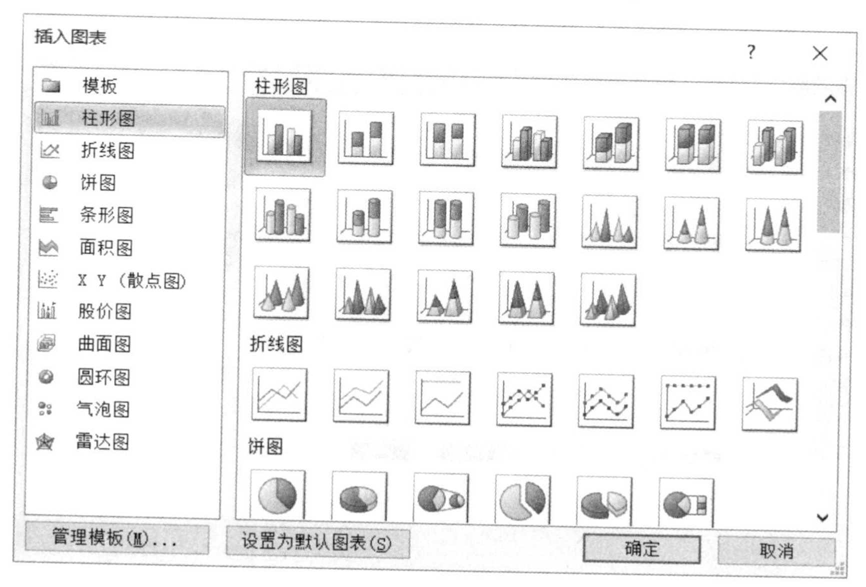

图 4.56 “插入图表”对话框

在“插入图表”对话框中选择默认的柱形图，单击“确定”按钮，此时系统将自动打开 Excel 应用程序，并在幻灯片中插入现有默认的图表，此时用户可在 Excel 表格中修改数据，关闭 Excel 应用程序，PowerPoint 将自动修改显示的图表。

2. 编辑与修饰图表

在 PowerPoint 中创建的图表，不仅可以像其他图形对象进行移动、调整大小，还可以设置图表的颜色、图表中某个元素的属性等。

1）设置快速样式

和表格一样，PowerPoint 同样为图表提供了图表样式，可以使一个图表应用不同的颜色方案、阴影样式、边框格式等。在幻灯片中选中插入的图表，功能区将显示“设定”选项卡，在该选项卡的“图表样式”选项区域中单击“快速样式”按钮，即可打开快速样式选项列表，用户可以在该列表中选择需要的样式。

2）更改图表类型

在幻灯片中选中图表，在“设计”选项卡的“类型”选项区域中单击“更改图表类型”按钮，打开“更改图形类型”对话框，在该对话框中选择需要的类型后重新设置即可。

3）改变图表布局

改变图表布局是指改变图表标题、图例、数据标签、数据表等元素的显示方式，用户可以在“布局”选项卡中进行设置。

4.8.3 创建 SmartArt 图形

使用 SmartArt 图形可以非常直观地说明层级关系、附属关系、并列关系、循环关系等各种常见关系，而且制作出来的图形漂亮精美，具有很强的立体感和画面感。

1. 选择插入 SmartArt 图形

打开“插入”选项卡，在功能区的“插图”组中单击 SmartArt 按钮，打开“选择 SmartArt 图形”对话框，如图 4.57 所示。

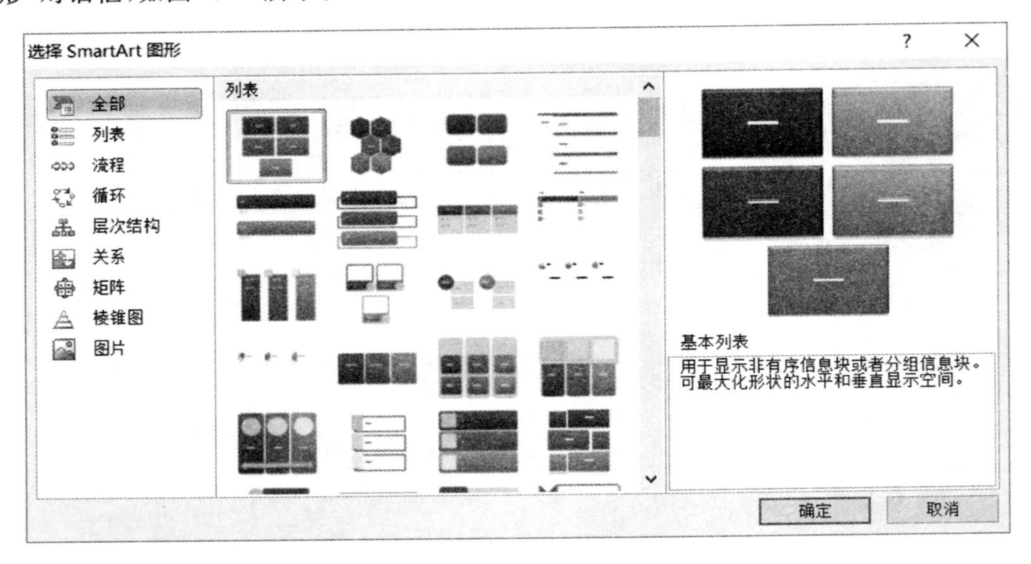

图 4.57 “选择 SmartArt 图形”对话框

该对话框左侧列表显示了 PowerPoint 提供的 SmartArt 图形种类标签：对话框中间的列表分类列出了 SmartArt 图形示意图，在左侧列表中单击不同的标签时，对话框将显示与之对应的 SmartArt 图形；对话框的最右侧为图形预览区，在中间列表区单击某一个示意图时，该预览区将显示此图形的详细信息。

2. 编辑 SmartArt 图形

用户可以根据需要对插入的 SmartArt 图形进行编辑，如添加、删除形状，设置形状的填充色、效果等。选中插入的 SmartArt 图形，功能区将显示“设计”和“格式”选项卡，通过选项卡中各个功能按钮的使用，可以设计出各种美观大方的 SmartArt 图形。

1）添加与删除形状

在幻灯片中选中 SmartArt 图形，此时开关周围将出现 8 个控制点，右击鼠标，在弹出的快捷菜单中选择“添加形状”命令，这时可以根据需要选择其子命令，从而在形状的上、下、左、右侧添加其他形状。要删除形状，只需选中形状后按 Delete 键即可。

2）设置形状的外观

SmartArt 图形中的每一个形状都是一个独立的图形对象，选中它们后，形状的四周将出现8个白色控制点和一个绿色的旋转控制点，用户通过拖动鼠标就可以调整形状的位置和大小。用户还可通过“设计”选项卡中的功能按钮设置形状的外观格式。

4.9 PowerPoint 的动画功能

在 PowerPoint 中，用户可以为演示文稿中的文本或多媒体对象添加特殊的视觉效果或声音效果，例如，使文字逐字飞入演示文稿，或在显示图片时自动播放声音等。PowerPoint 2010 提供了丰富的动画效果，用户可以设置幻灯片切换动画和对象的自定义动画。本节将介绍在幻灯片中为对象设置动画，以及为幻灯片设置切换动画的方法。

4.9.1 设置幻灯片的切换效果

幻灯片切换效果是指一张幻灯片如何从屏幕上消失，以及另一张幻灯片如何显示在屏幕上的方式。幻灯片切换方式可以是简单地以一个幻灯片代替另一个幻灯片，也可以使幻灯片以特殊的效果出现在屏幕上。可以为一组幻灯片设置同一种切换方式，也可以为每张幻灯片设置不同的切换方式。

为幻灯片添加切换动画，可以在“切换”选项卡中单击“切换到此幻灯片”按钮，在弹出的功能区域中进行设置，如图 4.58 所示。

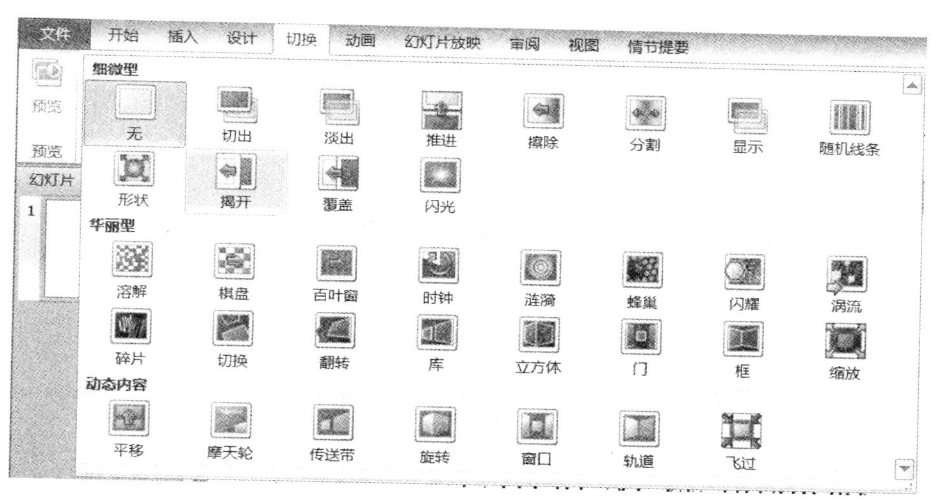

图 4.58 选择切换效果

4.9.2 自定义动画

在 PowerPoint 中，除了幻灯片切换动画外，还包括自定义动画。所谓自定义动画，是指为幻灯片内部各个对象设置的动画，又可以分为项目动画和对象动画。其中，项目动画是指为文本中的段落设置的动画，对象动画是指为幻灯片中的图形、表格、SmartArt 图形等设置的动画。

“进入”动画可以设置文本或其他对象以多种动画效果进入放映屏幕。在添加动画效果之前需要选中对象。对于占位符或文本框来说，选中占位符、文本框，以及进入其文本编辑状态时，都可以为它们添加动画效果。

选中对象后，在功能区显示“动画”选项卡，单击“动画”选项区域的“自定义动画效果”按钮，此时将打开“自定义动画”任务窗格，在任务窗格中单击“添加效果”按钮，在打开的列表框中选择“进入”菜单下的命令，即可为对象添加进入式动画效果，如图 4.59 所示。

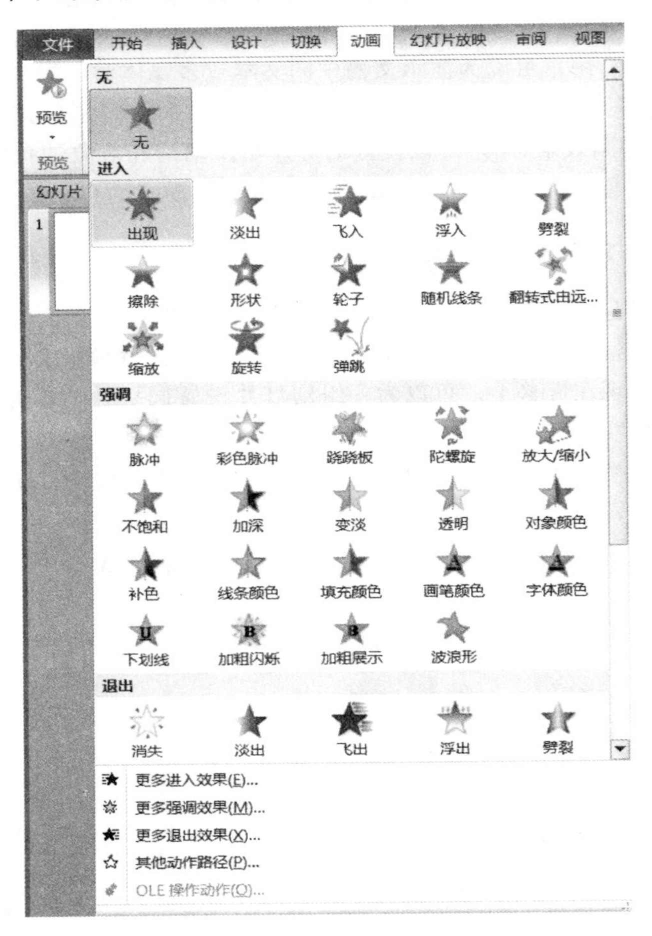

图 4.59　制作进入式动画效果

第5章 公共基础知识

5.1 数据结构与算法

5.1.1 算法

1. 什么是算法

算法是指解题方案的准确而完整的描述。算法不等于程序,也不等于计算机方法,程序的编制不可能优于算法的设计。算法的基本特征:是一组严谨地定义运算顺序的规则,每一个规则都是有效的,是明确的,此顺序将在有限的次数下终止。算法的特征有以下几个。

(1) 可行性:算法在特定的执行环境中执行应当能够得出满意的结果,即必须有一个或多个输出。一个算法,即使在数学理论上是正确的,但如果在实际的计算工具上不能执行,则该算法也是不具有可行性的。

(2) 确定性:算法中每一步骤都必须有明确定义,不允许有模棱两可的解释,不允许有多义性。

(3) 有穷性:算法必须能在有限的时间内做完,即能在执行有限个步骤后终止,包括合理的执行时间的含义。

(4) 拥有足够的情报:一般来说,算法在拥有足够的输入信息和初始化信息时,才是有效的,当提供的情报不够时,算法可能无效。

2. 算法的基本要素

(1) 对数据对象的运算和操作。这些基本运算和操作包括:算术运算(＋、－、*、/)、逻辑运算(&、||、!)、关系运算(＞、＞＝、＜、＜＝、＜＞)、数据传输(赋值、输入、输出)。

(2) 算法的控制结构。包括顺序结构、选择结构(IF)、循环结构(FOR)。

3. 算法基本设计方法

虽然设计算法是一件非常困难的工作,但是算法设计也不是无章可循,人们经过实践,总结和积累了许多行之有效的方法。常用的算法设计方法有列举法、归纳法、递推、递归、减半递推技术、回溯法。

4. 算法的复杂度

算法复杂度是指算法时间复杂度和算法空间复杂度。

(1) 算法时间复杂度是指执行算法所需要的计算工作量。

一般来说,算法的工作量用其执行的基本运算次数来度量,而算法执行的基本运算次数是问题规模的函数。在同一个问题规模下,用平均性态和最坏情况复杂性来分析。一般情况下,用最坏情况复杂性来分析算法的时间复杂度。

(2) 算法空间复杂度是指执行这个算法所需要的内存空间。这个空间包含：

① 输入数据所占的存储空间；

② 程序本身所占的存储空间；

③ 算法执行过程所需要的额外空间。

5.1.2 数据结构的基本概念

1. 数据结构研究对象

(1) 数据集合中各数据元素之间所固有的逻辑关系，即数据的逻辑结构；

(2) 在对数据进行处理时，各数据元素在计算机中的存储关系，即数据的存储结构；

(3) 对各种数据结构进行的运算。

2. 数据结构的基本概念

数据结构是指相互有关联的数据元素的集合。数据结构是反映数据元素之间关系的数据元素集合的表示。

3. 逻辑结构

数据的逻辑结构是对数据元素之间的逻辑关系的描述，它可以用一个数据元素的集合和定义在此集合中的若干关系来表示。数据的逻辑结构具有以下两个要素。

(1) 表示数据元素的集合，通常记作 D；

(2) D 上的关系，它反映了数据元素之间的前后件关系，通常记作 R。

一个数据结构可以表示成：$B=(D,R)$，其中，B 表示数据结构。为了反映 D 中各数据元素之间的前后件关系，一般用二元组来表示。

例如，如果把一年四季看作一个数据结构，则可以表示成：$B=(D,R)$，$D=\{$春季，夏季，秋季，冬季$\}$，$R=\{$(春季，夏季)，(夏季，秋季)，(秋季，冬季)$\}$。

4. 存储结构

数据的逻辑结构在计算机存储空间中的存放形式称为数据的存储结构(也称数据的物理结构)。

由于数据元素在计算机存储空间中的位置关系可能与逻辑关系不同，因此，为了表示存放在计算机存储空间中的各数据元素之间的逻辑关系(即前后件关系)，在数据的存储结构中，不仅要存放各数据元素的信息，还需要存放各数据元素之间的前后件关系的信息。

一种数据的逻辑结构根据需要可以表示成多种存储结构，常用的存储结构有顺序、链接等存储结构。

顺序存储方式主要用于线性的数据结构，它把逻辑上相邻的数据元素存储在物理上相邻的存储单元里，节点之间的关系由存储单元的邻接关系来体现。

链式存储结构就是在每个节点中至少包含一个指针域，用指针来体现数据元素之间逻辑上的联系。

5.1.3 线性表及其顺序存储结构

1. 线性表的定义

线性表是由一组数据元素构成的，数据元素的位置只取决于自己的序号，元素之间的相对位置是线性的。例如，一个 N 维向量、矩阵。

在复杂的线性表中，由若干项数据元素组成的数据元素称为记录，而由多个记录构成的线性表称为文件，如表5.1所示。

表5.1　文件示例

姓名	性别	电话号码	电子邮件	住址
风清扬	男	134 **** 2396	fqy1688@163.com	湖北省武汉市
任我行	男	139 **** 4995	Rwx9578@qq.com	广东省清远县
…	…	…	…	…

2. 线性表的特征

(1) 有且只有一个根节点 a_1，它无前件；

(2) 有且只有一个终端节点 a_n，它无后件；

(3) 除根节点与终端节点外，其他所有节点有且只有一个前件，也有且只有一个后件。节点个数 n 称为线性表的长度，当 $n=0$ 时，称为空表。

3. 线性表的顺序存储结构

线性表中所有元素所占的存储空间是连续的；线性表中各数据元素在存储空间中是按逻辑顺序依次存放的。

a_i 的存储地址为：$\mathrm{ADR}(a_i)=\mathrm{ADR}(a_1)+(i-1)k$，$\mathrm{ADR}(a_1)$ 为第一个元素的地址，k 代表每个元素占的字节数。

4. 线性表的运算

1) 插入运算

线性表的插入运算是指在表的第 $i(1\leqslant i\leqslant n+1)$ 个位置上，插入一个新节点 x，使长度为 n 的线性表变成长度为 $n+1$ 的线性表。

在第 i 个元素之前插入一个新元素，完成插入操作主要有以下三个步骤。

第一步：把原来第 n 个节点到第 i 个节点依次往后移一个元素位置。

第二步：把新节点放在第 i 个位置上。

第三步：修正线性表的节点个数。

2) 删除运算

线性表的删除运算，是指将表的第 $i(1\leqslant i\leqslant n)$ 个节点删除，使长度为 n 的线性表变成长度为 $n-1$ 的线性表。

删除时应将第 $i+1$ 个元素至第 n 个元素依次向前移一个元素位置，共移动 $n-i$ 个元素，完成删除主要有以下几个步骤。

第一步：把第 i 个元素之后(不包含第 i 个元素)的 $n-i$ 个元素依次前移一个位置。

第二步：修正线性表的节点个数。

5.1.4　栈和队列

1. 栈

1) 栈的概念

栈是限定在一端进行插入与删除的线性表，允许插入与删除的一端称为栈顶，不允许插入与删除的另一端称为栈底。栈按照"先进后出"(FILO)或"后进先出"(LIFO)组织数据，栈具有记忆作用。用 top 表示栈顶位置,用 bottom 表示栈底,如图 5.1 所示。

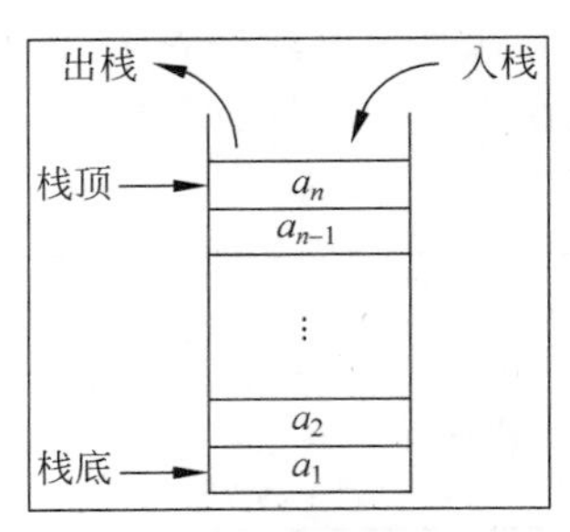

图 5.1　栈模型

2) 栈的顺序存储

用一维数组 $S(1:m)$ 作为栈的顺序存储空间,M 为栈的最大容量。S(bottom)表示栈底元素,S(top)为栈顶元素,top=0 表示栈空,top=m 表示栈满。

3) 栈的基本运算

(1) 插入元素称为入栈运算。top=top+1;将新元素插入到栈顶指针指向的位置,称为栈的上溢。

(2) 删除元素称为退栈运算。top=top−1;将栈顶指针指向的元素赋给指定的变量,称为栈的下溢。

(3) 读栈顶元素是将栈顶元素赋给一个指定的变量,此时指针无变化。

2. 队列

1) 队列的概念

队列是指允许在一端(队尾)进行插入,而在另一端(队头)进行删除的线性表。rear 指针指向队尾,front 指针指向队头。队列是“先进先出”(FIFO)或“后进后出”(LILO)的线性表。

2) 队列的顺序存储

与栈类似,用一维数组 $Q(1:m)$ 作为队列的顺序存储空间。

3) 队列运算

(1) 入队运算:从队尾插入一个元素。

(2) 退队运算:从队头删除一个元素。

4) 循环队列

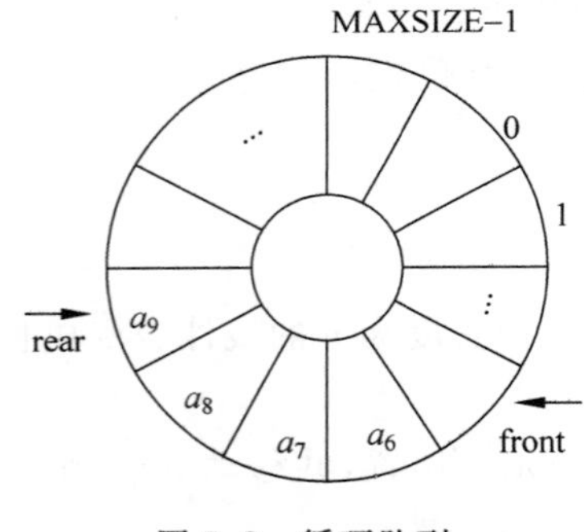

图 5.2　循环队列

在循环队列结构中,当存储空间的最后一个位置已被使用而要进行入队运算时,只要存储空间的第一个位置空闲,就可将元素加入到第一个位置,即将存储空间的第一个位置作为队尾。

图 5.2 从 front 指针指向的后一个位置直到队尾指针 rear 指向的位置之间所有的元素均为队列中的元素。

循环队列的初始状态为空:rear=front=m。

当循环队列满时,rear=front。

为区别队满还是队空,增加标志 s。

s=0 表示队列空,s=1 且 front=rear 表示队列满。

5.1.5　线性链表

对于元素变动频繁的大线性表不宜采用顺序存储结构,而应采用链式存储结构。

在链式存储结构中,数据结构中的每一个节点对应于一个存储单元,这种存储单元称为存储节点,简称节点。

节点由两部分组成:①用于存储数据元素值,称为数据域;②用于存放指针,称为指针域,用于指向前一个或后一个节点。

在链式存储结构中，存储数据结构的存储空间可以不连续，各数据节点的存储顺序与数据元素之间的逻辑关系可以不一致，而数据元素之间的逻辑关系是由指针域来确定的。

链式存储方式既可用于表示线性结构，也可用于表示非线性结构。

线性链表中，HEAD 称为头指针，HEAD＝NULL（或 0）称为空表。如果是两个指针：左指针（Llink）指向前件节点，右指针（Rlink）指向后件节点。

5.1.6 树与二叉树

1. 树的概念

树是一种简单的非线性结构，所有元素之间具有明显的层次特性，如图 5.3 所示。

在树结构中，每一个节点只有一个前件，称为父节点，没有前件的节点只有一个，称为树的根节点，简称树的根。每一个节点可以有多个后件，称为该节点的子节点。没有后件的节点称为叶子节点。

在树结构中，一个节点所拥有的后件的个数称为该节点的度，所有节点中最大的度称为树的度。树的最大层次称为树的深度。

度为 2 的树称为二叉树，如图 5.4 所示。

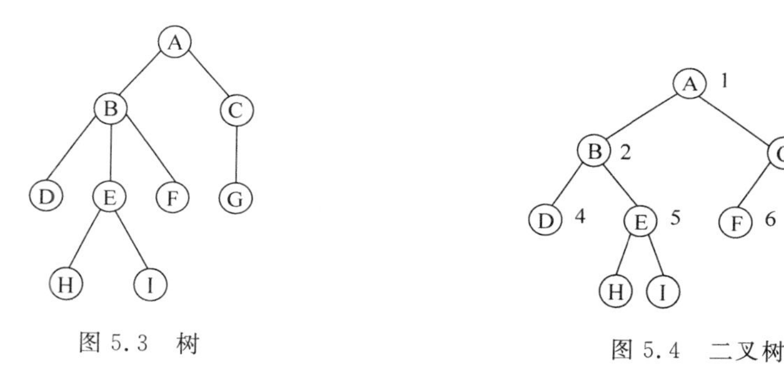

图 5.3 树

图 5.4 二叉树

2. 二叉树的特点

(1) 非空二叉树只有一个根节点；

(2) 每一个节点最多有两棵子树，且分别称为该节点的左子树与右子树。

3. 二叉树的基本性质

(1) 在二叉树的第 k 层上，最多有 $2k-1(k\geqslant1)$ 个节点；

(2) 深度为 m 的二叉树最多有 $2m-1$ 个节点；

(3) 度为 0 的节点（即叶子节点）总是比度为 2 的节点多一个；

(4) 具有 n 个节点的二叉树，其深度至少为$[\log2n]+1$，其中，$[\log2n]$表示取 $\log2n$ 的整数部分。

满二叉树是指除最后一层外，每一层上的所有节点有两个子节点，如图 5.5 所示。

4. 满二叉树的性质

第 k 层上有 $2k-1$ 个节点，深度为 m 的满二叉树有 $2m-1$ 个节点。

完全二叉树是指除最后一层外，每一层上的节点数均达到最大值，在最后一层上只缺少右边的若干节点，如图 5.6 所示。

由满二叉树与完全二叉树的特点可以看出，满二叉树也是完全二叉树，完全二叉树一般不是满二叉树。

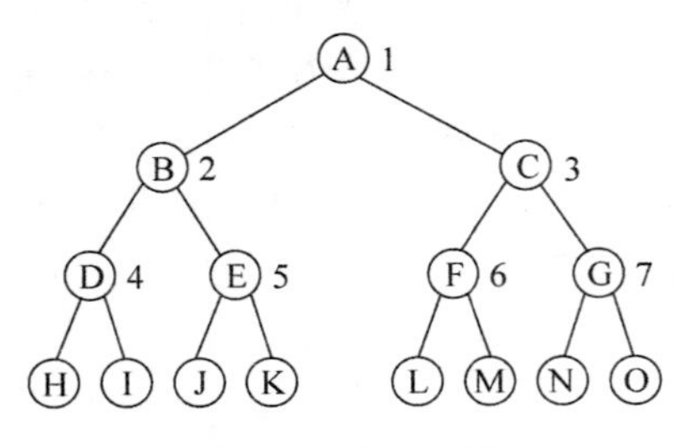

图 5.5　满二叉树

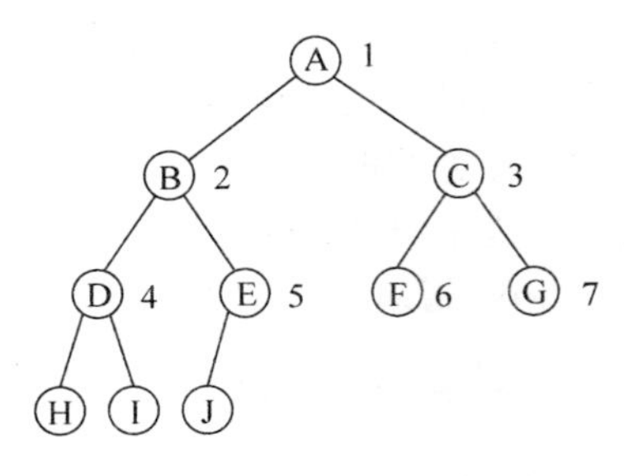

图 5.6　完全二叉树

5. 完全二叉树的性质

(1) 具有 n 个节点的完全二叉树的深度为[log2n]+1。

(2) 设完全二叉树共有 n 个节点。如果从根节点开始,按层序(每一层从左到右)用自然数 1,2,…,n 给节点进行编号(k=1,2,…,n),有以下结论。

① 若 k=1,则该节点为根节点,它没有父节点;若 k>1,则该节点的父节点编号为 INT(k/2);

② 若 $2k \leqslant n$,则编号为 k 的节点的左子节点编号为 $2k$;否则该节点无左子节点(也无右子节点);

③ 若 $2k+1 \leqslant n$,则编号为 k 的节点的右子节点编号为 $2k+1$;否则该节点无右子节点。

6. 二叉树存储结构

采用链式存储结构,对于满二叉树与完全二叉树可以按层序进行顺序存储。

7. 二叉树的遍历

前序遍历(DLR):首先访问根节点,然后遍历左子树,最后遍历右子树。

中序遍历(LDR):首先遍历左子树,然后访问根节点,最后遍历右子树。

后序遍历(LRD):首先遍历左子树,然后访问遍历右子树,最后访问根节点。

设有如图 5.7 所示的二叉树。

其前序遍历(DLR)的结果为:A B D E H I C F G

其中序遍历(LDR)的结果为:D B H E I A F C G

其后序遍历(LRD)的结果为:D H I E B F G C A

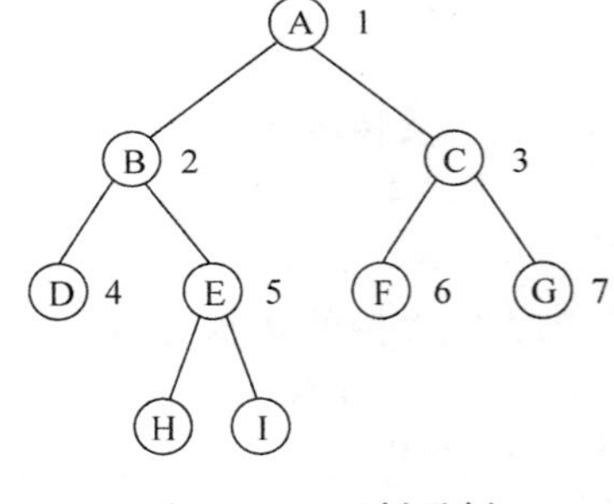

图 5.7　二叉树示例

5.1.7　排序技术

1. 插入排序

1) 直接插入排序

基本思想:每一步将一个代排的记录,根据排序码(关键字)的大小,插入已经排好序的那一部分里面去,直到所有的数据插入完毕。

例如,初始状态:57　68　59　52

第一步:68>57 不处理。

第二步:将 59 与 57 对比,发现 68>59>57,将 59 插入到 57 与 68 之间。

第三步：将 52 与 57 对比，发现 57>52，将 52 插入到 57 之前，完成排序。

说明：这种结构比较适合键表存储。

2）希尔排序、缩小增量排序

基本思想：在直接排序的基础上，进行改进而得。每趟都按照确定的间隔将元素分组，在每一组中进行直接插入排序，使得小的元素可以跳跃前进，进而缩小步长，直到步长为 1。

例如：57　68　59　52　72　28　96　33　24　19

第一步：确定步长间隔，其间隔值（假设为 d_1）为：d_1＝元素总量/2＝5，即每隔 5 个元素分为一组，如下。

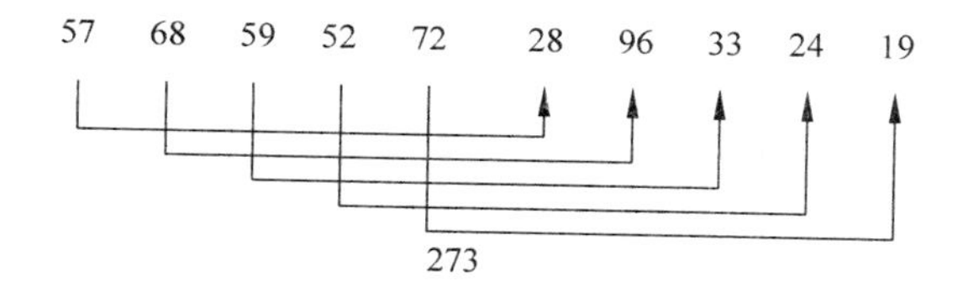

第一组：57 与 28

第二组：68 与 96

第三组：59 与 33

第四组：52 与 24

第五组：72 与 19

第二步：每组进行直接插入排序，就可以得到如下数序。

28　68　33　24　19　57　96　59　52　72

第三步：对以上数序再次进行希尔排序，其步长取第一步步长的一半，并取整取奇数。假设步长为 d_2，则 $d_2=d_1/2\approx 2.25$，按其规则，取间隔值为 3，那么，按其间隔分组如下。

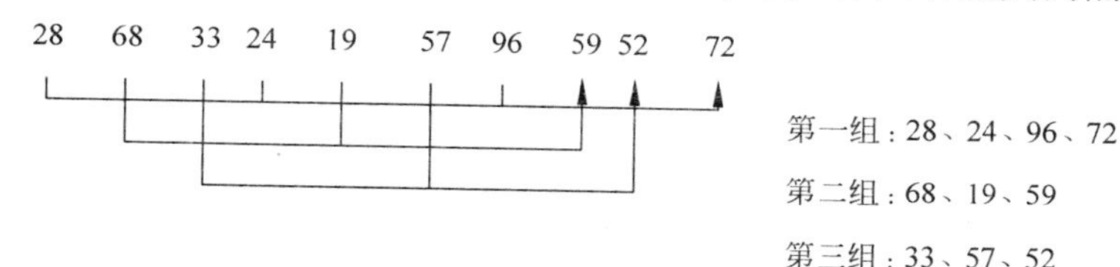

第一组：28、24、96、72

第二组：68、19、59

第三组：33、57、52

第四步：每组进行直接插入排序，就可以得到如下数序。

24　19　33　28　59　52　72　68　57　96

第五步：对以上数序再次进行希尔排序，其步长再在原来的基础上取半，并取整奇数。假设步长为 d_3，则 $d_3=d_2/2=3/2=1$，其间隔值为 1，所有元素分为一组。那么最后按插入排序，就得到该集合的一个升序。

19　24　28　33　52　57　59　68　72　96

说明：希尔排序是与插入排序紧密相关的，基本上每步都会运用插入排序，但效率比直接插入排序高。

2. 选择排序

1）简单选择排序

初始状态：57　68　59　52

基本思想：在一个集合中查找最小元素，然后在该集合中将其与第一位互换，直至完成。

第一步：查找到最小值为 52，与第一位互换，得到 52　68　59　57。

第二步：在剩余的数值构成的集合中，查找出最小值为 57，与 68 交换，得到 52　57　59　68。

第三步：剩余 59 和 68，查找出最小值为 59，故不需交换，完成集合排序，得到 52　57　59　68。

2）堆排序

定义：n 个元素的序列$\{k_1,k_2,k_3,\cdots,k_n\}$当满足下列关系时，称为堆。

$$k_i <= k_{2i} \text{ 且 } k_i \leqslant k_{2i+1} \text{ 或者 } k_i \geqslant k_{2i} \text{ 且 } k_i \geqslant k_{2i+1}$$

注意：对于节点 i，$i \geqslant n/2$ 时，表示节点 i 为叶子节点。

$k_i \leqslant k_{2i}$ 且 $k_i \leqslant k_{2i+1}$：$i=1$，则为 k_1，则要小于 2 号节点和 3 号节点；$i=2$ 时，则为 k_2，则要小于 4 号节点和 5 号节点……则得出规则，叶子节点都是大于根节点（孩子节点大于父节点），称为小顶堆。

$k_i \geqslant k_{2i}$ 且 $k_i \geqslant k_{2i+1}$：每个父节点都大于两个孩子，称为大顶堆。

例如，对数列{46,79,56,38,40,84}建立大顶堆，则初始堆为________。

A. 79,46,56,38,40,84　　　　B. 84,79,56,38,40,46

C. 84,79,56,46,40,38　　　　D. 56,84,79,40,46,38

第一步：对这些数据建立完全二叉树，其完全二叉树如图 5.8 所示，填充的规则是按层次遍历将数据填入。其填入方式如图 5.9 所示。

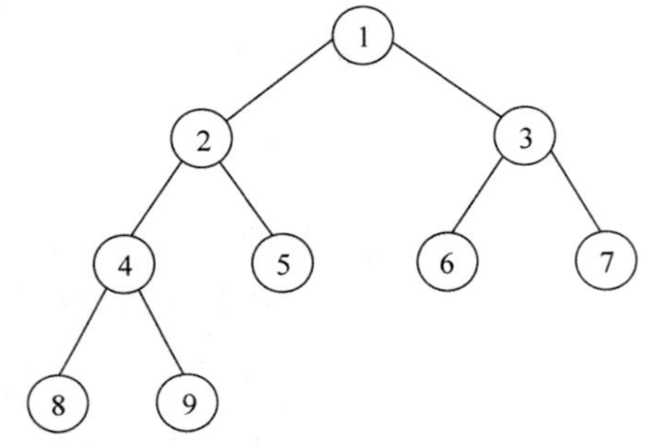

图 5.8　完全二叉树

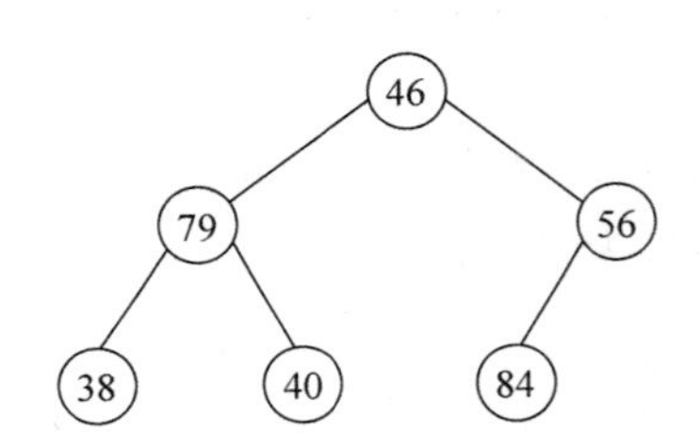

图 5.9　建堆初次填充的数据

第二步：调整为堆。从第 $n/2$ 号节点开始调整（叶子节点没法调整，因为树是单向过程）。

本例中 $n=6$，则 $n/2=3$，从 3 号节点开始调整（要建立大顶堆（父节点大于孩子节点），则调整如图 5.10 所示）。

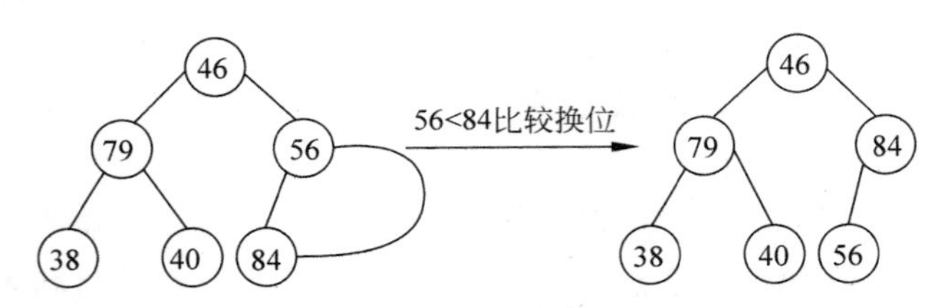

图 5.10　调整建堆

第三步：然后调整 $n/2-1$ 号节点，即调整（6/2－1＝2）节点。父节点值为 79，大于两个子节点，故不需要调整。

第四步：再调整 $n/2-2$ 号节点，即调整（6/2－2＝1）节点。该节点的值小于两个子节点，所以把该节点的值与这两个子节点中最大的节点值对换。第三步与第四步的调整过程如图 5.11 所示。

第五步：经过上面的调整后，查看值为 46 的节点在当前位置是否符合堆的规则，由于它小于其子节点 56，所以不符合大顶堆规则，需要继续调整，与子节点 56 进行交换，最终得到初建堆为：84　79　56　38　40　46。

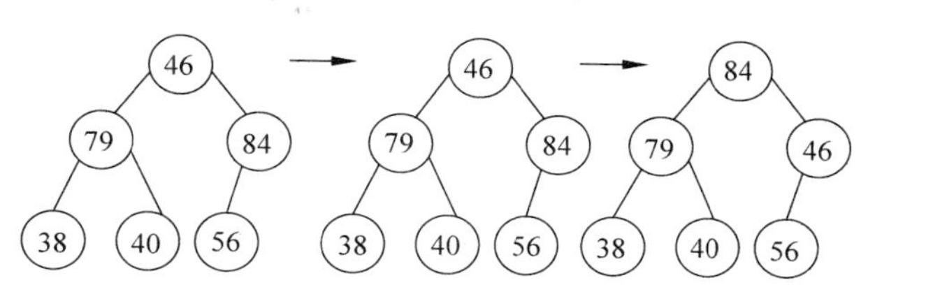

图 5.11　调整建堆

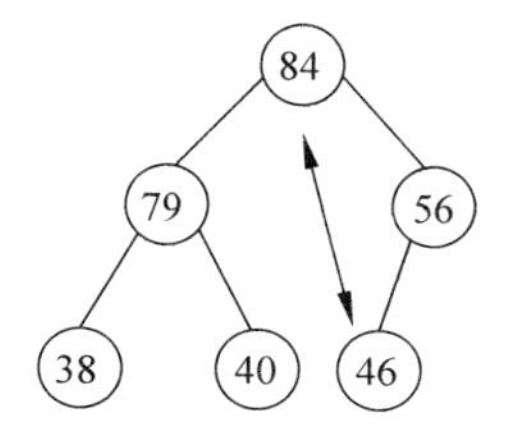

图 5.12　数据互换

我们并非要一个堆，而需要有一个数序出现。

第六步：把第一个节点的值与最后一个节点的值进行互换如图 5.12 所示，然后断开其指针。如图 5.13 所示。取出 84，然后看 46 放在该位置上是否合理。互换后得到一个新堆。然后重复上面的步骤。

第七步：56 与 40 互换，然后看结构是否符合大顶堆，按第六步循环操作，得到如图 5.14 所示结果：84　79　56　46　40　38。

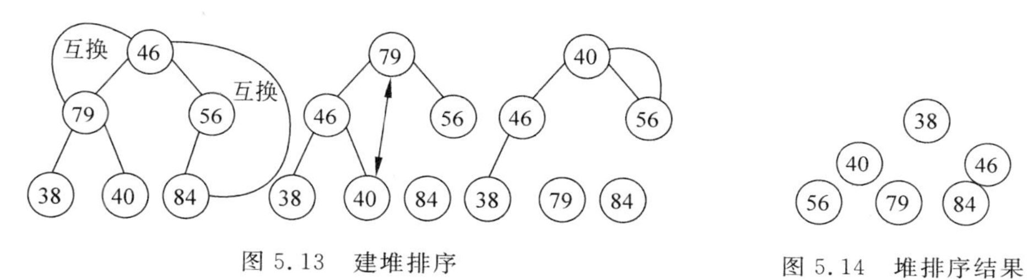

图 5.13　建堆排序

图 5.14　堆排序结果

3. 交换排序

1）冒泡排序

其基本思想是每轮两两比较，满足一定条件则互换位置，每轮确定一个大数或是小数沉底，进行多轮(与数值个数有关，一般有多少个数值，就是多少轮)后排列成有序数列。

初始状态为 57　68　59　52，求从小到大的序列。

① 57　68　59　52
　 57　68　52　59
　 57　52　68　59
　 52　57　68　59

② 52】 57　68　59
　 52】 57　59　68
　 52】 57　59　68

③ 52　57】 59　68
　 52　57】 59　68

2）快速排序

其基本思想是：通过一趟排序将待排记录分割成独立的两部分，其中一部分记录的是关键字均比另一部分记录的关键字小，则可分别对这两部分记录继续进行排序，以达到整个序列有序的目的。把一个数集分成三个部分，一部分比关键字小，一部分比关键字大，然后就是关键字。

第一步：定关键字，定左右指针。

第二步：把左指针指向的 57 与右指针指向的 19 比较，把小的值换到前面。然后左指针右移一位，右指针不动，然后左右指针所指内容比较，小的换到前面；然后右指针左移一位，左指针不动……依次循环比较换位。

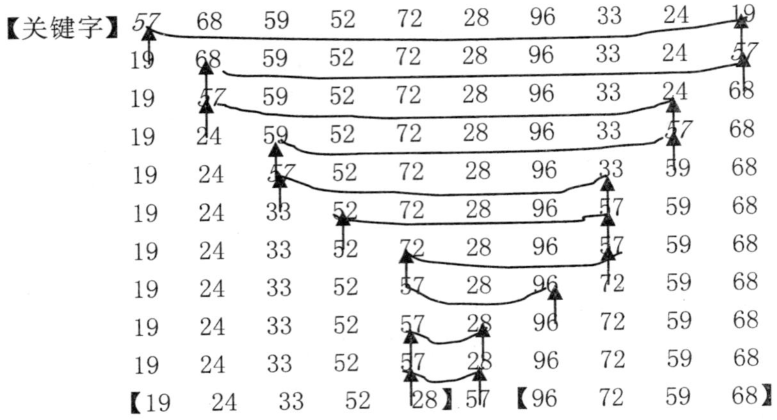

【关键字】57　68　59　52　72　28　96　33　24　19
19　68　59　52　72　28　96　33　24　57
19　57　59　52　72　28　96　33　24　68
19　24　59　52　72　28　96　33　57　68
19　24　57　52　72　28　96　33　59　68
19　24　33　52　72　28　96　57　59　68
19　24　33　52　72　28　96　57　59　68
19　24　33　52　57　28　96　72　59　68
19　24　33　52　57　28　96　72　59　68
19　24　33　52　57　28　96　72　59　68
【19　24　33　52　28】57　【96　72　59　68】

4. 归并排序

归并排序就是利用归并的思想实现的排序方法。它的原理是假设初始序列有 n 个记录,则可以看成是 n 个有序的子序列,每个子序列的长度为 1,然后两两归并,得到[$n/2$]([x]表示不小于 x 的最小整数)个长度为 2 或 1 的有序子序列;再两两归并,……如此重复,直至得到一个长度为 n 的有序序列为止,这种方法称为二路归并排序。

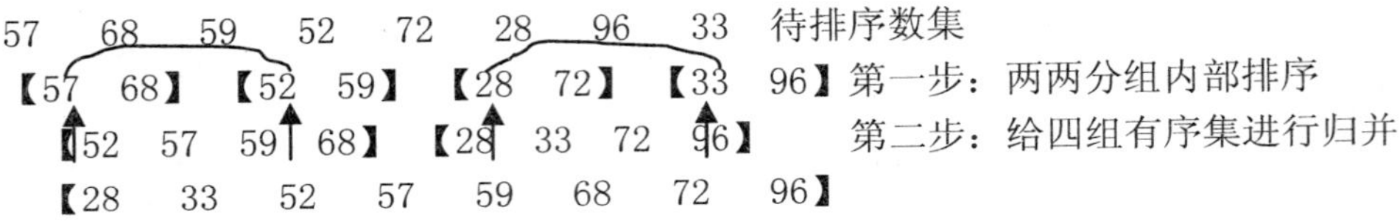

57　68　59　52　72　28　96　33　待排序数集
【57　68】【52　59】【28　72】【33　96】第一步:两两分组内部排序
【52　57　59　68】【28　33　72　96】第二步:给四组有序集进行归并
【28　33　52　57　59　68　72　96】

5. 基数排序

基数排序基于多关键字进行排序的思想,但针对的仍然是单关键字。如 135 分别有关键字 1、3、5。

例如,待排序数集:　135　242　192　93　345　11　24　19
第一步:收集个位　11　242　93　24　135　19
　192　345
11　242　192　93　24　135　345　19

第二步:收集十位　11　24　135　242　192
　19　345　93
11　19　24　135　242　345　192　93
第三步:收集百位　11　135　242　345
19
24
93
11　19　24　93　135　192　242　345

各类排序算法时间复杂度和空间复杂度对比如表 5.2 所示。

表 5.2 排序算法时间复杂度和空间复杂度对比

类别	排序方法	时间复杂度			空间复杂度	稳定性
		平均情况	最好情况	最坏情况	辅助存储	
插入排序	直接插入	$O(n^2)$	$O(n)$	$O(n^2)$	$O(1)$	稳定
	希尔排序	$O(n\log2n)$	$O(n)$	$O(n^2)$	$O(1)$	不稳定
选择排序	直接选择	$O(n^2)$	$O(n)$	$O(n^2)$	$O(1)$	不稳定
	堆排序	$O(n\log2n)$	$O(n\log2n)$	$O(n\log2n)$	$O(1)$	不稳定
交换排序	冒泡排序	$O(n^2)$	$O(n)$	$O(n^2)$	$O(1)$	稳定
	快速排序	$O(n\log2n)$	$O(n)$	$O(n^2)$	$O(n\log2n)$	不稳定
归并排序		$O(n\log2n)$	$O(n\log2n)$	$O(n\log2n)$	$O(n)$	稳定
基数排序		$O(d(r+n))$	$O(d(n+rd))$	$O(d(r+n))$	$O(rd+n)$	稳定

注：基数排序的复杂度中，r 代表关键字的基数，d 代表长度，n 代表关键字的个数。

5.2 程序设计基础

5.2.1 程序设计方法

如果把程序设计语言看成一座大厦，那么本节的知识点就是这座大厦的地基。也就是说，本节所讲解的知识点是学习程序设计的基础。需要注意的是，程序设计并不等同于通常意义上的编程。程序设计由多个步骤组成，编程只是程序设计整个过程中的一小步。

程序的质量主要受到程序设计的方法、技术和风格等因素的影响。本节主要介绍程序设计风格。所谓程序设计风格，是指编写程序时所表现出的特点、习惯和逻辑思路。

良好的程序设计风格可以使程序结构清晰合理，程序代码便于维护。因此，程序设计风格深深地影响着软件的质量和维护。其主要体现在以下几个方面。

1. 源程序文档化

源程序文档化是指在程序中可以包含一些内部文档，以帮助人们阅读和理解源程序。源程序文档化应考虑以下几点：符号的命名、程序注释和视觉组织。

1）符号的命名

符号的命名应具有一定的实际含义，以便于对程序的理解。

2）程序注释

在源程序中添加正确的注释可以帮助人们理解程序。

3）视觉组织

通过在程序中添加一些空格、空行和缩进等，使人们在视觉上对程序的结构一目了然。

2. 数据说明的方法

为了使程序中的数据说明易于理解和维护，可采用下列数据说明的风格，如表 5.3 所示。

表 5.3 数据说明风格

数据说明风格	详 细 说 明
次序应规范化	使数据说明次序固定，使数据的属性容易查找，也有利于测试、排错与维护
变量安排有序化	当多个变量出现在同一个说明语句中时，变量名应按字母顺序排序，以便于查找
使用注释	在定义一个复杂的数据结构时，应通过注释来说明该数据结构的特点

3. 语句的结构

为使程序简单易懂，语句构造应简单直接，每条语句都能直截了当地反映程序员的意图，不能为了提高效率而把语句复杂化。有关书写语句的原则有几十种，下面列出一些常用的原则。

(1) 应优先考虑清晰性，不要在同一行内写多个语句。

(2) 首先要保证程序正确，然后再要求提高速度。

(3) 尽可能使用库函数，避免采用复杂的条件语句。

(4) 要模块化，模块功能尽可能单一，即一个模块完成一个功能。

(5) 修补不好的程序，要重新编写，避免因修改带来新的问题。

4. 输入和输出

输入和输出信息是用户直接关心的，系统能否被用户接受，往往取决于输入和输出的风格。输入和输出的方式和格式要尽量方便用户使用，无论是批处理，还是交互式的输入和输出，都应该考虑下列原则。

(1) 对所有的输入数据都要进行检验，确保输入数据的合法性。

(2) 输入数据时，应允许使用自由格式，应允许默认值。

(3) 输入一批数据后，最好使用输入结束标志。

(4) 在采用交互输入、输出方式进行输入时，在屏幕上使用提示符明确提示输入的请求，同时在数据输入过程中和输入结束时，应在屏幕上给出状态信息。

(5) 当程序设计语言对输入格式有严格要求时，应保持输入格式与输入语句的一致性。

(6) 给所有的输出加注释，并设计良好的输出报表格式。

5.2.2 结构化程序设计

1. 结构化程序设计方法的 4 条原则

1) 自顶向下

程序设计时，应先考虑总体，后考虑细节；先考虑全局目标，后考虑局部目标。

2) 逐步求精

对复杂问题，应设计一些子目标做过渡，逐步细化。

3) 模块化

一个复杂的问题是由若干个简单的问题构成的，模块化就是把程序要解决的总目标分解为小目标，再进一步分解为具体的小目标，把每一个小目标称为一个模块。

4) 限制使用 goto 语句

如果在程序中大量地使用 goto 语句，将导致程序结构混乱，所以应尽量少用甚至不用 goto 语句。

2. 结构化程序的基本结构和特点

1) 顺序结构

一种简单的程序设计，是最基本、最常用的结构。

2) 选择结构

又称分支结构，包括简单选择和多分支选择结构，可根据条件判断应该选择哪一条分支来执行相应的语句序列。

3）重复结构

又称循环结构，可根据给定条件，判断是否需要重复执行某一相同程序段。

5.2.3 面向对象的程序设计

面向对象的程序设计以20世纪60年代末挪威奥斯陆大学和挪威计算机中心研制的Simula语言为标志。对象是面向对象方法中最基本的概念，可以用来表示客观世界中的任何实体。对象是实体的抽象。面向对象的程序设计方法中的对象是系统中用来描述客观事物的一个实体，是构成系统的一个基本单位，由一组表示其静态特征的属性和它可执行的一组操作组成。属性即对象所包含的信息，操作描述了对象执行的功能，操作也称为方法或服务。

1. 面向对象方法的优点

（1）与人类习惯的思维方法一致；

（2）稳定性好；

（3）可重用性好；

（4）易于开发大型软件产品；

（5）可维护性好。

2. 对象的基本特点

（1）标识唯一性；

（2）分类性；

（3）多态性；

（4）封装性；

（5）模块独立性好。

3. 类的相关概念

1）类

类是指具有共同属性、共同方法的对象的集合。所以类是对象的抽象，对象是对应类的一个实例。

2）消息

消息是一个实例与另一个实例之间传递的信息。消息的组成包括：

（1）接收消息的对象的名称；

（2）消息标识符，也称消息名；

（3）零个或多个参数。

3）继承

继承是指能够直接获得已有的性质和特征，而不必重复定义它们。继承分为单继承和多重继承。单继承指一个类只允许有一个父类，多重继承指一个类允许有多个父类。

4）多态性

多态是指同样的消息被不同的对象接收时可能导致完全不同的行动的现象。

5.3 软件工程基础

5.3.1 软件工程的基本概念

计算机软件是包括程序、数据及相关文档的完整集合。

1. 软件的特点

(1) 软件是一种逻辑实体。

(2) 软件的生产与硬件不同,它没有明显的制作过程。

(3) 软件在运行、使用期间不存在磨损、老化问题。

(4) 软件的开发、运行对计算机系统具有依赖性,受计算机系统的限制,这导致了软件移植的问题。

(5) 软件复杂性高,成本昂贵。

(6) 软件开发涉及诸多的社会因素。

2. 软件的分类

(1) 应用软件;

(2) 系统软件;

(3) 支撑软件(或工具软件)。

3. 软件危机

软件危机泛指在计算机软件的开发和维护过程中所遇到的一系列严重问题(软件开发成本和进度无法控制;质量难以保证;软件维护程度低等)。

软件危机主要表现在成本、质量、生产率等问题上。

软件工程是应用于计算机软件的定义、开发和维护的一整套方法、工具、文档、实践标准和工序。

4. 软件工程三要素

(1) 方法:是完成软件工程项目的技术手段。

(2) 工具:支持软件的开发、管理、文档生成。

(3) 过程:支持软件开发的各个环节的控制和管理。

5. 软件工程的核心思想

软件工程是把软件产品看作一个工程产品来处理。软件工程过程是把输入转化为输出的一组彼此相关的资源和活动,包含以下 4 种基本活动。

(1) P(Plan)——软件规格说明(功能及其运行时的限制);

(2) D(Do)——软件开发(产生满足规格说明的软件);

(3) C(Check)——软件确认(确认软件能够满足客户提出的要求);

(4) A(Action)——软件演进。

6. 软件周期

软件产品从提出、实现、使用维护到停止使用退役的过程。

软件生命周期三个阶段:软件定义、软件开发、运行维护。

1）软件定义阶段

（1）可行性研究与计划制订。

（2）需求分析。

2）软件开发阶段

（1）软件设计（概要设计和详细设计）。

（2）软件实现。

（3）软件测试。

3）软件维护阶段

（1）运行和维护。

（2）退役。

7. 软件工程的目标与原则

1）目标

在给定成本、进度的前提下，开发出具有有效性、可靠性、可理解性、可维护性、可重用性、可适应性、可移植性、可追踪性和可互操作性且满足用户需求的产品。

2）基本目标

付出较低的开发成本；达到要求的软件功能；取得较好的软件性能；开发软件易于移植；需要较低的费用；能按时完成开发，及时交付使用。

3）基本原则

软件工程的基本原则是：抽象、信息隐蔽、模块化、局部化、确定性、一致性、完备性和可验证性。

软件工程的理论和技术性研究的内容主要包括：软件开发技术和软件工程管理。

软件开发技术包括：软件开发方法学、开发过程、开发工具和软件工程环境。

软件工程管理包括：软件管理学、软件工程经济学、软件心理学等内容。

软件管理学包括：人员组织、进度安排、质量保证、配置管理、项目计划等。

软件工程原则包括：抽象、信息隐蔽、模块化、局部化、确定性、一致性、完备性和可验证性。

现代软件工程方法之所以得以实施，其重要的保证是软件开发工具和环境的保证。

5.3.2 结构化分析方法

软件开发方法是软件开发过程所遵循的方法和步骤，包括分析方法、设计方法和程序设计方法。

结构化方法的核心和基础是结构化程序设计理论。

1. 需求分析阶段的工作

（1）需求获取：确定对目标系统的各方面需求。

（2）需求分析：确定给出系统的解决方案和目标系统的逻辑模型。

（3）编写需求规格说明书。

（4）需求评审。

需求分析方法有以下两种。

（1）结构化需求分析方法。

(2) 面向对象的分析方法。

2. 结构化分析方法

1) 结构化分析方法的实质

着眼于数据流,自顶向下,逐层分解,建立系统的处理流程,以数据流图和数据字典为主要工具,建立系统的逻辑模型。

2) 结构化分析的常用工具

(1) 数据流图:描述数据处理过程的工具,是需求理解的逻辑模型的图形表示,它直接支持系统功能建模。

(2) 数据字典:对所有与系统相关的数据元素的一个有组织的列表,以及精确的、严格的定义,使得用户和系统分析员对于输入、输出、存储成分和中间计算结果有共同的理解。

(3) 判定树:从问题定义的文字描述中分清哪些是判定的条件,哪些是判定的结论,根据描述材料中的连接词找出判定条件之间的从属关系、并列关系、选择关系,根据它们构造判定树。

(4) 判定表:与判定树相似,当数据流图中的加工要依赖于多个逻辑条件的取值,即完成该加工的一组动作是由于某一组条件取值的组合而引发的,使用判定表描述比较适宜。

数据字典是结构化分析的核心。

3) 软件需求规格说明书的特点

(1) 正确性;

(2) 无歧义性;

(3) 完整性;

(4) 可验证性;

(5) 一致性;

(6) 可理解性;

(7) 可追踪性。

5.3.3 结构化设计方法

1. 软件设计的基本目标

软件设计的基本目标是用比较抽象概括的方式确定目标系统如何完成预定的任务。软件设计是确定系统的物理模型。

2. 软件设计

软件设计是开发阶段最重要的步骤,是将需求准确地转化为完整的软件产品或系统的唯一途径。

(1) 从技术观点来看,软件设计包括软件结构设计、数据设计、接口设计、过程设计。

① 结构设计:定义软件系统各主要部件之间的关系。

② 数据设计:将分析时创建的模型转化为数据结构的定义。

③ 接口设计:描述软件内部、软件和协作系统之间以及软件与人之间如何通信。

④ 过程设计:把系统结构部件转换成软件的过程描述。

(2) 从工程管理角度来看,软件设计包括概要设计和详细设计。

软件设计是一个迭代的过程,先进行高层次的结构设计;后进行低层次的过程设计;

穿插进行数据设计和接口设计。

软件设计的基本原理如下。

① 抽象；

② 模块化；

③ 信息屏蔽；

④ 模块独立性。

衡量软件模块独立性使用耦合性和内聚性两个定性的度量标准。在程序结构中各模块的内聚性越强，则耦合性越弱。优秀软件应高内聚，低耦合。

(3) 软件概要设计的基本任务如下。

① 设计软件系统结构；

② 数据结构及数据库设计；

③ 编写概要设计文档；

④ 概要设计文档评审。

(4) 常用的软件结构设计工具。

程序结构图是一种常用的软件结构设计工具，使用它描述软件系统的层次和结构关系。

程序结构图中，模块用一个矩形表示，箭头表示模块间的调用关系。

在结构图中还可以用带注释的箭头表示模块调用过程中来回传递的信息，用带实心圆的箭头表示传递的是控制信息，带空心圆的箭心表示传递的是数据。

结构图的基本形式有以下 4 种。

① 基本形式。

② 顺序形式。

③ 重复形式。

④ 选择形式。

结构图有以下 4 种模块类型。

① 传入模块；

② 传出模块；

③ 变换模块；

④ 协调模块。

(5) 面向数据流的设计方法。

在需求分析阶段，主要分析信息在系统中加工和流动的情况。

面向数据流的设计方法定义一些映射方法，把数据流图变换成结构图表示的软件结构。

(6) 典型的数据流类型有两种：变换型和事务型。

① 变换型系统结构图由输入、中心变换、输出三部分组成。

② 事务型数据流的特点是：接受一项事务，根据事务处理的特点和性质，选择分派一个适当的处理单元，然后给出结果。

(7) 详细设计。

详细设计是为软件结构图中的每一个模块确定实现算法和局部数据结构，用某种选定的表达工具表示算法和数据结构的细节。

常见的过程设计工具有以下几种。

① 图形工具：程序流程图、N-S(方框图)、PAD(问题分析图)、HIPO。

② 表格工具：判定表。

③ 语言工具：PDL。

5.3.4 软件测试

软件测试是保证软件质量的重要手段，其主要过程涵盖了整个软件生命周期的过程，包括需求定义阶段的需求测试、编码阶段的单元测试、集成测试以及后期的确认测试、系统测试。

1. 软件测试定义

使用人工或自动手段来运行或测定某个系统的过程，其目的在于检验它是否满足规定的需求或是弄清预期结果与实际结果之间的差别。

2. 软件测试的目的

一个好的测试用例是指很可能找到迄今为止尚未发现的错误的用例。一个成功的测试是发现了至今尚未发现的错误的测试。测试要以查找错误为中心，测试只能证明程序中有错误，不能证明程序中没有错误。测试用例是为测试设计的数据。

3. 软件测试方法

从是否需要执行被测软件的角度分为：静态测试，动态测试。

按照功能划分可以分为：白盒测试，黑盒测试。

1）静态测试

静态测试包括代码检查、静态结构分析、代码质量度量。不实际运行软件，主要通过人工进行。

2）动态测试

动态测试是基本由计算机执行的测试，是为了发现错误而执行程序的过程。(利用测试用例去运行程序，以发现程序错误的过程。)

动态测试主要包括白盒测试方法和黑盒测试方法。

(1) 白盒测试也称结构测试，根据软件产品的内部工作过程，检查内部成分，以确认每种内部操作符合设计规格要求。

白盒测试在程序内部进行，主要用于完成软件内部操作的验证。主要方法有逻辑覆盖、基本路径测试。

(2) 黑盒测试也称功能测试，是对软件已经实现的功能是否满足需求进行测试和验证。(不考虑内部的逻辑结构和内部特性，只依据程序的需求和功能规格说明，检查程序的功能是否满足功能说明。)

黑盒测试是在软件接口处进行，完成功能验证。

黑盒测试主要诊断功能不对或遗漏、界面错误、数据结构或外部数据库访问错误、性能错误、初始化和终止条件错，主要用于软件确认测试。主要方法有等价类划分法、边界值分析法、错误推测法等。

4. 软件测试过程

(1) 单元测试；

(2) 集成测试；

(3) 验收测试；

(4) 系统测试。

5.3.5 程序调试

1. 程序测试与调试的区别

测试是尽可能多地发现软件中的错误，软件测试贯穿整个软件生命期。

调试是诊断和改正程序中的错误，主要在开发阶段进行。

2. 程序调试的基本步骤

(1) 错误定位。

(2) 修改设计和代码，以排除错误。

(3) 进行回归测试，防止引进新的错误。

软件调试可分为静态调试和动态调试。静态调试主要是指通过人的思维来分析源程序代码和排错，是主要的设计手段；而动态调试是辅助静态调试。主要调试方法有以下几种。

(1) 强行排错法(设置断点、程序暂停、监视表达式等)；

(2) 回溯法；

(3) 原因排除法。

5.4 数据库设计基础

5.4.1 数据库系统的基本概念

1. 数据库系统的基本概念

1) 数据

数据实际上就是描述事物的符号记录。

数据的特点：有一定的结构，有型与值之分，如整型、实型、字符型等。而数据的值给出了符合定型的值，如整型值 15。

2) 数据库

数据库是数据的集合，具有统一的结构形式并存放于统一的存储介质内，是多种应用数据的集成，并可被各个应用程序共享。数据库存放数据是按数据所提供的数据模式存放的，具有集成与共享的特点。

3) 数据库管理系统

数据库管理系统是一种系统软件，负责数据库中的数据组织、数据操纵、数据维护、控制及保护和数据服务等，是数据库的核心。

2. 数据库管理系统的功能

(1) 数据模式定义：即为数据库构建其数据框架。

(2) 数据存取的物理构建：为数据模式的物理存取与构建提供有效的存取方法与手段。

(3) 数据操纵：为用户使用数据库的数据提供方便，如查询、插入、修改、删除等以及简单的算术运算及统计。

(4) 数据的完整性、安全性定义与检查。

(5) 数据库的并发控制与故障恢复。

(6) 数据的服务：如复制、转存、重组、性能监测、分析等。

为完成以上 6 个功能，数据库管理系统提供以下的数据语言。

(1) 数据定义语言(DDL)：负责数据的模式定义与数据的物理存取构建。

(2) 数据操纵语言(DML)：负责数据的操纵，如查询与增、删、改等。

(3) 数据控制语言(DCL)：负责数据完整性、安全性的定义与检查以及并发控制、故障恢复等。

数据语言按其使用方式具有以下两种结构形式。

(1) 交互式命令(又称自含型或自主型语言)。

(2) 宿主型语言(一般可嵌入某些宿主语言中)。

目前流行的数据库管理系统都是关系数据库系统，如 Oracle、PowerBuilder、SQL Server、Visual FoxPro 和 Access 等。

3. 数据库管理员

对数据库进行规划、设计、维护、监视等的专业管理人员。

4. 数据库系统

数据库系统是由数据库(数据)、数据库管理系统(软件)、数据库管理员(人员)、硬件平台(硬件)、软件平台(软件)5 个部分构成的运行实体。

5. 数据库应用系统

数据库应用系统由数据库系统、应用软件及应用界面三者组成。

6. 数据库发展经历的三个阶段

(1) 文件系统阶段：提供了简单的数据共享与数据管理能力，但是它无法提供完整的、统一的管理和数据共享的能力。

(2) 层次数据库与网状数据库系统阶段：为统一与共享数据提供了有力支撑。

(3) 关系数据库系统阶段。

7. 数据库系统的基本特点

数据的集成性、数据的高共享性与低冗余性、数据独立性(物理独立性与逻辑独立性)、数据统一管理与控制。

8. 数据库系统的三级模式

(1) 概念模式：数据库系统中全局数据逻辑结构的描述，全体用户公共数据视图。

(2) 外模式：也称子模式与用户模式，是用户的数据视图，也就是用户所见到的数据模式。

(3) 内模式：又称物理模式，它给出了数据库物理存储结构与物理存取方法。

9. 数据库系统的两级映射

(1) 概念模式到内模式的映射。

(2) 外模式到概念模式的映射。

5.4.2 数据模型

1. 数据模型的概念

数据模型是数据特征的抽象，从抽象层次上描述了系统的静态特征、动态行为和约束条件，为数据库系统的信息表与操作提供一个抽象的框架。描述了数据结构、数据操作及数据约束。

2. E-R 模型的基本概念

（1）实体：现实世界中的事物。

（2）属性：事物的特性。

（3）联系：现实世界中事物间的关系。实体集的关系有一对一、一对多、多对多的联系。

E-R 模型三个基本概念之间的连接关系：实体是概念世界中的基本单位，属性有属性域，每个实体可取属性域内的值。一个实体的所有属性值叫元组。

E-R 模型的图示法：

（1）实体集表示法。

（2）属性表法。

（3）联系表示法。

3. 层次模型的特点

（1）每棵树有且仅有一个无双亲节点，称为根。

（2）树中除根外所有节点有且仅有一个双亲。

从图论上看，网状模型是一个不加任何条件限制的无向图。

关系模型采用二维表来表示，简称表，由表框架及表的元组组成。一个二维表就是一个关系。

在二维表中凡能唯一标识元组的最小属性称为键或码。从所有候选键中选取一个作为用户使用的键称为主键。如果表 A 中的某属性是某表 B 的键，则称该属性集为 A 的外键或外码。

4. 关系中的数据约束

（1）实体完整性约束：约束关系的主键中属性值不能为空值。

（2）参照完全性约束：是关系之间的基本约束。

（3）用户定义的完整性约束：反映了具体应用中数据的语义要求。

5.4.3 关系代数

关系数据库系统的特点之一是它建立在数据理论的基础之上，有很多数据理论可以表示关系模型的数据操作，其中最为著名的是关系代数与关系演算。

1. 关系模型的基本运算

（1）插入。

（2）删除。

（3）修改。

（4）查询(包括投影、选择、笛卡儿积运算)。

（5）选择：指的是从二维关系表的全部记录中，把那些符合指定条件的记录挑出来。

（6）投影：是从所有字段中选取一部分字段及其值进行操作，它是一种纵向操作。

（7）联接：将两个关系模式拼接成一个更宽关系模式，生成的新关系中包含满足联接条件的元组。

2. 关系运算用例

关系模型是以关系代数为理论基础的；关系模型的理论奠基人是 IBM 公司的 E. F. Codd。目前国际著名的关系数据库有 DB2，Oracle，SQL Server 等。在我国，东软集团有限公司的 OpenBase、人大金仓的 Kingbase ES、武汉达梦公司的 DM4 和中国航天科技集团公司 OSCAR 已经成为我国的支柱型关系数据库产品。关系数据库系统是支持关系模型的数据库系统。

5.4.4 数据库设计与管理

1. 数据库设计

(1) 数据库设计是数据应用的核心。

(2) 数据库设计的两种方法如下。

① 面向数据：以信息需求为主，兼顾处理需求。

② 面向过程：以处理需求为主，兼顾信息需求。

(3) 数据库设计阶段包括以下几个。

① 需求分析：这是数据库设计的第一个阶段，其任务主要是收集和分析数据。这一阶段收集到的基础数据和数据流图是下一步设计概念结构的基础。

② 概念分析：分析数据间内在语义关联，在此基础上建立一个数据的抽象模型，即形成 E-R 图。

③ 逻辑设计：将 E-R 图转换成指定 RDBMS 中的关系模式。

④ 物理设计：对数据库内部物理结构做调整并选择合理的存取路径，以提高数据库访问速度及有效利用存储空间。

2. 需求分析常用结构分析方法和面向对象的方法

结构化分析（简称 SA）方法用自顶向下、逐层分解的方式分析系统，用数据流图表达数据和处理过程的关系。对数据库设计来讲，数据字典是进行详细的数据收集和数据分析所获得的主要结果。

数据字典是各类数据描述的集合，包括以下 5 个部分。

(1) 数据项；

(2) 数据结构；

(3) 数据流（可以是数据项，也可以是数据结构）；

(4) 数据存储；

(5) 处理过程。

3. 数据库概念设计

数据库概念设计的目的是分析数据内在语义关系。其设计的方法有以下两种。

(1) 集中式模式设计法（适用于小型或并不复杂的单位或部门），如 E-R 模型与视图集成。

(2) 视图集成设计法，如自顶向下、由底向上、由内向外。

4. 视图集成的几种冲突

(1) 命名冲突；

(2) 概念冲突；

(3) 域冲突;

(4) 约束冲突。

5. 关系视图设计

关系视图的设计又称为外模式设计。

6. 关系视图的主要作用

(1) 提供数据逻辑独立性;

(2) 能适应用户对数据的不同需求;

(3) 有一定数据保密功能。

数据库的物理设计主要目标是对数据内部物理结构做调整并选择合理的存取路径,以提高数据库访问速度,有效利用存储空间。一般 RDBMS 中留给用户参与物理设计的内容大致有索引设计、集成簇设计和分区设计。

7. 数据库管理的内容

(1) 数据库的建立;

(2) 数据库的调整;

(3) 数据库的重组;

(4) 数据库安全性与完整性控制;

(5) 数据库的故障恢复;

(6) 数据库监控。

附录 A　Office 2010 常用快捷键大全

Word 2010、Excel 2010 和 PowerPoint 2010 常用快捷键如附表 A.1～附表 A.3 所示。

附表 A.1　Word 2010 常用快捷键

按键	功能	按键	功能	按键	功能
Ctrl+A	全选	Ctrl+R	右对齐	Shift+Ctrl+F	字体框
Ctrl+B	加粗	Ctrl+S	保存	Shift+Ctrl+P	字号框
Ctrl+C	复制	Ctrl+T	缩进	Ctrl+F1	功能区隐藏显示
Ctrl+D	格式字体	Ctrl+U	下画线	Shift+F10	右键快捷菜单
Ctrl+E	居中	Ctrl+V	粘贴	Ctrl+Alt+M	插入批注
Ctrl+F	查找	Ctrl+W	退出	Ctrl+Alt+L	半角括号罗马数字
Ctrl+G	定位	Ctrl+X	剪切	Shift+Ctrl+Enter	快速插入下一页
Ctrl+H	替换	Ctrl+Z	撤销	Shift+Enter	换行
Ctrl+I	字体倾斜	Shift+Ctrl+=	上标	Shift+Delete	剪切
Ctrl+K	插入超链接	Ctrl+=	下标	Ctrl+Alt+I	打印预览
Ctrl+N	新建文档	Shift+Ctrl+＞	放大字号	Ctrl+Alt+O	大纲视图
Ctrl+O	打开	Ctrl+]		Ctrl+Alt+P	普通视图
Ctrl+P	打印	Shift+Ctrl+＜	缩小字号	Shift+Ctrl+Alt+?	上下颠倒的？号
Ctrl+Q	左对齐	Ctrl+[		Ctrl+Alt+F1	系统信息

附表 A.2　Excel 2010 常用快捷键

按键	功能	按键	功能	按键	功能
Ctrl+A	全选	Ctrl+T	创建表	Shift+Ctrl+F	设置单元格格式字体
Ctrl+B	加粗	Ctrl+U	下画线	Shift+Ctrl+P	设置单元格格式字体
Ctrl+C	复制	Ctrl+V	粘贴	Ctrl+F1	功能区隐藏显示
Ctrl+D	向下填充	Ctrl+W	退出	Shift+F10	右键快捷菜单
Ctrl+F	查找	Ctrl+X	剪切	Ctrl+1(数字 1)	设置单元格格式
Ctrl+G	定位	Ctrl+Z	撤销	Ctrl+9	隐藏选中单元格所在行
Ctrl+H	替换	Shift+Ctrl+=	插入单元格	Ctrl+0	隐藏选中单元格所在列
Ctrl+I	字体倾斜	Shift+Enter	上移一行	Ctrl+`(～)	切换所有值与公式显示
Ctrl+K	插入超链接	Shift+Delete	剪切	Ctrl+Tab	在打开的工作簿间切换

续表

按键	功能	按键	功能	按键	功能
Ctrl+N	新建文档	Ctrl+Alt+F1	插入宏表	Ctrl+Home	工作表左上角单元格
Ctrl+O	打开	Ctrl+Alt+Del	关机	Ctrl+End	工作表右下角单元格
Ctrl+P	打印	Ctrl+；	当前日期		
Ctrl+R	向右填充	Shift+Ctrl+；	当前时间		
Ctrl+S	另存为	F2	编辑单元格		

附表 A.3 PowerPoint 2010 常用快捷键

按键	功能	按键	功能	按键	功能
Ctrl+A	全选	Ctrl+T	创建字体	F4	重复上一动作
Ctrl+B	加粗	Ctrl+U	下画线	F5	放映
Ctrl+C	复制	Ctrl+V	粘贴	Ctrl+H	放映时隐藏鼠标指针
Ctrl+D	重复对象	Ctrl+W	退出	Ctrl+A	放映时显示鼠标指针
Ctrl+F	查找	Ctrl+X	剪切	Alt+Tab	全屏放映与其他程序窗口切换
Ctrl+H	替换	Ctrl+Z	撤销	Alt+Esc	全屏放映与其他程序窗口切换
Ctrl+N	新建文档	Shift+Ctrl+=	对象缩放	Ctrl+M	当前幻灯片后新建一张幻灯片
Ctrl+O	打开	Ctrl+Alt+Delete	关机	Alt+D+V	可调节播放窗口
Ctrl+P	打印	Shift+Delete	剪切		
Ctrl+S	另存为				

附录B 二级公共基础知识试题汇编

1. 下面叙述正确的是________。
   A. 算法的执行效率与数据的存储结构无关
   B. 算法的空间复杂度是指算法程序中指令(或语句)的条数
   C. 算法的有穷性是指算法必须能在执行有限个步骤之后终止
   D. 以上三种描述都不对
2. 以下数据结构中不属于线性数据结构的是________。
   A. 队列　　B. 线性表　　C. 二叉树　　D. 栈
3. 在一棵二叉树上第5层的节点数最多是________。
   A. 8　　B. 16　　C. 32　　D. 15
4. 下面的描述中,符合结构化程序设计风格的是________。
   A. 使用顺序、选择和重复(循环)三种基本控制结构表示程序的控制逻辑
   B. 模块只有一个入口,可以有多个出口
   C. 注重提高程序的执行效率
   D. 不使用goto语句
5. 下面的概念中,不属于面向对象方法的是________。
   A. 对象　　B. 继承　　C. 类　　D. 过程调用
6. 在结构化方法中,用数据流程图(DFD)作为描述工具的软件开发阶段是________。
   A. 可行性分析　　B. 需求分析　　C. 详细设计　　D. 程序编码
7. 在软件开发中,下面的任务不属于设计阶段的是________。
   A. 数据结构设计　　B. 给出系统模块结构
   C. 定义模块算法　　D. 定义需求并建立系统模型
8. 数据库系统的核心是________。
   A. 数据模型　　B. 数据库管理系统　　C. 软件工具　　D. 数据库
9. 下列叙述中正确的是________。
   A. 数据库是一个独立的系统,不需要操作系统的支持
   B. 数据库设计是指设计数据库管理系统
   C. 数据库技术的根本目标是要解决数据共享的问题
   D. 数据库系统中,数据的物理结构必须与逻辑结构一致
10. 下列模式中,能够给出数据库物理存储结构与物理存取方法的是________。
   A. 内模式　　B. 外模式　　C. 概念模式　　D. 逻辑模式

11. 算法的时间复杂度是指________。

A. 执行算法程序所需要的时间　B. 算法程序的长度

C. 算法执行过程中所需要的基本运算次数　D. 算法程序中的指令条数

12. 下列叙述中正确的是________。

A. 线性表是线性结构　B. 栈与队列是非线性结构

C. 线性链表是非线性结构　D. 二叉树是线性结构

13. 设一棵完全二叉树共有699个节点，则在该二叉树中的叶子节点数为________。

A. 349　B. 350　C. 255　D. 351

14. 结构化程序设计主要强调的是________。

A. 程序的规模　B. 程序的易读性

C. 程序的执行效率　D. 程序的可移植性

15. 在软件生命周期中，能准确地确定软件系统必须做什么和必须具备哪些功能的阶段是________。

A. 概要设计　B. 详细设计　C. 可行性分析　D. 需求分析

16. 数据流图用于抽象描述一个软件的逻辑模型，数据流图由一些特定的图符构成。下列图符名标识的图符不属于数据流图合法图符的是________。

A. 控制流　B. 加工　C. 数据存储　D. 源和潭

17. 软件需求分析阶段的工作，可以分为4个方面：需求获取、需求分析、编写需求规格说明书以及________。

A. 阶段性报告　B. 需求评审　C. 总结　D. 都不正确

18. 下述关于数据库系统的叙述中正确的是________。

A. 数据库系统减少了数据冗余

B. 数据库系统避免了一切冗余

C. 数据库系统中数据的一致性是指数据类型的一致

D. 数据库系统比文件系统能管理更多的数据

19. 关系表中的每一横行称为一个________。

A. 元组　B. 字段　C. 属性　D. 码

20. 数据库设计包括两个方面的设计内容，它们是________。

A. 概念设计和逻辑设计　B. 模式设计和内模式设计

C. 内模式设计和物理设计　D. 结构特性设计和行为特性设计

21. 算法的空间复杂度是指________。

A. 算法程序的长度

B. 算法程序中的指令条数

C. 算法程序所占的存储空间

D. 算法执行过程中所需要的存储空间

22. 下列关于栈的叙述中正确的是________。

A. 在栈中只能插入数据　B. 在栈中只能删除数据

C. 栈是先进先出的线性表　D. 栈是先进后出的线性表

23. 在深度为 5 的满二叉树中，叶子节点的个数为________。

A. 32　　B. 31　　C. 16　　D. 15

24. 对建立良好的程序设计风格，下面描述正确的是________。

A. 程序应简单、清晰、可读性好　　B. 符号名的命名要符合语法

C. 充分考虑程序的执行效率　　D. 程序的注释可有可无

25. 下面对对象概念描述错误的是________。

A. 任何对象都必须有继承性　　B. 对象是属性和方法的封装体

C. 对象间的通信靠消息传递　　D. 操作是对象的动态性属性

26. 下面不属于软件工程的三个要素的是________。

A. 工具　　B. 过程　　C. 方法　　D. 环境

27. 程序流程图(PFD)中的箭头代表的是________。

A. 数据流　　B. 控制流　　C. 调用关系　　D. 组成关系

28. 在数据管理技术的发展过程中，经历了人工管理阶段、文件系统阶段和数据库系统阶段。其中，数据独立性最高的阶段是________。

A. 数据库系统　　B. 文件系统　　C. 人工管理　　D. 数据项管理

29. 用树状结构来表示实体之间联系的模型称为________。

A. 关系模型　　B. 层次模型　　C. 网状模型　　D. 数据模型

30. 关系数据库管理系统能实现的专门关系运算包括________。

A. 排序、索引、统计　　B. 选择、投影、联接

C. 关联、更新、排序　　D. 显示、打印、制表

31. 算法一般都可以用哪几种控制结构组合而成？________

A. 循环、分支、递归　　B. 顺序、循环、嵌套

C. 循环、递归、选择　　D. 顺序、选择、循环

32. 数据的存储结构是指________。

A. 数据所占的存储空间量

B. 数据的逻辑结构在计算机中的表示

C. 数据在计算机中的顺序存储方式

D. 存储在外存中的数据

33. 设有下列二叉树，对此二叉树中序遍历的结果为________。

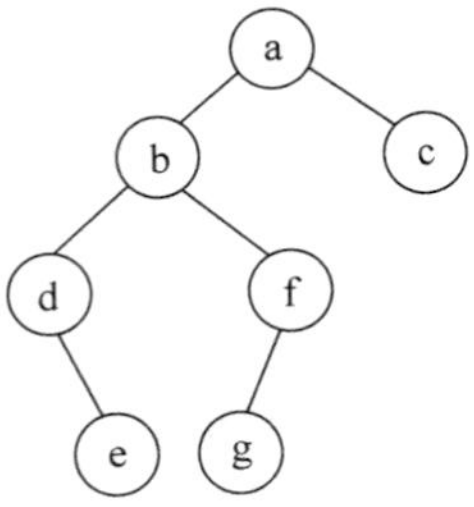

A. abdefgc　　B. debgfac　　C. edgfbca　　D. edfgbca

34. 在面向对象方法中，一个对象请求另一对象为其服务的方式是通过发送________。

A. 调用语句　　B. 命令　　C. 口令　　D. 消息

35. 检查软件产品是否符合需求定义的过程称为________。

A. 确认测试　　B. 集成测试　　C. 验证测试　　D. 验收测试

36. 下列工具中属于需求分析常用工具的是________。

A. PAD　　B. PFD　　C. N-S　　D. DFD

37. 下面不属于软件设计原则的是________。

A. 抽象　　B. 模块化　　C. 自底向上　　D. 信息隐蔽

38. 索引属于________。

A. 模式　　B. 内模式　　C. 外模式　　D. 概念模式

39. 在关系数据库中,用来表示实体之间联系的是________。

A. 树结构　　B. 网结构　　C. 线性表　　D. 二维表

40. 将E-R图转换到关系模式时,实体与联系都可以表示成________。

A. 属性　　B. 关系　　C. 键　　D. 域

41. 在下列选项中,哪一个不是一个算法一般应该具有的基本特征? ________

A. 确定性　　B. 可行性

C. 无穷性　　D. 拥有足够的情报

42. 希尔排序法属于哪一种类型的排序法? ________

A. 交换类排序法　　B. 插入类排序法　　C. 选择类排序法　　D. 建堆排序法

43. 下列关于队列的叙述中正确的是________。

A. 在队列中只能插入数据　　B. 在队列中只能删除数据

C. 队列是先进先出的线性表　　D. 队列是先进后出的线性表

44. 对长度为 N 的线性表进行顺序查找,在最坏情况下所需要的比较次数为________。

A. $N+1$　　B. N　　C. $(N+1)/2$　　D. $N/2$

45. 信息隐蔽的概念与下述哪一种概念直接相关? ________

A. 软件结构定义　　B. 模块独立性　　C. 模块类型划分　　D. 模拟耦合度

46. 面向对象的设计方法与传统的面向过程的方法有本质不同,它的基本原理是________。

A. 模拟现实世界中不同事物之间的联系

B. 强调模拟现实世界中的算法而不强调概念

C. 使用现实世界的概念抽象地思考问题从而自然地解决问题

D. 鼓励开发者在软件开发的绝大部分中都用实际领域的概念去思考

47. 在结构化方法中,软件功能分解属于下列软件开发中的阶段是________。

A. 详细设计　　B. 需求分析　　C. 总体设计　　D. 编程调试

48. 软件调试的目的是________。

A. 发现错误　　B. 改正错误

C. 改善软件的性能　　D. 挖掘软件的潜能

49. 按条件 f 对关系 R 进行选择,其关系代数表达式为________。

A. $R|X|R$　　B. $\sigma f(R)$　　C. $\Pi f(R)$　　D. $R|X|R$

50. 数据库概念设计的过程中，视图设计一般有三种设计次序，以下各项中不对的是________。

A. 自顶向下　B. 由底向上

C. 由内向外　D. 由整体到局部

51. 在计算机中，算法是指________。

A. 查询方法　B. 加工方法

C. 解题方案的准确而完整的描述　D. 排序方法

52. 栈和队列的共同点是________。

A. 都是先进后出　B. 都是先进先出

C. 只允许在端点处插入和删除元素　D. 没有共同点

53. 已知二叉树后序遍历序列是 dabec，中序遍历序列是 debac，它的前序遍历序列是________。

A. cedba　B. acbed　C. decab　D. deabc

54. 在下列几种排序方法中，要求内存量最大的是________。

A. 插入排序　B. 选择排序　C. 快速排序　D. 归并排序

55. 在设计程序时，应采纳的原则之一是________。

A. 程序结构应有助于读者理解　B. 不限制 goto 语句的使用

C. 减少或取消注解行　D. 程序越短越好

56. 下列不属于软件调试技术的是________。

A. 强行排错法　B. 集成测试法　C. 回溯法　D. 原因排除法

57. 下列叙述中，不属于软件需求规格说明书的作用的是________。

A. 便于用户、开发人员进行理解和交流

B. 反映出用户问题的结构，可以作为软件开发工作的基础和依据

C. 作为确认测试和验收的依据

D. 便于开发人员进行需求分析

58. 在数据流图(DFD)中，带有名字的箭头表示________。

A. 控制程序的执行顺序　B. 模块之间的调用关系

C. 数据的流向　D. 程序的组成成分

59. SQL 又称为________。

A. 结构化定义语言　B. 结构化控制语言

C. 结构化查询语言　D. 结构化操纵语言

60. 视图设计一般有三种设计次序，下列不属于视图设计的是________。

A. 自顶向下　B. 由外向内　C. 由内向外　D. 自底向上

61. 数据结构中，与所使用的计算机无关的是数据的________。

A. 存储结构　B. 物理结构

C. 逻辑结构　D. 物理和存储结构

62. 栈底至栈顶依次存放元素 A、B、C、D，在第 5 个元素 E 入栈前，栈中元素可以出栈，则出栈序列可能是________。

A. ABCED　B. DBCEA　C. CDABE　D. DCBEA

63. 线性表的顺序存储结构和线性表的链式存储结构分别是________。

A. 顺序存取的存储结构、顺序存取的存储结构

B. 随机存取的存储结构、顺序存取的存储结构

C. 随机存取的存储结构、随机存取的存储结构

D. 任意存取的存储结构、任意存取的存储结构

64. 在单链表中，增加头节点的目的是________。

A. 方便运算的实现

B. 使单链表至少有一个节点

C. 标识表节点中首节点的位置

D. 说明单链表是线性表的链式存储实现

65. 软件设计包括软件的结构、数据接口和过程设计，其中软件的过程设计是指________。

A. 模块间的关系

B. 系统结构部件转换成软件的过程描述

C. 软件层次结构

D. 软件开发过程

66. 为了避免流程图在描述程序逻辑时的灵活性，提出了用方框图来代替传统的程序流程图，通常也把这种图称为________。

A. PAD 图　　B. N-S 图　　C. 结构图　　D. 数据流图

67. 数据处理的最小单位是________。

A. 数据　　B. 数据元素　　C. 数据项　　D. 数据结构

68. 下列有关数据库的描述，正确的是________。

A. 数据库是一个 DBF 文件　　B. 数据库是一个关系

C. 数据库是一个结构化的数据集合　　D. 数据库是一组文件

69. 单个用户使用的数据视图的描述称为________。

A. 外模式　　B. 概念模式　　C. 内模式　　D. 存储模式

70. 需求分析阶段的任务是确定________。

A. 软件开发方法　　B. 软件开发工具

C. 软件开发费用　　D. 软件系统功能

71. 算法分析的目的是________。

A. 找出数据结构的合理性

B. 找出算法中输入和输出之间的关系

C. 分析算法的易懂性和可靠性

D. 分析算法的效率以求改进

72. n 个顶点的强连通图的边数至少有________。

A. $n-1$　　B. $n(n-1)$　　C. n　　D. $n+1$

73. 已知数据表 A 中每个元素距其最终位置不远，为节省时间，应采用的算法是________。

A. 堆排序　　B. 直接插入排序

C. 快速排序　　D. 直接选择排序

74. 用链表表示线性表的优点是________。

A. 便于插入和删除操作

B. 数据元素的物理顺序与逻辑顺序相同

C. 花费的存储空间较顺序存储少

D. 便于随机存取

75. 下列不属于结构化分析的常用工具的是________。

A. 数据流图　　B. 数据字典　　C. 判定树　　D. PAD

76. 软件开发的结构化生命周期方法将软件生命周期划分成________。

A. 定义、开发、运行维护　　B. 设计阶段、编程阶段、测试阶段

C. 总体设计、详细设计、编程调试　　D. 需求分析、功能定义、系统设计

77. 在软件工程中，白盒测试法可用于测试程序的内部结构。此方法将程序看作________。

A. 循环的集合　　B. 地址的集合　　C. 路径的集合　　D. 目标的集合

78. 在数据管理技术发展过程中，文件系统与数据库系统的主要区别是数据库系统具有________。

A. 数据无冗余　　B. 数据可共享

C. 专门的数据管理软件　　D. 特定的数据模型

79. 分布式数据库系统不具有的特点是________。

A. 分布式　　B. 数据冗余

C. 数据分布性和逻辑整体性　　D. 位置透明性和复制透明性

80. 下列说法中，不属于数据模型所描述的内容的是________。

A. 数据结构　　B. 数据操作　　C. 数据查询　　D. 数据约束

81. 一棵二叉树共有 25 个节点，其中 5 个是叶子节点，则度为 1 的节点数为________。

A. 16　　B. 10　　C. 6　　D. 4

82. 某二叉树有 5 个度为 2 的节点，则该二叉树中的叶子节点数是________。

A. 10　　B. 8　　C. 6　　D. 4

83. 结构化程序设计的基本原则不包括________。

A. 多态性　　B. 自顶向下　　C. 模块化　　D. 逐步求精

84. 在面向对象方法中，不属于“对象”基本特点的是________。

A. 一致性　　B. 分类性

C. 多态性　　D. 标识唯一性

85. 下列选项中不属于结构化程序设计原则的是________。

A. 可封装　　B. 自顶向下

C. 模块化　　D. 逐步求精

86. 结构化程序所要求的基本结构不包括________。

A. 顺序结构　　B. GOTO 跳转

C. 选择(分支)结构　　D. 重复(循环)结构

87. 定义无符号整数类为 UInt,下面可以作为类 UInt 实例化值的是________。

A. -369　　B. 369　　C. 0.369　　D. 整数集合{1,2,3,4,5}

88. 下列选项中属于面向对象设计方法主要特征的是________。

A. 继承　　B. 自顶向下　　C. 模块化　　D. 逐步求精

89. 下面对对象概念描述正确的是________。

A. 对象间的通信靠消息传递

B. 对象是名字和方法的封装体

C. 任何对象必须有继承性

D. 对象的多态性是指一个对象有多个操作

90. 结构化程序设计中,下面对 goto 语句使用描述正确的是________。

A. 禁止使用 goto 语句　　B. 使用 goto 语句程序效率高

C. 应避免滥用 goto 语句　　D. 以上说法都不对

91. 对长度为 n 的线性表排序,在最坏情况下,比较次数不是 $n(n-1)/2$ 的排序方法是________。

A. 快速排序　　B. 冒泡排序

C. 直接插入排序　　D. 堆排序

92. 下列数据结构中,属于非线性结构的是________。

A. 循环队列　　B. 带链队列　　C. 二叉树　　D. 带链栈

93. 在长度为 n 的有序线性表中进行二分查找,最坏情况下需要比较的次数是________。

A. $O(n)$　　B. $O(n^2)$　　C. $O(\log 2n)$　　D. $O(n\log 2n)$

94. 下列叙述中正确的是________。

A. 顺序存储结构的存储一定是连续的,链式存储结构的存储空间不一定是连续的

B. 顺序存储结构只针对线性结构,链式存储结构只针对非线性结构

C. 顺序存储结构能存储有序表,链式存储结构不能存储有序表

D. 链式存储结构比顺序存储结构节省存储空间

95. 在数据管理技术发展的三个阶段中,数据共享最好的是________。

A. 人工管理阶段　　B. 文件系统阶段

C. 数据库系统阶段　　D. 三个阶段相同

96. 下列叙述中正确的是________。

A. 栈是“先进先出”的线性表　　B. 队列是“先进后出”的线性表

C. 循环队列是非线性结构

D. 有序线性表既可以采用顺序存储结构,也可以采用链式存储结构

97. 支持子程序调用的数据结构是________。

A. 栈　　B. 树　　C. 队列　　D. 二叉树

98. 某二叉树有 5 个度为 2 的节点,则该二叉树中的叶子节点数是________。

A. 10　　B. 8　　C. 6　　D. 4

99. 下列排序方法中,最坏情况下比较次数最少的是________。

A. 冒泡排序　　B. 简单选择排序　　C. 直接插入排序　　D. 堆排序

100. 下列数据结构中，属于非线性结构的是________。

A. 循环队列　　B. 带链队列　　C. 二叉树　　D. 带链栈

101. 下列数据结构中，能够按照“先进后出”原则存取数据的是________。

A. 循环队列　　B. 栈　　C. 队列　　D. 二叉树

102. 对于循环队列，下列叙述中正确的是________。

A. 队头指针是固定不变的

B. 队头指针一定大于队尾指针

C. 队头指针一定小于队尾指针

D. 队头指针可以大于队尾指针，也可以小于队尾指针

103. 算法的空间复杂度是指________。

A. 算法在执行过程中所需要的计算机存储空间

B. 算法所处理的数据量

C. 算法程序中的语句或指令条数

D. 算法在执行过程中所需要的临时工作单元数

104. 设循环队列的存储空间为 $Q(1:35)$，初始状态为 front=rear=35。现经过一系列入队与退队运算后，front=15，rear=15，则循环队列中的元素个数为________。

A. 15　　B. 16　　C. 20　　D. 0 或 35

105. 下列与队列结构有关联的是________。

A. 函数的递归调用　　B. 数组元素的引用

C. 多重循环的执行　　D. 先到先服务的作业调度

106. 软件设计中划分模块的一个准则是________。

A. 低内聚低耦合　　B. 高内聚低耦合

C. 低内聚高耦合　　D. 高内聚高耦合

107. 下列叙述中正确的是________。

A. 循环队列中的元素个数随队头指针与队尾指针的变化而动态变化

B. 循环队列中的元素个数随队头指针的变化而动态变化

C. 循环队列中的元素个数随队尾指针的变化而动态变化

D. 以上说法都不对

108. 一棵二叉树中共有 80 个叶子节点与 70 个度为 1 的节点，则该二叉树中的总节点数为________。

A. 219　　B. 229　　C. 230　　D. 231

109. 对长度为 10 的线性表进行冒泡排序，最坏情况下需要比较的次数为________。

A. 9　　B. 10　　C. 45　　D. 90

110. 某二叉树共有 12 个节点，其中叶子节点只有 1 个，则该二叉树的深度为(根节点在第 1 层)________。

A. 3　　B. 6　　C. 8　　D. 12

111. 在软件开发中，需求分析阶段产生的主要文档是________。

A. 可行性分析报告　　B. 软件需求规格说明书

C. 概要设计说明书　　D. 集成测试计划

112. 下列关于栈的叙述中，正确的是________。

A. 栈底元素一定是最后入栈的元素

B. 栈顶元素一定是最先入栈的元素

C. 栈操作遵循先进后出的原则

D. 以上三种说法都不对

113. 在数据库设计中，将 E-R 图转换成关系数据模型的过程属于________。

A. 需求分析阶段　　B. 概念设计阶段

C. 逻辑设计阶段　　D. 物理设计阶段

114. 数据流图中带有箭头的线段表示是________。

A. 控制流　　B. 事件驱动　　C. 模块调用　　D. 数据流

115. 在软件开发中，需求分析阶段可以使用的工具是________。

A. N-S 图　　B. DFD　　C. PAD　　D. 程序流程图

116. 有三个关系 R、S 和 T 如下：

R

A	B
m	1
n	2

S

B	C
1	3
3	5

T

A	B	C
m	1	3

由关系 R 和 S 通过运算得到关系 T，则使用的运算为________。

A. 笛卡儿积　　B. 交　　C. 并　　D. 自然连接

117. 数据库应用系统中的核心问题是________。

A. 数据库设计　　B. 数据库系统设计

C. 数据库维护　　D. 数据库管理培训

118. 由关系 R 通过运算得到关系 S，则所使用的运算为________。

R

A	B	C
a	3	2
b	0	1
c	2	1

S

B	C
a	3
b	0
c	2

A. 选择　　B. 投影　　C. 插入　　D. 连接

119. 度量计算机运算速度常用的单位是________。

A. MIPS　　B. MHz　　C. MB/s　　D. Mb/s

120. 在 E-R 图中，用来表示实体联系的图形是________。

A. 椭圆形　　B. 矩形　　C. 菱形　　D. 三角形

121. 以太网的拓扑结构是________。

A. 星状　　B. 总线型　　C. 环状　　D. 树状

122. 下列叙述中正确的是________。

A. 节点具有两个指针域的链表一定是二叉链表

B. 节点中具有两个指针域的链表可以是线性结构，也可以是非线性结构

C. 二叉只能采用链式存储结构

D. 循环链表是非线性结构

123. 某二叉树的前序序列为ABCD,中序序列为DCBA,则后序序列为________。

A. BADC　　B. DCBA　　C. CDAB　　D. ABCD

124. 下列不能作为软件设计工具的是________。

A. PAD　　B. 程序流程图

C. 数据流程图　　D. 总体结构图

125. 逻辑模型是面向数据库系统的模型,下面属于逻辑模型的是________。

A. 关系模型　　B. 谓词模型

C. 物理模型　　D. 实体一联系模型

126. 运动会中一个运动项目可以有多名运动员参加,一个运动员可以参加多个项目,则实体项目与运动员之间的联系是________。

A. 多对多　　B. 一对多　　C. 多对一　　D. 一对一

127. 下列工具是需求分析常用工具的是________。

A. PAD　　B. PFD　　C. N-S　　D. DFD

128. 完全不考虑程序的内部结构和内部特征,而只是根据程序功能导出测试用例的测试方法是________。

A. 黑盒测试法　　B. 白盒测试法

C. 错误推测法　　D. 安装测试法

129. 软件设计中,有利于提高模块独立性的一个准则是________。

A. 低内聚低耦合　　B. 低内聚高耦合

C. 高内聚低耦合　　D. 高内聚高耦合

130. 为了避免流程图在描述程序逻辑时的灵活性,提出了用方框图来代替传统的程序流程图,通常也把这种图称为________。

A. PAD　　B. N-S图

C. 结构图　　D. 数据流图

131. 在软件生命周期中,能准确地确定软件系统必须做什么和必须具备哪些功能的阶段是________。

A. 概要设计　　B. 详细设计

C. 可行性分析　　D. 需求分析

132. 软件开发的结构化生命周期方法将软件生命周期划分成________。

A. 定义阶段、开发阶段、运行维护

B. 设计阶段、编程阶段、测试阶段

C. 总体设计、详细设计、编程调试

D. 需求分析、功能定义、系统设计

133. 下列不属于结构化设计的常用工具的是________。

A. 数据流图　　B. 数据字典

C. 判定树　　D. PAD

134. 有关系 R 和关系 S，R/S 的结果为________。

R

A	B	C
A1	B1	C2
A2	B3	C7
A3	B4	C6
A1	B2	C3
A4	B6	C6
A2	B2	C3
A1	B2	C1

S

B1	C2	D1
B2	C1	D1
B2	C3	D2

135. 有关系 R 和关系 S，R/S 的结果为________。

R

A	B	C
A1	B1	C2
A2	B3	C7
A3	B4	C6
A1	B2	C3
A4	B6	C6
A2	B2	C3
A1	B2	C1

S

A	B	C
B1	C2	D1
B2	C1	D1
B2	C3	D2

136. 求关系 R 除以关系 S 的结果。

R

A	B	C	D
2	1	a	c
2	2	a	d
3	2	b	d
3	2	b	c
2	1	b	d

S

A	B	C
a	c	5
a	c	2
b	d	6

参考答案

1	2	3	4	5	6	7	8	9	10
C	C	B	A	D	B	D	B	C	A
11	12	13	14	15	16	17	18	19	20
C	A	B	B	D	A	B	A	A	A

续表

21	22	23	24	25	26	27	28	29	30
D	D	C	A	A	A	B	A	B	B
31	32	33	34	35	36	37	38	39	40
D	B	B	D	A	D	C	B	D	B
41	42	43	44	45	46	47	48	49	50
C	B	C	B	B	C	C	B	C	D
51	52	53	54	55	56	57	58	59	60
C	C	A	D	A	B	D	C	C	B
61	62	63	64	65	66	67	68	69	70
C	D	B	A	B	B	C	C	A	D
71	72	73	74	75	76	77	78	79	80
D	C	B	A	D	A	C	D	B	C
81	82	83	84	85	86	87	88	89	90
A	C	A	A	A	B	B	A	A	C
91	92	93	94	95	96	97	98	99	100
D	C	C	A	C	D	A	C	D	C
101	102	103	104	105	106	107	108	109	110
B	D	A	D	D	B	A	B	C	D
111	112	113	114	115	116	117	118	119	120
B	C	C	D	B	D	A	B	A	B
121	122	123	124	125	126	127	128	129	130
B	B	B	B	D	A	D	A	C	B
131	132	133							
D	A	D							

134～136. 略。

图书资源支持

感谢您一直以来对清华版图书的支持和爱护。为了配合本书的使用，本书提供配套的资源，有需求的读者请扫描下方的“书圈”微信公众号二维码，在图书专区下载，也可以拨打电话或发送电子邮件咨询。

如果您在使用本书的过程中遇到了什么问题，或者有相关图书出版计划，也请您发邮件告诉我们，以便我们更好地为您服务。

我们的联系方式：

地　　址：北京海淀区双清路学研大厦 A 座 707

邮　　编：100084

电　　话：010－62770175－4604

资源下载：http://www.tup.com.cn

电子邮件：weijj@tup.tsinghua.edu.cn

QQ：883604（请写明您的单位和姓名）

资源下载、样书申请

书圈

用微信扫一扫右边的二维码，即可关注清华大学出版社公众号“书圈”。